भारतीय कृषि में कुशल सिंचाई जल प्रबंधन

लेखक परिचय

डॉ. अनिल कुमार मिश्र, प्रधान वैज्ञानिक (मृदा एवं जल संरक्षण अभियांत्रिकी), भारतीय कृषि अनुसंधान संस्थान, नई दिल्ली के जल प्रौद्योगिकी केन्द्र में कार्यरत हैं। आपने कृषि अभियांत्रिकी में बी.टेक, एम.टेक एवं पी.एच.डी. की उपाधियाँ एवं विदेशों में गहन प्रशिक्षण प्राप्त किया है। आपको वर्ष 2001–2002 में राष्ट्रीय कृषि विज्ञान अकादमी का युवा वैज्ञानिक पुरस्कार सहित बहुत सारे अन्य पुरस्कारों को प्राप्त करने का गौरव प्राप्त है। डॉ. मिश्र नें वर्ष 2002 से स्नात्तकोतर स्तर के विद्यार्थियों को पढ़ाने, राष्ट्रीय एवं अन्तर्राष्ट्रीय प्रशिक्षण कार्यक्रम आयोजित करने के साथ–साथ अभी तक 7 पुस्तकों, 75 शोध पत्र, 100 से अधिक लोकप्रिय आलेख तथा 12 तकनीकी प्रपत्रों का प्रणयन किया है। आपने 2016 तक 7 एम.टेक. एवं 4 पी.एच.डी. छात्रों का मार्ग दर्शन भी किया है। डॉ. मिश्र विभिन्न अकादमिक समितियों के सदस्य जैसे, भारतीय कृषि अभियंत्रण समिति, भारतीय मृदा संरक्षण समिति एवं अभियंताओं के संस्थान के अध्येता हैं। डॉ. मिश्र भारत के विभिन्न वि.वि. में परीक्षक तथा बी.टेक., एम.टेक एवं पी.एच.डी. सिविल एवं कृषि अभियांत्रिकी के मूल्यांकनकर्ता भी हैं। डॉ. मिश्र भारत सरकार की जल एवं मृदा प्रबंधन की बहुत सी परियोजनाओं को सफलतापूर्वक सम्पादन कर चुके हैं।

रणबीर सिंह, वरिष्ठ तकनीकी अधिकारी के पद पर भारतीय कृषि अनुसंधान संस्थान, नई दिल्ली के जल प्रौद्योगिकी केन्द्र में कार्यरत हैं। इससे पूर्व आपने कृषि अभियांत्रिकी संभाग में पिछले 18 वर्षों तक कृषि यंत्रों एवं मशीनों के निर्माण, खेतों में प्रयोग, रख–रखाव प्रबंधन, फसलोत्पादन तथा कृषि यंत्रों के तकनीकी हस्तान्तरण का कार्य किया है। आपने एम.एस.सी. (कृषि) एवं नेट (सस्यविज्ञान) तथा एम.ए. अर्थशास्त्र में उपाधियाँ ली हैं। श्री सिंह ने 77 से अधिक वैज्ञानिक व लोकप्रिय कृषि लेख लिखे हैं तथा 6 पुस्तकों तथा 14 प्रपत्रों का आलेखन भी किया है। इन्होंने कई सेमिनारों/कार्यशालाओं/संगोष्ठियों में राष्ट्रीय एवं अन्तर्राष्ट्रीय स्तर पर भाग लिया है; तथा दो कृषि समितियों के आजीवन सदस्य भी हैं। उन्हें कृषि लेखन कार्य के लिए पूसा संस्थान के अतिरिक्त उनकी पुस्तक "भारतीय कृषिः चुनौतियाँ एवं अवसर" के प्रणयन हेतु गृह मंत्रालय के "राजभाषा गौरव पुरस्कार" 2015 से महामहिम राष्ट्रपति जी के कर कमलों द्वारा पुरस्कृत व सम्मानित भी किया जा चुका है। श्री सिंह को सामाजिक विज्ञान पुस्तक लेखन पर भारतीय कृषि अनुसंधान परिषद द्वारा "डॉ. राजेन्द्र प्रसाद पुरस्कार" 2016 भी प्रदान किया गया है। सम्प्रति आप भा.कृ.अ.प.– भा.कृ.अ.सं. नई दिल्ली स्थित जल प्रौद्योगिकी केन्द्र में जल संसाधन संरक्षण एवं उसके दक्षतापूर्ण प्रबंधन पर कार्य कर रहे हैं।

भारतीय कृषि में कुशल सिंचाई जल प्रबंधन

लेखकगण :

अनिल कुमार मिश्र

रणबीर सिंह

SSPH

सतीश सीरियल पब्लिशिंग हाउस

403, एक्सप्रेस टॉवर, वाणिज्यिक परिसर, आजादपुर, नई दिल्ली–110033

दूरभाषः 011–27672852 फेक्सः 91–11–27672046

ईमेलः info@satishserial.com, hkjain1975@yahoo.com

वैबसाईटः www.satishserial.com

Published by :

SATISH SERIAL PUBLISHING HOUSE

403, Express Tower, Commercial Complex, Azadpur, Delhi-110033 (INDIA)
Phone : 011-27672852 Fax : 91-11-27672046
E-mail : info@satishserial.com, hkjain1975@yahoo.com

ISBN 978-93-86200-83-9

Composed, Designed & Printed in India

प्राक्कथन

प्रकृति, पृथ्वी और सृष्टि सब जल से ही बनी है। जब जल में विकार पैदा होता है तो प्राणदायिनी नदियाँ, गन्दे नाले बन जाती हैं। जब वातावरण में विकार पैदा होता है तब इस पृथ्वी को बुखार चढ़ जाता है; तो मौसम का स्वास्थ्य खराब हो जाता है। ब्रह्माण्ड धधकने लगता है और जीवन का बचना असंभव हो जाता है। आज हम उसी रास्ते पर चल रहे हैं। हमारी सारी नदियाँ, गन्दे नाले बन गई हैं। यह हमारे समाज के अधार्मिक व भ्रष्ट आचार–विचार और सरकार के भ्रष्टाचार का सबसे बड़ा नमूना है। हम इसी को ठीक करके ही अपनी प्रकृति, पृथ्वी एवं सृष्टि को सुधार सकते हैं। हमे अपने पर्यावरण को सुधारने के लिए अपने प्राणों को बनाने, चलाने वाले पंच महाभूतों का स्वास्थ्य ठीक रखने की शुरुआत करके करनी होगी।

जब हम पंच महाभूतों (अग्नि, पृथ्वी, जल, वायु व आकाश) का स्मरण करते हैं; जब हम यह जान लेते हैं कि इन के बिना जीवन का बचना/चलना असम्भव है, तभी उनको बचाने में जुड़ते हैं। हमें अपने लिए प्रकृति का उतना ही अथवा कम प्रयोग करना चाहिए, जितना हम उसको जीते जी वापस लौटा सकें। जब तक हम किसी की जीवन शक्ति का अतिक्रमण नहीं करते हैं, तभी तक हमारा जीवन शोषण और प्रदूषण मुक्त बनता है। आज हम अपनी प्रकृति का शोषण और प्रदूषण करने में करने में लगे हुए हैं। इसे रोकने के लिए हमारा खान–पान, आचार–विचार और जीवन का आधार स्वावलंबी होना चाहिए।

यह सर्वविदित है कि हमारे पास जल संसाधन सीमित है और बढ़ती जल की माँग और आपूर्ति को इन्हीं संसाधनों से पूरा करना है। द्रुतगति से बढ़ती जनसंख्या, बढ़ते–फैलते शहर, गाँव, उद्योग और कृषि सभी जल की अपनी आवश्यकताओं को पूरा करने में असमर्थ हैं। एक ओर जल की प्रति व्यक्ति मात्रा घटकर संकट के कगार पर पहुँच गयी है, तो दूसरी ओर नहरी सिंचित क्षेत्रों में दीर्घकालीन व अवैज्ञानिक सिंचाई के कारण विभिन्न प्रकार की जल जनित समस्याएँ अपना विकराल रूप धारण करती जा रही हैं। आज जो हमारी स्थिति है, उसे देखते हुए कहा जा सकता है कि हमारी जल प्रबंधन प्रणाली संपोषणीय नहीं है। इस दुर्लभ और दुष्प्राप्य संसाधन के प्रबंधन और विकास की हमारी प्रणालियों में व्यापक परिवर्तन की आवश्यकता है और हमें इसके लिए तुरन्त, बिना कोई समय गँवाए; आवश्यक कदम उठाने होंगे।

प्रस्तुत पुस्तक में लेखकों ने भारतीय कृषि परिदृश्य में कुशल सिंचाई जल की उपलब्धता, जल संकट व संरक्षण, जल के गुण एवं प्रयोग की विभिन्न विधियों इत्यादि विषयों के बारे में विस्तृत जानकारी को राजभाषा के माध्यम से समझाने का प्रयास किया

है। लेखकों को आशा ही नहीं दृढ़ विश्वास है कि जल संबंधित सभी विषयों में पढ़ने वाले स्नातक, स्नातकोत्तर के विद्यार्थियों के अतिरिक्त हमारे किसान वर्ग के लिए भी यह पुस्तक अत्यधिक लाभप्रद सिद्ध होगी।

जल की एक–एक बूँद कीमती है बेशुमार,
इसको बचाने के लिए प्रयत्न करो बार–बार।। 1।।

जल का व्यर्थ बहना अच्छा नहीं होता,
दरिया को गन्दा करना अच्छा नहीं होता।। 2।।

जीवन के लिए जैसे प्राण वायु जरूरी है,
जीने के लिए वैसे ही जल बहुत जरूरी ।। 3।।

कुदरत की इस नियामत को संरक्षित करके रखिए,
जब भी करें जल का सेवन,
परमात्मा के प्रति कृतज्ञता रखिए ।। 4।।

स्थानः जल प्रौद्योगिकी केन्द्र
दिनांकः 16 अप्रैल, 2018

अनिल कुमार मिश्र
रणबीर सिंह

डॉ. भरत शर्मा
पूर्व उपमहानिदेशक (जल प्रबन्धन)
भा.कृ.अनु.प., नई दिल्ली एवं पूर्व वैज्ञानिक/अध्येयता
अन्तर्राष्ट्रीय जल प्रबंधन संस्थान, कोलम्बो, श्रीलंका एवं
अन्तर्राष्ट्रीय सलाहकार (जल संसाधन प्रबंधन)

अग्रसारण

अधिकांश किसानों का मत है कि ''जल के बिना, अन्य किसी चीज का महत्व नही है''। कृषि को मात्र वर्षा पर ही निर्भर नही बनाया जा सकता जो कि मौसम के साथ जुआ खेलने जैसा है। बहुत सारे अध्ययनों एवं प्रदर्शनों ने यह दर्शाया है कि अधिकतर फसलों की उत्पादकता बहुधा असिंचित स्थितियों की तुलना में बहुधा सिंचित परिस्थितियों में लगभग 1.6 गुणा अधिक होती है। यद्यपि भारत आज खाद्यान्न उत्पादन में आत्मनिर्भर है तथापि भारतीय कृषि ''अत्यधिक भूमि और अत्यधिक जल का किंचित निम्न दक्षतापूर्ण उपयोग कर रही है''। भारत में अधिकतर फसलों की उत्पादकता संसार के औसत से कम है जिसका कारण तकनीकियों का निम्नस्तर अथवा उन्नत तकनीकियों को न अपनाना है। कृषि उत्पादकता में वृद्धि हेतु सबसे प्रभावी यंत्र हैं सिंचाई जल की उपलब्धता में वृद्धि और उन्नत तकनीकियों को अपनाना। सिंचाई जल उपलब्धता के कारण फसल सघनता को बढ़ाना सम्भव हो सकता है जिसे हम **''ऊर्ध्वाधर विकास''** कह सकते हैं। आज, भारत देश में 76.0 प्रतिशत कृषि भूमि मुख्य उत्पादन काल के आधे समय में अप्रयुक्त रह जाती है। जिसका कारण है फसलों की जल माँग पूर्ति करने हेतु माँग आधारित सिंचाई जल की अनुपलब्धता। सिंचित क्षेत्रों में भी समुचित मात्रा और मूल्य पर सिंचाई जल वर्ष भर उपलब्धता नहीं रहता है। एक बार सिंचाई जल की उपलब्धता सुनिश्चित हो गयी तो फसलों के विविधीकरण के द्वारा किसानों की आय में वृद्धि कर पाना संभव है। **'किसानों की आय द्विगुणित करना'** शीर्षक पर नीति आयोग के द्वारा हाल ही में किये गये अध्ययनों के आधार पर यह कहा जा सकता है कि खाद्यान्न फसलों के स्थान पर उच्च गुणवत्तापूर्ण फसलों यथा, फल, फूल और अन्य व्यावसायिक फसलों के कर्षण करने में किसानों की समग्र आय को 2.47 गुणा करने की अभूतपूर्व क्षमता है।

यद्यपि राष्ट्रीय स्तर पर भारत को समुचित जल संसाधनों का वरदान प्राप्त है। तथापि भारतीय सिंचाई परिदृष्य विभिन्न प्रकार की समस्याओं से ग्रसित है, जिसमें शामिल हैं, सिंचाई संभाव्यता सृजन तथा सिंचाई संभाव्यता प्राप्ति, भारत के अधिकतर भू–भागों में सिंचाई हेतु भू जल पर अधिक निर्भरता जिसके कारण भू जल के अत्यधिक दोहन के फलस्वरूप जलभृतों के तल में लगातार आने वाली गिरावट, पूर्वी क्षेत्रों में वर्षाकाल में आने

वाली बाढ़ तथा जल संसाधनों का अल्पतम विकास, ग्रामीण विद्युतीकरण में कमी, कृषि सहित अन्य सभी क्षेत्रों में निम्न जल उपयोग दक्षता निम्न जल उत्पादकता, जल संसाधन संबंधी विभिन्न योजनाओं की समरसता न होना, कमजोर रखरखाव तथा जल संबंधी नीतियों का आधे मन से कार्यान्वयन।

कृषि सिंचाई क्षेत्र में जल संबंधी ऊपर वर्णित विभिन्न समस्याओं के निराकरण के उदेद्श्य हेतु और वर्ष 2022 तक किसानों की आय को द्विगुणित करने के लिए भारत सरकार ने एक महत्वकांक्षी योजना का प्रणयन किया है और उसे लागू भी कर दिया है, जिसका नाम "प्रधानमंत्री सिंचाई कृषि योजना" है तथा जिसके दो प्रमुख उद्देश्य हैं ''हर खेत को सिंचाई जल प्रदान करना'' एवं ''प्रति बूंद अधिक फसल''। उपरोक्त सभी अच्छे उद्देश्यों को तभी प्राप्त किया जा सकता है जब प्रदेश के अधिकारियों, सिंचाई के विशेषज्ञों, कृषि विस्तार कार्यकताओं, गैर सरकारी संगठनों, विश्वविद्यालय और सबसे पहले सिंचकों, किसानों को दक्षतापूर्ण सिंचाई प्रबंधन का बौद्धिक और प्रयोगात्मक ज्ञान होगा।

भारतीय कृषि अनुसंधान संस्थान, नई दिल्ली स्थित जल प्रौद्योगिकी केन्द्र, जो देश का एक प्रमुख जल प्रबंधन संस्थान है, के प्रतिष्ठित वैज्ञानिकों द्वारा इस ''भारतीय कृषि में कुशल जल प्रबंधन'' नामक पुस्तक जो सामयिक और विद्धतापूर्ण प्रकाशन है, का प्रणयन एक स्वागत योग्य कदम है। मैं ईमानदारी से प्रस्तुत पुस्तक के लेखकों डॉ. अनिल कुमार मिश्र और श्री रणबीर सिंह को उनके द्वारा एक कठिन तकनीकी ज्ञान को स्पष्ट हिन्दी भाषा में आसानी से समझाने योग्य रूप में प्रस्तुत करने के सराहनीय प्रयासों के लिए बधाई देता हूँ। यह पुस्तक इस विषय की उस बडी कमी की पूर्ति करने में सक्षम होगी और उन सभी को जो भारतीय कृषि के अंतर्गत दक्षतापूर्ण सिंचन में रुची रखते हैं के द्वारा अच्छी प्रकार से अपनाई और सराही जायेगी।

भरत शर्मा

(भरत शर्मा)

आभार

जल संरक्षण की आवश्यकता का कारण यह है कि जल और वायु जीवन का आधार है। जल हमें प्रकृति की ओर से यह बहुमूल्य उपहार मिला है जिसका हमें सदुपयोग करना चाहिए तथा इसका अपव्यय नहीं होने देना चाहिए। लेखकगण उन सभी विद्वानों के प्रति अपना आभार व्यक्त करते हैं, जिनकी कृतियों का प्रत्यक्ष एवं परोक्ष रूप से पुस्तक को समृद्ध बनाने में प्रयोग किया गया है। हम डॉ. सान्त्वना मिश्रा, पी.एच.डी. (हिन्दी) का विशेष आभार व्यक्त करना चाहते हैं जिनके द्वारा वर्तनी और भाषा की त्रुटियों को दूर करने में अतीव सहयोग प्राप्त हुआ है, अन्यथा अशुद्धियों के कारण पुस्तक का क्लेवर उतना अच्छा न बन पड़ता जितना अभी बन पड़ा है। हम डॉ. जगदीश प्रसाद मिश्रा, पूर्व अधिष्ठाता, कृषि महाविद्यालय, न.दे. कृषि एवं प्रौ. वि. वि., कुमार गंज (फैजाबाद) के विशेष आभारी हैं जिन्होंने पुस्तक के मूल पाण्डुलिपि को सांगोपांग अध्ययन कर के प्रकाशन से पूर्व ही हमारी त्रुटियों को इंगित किया ताकि पुस्तक में कोई कमी न रह जाये। उनकी सामयिक सोच एवं तीक्ष्ण मेधा का प्रतिफल हमें आर्शीवचनों के रूप में प्राप्त होना हमारा परम सौभाग्य और गौरव है। हम गुगल इमेज एवं विकिपीडिया के प्रति भी अपना आभार व्यक्त करते हैं जिनकी साइट पर उपलब्ध चित्रों का पुस्तक के विभिन्न विषयों को समझाने में प्रयोग किया गया है। जन सामान्य में जल संरक्षण की जागरुकता को बढ़ाने हेतु उपरोक्त स्लोगनों को समझकर अपनाने चाहिए।

स्थानः जल प्रौद्योगिकी केन्द्र
दिनांकः 16 अप्रैल, 2018

अनिल कुमार मिश्र
रणबीर सिंह

विषय सूची

जल ही जीवन है

जल ही जीवन कहलाता है, प्रकृति का अनुपम उपहार है ||1||

जल बिन जीवन की, कल्पना करना भी है बेकार है ||2||

रक्षक भी है, भक्षक भी है, जल प्रकृति सन्तुलन का आधार है ||3||

अधिकता भी इसकी घातक है, बाढ़ रूप बनता विकराल है ||4||

मछली प्राण है जल में, मानव तन का जल आधार है ||5||

स्वयं में देवता कहलाता परमात्मा, याद का जल आधार है ||6||

संवेदनाओं का सूचक है, अश्रु जल की धार है ||7||

पंचतत्व मे गिनती होती, जल तन शुद्धि का आधार है ||8||

दुनिया से जब हो विदा, बनता गंगा जल ही मोक्षद्वार है ||9||

जल की बूँद बूँद कीमती है बेशुमार, बचाने के लिए प्रयत्न करो बार–बार ||10||

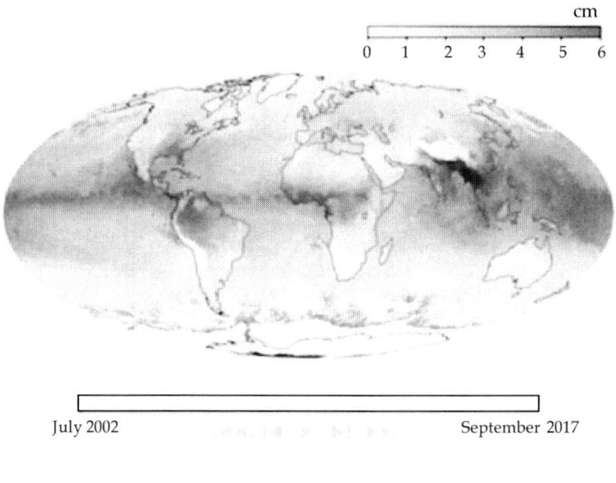

अध्याय 1

भारत में जल संसाधनों का आंकलनः सिंहावलोकन

भारत एक कृषि प्रधान देश है। देश की कुल जनसंख्या का लगभग दो–तिहाई भाग खेती पर निर्भर है और कृषि भूमि, जल, जलवायु, बीज, उपकरण और किसानों की शारीरिक क्षमताओं पर निर्भर करती है। कृषि के लिये उत्तम भूमि नितांत आवश्यक लागत वस्तु है। भूमि की प्रकृति ही निर्धारित करती है कि उसमें कौन–कौन सी फसलें उगाई जाएगी। अच्छी फसल उगाने के लिए जल का सुव्यवस्थित प्रबन्ध होना चाहिए। भारत में कृषि हेतु आवश्यक जल की आपूर्ति नदियों और भूजल से होती है। वास्तव में, देश की वर्तमान जल की मांग, सिंचाई की आवश्यकताओं के लिए ही अधिक है। इसमें धरातलीय जल का 89 प्रतिशत और भूजल का 92 प्रतिशत जल उपयोग किया जाता है (चित्रः 1)। कुल जल उपयोग में कृषि व्यवसाय (75–80 प्रतिशत) का भाग दूसरे व्यवसायों से अधिक है। फिर भी, भविष्य में विकास के साथ–साथ देश में औद्योगिक (20–25 प्रतिशत) और घरेलू उपभोग (3–5 प्रतिशत) में जल का उपयोग बढ़ने की संभावना है। जलवायु परिवर्तन का प्रभाव भी फसल के प्रकार और परिणाम पर अवश्य पड़ता है। भारत में कृषि को अभी भी अधिकतर वर्षा पर ही निर्भर रहना पड़ता है।

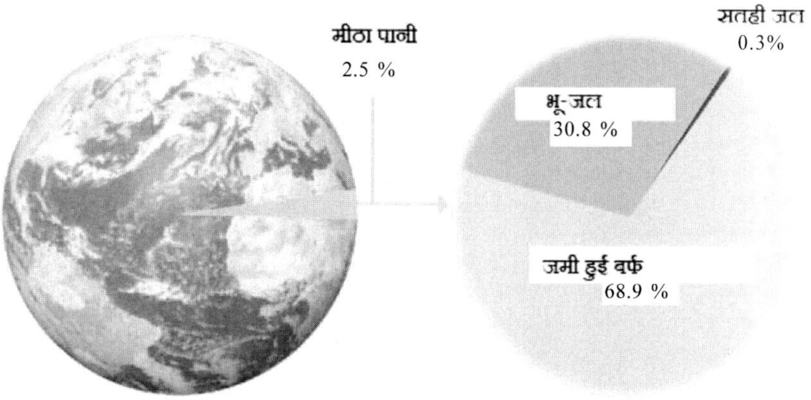

चित्रः 1 वातावरण में जल की उपस्थिति

कृषि का दूसरा अन्य महत्वपूर्ण अंग उत्तम कोटि का बीज है। अधिक फसल देने वाले बीजों से ही भारत में हरित क्रांति संभव हो सकी है। प्रागैतिहासिक समय से ही कृषि

उपकरणों को किसानों का महत्वपूर्ण हथियार माना जाता रहा है। आधुनिक काल में यंत्रीकरण ने कृषि की पुरानी विधियों में परिवर्तन कर दिया है। लेकिन दक्ष किसानों की जगह कोई नहीं ले सकता है, ये कृषि के सर्वाधिक आधारभूत स्तंभ हैं।

जल और जीवन

बूँद–बूँद में जीवन। जल अनमोल है। यह कितना आवश्यक है, इसका अनुमान इसी बात से लगा सकते हैं कि यदि पृथ्वी पर जल नहीं होगा तो, न पेड़–पौधे होंगे, न जल की रानी मछली होगी, न शेर होगा, न तोते और गौरेया और न ही मनुष्य। छोटे–छोटे कीड़ों से लेकर बड़े पेड़ों को जीवित रहने के लिए जल की आवश्यकता होती है। ऐसा मान सकते हैं कि जैसे सांस लेने के लिए हवा आवश्यक है, वैसे ही जीने/जीवन के लिए जल। जीवन में जल का महत्व हवा के बाद सबसे अधिक है। हवा और जल के बिना जीवन संभव नहीं है। मनुष्य, पशु, पक्षी, पेड़–पौधे कुछ भी बिना जल के जीवित नहीं रह सकते हैं तथा जल के बिना तो जीवन की कल्पना भी नहीं की सकती हैं। अर्थात् जल जीवन है, जल सृष्टि का मूल है और जल ही वस्तुतः ब्रह्म भी है। जल प्रकृति द्वारा प्रदत्त अमूल्य उपहार है इससे ही पृथ्वी का श्रृंगार है, जीव–जन्तु व पशु–पक्षी का पालनहार है।

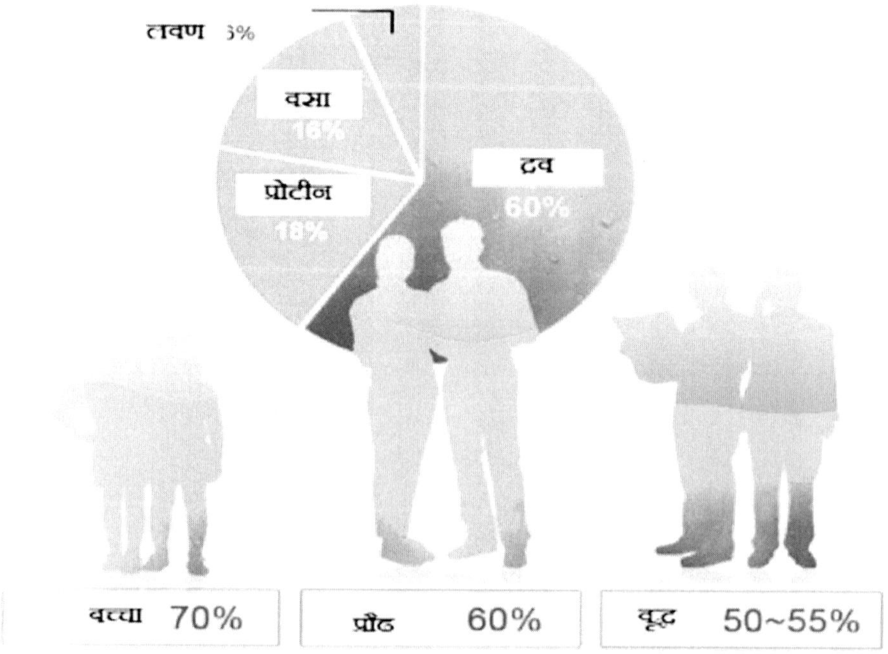

चित्रः 2 मनुष्य के शरीर में जल का महत्व

अग्नि, पृथ्वी, जल, वायु व आकाश इन पंच तत्वों से निर्मित हमारा और दूसरे जीवों के शरीर का 90 प्रतिशत भाग जल से बना होता है। मानव शरीर में 60 प्रतिशत भाग जल होता है, मस्तिष्क में 70 प्रतिशत जल होता है। फेफड़ों में भी लगभग 90 प्रतिशत जल रहता है। हमारे खून का 83 प्रतिशत भाग जल ही होता है। इससे हमें खाने को पचाने, बेकार पदार्थो को शरीर से बाहर निकालने और शरीर का तापक्रम नियंत्रित रखने में सहायता मिलती है। साथ ही ऑक्सीजन लेने के लिए भी जल आवश्यक होता है। शरीर को प्रतिदिन लगभग 2.4 लीटर जल की आवश्यकता होती है। इसकी अधिकांश भरपाई वह पीए गए जल से करता है, शेष आवश्यकता खाई गई वस्तुओं से पूरी होती है। शरीर में जल की कमी अनेक रोगों को आमंत्रण देती है।

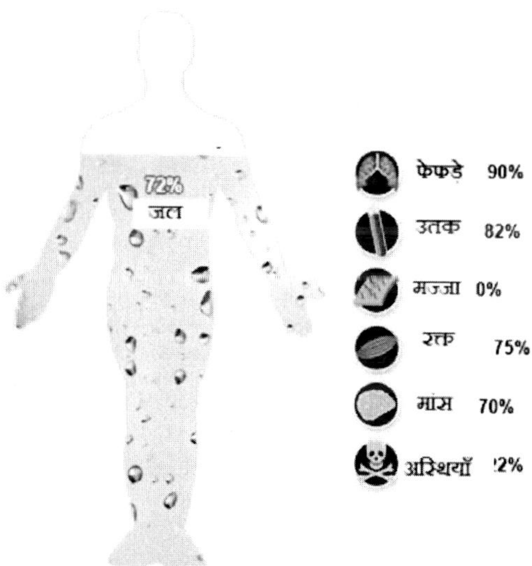

चित्रः 3 जीवन का सार जल

हमारे देश में बहुत से ऐसे क्षेत्र हैं जहाँ पर जल की बहुत कमी है जिससे भूमिगत जल–स्तर हजारों फीट नीचे पहुँच गया है, ऐसी स्थिति में दूर–दूर तक पेड़–पौधे दिखाई नहीं देते। ऐसे स्थानों पर फसल उगाने का प्रश्न ही नहीं उठता है। जल समाप्त होने का सीधा अभिप्राय यह है कि जीवन का न होना, तो ऐसे में हमारा अस्तित्व कहाँ रह सकता है। इसका यह अर्थ निकाला जा सकता है कि हमें अपने जीवन से कोई लगाव ही नहीं है, क्योंकि हम जल का अत्यधिक दोहन और बर्बादी स्वयं अपनी इच्छा से कर रहे हैं। संयुक्त राष्ट्र के अनुसार एक व्यक्ति के लिए पीने, कपड़ा धोने खाना पकाने और सफाई कार्य हेतु न्यूनतम 50 लीटर जल प्रतिदिन आवश्यक है और सम्पूर्ण विश्व की एक–तिहाई जनसंख्या को समुचित जल नही मिलता तथा वर्ष 2025 तक जनसंख्या बढ़ने से विश्व की लगभग दो–तिहाई जनसंख्या जल की समस्या से प्रभावित होगी।

जल की अवस्थाएँ

जल की तीन अवस्थाएं होती हैं। ठोस, द्रव और गैस। ठोस जल को बर्फ कहा जाता है, द्रव अवस्था में जल हम हर रोज प्रयोग करते ही हैं, और जब जल उबलकर वाष्प बनाता है या सूर्य की किरणों से वाष्पीकृत होकर ऊपर वायुमण्डल में चला जाता है तो यह उसकी गैस अवस्था होती है। गैस अवस्था ही वर्षा होने का कारक बनती है। पृथ्वी में जल, सतह के ऊपर नदियों, झीलों व झरनों के रूप में मिलता है। सतह के नीचे भी जल होता है, जिसे भूमिगत जल कहते हैं। एक अनुमान के अनुसार विश्व की लगभग 90 प्रतिशत जनसंख्या को सीधे तौर पर साफ एवं स्वच्छ जल नहीं मिलता है (चित्रः 4)।

जानें जल का सच

- सौर्य प्रणाली में पृथ्वी एकमात्र ऐसा ग्रह है, जहाँ पर नदियाँ और समुद्र है और वर्षा होती है।
- एक व्यक्ति खाने के बिना एक महीने से अधिक जीवित रह सकता है, वहीं जल के बिना एक सप्ताह से अधिक जीवित रहना असंभव होता है।

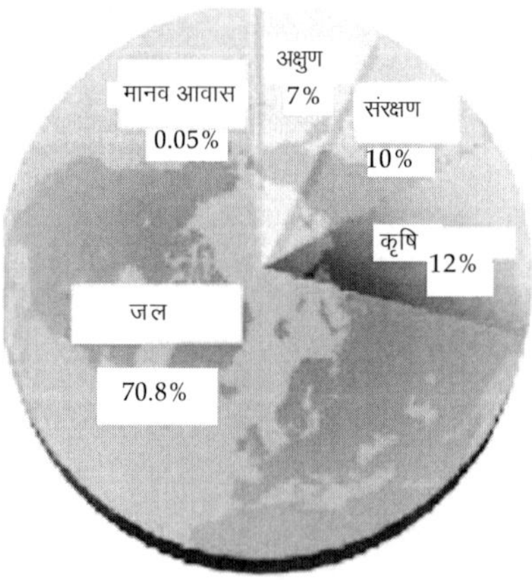

चित्रः 4 विश्व में जल उपलब्धता

- जल पाँच मूल तत्वों में से एक है, जिनसे सृष्टि का सृजन हुआ है।
- जल समस्त जैविक संसार का आधार है। जल पारिस्थितिकीय संतुलन का अभिन्न अंग है।
- जल मानव के लगभग प्रत्येक क्रिया—कलाप के लिये आवश्यक है।
- मानव सभ्यता के अस्तित्व एवं विकास के लिये जल अपरिहार्य है।

- विश्व में पृथ्वी का 71 प्रतिशत भाग जल से ढँका है।
- विश्व में पृथ्वी का 97 प्रतिशत जल महासागरों में है, जो कि खारा है और इसे उपयोग में नहीं ला सकते हैं। केवल 3 प्रतिशत स्वच्छ जल है, जिसका 2.5 प्रतिशत जल वर्षों से बर्फ के रूप में है।
- मानव जाति को विश्व के जल का 0.5 प्रतिशत उपलब्ध है।
- विश्व की कृषि में 70 प्रतिशत से अधिक स्वच्छ जल का उपयोग होता है। भारत का 54 प्रतिशत भाग जल की कमी से जूझ रहा है।
- एक गैलन जल 3.7865 लीटर जल के बराबर होता है।
- विश्व के लगभग आधे स्कूलों में साफ पेय जल उपलब्ध नहीं है।
- विश्व की सबसें लंबी नदी नील है।
- जल से बिजली का निर्माण किया जाता है। विश्व में कई हाईड्रोलेक्टिक पावर स्टेशन लगे हैं।
- पिछले सौ वर्षों में विश्व के आधे से अधिक जलाशय समाप्त हो गए हैं।
- तेल की एक बूँद से लगभग 25 लीटर जल पीने योग्य नहीं रहता है।
- जल का कोई अन्य विकल्प ही नही है, इसकी एक–एक बूँद अमृत समान है।

चित्रः 5 जल एक अमूल्य धरोहर है

'21 वी' सदी हेतु जल सम्बन्धी संदेश एक दृष्टि में

- जल ही जीवन है, इसका संरक्षण करें।
- जल है, तो कल है।
- पौधे का प्रथम भोज्य–'जल' है।

- भूजल के अतिदोहन से निरन्तर खाली हो रहा इसका भण्डार।
- ''जल रहा पुकार मुझे न व्यर्थ बहाओ रे। जीवन को अगर बचाना है, तो मुझे बचाओ रे।।
- वर्षा जल संचयन कर, भूजल संरक्षित करें।
- ''अम्बर में जब जल बरसे, बूँद–बूँद को क्यों हम तरसें''।
- खुशहाल भविष्य के लिए हम सब भूगर्भ जल स्रोतों के संरक्षण में सहयोग दें।
- आगरा में अरावली पहाड़ी के वर्षा जल को संचय कर चाचौंद गाँव में इफ्को द्वारा बनाए जलसंग्रहण क्षेत्र से फसलों की सिंचाई–एक ज्वलंत उदाहरण है – इससे सीख लें।

जल अमूल्य है

जल प्रकृति का अनमोल उपहार है जिसे मानव ने नहीं बनाया और बना भी नही सकता है। जल का उपयोग दिनों–दिन बढ़ता ही जा रहा है, और जल मात्रा तथा गुणवत्ता में कम होता जा रहा है। इसलिए अब संसार के लोगों को जल की क्या उपयोगिता है? यह बात धीरे–धीरे समझ में आने लगी है। जल की उपयोगिता को देखते हुए अपने उस कर्तव्य का निर्वहन करना चाहिए जिससे ''सर्वे भवंतु सुखिनः'' की कामना परिपूर्ण हो (चित्रः 5)।

जल अपने कई गुणों के कारण बेहतर होता है। कल्पना कीजिए कि अगर जल में ये गुण न हो तो क्या हो? अगर जल के कोहेसिव और एडहेसिव गुण (जिसके कारण अणु आपस में जुड़ते है और दूर होते है) समाप्त हो जाएं तो, आई ड्रॉप से बूँद नहीं गिरेगी एवं डिटर्जेंट के प्रयोग से उठने वाला झाग भी नहीं उठ सकेगा। अगर जल में लवणों का घुलना बंद हो जाए तो, आप चाय या कॉफी नहीं पी सकेंगे एवं साबुन से बर्तन–कपड़े नही धुल सकेंगे। अगर जल में हटने का गुण न हो तो, नहाने के बाद शरीर नहीं सूखेगा एवं न तो कार के वाइपर काम करेंगे और न ही घर की सफाई के लिए जल का प्रयोग हो पाएगा।

जल संस्कृति

जल प्रकृति द्वारा मानव सहित सभी जीवों को दिया हुआ अद्वितीय सम्पदा तथा वरदान है। जल ही जीवन है, जल है तो कल है। जल स्रोत पुनः चक्रित नवीकरण श्रेणी में आता है। लोगों ने जल संरक्षण के नये स्रोतों के संरक्षण की दिशा में जागरुक रहकर कदम उठाये हैं। जब से मानव ने पत्थर के भी घर बनाये व अपने रहने के लिए आवास बनाने की ओर बढ़ा, तभी से लोगों को जल के महत्व का भी पता चला है, तथा मानव तभी से जल संरक्षण के नये–नये ढंग खोजने की कोशिश करता आया है।

जल और सभ्यताएँ

सभी महान सभ्यताएं जल के आस–पास ही जन्मी और पनपीं क्योंकि जल स्रोतों से उन्हें न केवल पीने के लिए जल मिला बल्कि कृषि, व्यापार, परिवहन और सुरक्षा की दृष्टि से भी जल स्रोत सभ्यताओं के विकास के लिए आवश्यक थे। इसलिए जल ने उन्हें न केवल जीवन जीने में मदद की बल्कि जनसंख्या के पनपने व बढ़ने में भी सहायता की। विश्व की दूसरी सभ्यताओं की तरह भारत में भी सिंधु घाटी सभ्यता जिसे हड़प्पा संस्कृति या मोहनजोदड़ों के नाम से जाना जाता है, का जन्म भी सिंधु नदी के किनारे ही हुआ था। मिस्र की नील नदी सभ्यता तथा चीन की प्राचीन सभ्यताएं भी नदियों के किनारे ही पुष्पित और पल्लवित जल के सम्यक अनुरक्षण और प्रबन्धन न होने से उनकी अवनति हुई।

जल संसाधन

जल संसाधन जल के वह स्रोत हैं जो मानव जाति के लिये उपयोगी हैं या जिनके उपयोग में आने की बहुत ही सम्भावना है। पूरे विश्व में पृथ्वी पर लगभग तीन चौथाई भाग जल से घिरा हुआ है किन्तु इसमें से 97 प्रतिशत जल खारा है जो पीने योग्य नहीं है। पीने योग्य जल की मात्रा केवल 3 प्रतिशत है इसमें भी 2 प्रतिशत ग्लेशियर एवं बर्फ के रूप में है। इस प्रकार सही अर्थ में मात्र 1 प्रतिशत जल ही मानव के उपयोग हेतु उपलब्ध है।

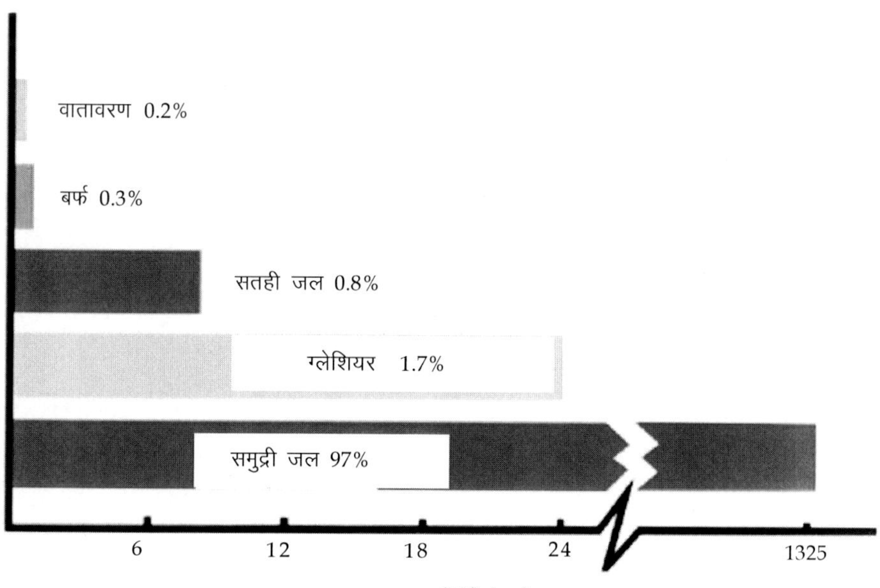

चित्रः 6 पृथ्वी पर जल की उपलब्धता

जल के स्रोतों को हम तीन भागों में विभाजित कर सकते हैं, जैसेः

क) **धरातल के ऊपर से प्राप्त जलः** यह वर्षा का जल है जो शुद्ध होता है किन्तु सतर्कता न रहने पर भूमि पर आते ही इसमें कई प्रकार की अशुद्धियाँ घुलने का डर रहता है।

ख) **धरातलीय जलः** नदी, तालाब, झील आदि।

ग) **भूमिगत जलः** कच्चे तथा पक्के कुँए, बावड़ी, बोरिंग आदि।

वातावरणीय जल चक्र (हाइड्रोलोजिक साइकिल)

पृथ्वी पर स्थित विभिन्न जल स्रोतों जैसे, झील, तालाब, नदियाँ, पेड़–पौधों तथा समुद्रों में उपलब्ध जल का वाष्पीकरण होता है एवं यह जल वायुमण्डल में प्रवेश करता है तथा इसके उपरान्त तापमान कम होने के कारण संघनित होकर यह वाष्पीकृत जल बर्फ अथवा वर्षा के रूप में पुनः धरातल पर आ जाता है, इस प्रकार जल का जो चक्र पूरा होता है उसे वातावरणीय जलीय चक्र कहते है (चित्रः 7)।

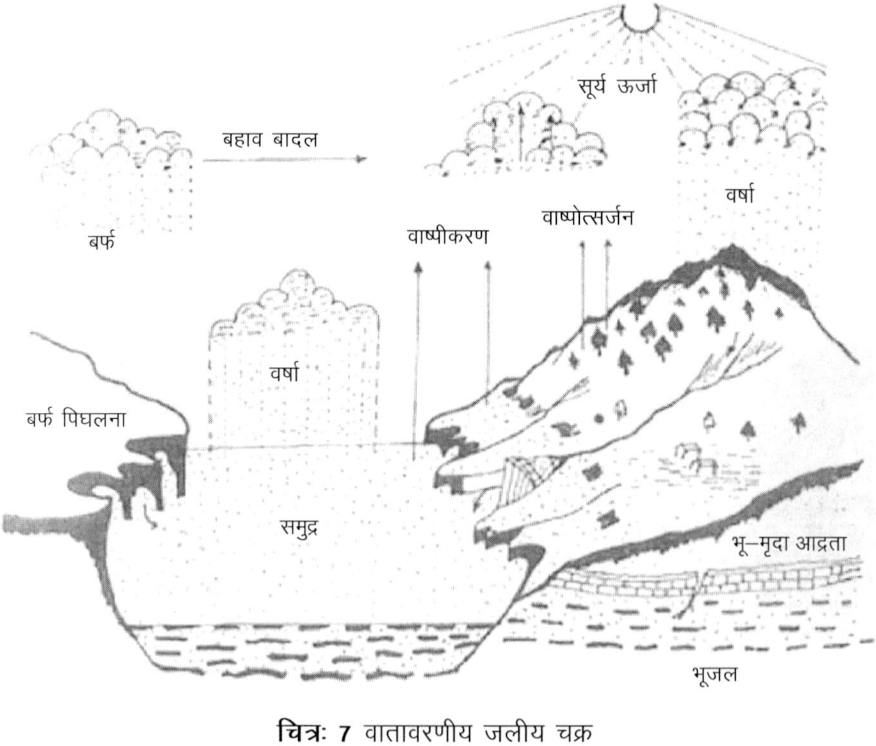

चित्रः 7 वातावरणीय जलीय चक्र

जल चक्र की प्रक्रिया

जल चक्र की प्रक्रिया में इसके विभिन्न स्तरों या क्रमों का, इसकी गतिशीलता पर प्रभाव पड़ता है तथा जो नमी वायुमण्डल को प्राप्त होती है, वह जल, ओस, हिम, पाले इत्यादि किसी भी रूप में धरातल या समुद्रों को पुनः प्राप्त हो सकती है। इसलिए अवस्था तथा अवधि में होने वाले इन परिवर्तनों के फलस्वरूप चक्रीय चक्र की प्रक्रिया में बाधाएं आती है। सूर्य से प्राप्त ऊर्जा के कारण महासागरों का पानी जल वाष्प का रूप धारण कर वायुमण्डल में प्रवेश करता है। महासागरों से स्थल की तरफ चलने वाली पवन इस जल वाष्प को गति देती है तथा एक स्थान से दूसरे स्थान पर स्थानांतरित करती है इसके उपरान्त इस जल वाष्प का संघनन होता है जिससे भू–सतह पर वर्षा होती है व वर्षा से धरातल को प्राप्त होने वाला यह जल नदी नालों के रूप में पृष्ठ पर बढ़ता है अन्त में महासागरों में प्रवेश कर जाता है, और ऊर्जा से यह जल चक्र गति करता है। इस तरह वर्षा से प्राप्त इस जल का कुछ हिस्सा वनस्पतियों द्वारा वाष्पोत्सर्जन होने से ह्रास हो जाता है व कूछ जल नदियों, तालाबों, झरनों, झीलों इत्यादि से वाष्पीकृत होकर पुनः वायुमण्डल में पहुँच जाता है। जल चक्र में निम्न क्रिया विधियां है जैसेः वाष्पीकरण, अन्तःस्यंदन, वर्षा, वाष्पीकरण, धरातलीय प्रवाह आदि।

स्रोतः यू.एस.जी.एस.

चित्रः 8 विस्तृत जलीय चक्र

चित्र: 9 जलीय चक्र के विभिन्न घटक

जल चक्र का महत्व

पृथ्वी पर जल चक्र पर्यावरण की जैविक तथा भौतिक क्रियाओं के लिए महत्वपूर्ण है, क्योंकि जलीय संचार के बिना जल–सन्तुलन बिगड़ जायेगा और किसी भी तरह का जीवन असंभव हो जायेगा। जल के वाष्प के रूप में परिवर्तित होकर वायुमण्डल में जमा होना ही अत्यन्त महत्वपूर्ण प्रक्रिया है जिस पर मौसम परिवर्तन निर्भर करता है। पृथ्वी पर वर्षा की क्रियाशीलता जलीय चक्र द्वारा ही पूर्ण होती है।

जलीय चक्र में बाधायें

1. बढ़ते औद्योगिकरण के कारण वायुमण्डल में धुलित कणों की मात्रा में बदलाव आ रहा है क्योंकि कारखानों में विभाजित ये कण वर्षा की बूँदों के निर्माण हेतु आर्द्रताग्राही नाभिक का कार्य करते हैं। इस तरह वायुमण्डल में ठोस कण प्रदूषण प्रभाव बादलों के निर्माण, वर्षा की मात्रा एवं प्रतिरूपण प्रभावित होते हैं।
2. मनुष्य की आर्थिक गतिविधियाँ जिस तरह बढ़ती जा रही हैं, उसी तरह उसकी प्रौद्योगिकी में तीव्रता आ रही है।
3. मनुष्य ने वन विनाश द्वारा प्रकृति के पारिस्थितिकी सन्तुलन को विघटित करके जल चक्र को बुरी तरह से प्रभावित किया है (क्षतिग्रस्त कर दिया है)।
4. जल के अन्तःसंचरण में बदलाव का भी जल चक्र पर प्रभाव पड़ता है।
5. नगरीकरण के कई पर्यावरणीय प्रभाव परिलक्षित हो रहे हैं, जैसे वायु प्रदूषण, नगरीय फैलाव हेतु वन विनाश आदि।
6. पृथ्वी तल पर उत्पन्न हो रहे अनेक तरह के प्रदूषण भी जलीय चक्र को बाधित कर रहे हैं।

मृदा–पादप–वायुमण्लीय प्रणाली में जल

मृदा से नमी की उपलब्धता, पौधों द्वारा इसका ग्रहण, इसका स्थानान्तरण, इसका वाष्पीकरण कुछ वे चरण हैं जिनसे मृदा–पादप–वायुमण्लीय प्रणाली में जल का स्थानान्तरण होता है।

1. मृदा में जल की गति

मृदा में जल के विचरण के तीन चरण हैः नीचे की ओर रिसाव, पुनः वितरण और वापसी। बरसात या सिंचाई से प्राप्त जल मृदा के विभिन्न विभव के अनुसार जल ऊपर, नीचे तथा अगल–बगल फैलता है। मृदा में जल का विचरण तीन प्रकार से होता है, संतृप्त प्रवाह,

असंतृप्त प्रवाह और वाष्पीकरण विचरण अर्थात् सतही खिचाव के प्रभाव में गुरुत्वाकर्षण के अनुसार जल या तो मृदा के दीर्घ रन्ध्रों में भर जाता है अथवा पतली झिल्ली के रूप में मृदा कणों के चारों और चिपक जाता है अथवा हवा के स्थानों में वाष्प के रूप में वितरित हो जाता है।

2. जल उद्ग्रहण

जल–ग्रहण जड़ों तथा मूल रोमों के द्वारा किया जाता है। जल प्रणाली में बहुत विस्तृत सतह क्षेत्रफल होता है, जो कि जल के ग्रहण करने में सक्रिय होता है। जड़ें जल को दोनों प्रकार (सष्क्रिय एवं निष्क्रिय) विधि से ग्रहण करती हैं।

3. स्थानान्तरण

पौधों में जल का चढ़ना एक विशेष प्रकार की कोशिकाओं जिन्हे टेडीड्स कहते है अथवा उनकी कतार के द्वारा संभव होता है क्योंकि इन कोशिकाओं की कतारों के दोनों किनारे खुले होते है जिनसे एक नाली बन जाती है और जल जड़ से पत्तियों तक न्यूनतम प्रतिरोध से पहुँच जाता है। वाष्पोत्सर्जन के खिंचाव से इसके लिए आवश्यक ऊर्जा प्राप्त होती है।

4. वाष्पन–वाष्पोत्सर्जन

मृदा की सतह, जल की सतह या वनस्पतियों में सतह से जल वाष्प की अवस्था में सभी दिशाओं में फैलता है और फिर वायुमण्डल में चला जाता है यह क्रिया दो चरणों में होती है। पहले जल का वाष्प बनता है फिर वाष्प वायुमण्डल में चली जाती है। इवेपोट्रांस्पीरेशन का आशय है कि पौधें और मृदा की सतह से सम्पूर्ण जल जो वायुमण्डल में चला जाता है यह सम्पूर्ण जल ग्रहण का 99 प्रतिशत होता है।

5. मृदा जल

मृदा जल के दो आयाम है, मृदा की इकाई मात्रा अथवा आयतन में जल की उपस्थिति और मृदा जल में ऊर्जा का स्तर। ये दोनों आयाम मृदाओं व पौधों के बीच जलीय सम्बध के लिए महत्वपूर्ण हैं।

जल और कृषि

जल प्रकृति द्वारा प्रदत्त एक ऐसा उपहार है जो न केवल जीवन, बल्कि पर्यावरण के लिए भी अमूल्य है (चित्रः 10)। जैव मंडल की अनेक क्रियाएं जल पर ही निर्भर करती हैं।

अनेक प्रसिद्ध सभ्यताओं का उदय उन्हीं स्थानों पर हुआ जहाँ जल की उपलब्धता रही। प्राचीन सभ्यताएँ नदियों के किनारे ही विकसित हुई हैं। धर्म चाहे कोई भी हों, सभी धर्मों में जल की महत्ता को स्वीकारा गया है।

चित्रः 10 जल और कृषि का पारस्परिक संबंध

आज भारत ही नहीं, विश्व के अनेक देश सूखा और जल संकट की समस्या से प्रभावित है। आज मनुष्य चन्द्रमा और मंगल ग्रह पर जल की खोज में लगा है लेकिन भारत सहित अनेक विकसित देशों के अनेक गाँवों में आज भी पीने योग्य जल स्वक्ष उपलब्ध नहीं है। भारत गाँवों को देश है। हमारे देश में 12 करोड़ किसान हैं और परिवार सहित उनकी जनसंख्या लगभग 60 करोड़ है। गाँवों में ग्रामीणों की आजीविका का साधन कृषि है और कृषि के लिए सिंचाई की व्यवस्था महत्वपूर्ण है। एक अनुमान के अनुसार वर्ष 2030 तक 71 प्रतिशत वैश्विक जल का उपयोग कृषि कार्यों में किया जाएगा। इसलिए कृषि और जल संबंधी नीतियों के बीच समन्वय की आवश्यकता है। राष्ट्रीय जल आयोग ने ग्रामीण आधारभूत संरचना को मजबूत बनाने की दिशा में कदम बढ़ाते हुए, कुँआ खोदना, सिंचाई संसाधन मजबूत करना, कृषि बाजार का सुदृढ़ीकरण तथा ग्रामीण सड़क निर्माण आदि को मुख्य स्थान दिया है।

भारत में वैश्विक तपन और जलवायु परिवर्तन के कारण बाढ़, सूखा, वातावरण का बढ़ता तापमान, पिघलते ग्लेशियर, बढ़ता समुद्रीय जल स्तर जैसी कई समस्याएँ उत्पन्न हुई हैं। भारत का रेगिस्तानी क्षेत्र, गुजरात और महाराष्ट्र तथा मध्य प्रदेश के विभिन्न राज्य भी बाढ़ का सामना कर रहे हैं और सूनामी के कारण दक्षिण भारत के समुद्रतटीय क्षेत्रों में भारी जानमाल की हानि हुई है। भारतीय कृषि, मानसून की अनिश्चिता से प्रभावित है तथा 60 प्रतिशत कृषि मानसूनी वर्षा पर निर्भर है। अब जलवायु–परिवर्तन के कारण मौसम चक्र में बदलाव आ जाने से दक्षिण–पश्चिमी मानसून पर भी काफी प्रतिकूल प्रभाव पड़ा है। भारत में प्रतिवर्ष 4,000 अरब घन मीटर जल बरसता है लेकिन सतह पर या भूजल पुनर्भरण के रूप में मात्र 1,000 अरब घन मीटर का ही उपयोग हो पाता है।

पर्यावरण संबंधी अंर्तराष्ट्रीय समिति के पूर्व अध्यक्ष डॉ. आर.के. पचौरी ने कहा था कि भारत सहित कई देशों को कृषि पैदावार जलवायु परिवर्तन के कारण बुरी तरह से प्रभावित होने की आशंका है। इसलिए उन्होंने वर्षा पोषित कृषि पर जलवायु परिवर्तन के दुष्प्रभावों को रेखांकित करते हुए जल संकट के समाधान हेतु किसानों को जल तथा प्राकृतिक संसाधन के दोहन में संयम बरतने की अपील की है। उन्होंने किसानों को सुझाव दिया है कि वे अपनी खेती के ढ़ंग बदलें और फसल चक्र में जलवायु और स्थानिक भौगोलिक परिथितियों के अनुसार बदलाव लाएँ। खेती और सिंचाई की ऐसी नई विधियों की खोज की जाए जोकि कम से कम जल और सूखे की स्थिति में पूरी उपज दे सकें। भारत में हरित क्रांति के जनक कृषि वैज्ञानिक डॉ.एम.एस. स्वामीनाथन का कहना है कि अगर भारत में औसत तापमान में वृद्धि इसी प्रकार जारी रही है तो इसका हमारी खाद्य सुरक्षा और जल संसाधनों पर घातक असर पड़ेगा। डॉ. स्वामीनाथन ने समुद्र के खारे जल में और समुद्र स्तर से नीचे के खेतों में फसलें उगाने की प्रौद्योगिकी विकसित करने पर भी जोर दिया है।

विश्व में जल की उपलब्धता

पृथ्वी पर कुल 71 प्रतिशत जल उपलब्ध है। इसमें से 97.3 प्रतिशत जल लवणीय होने के कारण पीने योग्य नहीं है, शेष 2.7 प्रतिशत स्वच्छ जल है। (चित्रः 11)

विश्व जल का उपयोग

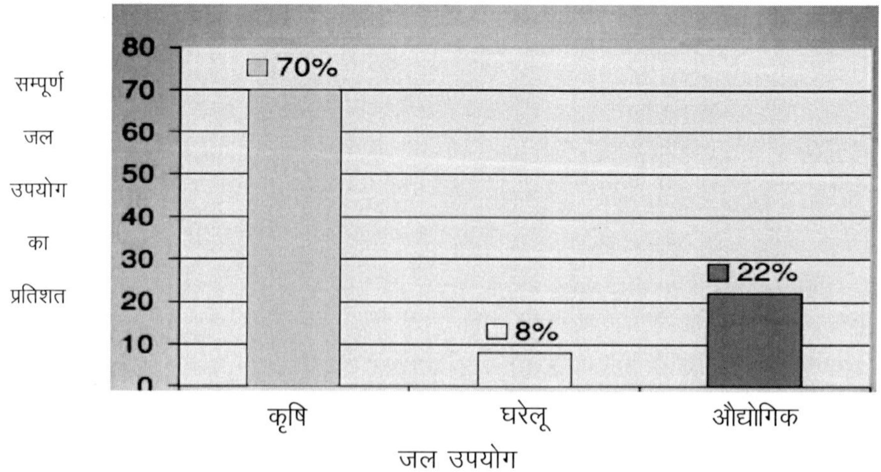

चित्रः 11 विश्व का जल उपयोग

इसमें भी भूजल 22.6 प्रतिशत है और 2.2 प्रतिशत जल झीलों, नदियों, वातावरण, मृदा व वनस्पतियों आदि की नमी के रूप में उपलब्ध है। यद्यपि पृथ्वी पर 146 करोड़ घन कि. मी. जल है। यह पृथ्वी के तीन कि.मी. मोटाई की परत की तरह ढ़ंक सकता है लेकिन इसमें से शेष 2.7 प्रतिशत जल ही स्वच्छ है। इस प्रकार प्रकृति में उपलब्ध कुल जल राशि का 12,500–14,000 अरब लीटर जल ही प्रतिवर्ष मानवीय उपयोग के लिए उपलब्ध हो पाता है। यूनेस्कों की रिपोर्ट में अंकित किया गया है कि हर वर्ष लगभग 22 लाख व्यक्ति प्रदूषित जल पीने से मर जाते है, जिसमें अधिकांश बच्चे होते हैं। विश्व के मात्र 75 प्रतिशत शहरी और 40 प्रतिशत ग्रामीण क्षेत्रों में स्वच्छ पेय जल उपलब्ध है। विश्व के जो 25 देश जल संकट से प्रभावित है, उनमें से 19 देश अफ्रीकी हैं (चित्रः 12)।

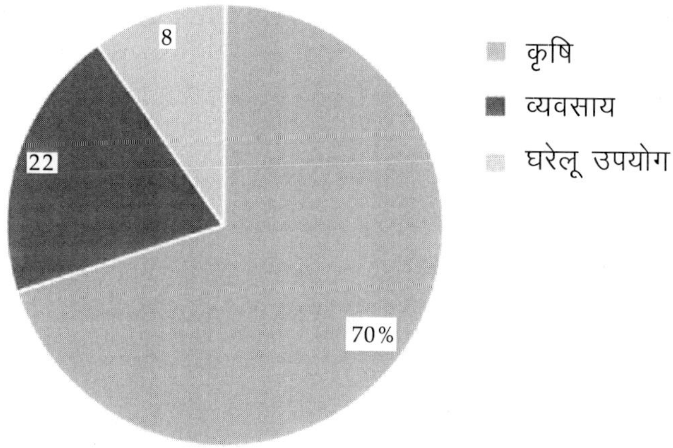

चित्रः 12 विश्व के विभिन्न क्षेत्रों में जल का उपयोग

भारत का जल बैंक

जल की उपलब्धता के आंकड़े बताते हैं कि देश में नदियों व भूजल की वार्षिक उपलब्धता 1123 अरब घनमीटर है, जबकि जल की खपत 813 अरब घनमीटर है जिसके वर्ष 2025 तक बढ़कर 1093 अरब घनमीटर हो जाने की संभावना तथा 2050 में 1447 अरब घनमीटर (चित्रः 13)। अर्थात अगले 10 से 15 वर्षों बाद जल का गंभीर संकट हमारे सामने होगा। इस संकट के समाधान क्षमता हेतु सिंधु–गंगा के मैदान में ठीक उसी तरह कार्य करना है, जैसे; इस क्षेत्र ने हरित क्रांति में अपनी क्षमता दिखाई थी।

सारणी 1. भारत में प्रति व्यक्ति जल उपलब्धता

वर्ष	जनसंख्या (मिलियन)	प्रति व्यक्ति जल उपलब्धता (घन मीटर प्रति वर्ष)
1951	361	5177
1955	395	4732
1991	846	2209
2001	1027	1820
2025	1394	1341
2050	1640	1140

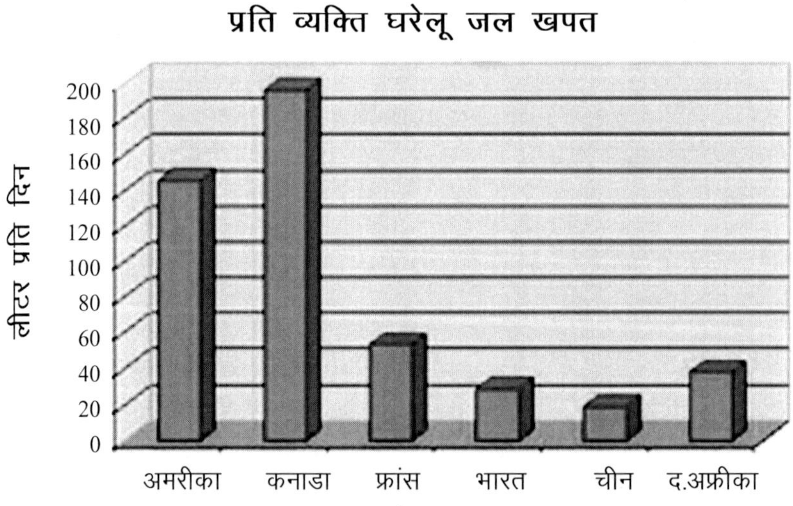

चित्रः 13 विश्व में प्रति व्यक्ति जल उपलब्धता

स्रोतः जल संसाधन मंत्रालय, भारत सरकार (2009)

जल उपलब्धता के सिद्धांत

मृदा में क्षेत्र क्षमता तथा स्थाई मुरझान बिन्दु के बीच जल को उपलब्ध जल कहते हैं। वेहमेयर और हैण्डरिक्शन (1927,1949, 1950) ने प्रस्तावित किया कि इस बीच जल समान रूप से आसानी से उपलब्ध होता है। इस सिद्धांत के अनुसार पौधों को जल आघात तभी पहुँचता है जब जल स्थाई मुरझान बिन्दु से नीचे पहुँच जाता है। रिचर्ड्स और वाडले ने सन् 1952 में प्रस्तावित किया कि मृदा में जल की कमी आने के साथ ही पौधों में जल की कमी पड़ जाती है और पौधे की वृद्धि प्रभावित होने लगती है।

भारत के प्राकृतिक जल स्रोत

भारत के जल संसाधनों को नदियों और नहरों, जलाशयों, कुंडों और तालाबों, आर्द्र भूमि और चापाकार झीलों तथा शुष्क पड़ते जल स्रोतों और खारे जल के रूप में वर्गीकृत किया जा सकता है। नदियों और नहरों के अतिरिक्त शेष जल स्रोतों का कुल क्षेत्र 7 मिलियन हेक्टेयर है। नदियों और नहरों की कुल 31.2 हजार किलोमीटर लंबाई के साथ इस संबंध में उत्तर प्रदेश का पहला स्थान है जो देश की नदियों और नहरों की कुल लंबाई का 17 प्रतिशत है। उत्तर प्रदेश के बाद जम्मू–कश्मीर और मध्य प्रदेश का स्थान आता है। देश में पाए जाने वाले शेष जल स्रोतों और तालाबों का जल क्षेत्र सर्वाधिक है। अधिकांश कुंड और तालाब क्षेत्र आंध्र प्रदेश, कर्नाटक और तमिलनाडु के दक्षिण राज्यों में हैं। इसे पश्चिमी बंगाल, राजस्थान और उत्तर प्रदेश के साथ जोड़ने पर ये कुंडों और तालाबों के कुल 62 प्रतिशत भाग बनता है। जहाँ तक जलाशयों का प्रश्न है तो आंध्र प्रदेश, गुजरात, कर्नाटक, मध्य प्रदेश, महाराष्ट्र, ओडिशा, राजस्थान और उत्तर प्रदेश जैसे राज्यों में जलाशयों का बड़ा भाग है। ओडिशा, उत्तर प्रदेश और असम में आर्द्र भूमि, चापाकार झीलों और शुष्क पड़ते जल स्रोतों का 77 प्रतिशत से भी अधिक भाग है। ओडिशा में खारे जल का कुल जलक्षेत्र सर्वाधिक है इसके बाद गुजरात, केरल, और पश्चिमी बंगाल का स्थान है। इस प्रकार देश के पांच राज्यों; जैसे कि ओडिशा, आंध्र प्रदेश, गुजरात, कर्नाटक और पश्चिमी बंगाल में जल संसाधन का कुल क्षेत्र असमान रूप से वितरित हैं, जो देश के जल स्रोतों का आधे से अधिक भाग है। सम्पूर्ण विश्व में जल उपयोग में भारत का दूसरा स्थान है। पहले स्थान पर चीन है। जल उपयोग के लिए वर्षा जल, भू–गर्भीय जल, नदियों व जल के अन्य परम्परागत स्रोतों पर निर्भर रहते हैं।

भारत का कुल भौगोलिक क्षेत्रफल 328 मिलियन हेक्टेयर है जिसमें से 143 मिलियन हेक्टेयर में खेती की जाती है, कृषिगत क्षेत्रफल का लगभग 35–40 प्रतिशत ही सिंचित है। देश के विभिन्न राज्यों में स्थापित 35 वेधशालाओं के औसत के अनुसार, वर्षा जल और हिमपात भारत में जल का प्रमुख स्रोत है। वार्षिक सकल वर्षा जल 4,000 अरब घन मीटर है। इसमें से 75 प्रतिशत जल की प्राप्ति दक्षिण–पश्चिमी मानसून (जून से सितम्बर तक) से होती है शेष जल की प्राप्ति शेष 8 महीनों में होती है (जिसे भारतीय में जल स्रोतों का बहाव चार्ट में दर्शाया गया है)। वार्षिक वर्षा औसत 1170 मि.मी. है। हालांकि क्षेत्रवार इसमें असमानता है। जहाँ चेरापूंजी में 11000 मि.मी. वार्षिक वर्षा होती है वहीं राजस्थान के जैसलमेर क्षेत्रों में वर्षा का वार्षिक औसत मान 100–120 मि.मी. के बीच ही रहता है। हमारे देश में अमेरिका की औसत वर्षा से 6 गुना अधिक वर्षा होती है इसके अनिश्चित वितरण और सही प्रबंधन न कर पाने कारण हमें जल संकट से प्रभावित होना पड़ता है। जो जल राशि हमें एक वर्ष में मिलती है उसका मात्र 20 प्रतिशत ही प्रयोग कर पाते हैं। इस प्रकार मात्र 700 लाख हेक्टेयर मीठा सतही जल और 420 लाख हेक्टेयर मीटर भूजल ही हमें मिल पाता है। शेष जल नदियों के रास्ते समुद्र में मिल जाता है। जब शुद्ध स्वच्छ मीठा जल

संरक्षित और संग्रहीत नहीं किया जा सकता, तब यह समुद्र के खारे जल से निकलकर अशुद्ध और खारा बन जाता है तो मनुष्यों तथा पशु पक्षियों में प्रयोज्य नहीं किया जा सकता है।

भारतीय में जल स्रोतों का बहाव चार्ट

सम्पूर्ण भारत में कुल वार्षिक जल आगमन 4000 अरब घन मीटर

क) अन्तः स्रवण (215 अरब घन मीटर)

- 165 अरब घन मीटर मृदा में धारित जल जो कि पौधों के काम आता है।
- 50 अरब घन मीटर भूजल।

ख) 70 अरब घन मीटर तुरन्त वाष्पीकरण और वाष्पोत्सर्जन हो जाता है।

ग) 115 अरब घन मीटर नदियों एवं नालों का जल।

- 105 अरब घन मीटर वर्षा द्वारा।
- 10 अरब घन मीटर बर्फ के पिघलने से।

सारणी 2. भारत में जल का वार्षिक उपयोग (अरब घन मीटर)

प्रयोजन	वर्ष			
	2000	2002	2025	2050
घरेलू	42	56	73	102
सिंचाई	541	688	910	1071
उद्योग	8	12	23	63
ऊर्जा	2	5	15	130
अन्य	41	52	72	80
योग	634	813	1093	1447

भारत में नदियाँ युगों से महत्वपूर्ण जल संसाधन की प्रमुख स्रोत रही हैं, यही कारण है कि प्राचीन नगरों व सभ्यताओं का विकास नदियों के तट पर हुआ था। जहाँ कुछ जीवन दायिनी नदियाँ सदैव अपनी जलराशि से हमारी आवश्यकताओं को पूरा करती हैं। वहीं देश में 90 प्रतिशत से अधिक नदियाँ ऐसी है जिसमें बहाव रूपी जल की उपलब्धता मात्र 4 माह तक ही रहती है। देश के 15 मुख्य बेसिनों में जल के अपवाह का क्षेत्रफल 20,000 वर्ग किलोमीटर से भी अधिक है। 45 मध्यम और 120 से भी अधिक ऐसे लघु नदी क्षेत्र है जिनका जल प्रवाह क्षेत्रफल 2000 से 20,000 वर्ग कि.मी. है। देश की 12 प्रमुख

नदियों के जल ग्रहण क्षेत्र को अगर मिला दिया जाए तो यह 2528 लाख हेक्टेयर है। केन्द्रीय जल आयोग के आंकड़ों के अनुसार प्राकृतिक जल संसाधन के रूप में नदियों का वार्षिक अपवाह लगभग 1869 घन कि.मी. है जिसमें से हम 690 घन कि.मी. जल का ही उपयोग कर पाते हैं।

भारत में 4525 बड़े बाँध है, जिसकी संग्रह क्षमता 220 खरब घन मीटर है। इसमें जल संग्रह के छोटे–छोटे स्रोत शामिल नहीं है, जिनकी क्षमता 610 खरब घन मीटर है। फिर भी प्रति व्यक्ति संग्रहण की क्षमता आस्ट्रेलिया, चीन, मैक्सिकों, दक्षिण अफ्रीका, स्पेन और अमेरिका से बहुत कम है। चूंकि वर्ष में एक निश्चित समय तक लगभग 100 दिन वर्षा होती है, इसलिए वर्ष के कुछ सूखे दिनों के लिए जल को संग्रहीत करके रखना बहुत आवश्यक है।

भूजल या भूमिगत जल (ग्राउंडवाटर), जल का एक समृद्ध भंडार और महत्वपूर्ण स्रोत है। देश के ग्रामीण क्षेत्रों में पेयजल की 90 प्रतिशत आपूर्ति, भूजल पर टिकी है। इसी प्रकार फसलों की सिंचाई में भूजल की भागीदारी 60 प्रतिशत तक है। पिछले कुछ वर्षो में केन्द्रीय भूजल प्राधिकरण ने भूमि के अन्दर उपलब्ध जल का सर्वेक्षण कराया जिसके अनुसार 5,723 ब्लाकों में से 830 ब्लॉकों ने भूजल की आवश्यकता से अधिक दोहन कर लिया है, इस लिए इन ब्लॉकों में अब और नये कुँए खोदने की अनुमति नहीं मिल सकती है। दिल्ली, पंजाब, हरियाणा, राजस्थान,कर्नाटक और तमिलनाडु की स्थिति अत्यधिक गंभीर है। गुड़गाँव, दिल्ली, बंगलौर, तिरूवनंतपुरम, जालंधर और पोरबंदर जैसे शहरों में भूमि से जल निकालने पर रोक लगा दी गई है और कई ब्लॉकों की पहचान की जा रही है, जहाँ तत्काल रोक लगाने की आवश्यकता है। भूमिगत जल के अत्यधिक दोहन से तटवर्ती क्षेत्रों में भूमि के अन्दर खारा पानी घुस जाता है जिससे खारेपन की समस्या बढ़ रही है। देश के बड़े भागों में भूजल का स्तर नीचे जाने से जल संकट पैदा होने के साथ–साथ देश का परिस्थितिकी तंत्र भी गड़गबड़ा रहा है। जल संसाधन मंत्रालय ने सात–संकटग्रस्त राज्यों को कुँआ–खोदकर भूजल पुनर्भरण करने की योजना भेजी है। ये राज्य हैं– आन्ध्र प्रदेश, महाराष्ट्र, कर्नाटक, राजस्थान, तमिलनाडु, गुजरात और मध्य प्रदेश। इन राज्यों को कहा गया है कि खोदे गए कुँओं को टिकाऊ बनाएं।

कृषि संगणना 2010–11 के अनुसार, सिंचाई का मुख्य स्रोत नलकूप (45.2 प्रतिशत) था। इसके पश्चात् क्रमशः नहर (26.2 प्रतिशत), कुँआं (18.5 प्रतिशत) और तालाब (3.5 प्रतिशत) थे जबकि देश में अन्य स्रोतों द्वारा 6.7 प्रतिशत क्षेत्र को सिंचित किया जाता था। जिन राज्यों में सिंचाई का मुख्य स्रोत नहरों के रूप में थी, वे राज्य हैं मिजोरम (73.1 प्रतिशत), ओडिशा (70.4 प्रतिशत), जम्मू एवं कश्मीर (68.6 प्रतिशत), छत्तीसगढ़ (67 प्रतिशत), हरियाणा (48.4 प्रतिशत), मणिपुर (47.2 प्रतिशत) और आंध्र प्रदेश (36.9 प्रतिशत)। बिहार, कर्नाटक, पंजाब, राजस्थान, उत्तराखण्ड, उत्तर प्रदेश, पश्चिमी बंगाल,

चंडीगढ़, दिल्ली और पुडुचेरी में नलकूप सिंचाई का प्रभावी स्रोत था। गुजरात, झारखंड, केरल, मध्य प्रदेश, महाराष्ट्र, दादर एवं नगर हवेली, और दमन एवं दीप में कुँआं सिंचाई का मुख्य स्रोत था जबकि अंडमान एवं निकोबार द्वीपसमूह में सिंचाई का एकमात्र स्रोत कुँआ ही था। वर्ष 2010–11 में देश में निवल बुवाई क्षेत्र में निवल सिंचित क्षेत्र का सर्वाधिक अनुपात चंडीगढ़ (100 प्रतिशत) का था जिसके पश्चात् क्रमशः पंजाब (99.6 प्रतिशत), दिल्ली (95.7 प्रतिशत), हरियाणा (91.4 प्रतिशत), पुडूचेरी (84.1 प्रतिशत), उत्तर प्रदेश (81.2 प्रतिशत), पश्चिम बंगाल (67.1 प्रतिशत), तमिलनाडू (63.8 प्रतिशत), बिहार (58.0 प्रतिशत), उत्तराखंड (47.5.7 प्रतिशत), का स्थान था (सारणीः 3)।

सारणी 3. भारत में जल स्रोतों का वितरण

वार्षिक जल वर्षण हिमपात सहित	4000 अरब घन मीटर
नदियों से उपलब्ध जल	1869
नदियों के जल का वार्षिक उपयोग	690
समुद्र में चला जाता है नदियों का जल	1179
अनुमानित वार्षिक उपयोग	1123
नदियों से प्राप्त जल	690
भूमिगत जल	433

जल संकट

आज लोगों को एक–एक घड़े शुद्ध पेयजल के लिए मीलों भटकना पड़ रहा है। जल के टैंकर और ट्रेन से जल प्राप्त करने के लिए घंटों लाइनों में खड़ा रहना पड़ता है। रोजमर्रा के कामकाज नहाने, कपड़े धोने, खाना बनाने, बर्तन साफ करने, उद्योग धंधों को चलाने के लिए तो जल चाहिए वह कहाँ से लाएं ? जबकि नदी तालाब, नलकूप, हैंडपम्प एवं कुँए बावड़िया सूख गए हैं। पशु–पक्षियों को भी जल के लिए मीलों भटकना पड़ता है। पेड़–पौधे भी सूखते जा रहे हैं। जल की कमी से अनेक कारखाने बन्द होने से लोग बेरोजगार होते जा रहे हैं। खेती के लिए तो और भी अधिक जल की आवश्यकता है; परन्तु आवश्यकतानुसार जल नहीं मिलने से खेती भी चौपट होती जा रही है। जल का संकट हमारे पूरे दैनिक जीवन को बुरी तरह से प्रभावित करता है। इसलिए इस विषय पर प्राथमिकता से ध्यान दिए जाने की आवश्यकता है (चित्रः 14)।

चित्रः 14 जल की महत्ता

जल की मितव्ययिता

अभी समय है कि हम जल बैंक से अधिक जल निकालने की प्रवृत्ति पर रोक लगाएं। इसके लिए आवश्यक है जल की मितव्ययिता। ऐसी फसलें बोएं जो कम जल चाहने वाली हैं। खुली सिंचाई के स्थान पर बौछारी और बूँद–बूँद सिंचाई को अपनाएं। हर उस प्रविधि के द्वारा जिससे जल के बचत की संभावना हो उसे अपनाएं।

जल संसाधन विकास की संभावनाएँ और उपलब्धियां

देश में जल संसाधनों का विकास आमतौर पर सिंचाई सुविधाओं के सृजन, स्वच्छ पेयजल उपलब्ध कराने, उद्योगों की जल आवश्यकताओं को पूरा करने और पर्यावरण संबंधी विषय सुलझाने के आस–पास घूमता है।

जल संसाधन विकास के महत्वपूर्ण उपाय

भारतीय संविधान के अनुसार जल आपूर्ति, सिंचाई और नहरें, नाली व्यवस्था, जल भंडारण, राज्य सरकारों की एक महत्वपूर्ण भूमिका यह है कि इन राज्य सरकारों में अधिकतम सामजस्य सुनिश्चित किए जाएं और सहमति के द्वारा अंतर्राज्यीय नदियों के विषय सुलझाकर राज्य सरकारों द्वारा सहयोग सुनिश्चित किया जाए। जल संसाधनों के

विकास की गति तेज करने के उद्देश्य से जल संबंधी विषय पर ध्यान दिए जाने की आवश्यकता है। इस उद्देश्य से जल संसाधन मंत्रालय कई महत्वपूर्ण कार्यक्रम और योजनाएं कार्यान्वित कर रहा है, जिनमें त्वरित सिंचाई लाभ कार्यक्रम, प्रधानमंत्री सिंचाई योजना, कमान एरिया विकास कार्यक्रम एवं जल संसाधन कार्यक्रम, बाढ़ प्रबंधन कार्यक्रम, जल निकायों आदि के पुनरुद्धार, नवीनीकरण और मरम्मत की योजनाएं आदि सम्मिलित हैं। कुँए खोदकर भूजल की भरपाई करने की योजना भी शुरू की गई है।

भौगोलिक विभिन्नता से उत्पन्न होने वाली समस्याओं को सुलझाने के उद्देश्य से हमें जल संसाधनों के विभिन्न उपाय करने होंगे और इसके लिए जलाशयों, भूजल भंडारों और परंपरागत जल निकायों के द्वारा जल संरक्षण के विभिन्न उपाय करने होंगे। इसके लिए जिन क्षेत्रों में जल अधिक है वहाँ से उसे कमी वाले क्षेत्रों की ओर भेजना भी शामिल है। जल संसाधन मंत्रालय ने वर्षा जल संग्रहण के प्रोत्साहन की भी योजनाएं बनाई हैं। जिनके द्वारा भूजल की भरपाई की जाएगी और केन्द्रीय भूजल बोर्ड लोगों के सामने उदाहरण के रूप में प्रस्तुत करने के लिए योजनाएं ला सकेगा।

जल उपयोग के लिए सृजित सुविधाओं में सुधार

भारत में सिंचाई व्यवस्था की वर्तमान कुशलता का स्तर अपेक्षाकृत न्यूनतम है और इसे सुधारने की पर्याप्त संभावनाएं है। समन्वित जल संसाधन विकास के राष्ट्रीय आयोग ने अनुमान लगाया है कि भारत में सतही जल से सिंचाई कुशलता वर्तमान 35 से 40 प्रतिशत से बढ़ाकर 60 प्रतिशत के स्तर पर स्तर पर लाई जा सकती है। इसी प्रकार भूजल से सिंचाई की कुशलता वर्तमान 65 प्रतिशत से बढ़ाकर 75 प्रतिशत के आस–पास तक आसानी से की जा सकती है। इस प्रकार से सृजित सिंचाई सुविधाओं में सुधार करके कुशलता में वृद्धि की जा सकती है। इसके लिए समुचित संचालन और अनुरक्षण, विस्तार, नवीनीकरण और परियोजनाओं के आधुनिकीकरण तथा जल निकायों की मरम्मत, नवीनीकरण और पुनरुद्धार के उपाय करने होंगे। नमी संरक्षण व लघु सिंचाई के उपाय भी करने पड़ेंगे, साथ ही सर्वश्रेष्ठ प्रौद्योगिकी और व्यवहार किसानों को सिखाए जाएं ताकि जल की **'प्रत्येक बूँद से अधिक फसल उत्पादन,'** का नारा सार्थक किया जा सके। बड़ी जल सुविधाओं की कुशलता में सुधार के उपायों के अतिरिक्त जल प्रसंस्करण के अन्य उपायों पर भी जोर देना आवश्यक है। इन उपायों में जल का पुनः उपयोग, वर्षा जल संग्रहण और भूजल की भरपाई तथा जल संभरण विकास सम्मिलित है।

कृषि हेतु जल के सतत प्रबंधन की आवश्यकता

मौसम, मृदा गठन, स्थलाकृति, खाद की मात्रा व अन्य विविध सस्य क्रियाओं के अनुरूप जल के प्रयोग की परिवर्तित पद्धति को जल प्रबंधन कहते हैं। प्रकृति प्रदत्त दुर्लभ

साधनों का कुशल उपयोग करके विकास प्रक्रिया को सतत् गति देने के परिप्रेक्ष्य में कृषि उत्पादकता को बढ़ाने के लिए जल प्रबंधन एक अपरिहार्य दशा बन चुकी है। विशेषकर भारत जैसे विकासोन्मुख अर्थव्यवस्था में जहाँ वर्षा अनियंत्रित, असायमिक व अनिश्चत हो। वर्षा की इस प्रकृति के कारण अर्थव्यवस्था की अस्थिरता से कारगर ढंग से निपटने के लिए उचित जल प्रबंधन पर वृद्धिशील बल प्रदान किए जाने की आवश्यकता है ताकि सिंचाई के अन्तर्गत क्षेत्रफल को अधिकाधिक बढ़ाया जा सके।

भारत में सिंचाई विकास

वर्तमान में स्थिति के अनुसार इस समय कुल जितनी भूमि पर खेती की जा रही है उसका 44 प्रतिशत यानी 6.2 करोड़ हेक्टेयर भूमि सिंचित है। यह स्थिति तब है जब अनुमानों के अनुसार 14 करोड़ हेक्टेयर भूमि की सिंचाई की व्यवस्था की जा सकती है। इस कुल सिंचित भूमि में से 7.6 करोड़ हेक्टेयर की सिंचाई भूजल साधनों से की जा सकती है। 1951 में योजनाबद्ध विकास शुरू होने से पहले 2.26 करोड़ भूमि की सिंचाई की व्यवस्था की जा चुकी थी। लेकिन इस समय शेष सिंचाई संभावित क्षेत्रों को यह सुविधा देने के लिए सोच–समझकर योजना बनाने की आवश्यकता है और इसके लिए समुन्नत जल प्रबंधन व्यवहारों का प्रयोग करना होगा। जब नयी जल प्रबंधन परियोजनाओं में अतिरिक्त जल का उपयोग कैसे किया जाए और इसका नदियों से कैसे जोड़ा जाए, जिससे भूजल की कृत्रिम विधि से भरपाई हो पाए।

खेती में जल संसाधन का स्थान

जल संसाधन, जल के वे स्रोत हैं जो मनुष्यों के लिए उपयोगी होते हैं। जल के उपयोग में कृषि औद्योगिक, घरेलू, मनोरंजक एवं पर्यावरणीय गतिविधियां सम्मिलित है। कृषि कार्यों के लिए जल संसाधनों की आवश्यकता होती है। फसलों के सफल उत्पादन के लिए जल, वायु, धूप और भूमि प्रमुख कारक हैं। जिसमें से जल पौधों की वृद्धि एवं विकास के लिए सबसे महत्वपूर्ण कारक है। विभिन्न फसलों में विभिन्न जल उपयोग सारणी 5 में दर्शाया गया है।

सारणी 5. विभिन्न फसलों में जल का औसत उपयोग

फसल का नाम	आवश्यक जल मात्रा (लीटर/किलोग्राम)
धान	3000–5000
गेहूँ	900–2000
मक्का	1000–1800
गन्ना	1500–3000
सोयाबीन	1100–2000
आलू	500–1500

स्रोतः आधुनिक सस्यविज्ञान द्वारा रणबीर सिंह एवं सी.बी. सिंह, 2015

खेती में फसलों की सिंचाई के लिए जल एक अत्यंत आवश्यक स्रोत है। इसकी आपूर्ति नहरी सिंचाई व्यवस्था के द्वारा किया जाता है, क्योंकि हमारे देश में वर्षा की अनिश्चितता रहती है और भू–जल की उपलब्धता सीमित तथा अधिक महंगी हैं। बाहरी सिंचाई व्यवस्था को सुचारु रूप से चलाने के लिए सरकार द्वारा समय–समय पर विभिन्न तकनीकी तथा प्रणालियां अपनाई जाती रही हैं, परन्तु किसानों तक सिंचाई जल पहुँचाने में आने वाली बहुत सी बाधाएँ आज भी जल के अपवाह बहने के लिए जिम्मेंदार हैं। यह बाधाएँ जैसे नहरों तथा राजवाहों से किसानों तक जल पहुँचाने की उचित व्यवस्था न होना आदि। इन सब बाधाओं को दूर करने के लिए भारत की राष्ट्रीय जल नीति ने 2012 में जल की उपयोगिता में किसानों की सहभागिता की सिफारिश तथा राज्य सरकारों को जल उपभोक्ता संघ बनाने के लिए प्रोत्साहन देने का परामर्श दिया। यह संघ निम्नलिखित उद्देश्यों के साथ कार्य करता हैः

1. जल उपभोक्ता संघ एक पंजीकृत समिति है जिससे कुछ भाग तो सरकार का होता है और आधे से अधिक भाग किसानों के लिए पक्के नाले का प्रबंध करती है।
2. यह संघ सुनिश्चित करता है कि इसके सदस्य को जल का आवटंन क्रमानुसार वितरण उसके भाग के अनुसार मिल रहा है या नहीं।
3. जल संबंधी शुल्क का संचयन, संचालन व उचित रख–रखाव तथा उचित समय पर शुल्क लगाना चाहिए।
4. नई सिंचाई संबंधी परियोजनाओं, कार्यों, निकासी आदि के प्रारूप तैयार करना।
5. खेतों की मरम्मत व रख–रखाव उचित समय पर करना।
6. जल का सोच–समझकर प्रयोग करना तथा जल संरक्षण के लिए लोगों को प्रोत्साहित करना।

7. किसानों द्वारा उपयोगी फसल–चक्र अपनाना ताकि वे कम से कम जल में अधिक से अधिक फसलें लगा सकें। जैसे खरीफ में धान के स्थान पर दलहनी, फसलें लें, जौ, बाजरा, मक्का, ग्वार आदि जो कि 1 या 2 बार सिंचाई से अच्छी तरह तैयार हो जाती हैं। रबी में चना, मटर, सूरजमुखी व तिलहनी फसलों को फसल चक्र में प्रयोग करना चाहिए, क्योंकि इन फसलों को कम सिंचाई जल चाहिए।

खेती में कम जल से फसलोत्पादन की विधियाँ

1. कम से कम जल चाहने वाली फसलें उगानी चाहिए।
2. धान–गेहूँ का क्षेत्र कुछ समय तक कम करना होगा, क्योंकि एक तो इसका उत्पादन अत्यधिक मात्रा में हो रहा है और दूसरा इसमें जल की मात्रा की माँग भी अधिक है।
3. खेत की नालियों का ढ़ाल खेत के अनुसार ठीक ढंग से हो ताकि जल के बहाव में रुकावट न आए और समय की बचत हो।
4. बाग लगाकर और टपक विधि का प्रयोग करके हम जल की बचत कर सकते हैं।
5. हमें अपनी फसलों में हल्का जल लगाना चाहिए न कि अधिक मात्रा में, इससे एक तो जल की मात्रा कम लगेगी और दूसरा उपयोगी पोषक तत्व खराब नहीं होंगे।
6. खेतों की पेडों (डोल) को अधिक बड़ी नहीं बनाना चाहिए। खेत को छोटे–छोटे भागों में बांटना चाहिए ताकि एक तो जल का उचित प्रयोग हो सके और दूसरा कम से कम समय में अधिक से अधिक सिंचाई हो सके।
7. नालियों का रास्ता टेढ़ा–मेढ़ा न होकर सीधा होना चाहिए, ताकि जल के बहाव में अवरोध न आए और अधिक से अधिक जल कम से कम समय लग सके।
8. सतही विधियों से जल प्रयोग न कमरके आधुनिक सिंचाई विधियों का प्रयोग करना उचित होगा जो अधिक दक्षतापूर्ण हैं।

भविष्य में जल आवश्यकताओं का अनुमान

समन्वित जल संसाधन विकास के राष्ट्रीय आयोग ने अनुमान लगाया है कि देश में 83 प्रतिशत जल का प्रयोग सिंचाई के लिए और शेष मात्रा का उपयोग घरेलू, औद्योगिक एवं अन्य प्रयोजनों के लिए किया जाता है। इस आयोग ने अनुमान लगाया है कि वर्ष 2050 तक यह माँग बहुत बढ़ जाएगी। अनुमानों के अनुसार 1,180 अरब घनमीटर तक पहुँच सकती है। अगर मान लें कि सतही जल और भूजल व्यवस्थाओं के प्रबंधन में कुशलता आएगी और खेती एवं अन्य क्षेत्रों में जल का प्रयोग उन्नत ढंग से होने लगेगा, तो भी सिंचाई के लिए जल की आवश्यकता बहुत बढ़ जाएगी। अनुमान है कि जितनी आवश्यकता होगी उसका वर्तमान के 83 प्रतिशत की तुलना में वर्ष 2050 में 69 प्रतिशत भाग सिंचाई पर खर्च होगा।

देश के जल क्षेत्र को बढ़ती जनसंख्या, घटती गुणवत्ता और भूजल के अत्यधिक दोहन के चलते अनेक चुनौतियों का भी सामना करना पड़ रहा है जिसके कारण देश के अनेक क्षेत्रों में भूजल का स्तर गिरता जा रहा है और जो सुविधाएँ सृजित की जा चुकी है उनके द्वारा उचित से कम उपयोग हो पा रहा है। इसके अतिरिक्त हमारे देश में इस समय जो दो प्रमुख समस्याएं उपलब्ध हैं उनमें से एक का केन्द्र बिन्दु जल है। ये समस्याएँ हैं– जलवायु परिवर्तन और खाद्य सुरक्षा। जलवायु परिवर्तन से पैदा समस्याओं पर तुरन्त ध्यान देने की आवश्यकता है।

जल संसाधनों पर जलवायु परिवर्तन का प्रभाव

जलवायु परिवर्तन के कारण आने वाले दिनों में किसानों को भारी जल संकट का सामना करना पड़ेगा। क्या सूखा तथा बाढ़ की स्थिति उत्तरोत्तर वृद्धि होती रहेगी, ऐसा अनुमान है कि हमारे देश में पारम्परारिक सिंचाई प्रणालियों से भूमिगत जल स्तर में लगातार ह्रास हो रहा है। भूमिगत जल स्तर में गिरावट तथा वर्षा के अभाव के चलते फसलों को सिंचाई करना बहुत कठिन हो गया है। जल संसाधनों के अंधाधुंध दोहन ने ही कालांतर में पेड़–पौधों और वनों को भारी हानि पहुँचायी है। जलवायु परिवर्तन का सबसे ज्यादा प्रभाव जल संसाधनों पर पड़ेगा। जल आपूर्ति की भंयकर समस्या उत्पन्न होगी तथा सूखे व बाढ़ की स्थिति निर्मित होगी। अर्धशुष्क क्षेत्रों में शुष्क मौसम अधिक लम्बा होगा जिससे फसलों की उत्पादकता पर प्रतिकूल प्रभाव पड़ेगा। वर्षा की अनिश्चितता भी फसलों के उत्पादन को प्रभावित करेगी।

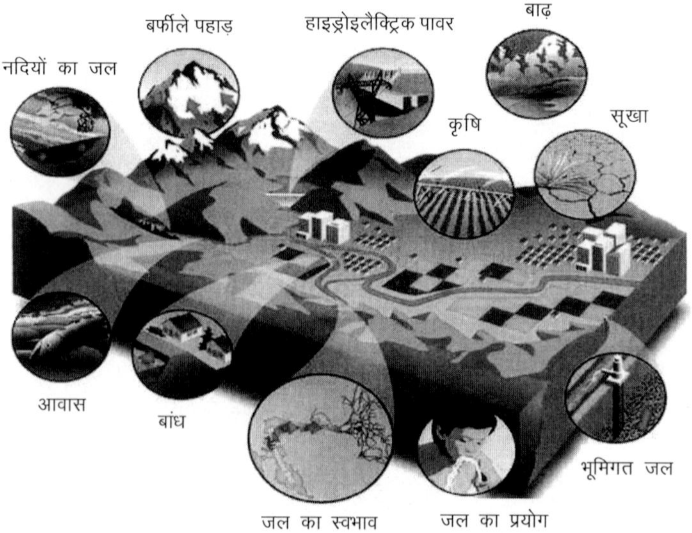

चित्र: 15 जल संसाधनों पर जलवायु परिवर्तन का प्रभाव।

अधिक तापमान व वर्षा की कमी से सिंचाई हेतु भू–जल संसाधनों का अधिक दोहन किया जाएगा, जिससे धीरे–धीरे भू–जल इतना अधिक नीचे चला जाएगा कि उसका दोहन करना आर्थिक दृष्टि से अलाभकारी सिद्ध होगा, जैसा, पंजाब, हरियाणा व मध्य प्रदेश के बहुत से विकास खण्डों में हो रहा है।

जल का हमारे जीवन में कितना महत्वपूर्ण स्थान है, इस बारे में भगवान श्री कृष्ण जी का कहना है कि जल धन के आवागमन का नियंत्रण रखता है, इसके अतिरिक्त सुबह सूर्य देव को जल चढ़ाना शुभ होता है, साथ ही साथ भगवान के लिए किसी चांदी या पीतल के बर्तन में जल भर कर पूजा के स्थान पर रखना चाहिए तथा जब भी कोई व्यक्ति घर में आये तो उसे सबसे पहले जल देना चाहिए। प्यासे को जल पिलाना बहुत पुण्य का काम माना गया है। पुराने शहरों में आज भी जगह–जगह लगे प्याऊ जल की महत्ता और इसके संतुलित उपयोग की और ध्यान खींचते हैं। पिछले कुछ वर्षों से देश में जल के महत्व को समझा गया हैं तथा प्रयास किये जा रहे हैं ताकि जल का समय पर प्रबंधन किया जा सकें।

वर्षा के दिनों में एक ओर जल सरक्षण और इसकी मितव्ययिता जन–जीवन का महत्वपूर्ण अंग बनता जा रहा है वहीं दूसरी और भू–जल स्तर में सुधार हो रहा है। देश में बढ़ती जल की माँग व संकट का समाधान विकसित प्रौद्योगोकियों द्वारा एवं जल के सदुपयोग द्वारा हुआ है तथा ''प्रतिबूँद अधिक फराल'' के लक्ष्य के साथ कुशल जल प्रबंधन आवश्यक हो गया है। निः संदेह, जल ही जीवन है, जल है तो कल है, पौधे का प्रथम भोज्य जल ही है। इन कथनों को ध्यान में रखना होगा, जिसकी 21 वीं सदी में एक महती आवश्यकता है।

❑❑❑

अध्याय 2

भारत के पारम्परिक जल संसाधन स्रोतः नदियाँ, झीलें, झरने एवं तालाब

भारत का कुल भौगोलिक क्षेत्रफल लगभग 329 मिलियन हेक्टेयर है जिसमें से 141 मिलियन हेक्टेयर भूमि पर विभिन्न फसलों की खेती की जाती है। भारतीय कृषि के योजनागत विकास के बाद भी अब तक लगभग 60 प्रतिशत (85 मिलियन हेक्टेयर) कृषि क्षेत्र असिंचित है। भारतीय अर्थव्यवस्था काफी हद तक मानसून पर निर्भर करती है। वर्तमान परिवेश में बढ़ते शहरीकरण, औद्योगिकीकरण और आधुनिकीकरण के कारण कृषि योग्य भूमि का क्षेत्रफल दिनों–दिन घटता जा रहा है। भविष्य में इसके बढ़ने की संभावना कम है। देश की तीव्र गति से बढ़ती जनसंख्या की खाद्यान्न आपूर्ति के लिए प्राकृतिक संसाधनों का आवश्यकता से अधिक दोहन किया जा रहा है। जिसके परिणामस्वरूप भूमि उर्वरता का नुकसान, भू–जल का गिरता स्तर, घटते जल स्रोतों, सिकुड़ती जैव विविधता, सूखा, बाढ़ और जलवायु परिवर्तन के रूप में देख रहे है। यदि समय रहते हमने मृदा व जल जैसे प्राकृतिक संसाधनों पर ध्यान नहीं दिया तो भविष्य में भारत को गंभीर खाद्य समस्या का सामना करना पड़ सकता है। भारत एक विशाल और विविध जल संसाधनो जैसे; नदियों, नहरों जलाशयों, आदि क्षेत्रों, झीलों, तालाबों और खारे जल के लैगून से समृद्ध देश है। जल प्रकृति द्वारा मानव को प्रदत्त बहुमूल्य उपहार है, मानव जिसका कृषि में उपयोग प्राचीनकाल से करता आया है। सौभाग्य से यह सस्ता और लाभ का उपहार भारत की झोली में प्रचुर मात्रा में (चित्रः 1) है।

चित्रः 1 कनार्टक राज्य में स्थित 'जोग' जल प्रपात।

भारत में विभिन्न जल संसाधनों का विवरण निम्नलिखित है – भूमि के प्राकृतिक जल स्रोत

1. वर्षा जल

मृदा में जल का प्रमुख स्रोत वर्षा है जो वर्षा या बर्फ के रूप में प्राप्त होता है। यदि उचित मात्रा में समय से वर्षा होती रहे तो अतिरिक्त सिंचाई की आवश्यकता नहीं पड़ती है, परन्तु बहुत कम स्थानों पर वर्षा आवश्यकताओं को उपयुक्त रूप से पूरा कर पाती है। भारतीय वर्षा अनिश्चित असामयिक, अनियमित तथा कहीं–कहीं पर अपर्याप्त है इसलिए कृत्रिम सिंचाई व्यवस्था आवश्यक हो जाती है। अपने देश में अधिकतर वर्षा कुछ सप्ताह में ही होती है। जून से सितम्बर के बीच लगभग 75 प्रतिशत वर्षा होती है। किन्तु शेष महीनों में बहुत कम वर्षा होती है। परन्तु समस्या यह है कि वर्षा तथा हिमपात के रूप में जो जल गिरता है उसका बहुत छोटा अंश ही एकत्र किया जा सकता है, शेष भाग का ह्रास हो जाता है।

देश में औसत वर्षा तथा हिमपात की बात की जाए तो वह लगभग 4,000 अरब घन मीटर है परन्तु केवल 1,869 अरब घन मीटर ही उपयोग के योग्य होता है। उसमें से भी केवल 1.123 अरब घन मीटर उपयोग होता है। अनुमान है कि कुल वर्षा का केवल 48 प्रतिशत नदियों तक पहुँचता है। समय के साथ देश में जल संग्रह के साधनों में कमी हुई है। एक तरफ परंपरागत साधनों और बड़ी संख्या में तालाबों, झीलों इत्यादि का अतिक्रमण हुआ है और अधिकतर मामलों में उन्हें भर दिया गया है ताकि भूमि उपलब्ध हो सके। ऐसा महानगरों तथा अन्य शहरों में बहुत अधिक हुआ है क्योंकि वहाँ भूमि की कीमत बहुत अधिक है। कई स्थानों पर तो लोगों ने नदियों के नदी तल तक पर कब्जा कर लिया है। एक ओर इन सबके कारण वर्षा जल के संग्रहण में कमी हुई है तो दूसरी ओर कई स्थान पर वर्षा के कारण बाढ़ की संभावना अधिक हो गई है।

2. वायुमण्डलीय जल

फसलोत्पादन में वायुमण्डलीय जल का बहुत कम योगदान है, लेकिन ये फसल के ऊपर अपना प्रभाव दो प्रकार से डालते हैं। जाड़े के समय वायुमण्डलीय जल ओस के रूप में बनकर पौधों को प्राप्त होता है तथा इनके बनने में वायुमण्डल में आर्द्रता अधिक हो जाती है। जिससे पौधों की वाष्पोत्सर्जन दर कम हो जाती है।

3. बाढ़

वैसे बाढ़ भी वर्षा से ही संबंधित है। अत्यधिक वर्षा के कारण प्रायः बाढ़ आ जाती है। कुछ क्षेत्रों में जैसे पूर्वी उत्तर प्रदेश के दियारा क्षेत्र में फसल उत्पादन बाढ़ पर ही निर्भर करता है। बाढ़ के जल का महत्व मृदा जल स्तर में अधिक वृद्धि के रूप में होती है।

4. भू–जल

जल की वह मात्रा जो मृदा कणों के बीच बने रंध्रों के माध्यम से मृदा के गुरुत्वाकर्षण शक्ति द्वारा रिसते हुए मृदा के निचली सतह में एकत्रित होता है, उसे भूमिगत जल अथवा भू–जल कहते हैं। भूमिगत जल होने से मृदा की मात्रा पर ही मृदा जल पटल की दूरी पर निर्भर करती है। यदि जल स्तर पौधों के जड़ों के पास होगा तो पौधे अपनी आवश्यकता के अधिकांश जल की मात्रा इससे प्राप्त कर सकते हैं।

भारत में सिंचाई जल के प्रमुख स्रोत

भारत की जल सम्पदा की बात की जाए तो सृष्टि के आरम्भ से ही भारत में जल के विभिन्न आयामों पर विस्तृत उल्लेख प्राचीन साहित्य में मिलता है। वेदों में भी कुँओं, नहरों, बांधों एवं तालाबों के वर्णन के साथ–साथ सिंचाई के साधनों में, इन साधनों के महत्व तथा राजा व प्रजा के कर्तव्यों का उल्लेख है। भारत में अनेक स्थानों पर सदियों पुराने कुँए इनका प्रमाण हैं। हमारे देश में लगभग 60 प्रतिशत भूमि असिंचित है तथा लगभग 40 प्रतिशत भूमि सिंचित है, जिसमें सिंचाई के विभिन्न स्रोतों के द्वारा सिंचाई की सुविधा उपलब्ध है। भारत में सिंचाई के लिए हमारे पास प्रमुखतः दो साधन हैः (क) धरातलीय/पृष्ठ सिंचाई जल के स्रोत एवं (ख) भूमिगत सिंचाई जल के स्रोत

(क) धरातलीय/पृष्ठ/सतही सिंचाई जल के स्रोत

भारत में सतही जल का मुख्य स्रोत वर्षा एवं हिमपात है। वर्षा जल की अधिकांश मात्रा भूमि की सतह पर शीघ्र ही पहले अपधावन के रूप में बह जाता है, फिर विभिन्न नदी–नालों से होकर बहता है। जबकि कुछ भाग नदी–नालों के जल को या तो जलाशयों में प्रवाहित करके एकत्र किया जाता है और सिंचाई जल के कार्य में प्रयुक्त किया जाता है या उनसे सिंचाई की नहरें निकाली जाती हैं। धरातलीय जल संसाधनों में मुख्य रूप से नहरें, नदी, नाले, तालाब आदि आते हैं। धरातलीय जल को सिंचाई हेतु प्रयुक्त करने में निम्नलिखित संसाधन मुख्य हैं–

1. नहरें

भारत में नहरें सिंचाई के प्रमुख स्रोतों में से एक हैं तथा नहरों का निर्माण समतल भूमि एवं ऐसी नदियों की जल धारा को रोककर किया जाता है, जबकि दक्षिण भारत में अधिकतर नहरें जलाशयों में एकत्रित जल द्वारा संचालित होती हैं। उत्तरी भारत में नहरों के द्वारा सिंचाई की जाती है तथा अधिकांश कृषिगत क्षेत्रफल नहरों द्वारा ही सींचा जाता है। उत्तर प्रदेश का कुल सिंचित क्षेत्रफल का लगभग आधा भाग नहरों के द्वारा ही सींचा जाता है। भारत में उपलब्ध धरातलीय जल के स्रोतों में नदियों को इनकी भौगोलिक स्थितियों, वर्षा और अपवाह आदि के विवरण को सारणी 1 में दर्शाया गया है।

सारणी 1. भारत के पृष्ठ जल स्रोत और वर्षा एवं अपवाह के विवरण

क्रमांक	महत्वपूर्ण नदी घटियां	क्षेत्र में पड़ने वाले राज्य	जल समेट क्षेत्रफल (मिलि. हे.मी.)	औसत वार्षिक वर्षा (सें.मी.)	कुल वर्षा (मिलियन हे.मी.)	औसत वार्षिक अपवाह (मिलि. हे.मी.)
1.	रावी व्यास सतजल	जम्मू और कश्मीर	पंजाब, हरियाणा हिमाचल प्रदेश	35.40	56	19.82 7.94
2.	गंगा यमुना चम्बल घाघरा गण्डक कोसी	उत्तर प्रदेश, बिहार राजस्थान मध्य प्रदेश पश्चिमबंगाल	97.60	111	108.34	48.96
3.	ब्रह्मपुत्र सुवर्ण श्रीमान सतीस्ता	असम, मेघालय नागालैंड पश्चिम बंगाल	50.62	122	61.76	38.08
4.	कावेरी कृष्णा गोदावरी महानदी सुवर्ण रेखा दामोदर	मध्य प्रदेश बिहार पश्चिम बंगाल ओडिशा आंध्र प्रदेश महाराष्ट कर्नाटक तमिलनाडु	121.03	109	131.92	41.19
5.	ताप्ती माही साबरमती	गुजरात महाराष्ट्र कर्नाटक केरल	49.16	122	59.93	31.06
6.	राजपुताना	राजस्थान	16.80	29	4.87	—
योग			**370.61**	**—**	**386.69**	**167.23**

स्रोत: माइकेल, 2007, पृ. 27–28

भारत अनेकों नदियों से सम्पन्न देश है। जिनमें से 12 नदियों को विशाल नदियों की श्रेणी में रखा गया है और इनका जलग्रहण क्षेत्र 2528 लाख हेक्टेयर है। इन बड़ी नदियों में से गंगा–ब्रह्मपुत्र में घना प्रणाली का क्षेत्र है जो लगभग 1100 लाख हेक्टेयर है जो कि देश की सभी बड़ी नदियों के कुल जलग्रहण क्षेत्र का 43 प्रतिशत है। सिंधु (321 लाख हेक्टेयर), गोदावरी (313 लाख हेक्टेयर), कृष्णा (252 लाख हेक्टेयर) और महानदी (142 लाख हेक्टेयर) अन्य कुछ बड़ी नदियाँ है जिनका जलग्रहण क्षेत्र 100 लाख हेक्टेयर से अधिक है। मध्यम आकार की नदियों का कुल जलग्रहण क्षेत्र 250 हेक्टेयर है। जिसमें से सुवर्ण रेखा नदी का सबसे अधिक जलग्रहण क्षेत्र 19 लाख हेक्टेयर है (देश की विभिन्न नदियों की जल संसाधन क्षमता सारणी 2 में दर्शायी गई है)। नदियाँ जल का प्रमुख सबसे बड़ा स्रोत हैं और नदियों में बढ़ते जल प्रदूषण को रोकने के लिए विशेषज्ञ उपाय खोज रहे हैं। वहीं कारखानों से बहते रसायन नदियों को बुरी तरह प्रदूषित कर रहे हैं।

सारणी 2. भारत की नदी–घाटियों की जल संसाधन क्षमता

क्रमांक	नदी घाटी	औसत वार्षिक उपलब्धता		प्रयोग उपयुक्त पृष्ठ जल (घन किमी.)	भूमिगत जल क्षमता (घन किमी.)
		जल संसाधन क्षमता	प्रति व्यक्ति (घन किमी.)		
1.	सिन्धु	73.3	1757	46	25.5
2.	गंगा–ब्रह्मपुत्र–मेघना	1110.6	2833	274.0	201.4
	(अ) गंगा	525.0	1473	250.0	171.7
	(ब) ब्रह्मपुत्र	537.0	184117	24.0	27.9
	(स) बराक	48.4	7646	—	1.8
3.	गोदावरी	110.5	2026	76.3	46.8
4.	कृष्णा	78.1	1312	58.0	26.6
5.	सुवर्ण रेखा	12.4	1392	6.8	2.2
6.	कावेरी	21.4	666	19.0	13.6
7.	ब्राह्मणी–वैतरणी	28.5	2696	18.3	5.9
8.	महानदी	66.9	2546	50.0	21.3
9.	पेन्नार	6.3	648	6.9	5.0
10.	माही	11.0	1057	3.1	7.9
11.	साबरमती	3.8	421	1.9	—
12.	नर्मदा	45.6	2855	34.5	11.9

क्रमशः

सारणी 2

13.	ताप्ती	14.9	1091	14.5	8.2
14.	ताप्ती से तादि्र तक पश्चिम की ओर बहने वाली नदियाँ	87.4	3194	11.9	9.5
15.	ताप्ती से कन्याकुमारी तक पश्चिम की ओर बहने वाली नदियाँ	113.5	3539	24.3	8.8
16.	महानदी की पेन्नार के बीच पूर्व की ओर बहने वाली नदियाँ	22.5	919	13.1	22.8
17.	पेन्नार और कन्याकुमारी के बीच पूर्व की ओर बहने वाली नदियाँ	16.5	383	16.7	20.9
18.	लूनी समेत कच्छ और सौराष्ट्र की पश्चिम की ओर बहने वाली नदियाँ	15.5	631	15.0	13.9
19.	राजस्थान मरूस्थल का भीतरी जल निकास क्षेत्र	—	—	—	—
20.	म्यान्मार (वर्मा) और बांग्लादेश की ओर बहने वाली छोटी नदियाँ	31.0	14616	—	—

स्रोतः भारतीय जल संसाधन संगठन (1996) जर्नल ऑफ इण्डियन वॉटर रिसोर्सेज सोसाइटी, 2(2): 21, पृ. 2।

नहरों द्वारा सिंचाई करने के लाभ

- नहरों द्वारा उपलब्ध जल सस्ता पड़ता है।
- नहर जल द्वारा अधिक क्षेत्र की सिंचाई की जा सकती है।
- नहरों द्वारा जिन क्षेत्रों में सिंचाई की जाती है वहाँ अकाल की संभावना कम होती है।
- वर्षा के अभाव में फसलें समय पर बोई जा सकती हैं।
- नहर के जल में आवश्यक पोषक तत्व घुले रहते है, जिससे खेतों की उर्वरा–शक्ति बढ़ जाती है।

नहरों द्वारा सिंचाई करने की हानियां

- नहर की सिंचाई से खेतों में जल की आवश्यकता से अधिक मात्रा पहुँच जाती है।
- खेतों में अधिक जल भरने से भूमि में कठोरपन उत्पन्न हो जाता है।
- अधिक सिंचाई से भूमिगत जल का जल–स्तर ऊँचा उठ जाता है– जिससे वर्षा काल में अधिक वर्षा होने पर जल–स्तर ऊपरी सतह तक पहुंच जाता है और जल निकास के अभाव में फसलों की जड़े गल जाती हैं।
- अधिक सिंचाई से आवश्यक पोषक तत्व जल में घुल कर भूमि की निचली सतहों में चले जाते हैं।

2. नदियाँ तथा नाले

नदियाँ भारत वर्ष में युगों–युगों से महत्वपूर्ण जल संसाधन रही है। नदियों तथा नालों के जल का सिंचाई के लिए दो प्रकार से उपयोग किया जाता है। प्रथम, नदियों के ऊपर बाँध बनाकर उनसे नहरें निकाली जाती हैं, जिनके द्वारा सिंचाई की जाती है। दूसरे, नदियों और नालें के ऊपर ढेकली, रहट तथा पम्पिंग सैट लगाकर इनके जल को सिंचाई के काम में लाया जाता है। नहरों द्वारा भारत में बहुत अधिक क्षेत्रों की सिंचाई की जाती है। नहरों का सिंचाई के स्रोत में द्वितीय प्रमुख स्थान है और 32 प्रतिशत से अधिक कृषि भूमि की सिंचाई नहरों के जल द्वारा ही की जाती हैं। हमारे देश की नहरों का सर्वाधिक विकास उत्तर के विशाल मैदानी भाग तथा तटवर्ती नदी डेल्टा के क्षेत्रों में किया गया है क्योंकि इनका निर्माण समतल भूमि की एवं जल की निरन्तर आपूर्ति पर निर्भर करता है।

3. बाँध और जलाशय

भारत में नदियों के ऊपर बाँध और जलाशय बनाकर वर्षा के जल को एकत्रित करके नहरें निकालकर सिंचाई के कार्य हेतु प्रयुक्त करते हैं तथा इस जल से विद्युत भी बनाई जाती है।

4. तालाब

भारत में जिन क्षेत्रों में नहरें तथा नलकूप आदि नहीं हैं, वहाँ पर सिंचाई और दैनिक कार्यो के लिए तालाबों का विशेष महत्व है। तालाब कच्चे और पक्के दो प्रकार के होते हैं। वर्षा ऋतु में वर्षा का जल तालाबों में एकत्रित कर लेते हैं। फिर इस जल को खेतों की सिंचाई तथा अपने दैनिक कार्यों के लिए प्रयोग करते हैं। पश्चिम बंगाल, बिहार, दक्षिण मध्य प्रदेश एवं पूर्वी राजस्थान के कुछ भागों में तालाबों द्वारा सिंचाई की जाती है। इनका प्रमुख लाभ यह है कि इनसे की जाने वाली सिंचाई सस्ती पड़ती है। सामान्यतः गाँवों में तालाबों का उपयोग शौच–स्नान आदि क्रियाओं को करने में, कपड़ों की धुलाई करने के लिए, पशुओं की प्यास बुझाने और उनको नहलाने के साथ ही उनके शरीर की गर्मी को शान्त करने के लिए, निकट स्थित कृषि भूमि, खेत–जोत, बाग–बगीचों, क्यारी–फुलवारी की सिंचाई के लिए भी किया जाता है। कुछ क्षेत्रों में तालाब के जल का उपयोग पेयजल आवश्यकता की पूर्ति और रसोई सम्बन्धी कार्यों के लिए भी किया जाता है। गाँवों में तालाबों का उपयोग व्यावसायिक दृष्टि से भी किया जाता है।

मानसून के प्रारम्भ में जब तालाब में जल की मात्रा बढ़ने लगती है तब इसमें मछली के बीज अथवा जीवित मछलियों की एक निश्चित मात्रा छोड़ दी जाती है। अनुकूल वातावरण में मछलियों की संख्या बहुत अधिक हो जाती है और उनकी संख्या तेजी से बढ़ने लगती है, तब तालाब में जाल डालकर एक निश्चित अंतराल पर जीवित मछलियों का शिकार किया जाता है और प्राप्त उत्पादन को बाजार में बेचकर धनोपार्जन किया जाता है। आजकल इस प्रकार के मत्स्य उत्पादन के लिए कृत्रिम तालाबों तथा जलाशयों का भी प्रयोग होने लगा है। आवश्यकता पड़ने पर इसके जल को कृषि कार्यों, सिंचाई आदि के लिए उपयोग किया जाता है। व्यावसायिक दृष्टि से सिंघाड़ा उत्पादन के लिए भी तालाबों का प्रयोग किया जाता है। पर्यावरण की दृष्टि से तालाबों के आसपास बहुत से ऐसे जीव–जन्तु पाये जाते हैं जिनको जैव–विविधता की दृष्टि से बहुत उपयोगी माना जाता है।

5. झरने

इनसे सिंचाई पहाड़ी क्षेत्रों में की जाती है। वहाँ पर सीढ़ीदार खेत पाये जाते हैं। प्रत्येक निचली सतह के खेत की सिंचाई ऊपर की ओर से आने वाले झरने के जल से सुविधा पूर्वक हो जाती है। यह जल स्वच्छ होता है।

6. झीलें

देश की अधिकाश झीलों की स्थिति उत्तर के पर्वतीय प्रदेशों में ही सीमित है। समुद्र तटीय क्षेत्रों में भी कुछ महत्वपूर्ण झीलें स्थित हैं। मैदानी भाग में इनकी कमी है। देश में मिलने वाली विभिन्न प्रकार की झीलें निम्नलिखित है–

6.1. **विवर्तनिक झीलें**: कश्मीर की वूलर झील झेलम नदी पर बनी गोखुर झील है। इस पर विवर्तनिक क्रिया का प्रभाव है। यह भारत में मीठे जल की सबसे बड़ी झील है। तुलबुल परियोजना इसी पर है। कुमायूं हिमालय में स्थिति अनेक झीलें विवर्तनिक है।

6.2. **ज्वालामुखी क्रिया से निर्मित क्रेटर झीलः** महाराष्ट्र के बुलढाना जिले की लोनार झील एक क्रेटर झील है।

6.3. **लैगून या अनूप झीलें**: चिल्का झील भारत की सबसे बड़ी लैगून झील है। इसके अतिरिक्त अन्य लैगून (खारे पानी की झील) झील है पुलीकट झील, अष्ठमुडी झील, कोलेरू झील सांभर झील (राजस्थान) भारत की खारे जल की सबसे बड़ी झील है।

6.4. **हिमानी द्वारा निर्मित झीलें**: कुमायूं हिमालय की अधिकांश झीलें इसी प्रकार की है। इसके उदाहरण हैं राकसताल, नैनीताल, सातताल, भीमताल, नौकुछियाताल, खुरपाताल, समताल, पूनाताल, मालवाताल आदि।

6.5. **वायु द्वारा निर्मित झीलें**: राजस्थान की सांभर, डीडवाना पंचभद्रा, लूनकरसर आदि ये लवणीय झीलें हैं।

सारणी 3. भारत में विभिन्न धरातलीय जल स्रोतों द्वारा सिंचित क्षेत्र

क्रमांक	सिंचित क्षेत्र का स्रोत	क्षेत्रफल (करोड़ है.मी.)	योगदान (प्रतिशत)
1.	नलकूपों द्वारा	2.243	36
2.	नहरों द्वारा सिंचित क्षेत्र	1.993	32
3.	खुले कुओं द्वारा	1.37	22
4.	तालाब	0.311	5
5.	अन्य	0.311	5

स्रोतः केन्द्रीय जल आयोग (2015 व 2016)

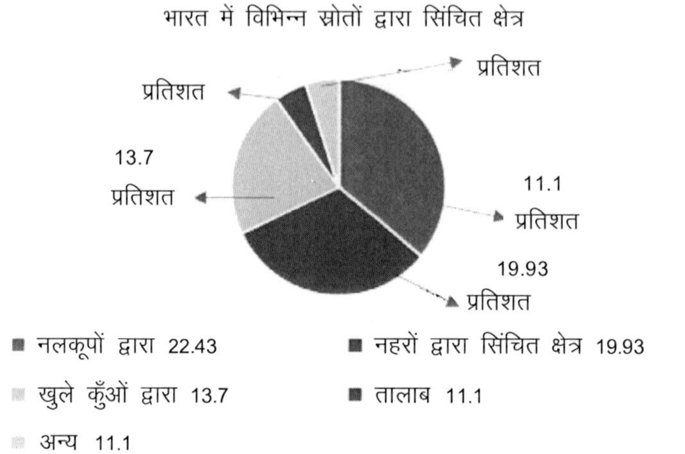

चित्रः 2 भारत में विभिन्न धरातलीय स्रोतों द्वारा सिंचित क्षेत्र प्रतिशत में

(ख) भूमिगत सिंचाई जल के स्रोत

जब वर्षा होती है तो उसका लगभग 38–40 प्रतिशत भाग भूमि द्वारा सोख लिया जाता है, जो भूमि की निचली सतहों में पहुँच जाता है। इस जल को भूमिगत जल कहते हैं। इस जल को सिंचाई हेतु प्रयोग में लाने के लिए जिन संसाधनों का प्रयोग किया जाता है, उन्हें भूमिगत जल संसाधन कहते हैं। भूमिगत जल के विशाल स्रोत पंजाब, हरियाणा, उत्तर प्रदेश, बिहार, पश्चिमी बंगाल व राजस्थान आदि राज्यों में हैं। भूमिगत जल को प्राप्त करने हेतु निम्नलिखित साधन प्रयोग किये जाते हैंः—

1. नलकूप

भारत में नलकूपों के द्वारा अधिक सिंचाई होती है क्योंकि नलकूप के द्वारा काफी गहराई से भूमि के नीचे से जल निकाला जा सकता है। नलकूप द्वारा जल निकालने के लिए विद्युत मोटर, तेल इंजिन या सौर चालित रिचार्जबल बैटरी इत्यादि का प्रयोग करते हैं। नलकूप बनाने के लिए पहले भूमि में एक पक्का कुँआं बनाते हैं तथा फिर भूमि के अन्दर जलयुक्त रेत तक बोर करके इसमें जालीदार पाइप डाल देते हैं। कुछ स्थानों पर पक्की भूमि होती है वहाँ पर केविटी के बोरिंग होते हैं। इनमें बिना जाली के पाइप डालते हैं तथा बोर करने वाले बड़े पाइपों को बाहर निकाल लेते हैं। अब इस पाइप पर पक्के कुँएं में उचित ऊँचाई पर एक फुटबॉल तथा पंखा और पुली लगायी जाती हैं। इसके बाद पंखे की पुली पर एक पट्‌टा चढ़ाकर उसे विद्युत मोटर या इंजिन की पुली पर चढ़ाकर पंखे को घुमाया जाता है। जिससे भूमिगत जल पाइप के द्वारा बाहर निकलने लगता है। नलकूप से निकलने वाले जल की मात्रा प्रस्राव नल के व्यास पर निर्भर करती है। एक 10 सें.मी.

व्यास वाले नल से लगभग 87 हजार लीटर/घंटा तथा 15 सें.मी. व्यास वाले नल से 1 लाख 96 हजार ली./घंटा जल निकलता है। इन नलों से एक हेक्टेयर भूमि की सिंचाई लगभग 10 घंटे तथा 4.5 घंटे में क्रमशः की जा सकती है। नलकूप का मुख्य लाभ यह है कि जहाँ पर सिंचाई हेतु नहरे नहीं हैं, वहाँ पर कम परिश्रम व समय में अधिक क्षेत्र को सींचा जा सकता है।

2. उठाव सिंचाई (लिफ्ट इर्रीगेशन)

इस पद्धति में जल को सिंचाई के उपयोग में लाने के लिए खेतों की सतह पर उठाना पड़ता है। जल उठाने के लिए जल उठाने वाले यंत्रों जैसे ढेकली, चरसा, रहट, बलदेव बाल्टी, मोटर पंप आदि यंत्रों का प्रयोग किया जाता है। इससे फसलों को अधिक लाभ होता है क्योंकि उनको आवश्यकता के समय ही सिंचाई देते है। कुँओं, तालाबों तथा ऐसी नहरों का जल जो किसी स्थान विशेष पर निचाई पर बहती है खेतों की सतह तक जल उठाने की आवश्यकता पड़ती है।

3. हस्त चालित नल (हैंड पम्प)

साधारणतया घरों में, नर्सरी व छोटे क्षेत्रों की सिंचाई के लिये 4.5 सें.मी. व्यास के लोहे के पाइप भूमि में स्थापित कर दिये जाते हैं। जिनके ऊपर जल उठाने की हस्त चालित मशीन रख कर, उठा लिया जाता है।

4. पाताल तोड़ कुँएं

इस प्रकार के कुँएं तराई क्षेत्रों में पाये जाते हैं जहाँ पर भूमिगत जल स्रोत वक्राकार होती है। जिनके दोनों सिरे ऊँचे तथा मध्य भाग गहरा होता है। इस मध्य भाग में लोहे का एक पाइप जल स्रोत तक बोर कर दिया जाता है जिससे जलधारा स्वतः ही फूट पड़ती है। इन कुँओं से जल 24 घंटे जल बहता रहता है इस प्रकार के कुँएं उत्तराखंड, उत्तर प्रदेश के तराई क्षेत्र, तमिलनाडु एवं पुडुचेरी में पाये जाते हैं।

5. कुँए

एक कुँआं या कूप वह द्रवीय सूराख है जो भूमि की सतह से नीचे भूमिगत जल की आपूर्ति के स्तर तक खोदा जाता है, ताकि उसके द्वारा भूमिगत जल को सतह पर निकाला जा सके। मैदानी, तटीय और प्रायद्वीप भारत के कुछ क्षेत्रों में यह प्रणाली अधिक अपनाई गई है। यह कम खर्चीली प्रणाली है। कुँएं से जल जब भी आवश्यकता पड़े, निकाला जा सकता है। इसमें वाष्पीकरण कम होता है और आवश्यकता से अधिक सिंचाई का भय भी नहीं रहता है। वर्ष 1950–51 में देश में लगभग 50 लाख कुँएं थे जिनकी संख्या अब

1.2 करोड़ तक पहुँच गई है। भारत में कुँओं से सिंचित क्षेत्र उत्तर प्रदेश, राजस्थान, पंजाब, मध्य प्रदेश, गुजरात, बिहार, आंध्र प्रदेश और तमिलनाडु है। ये दो प्रकार के होते हैं–

क) पक्का कुँआं

इस प्रकार के कुँएं ऐसे स्थानों पर बनाए जाते हैं जहाँ पर लम्बे समय तक इनसे सिंचाई करनी होती है तथा इन कुँओं के निर्माण के लिए अधिक खर्च पड़ता है।

ख) कच्चे कुँएं

इन कुँओं का प्रयोग उन क्षेत्रों में होता है जहाँ पर धरातलीय संसाधनों का अभाव होता है, वहाँ की भूमि चिकनी, पक्की होती है तथा बालू की मात्रा गहराई पर मिलती है। ऐसे क्षेत्र जिनमें किसानों की आर्थिक स्थिति अच्छी नहीं होती है वे भूमि के अन्दर कच्चे कुँएं खोद लेते हैं तथा जब भूमि में ऐसी पक्की भूमि आ जाती है जिसके नीचे जलयुक्त रेत होता है वहाँ कुँएं की खुदाई बन्द कर देते हैं तथा किसी लोहे की छड़ से पक्की भूमि में एक छेद बना देते है जिसके अंदर से जल कुँएं में भरने लगता है।

सारणी 4. विभिन्न जल स्रोतों द्वारा वर्ष 2013–14 के दौरान देश में कुल सिंचित क्षेत्र

राज्य	नहरें			तालाब	कुँएं		अन्य स्रोत	कुल शुद्ध सिंचित क्षेत्र
	सरकारी	निजी	कुल		नलकूप	अन्य		
उत्तर भारत	5147	111	5258	127	14983	1332	188	21888
हरियाणा	1210	—	1210	—	1721	—	—	2931
हिमाचल प्रदेश	4	—	4	—	23	2	83	113
जम्मू एवं कश्मीर	174	109	284	8	4	6	21	323
पंजाब	1122	—	1122	—	3022	—	—	4143
उत्तर प्रदेश	2557	—	2557	119	9984	1308	60	14027
उत्तराखंड	78	2	79	0	210	16	23	328
चंड़ीगढ	—	—	—	—	1	—	—	1
दिल्ली	2	—	2	—	18	0	1	22
दक्षिण भारत	3419	1	3420	917	2868	1791	662	9659
आंध्र प्रदेश	1429	—	1429	340	1044	76	124	3014
कर्नाटक	1253	—	1253	154	1322	411	416	3556
केरल	80	1	81	45	30	125	116	397
तमिलनाडु	653	—	653	378	463	1179	0	2679

क्रमशः

सारणी 4

अंडमान व निकोबार द्वीप	—	—	—	0	—	0	0	0
पुडूचेरी	4	—	4	—	9	—	—	13
लक्ष्यद्वीप	—	—	—	—	—	—	—	—
पूर्वी	1037	50	1088	121	1949	88	4928	8173
अरुणाचल प्रदेश	—	—	—	—	—	—	57	57
असम	79	—	79	58	74	1	140	303
बिहार	914	—	914	52	1830	20	112	2933
झारखंड	6	—	6	—	41	—	53	217
ओडिशा	—	—	—	—	—	—	1245	1245
पश्चिम बंगाल	—	—	—	—	—	—	3099	3099
मणिपुर	—		—	—	—	—	69	69
मेघालय	31	37	68	—	—	—	—	68
नागालैंड	—	—	—	—	—	—	91	91
सिक्किम	—	—	—	—	—	—	13	13
त्रिपुरा	5	—	5	2	1	1	49	62
मिजोरम	2	13	16	—	—	—	—	16
पश्चिम	6220	—	6220	447	10243	7470	1707	26090
चड़ीगढ	874	—	874	50	1122	19	80	1462
गुजरात	771	—	771	45	3109	2181	114	4233
मध्यप्रदेश	1625	0	1625	264	2167	3108	1347	9455
महाराष्ट्र	1081	—	1081	.	3402	.	.	3248
राजस्थान	1859	—	1859	67	4	2159	162	7650
गोवा	9	—	9	21	—	2	2	38
दमन एंड दिप	—	—	—	—	—	—	—	—
नागर हवेली	1		1	—	0	1	2	4
सम्पूर्ण भारत								
2013–14	16115	163	16278	1842	31126	11312	7542	68100
2012–13	15462	165	15628	1748	30497	10764	7466	66103
2011–12	15838	172	16010	1918	29942	10595	7228	65693

नोटः सभी इकाईयां हजार हेक्टेयर में।

स्रोतः उर्वरक सांख्यिकी 2015–16, भारत उर्वरक एसोशिसियन, नई दिल्ली तथा कृषि अनुसंधान डाटा पुस्तिका 2017, भारतीय कृषि सांख्यिकी अनुसंधान, नई दिल्ली।

भूमिगत जल स्रोतों का संरक्षण जैसेः हैंडपम्प/कुँएं का संरक्षण

हैंडपंप सुरक्षित जल का सामान्यतः उपलब्ध स्रोत है। इसका रखरखाव करें। गाँव के मिस्त्री से हमेशा सम्पर्क रखें व देखें कि आवश्यक स्पेयर पार्ट्स व मरम्मत के उपकरण उपलब्ध हैं। हैंडपम्प से कम से कम 15 मीटर तक कचरा/मलमूत्र का निस्तारण ना करें। हैंडपम्प के बहते जल को बागवानी आदि के काम में लें व उसके आस–पास जल जमा न होने दें। वर्षा के जल से भूजल का पुनर्भरण आपके हैंडपम्प/कुँएं में जल की उपलब्धता बनाए रखेगा। कुँएं में जल का पुनर्भरण आप कुँएं के पास एक सोख्ता गड्ढ़ा खोद सकते हैं। कुँएं एवं सोख्ते गड्ढे को हमेशा ढककर रखें। कुँएं निजी हो या सार्वनिक इनके जल की समय–समय पर जांच करवानी चाहिए तथा कुँएं के जल को जीवाणु रहित करने के लिए कुँएं में ब्लीचिंग पाउडर का घोल डालना चाहिए। उसके लिए आवश्यक हो तो सरकारी विभाग से सम्पर्क कर परामर्श लेना चाहिए। समय–समय पर कुँओं की सफाई भी करें तथा कुँओं को ढ़क कर रखें। हैंडपम्प लगाने के लिए बोरवेल की गहराई पर खास ध्यान रखें। जिन गांवों में बाढ़ का खतरा रहता है वहाँ ऊंचे सुरक्षित स्थल पर एक हैंडपम्प होना चाहिए ताकि पीने का जल उपलब्ध रहे।

भारत में भूमिगत जल की वर्तमान स्थिति

भूमिगत जल, जल का एक समृद्ध भंडार और महत्वपूर्ण स्रोत है। देश के ग्रामीण क्षेत्रों में पेयजल की 90 प्रतिशत आपूर्ति भूजल पर टिकी है तथा फसलों की सिंचाई में भूजल की भागीदारी 40 प्रतिशत तक है। केन्द्रीय भूजल प्राधिकरण के सर्वेक्षण के अनुसार 5,723 में से 839 ब्लॉकों ने भूजल का आवश्यकता से अधिक दोहन कर लिया है, इसलिए इन ब्लॉकों में अब और कुँएं खोदने की अनुमति नहीं मिल सकती है। दिल्ली, पंजाब, हरियाणा, राजस्थान, कर्नाटक और तमिलनाडु की स्थिति अत्यधिक गंभीर है। गुड़गांव, दिल्ली, बंगलौर, तिरुवनंतपुरम, जालंधर और पोरबंदर जैसे शहरों में भूमि से जल निकालने पर रोक लगा दी है। सरकार ने 43 ब्लॉकों में भूजल के दोहन पर रोक लगा दी है और कई ब्लॉकों की पहचान की जा रही है जहाँ तत्काल रोक लगाने की आवश्यकता है। भूमिगत जल के अत्यधिक दोहन से तटवर्ती क्षेत्रों में भूमि के अन्दर खारा जल घुस जाता है जिससे खारेपन की समस्या बढ़ रही है। देश के बड़े भाग में भूजल का स्तर नीचे जाने से जलसंकट पैदा होने के साथ–साथ देश का पारिस्थितिकी तंत्र भी गड़बड़ा रहा है। देश के 4.5 लाख वर्ग किलोमीटर क्षेत्र में भूजल स्तर इतना नीचे आ गया है। कि उसके पुनर्भरण (रिचार्ज) के लिए कृत्रिम उपायों की आवश्यकता है। जिन क्षेत्रों में जल के पुनर्भरण की समुचित व्यवस्था नहीं है, वहाँ कुँएं सूख गए हैं। हैंड पम्पों तथा नलकूपों ने जल की कमी से काम करना बंद कर दिया है। आज स्थिति यह है कि भूमिगत जल की अतिनिकासी और जल पुनर्भरण की कोई व्यवस्था नहीं होने से पंजाब के

12 और हरियाणा के 3 जिलों भूमिगत जलस्तर खतरनाक स्तर तक नीचे चला गया है। आगरा तथा आस–पास के क्षेत्रों में जलस्तर इतना अधिक नीचे चला गया है कि अब वहाँ के किसान पम्पिंग सेट के स्थान पर सबमर्सिबल पम्पों को प्रयोग करने लगे है। उत्तर प्रदेश के बुंदेलखंड क्षेत्र के सभी जिलों में, पश्चिमी तथा मध्य उत्तर प्रदेश के जिलों एवं पूर्वी उत्तर प्रदेश के कई जिलों में भूमिगत जलस्तर काफी नीचे चला गया है।

सारणी 5. देश में नवीनतम मूल्यांकन के अनुसार गतिक भूमिगत जल स्रोतों का विवरण (31–07–2017)

विवरण	भूमिगत उपलब्ध जल
कुल वार्षिक पुनर्भरणीय भूजल	447 बिलियन क्यूबिक मीटर
शुद्ध वार्षिक भूजल उपलब्धता	411 बिलियन क्यूबिक मीटर
वार्षिक भूमिगत जल प्रस्राव	253 बिलियन क्यूबिक मीटर
भूमिगत जल विकास की स्थिति	62 प्रतिशत

स्रोतः केन्द्रीय भूमिगत जल बोर्ड, दिल्ली

आज हम बिना सोचे–समझे जल संसाधनों का आवश्यकता से अधिक दोहन करते जा रहे हैं, परन्तु यह नहीं सोच रहे हैं कि इनका भंडार सीमित है। यदि हम जल के दृष्टिकोण से देखें तो द्रुतगति से बढ़ती जनसंख्या के कारण जल की मांग निरन्तर बढ़ती ही जा रही है। आज सम्पूर्ण भारत को एकजुट होकर जल संसाधनों की समस्याओं पर आत्ममंथन करना चाहिए व प्रत्येक नागरिक को जागरूक होकर जल संसाधनों को बचाने एवं सुरक्षा का संकल्प लेना चाहिए।

❑❑❑

अध्याय 3

भारत में बहुउद्देशीय सिंचाई बाँध, नदी परियोजनाएं

भारत में सिंचाई के प्रमुख साधनों के अंतर्गत नहरें, कुँएं, नलकूप, तालाब आदि हैं। नदियाँ भारत वर्ष में युगों से महत्वपूर्ण जल संसाधन रही हैं। इनकी उपयोगिता का वर्णन करना सूरज को दीपक दिखाने के समान है। परन्तु वर्षाकाल में नदियाँ अथाह जलराशि के साथ अपना विकराल रूप दिखाती हैं। इसलिये, देश की स्वतंत्रता प्राप्ति के बाद भारत सरकार ने यह आवश्यकता समझी कि नदियों से जुड़ी ऐसी परियोजनाओं पर काम हो जिनसे नदियों के जल का अधिकाधिक सदुपयोग किया जा सके और जिनके द्वारा विविध क्षेत्रों में लाभ प्राप्त किया जा सके। इसी उद्देश्य से भारत में अनेक नदी घाटी परियोजनाओं की स्थापना हुई जिनसे लाभ प्राप्ति के लिए बाँधों का निर्माण हुआ। इनका लक्ष्य रखा गया हैं। उदाहणार्थ 1. भारत के ग्रामीण क्षेत्रों की कृषि के लिए सिंचाई प्रबंधन की योजनाबद्ध व्यवस्था करना, नहरों का निर्माण कर नदी–जल को सुदूर स्थिति क्षेत्रों तक पहुँचाना। 2. जल–विद्युत का उत्पादन करना जिससे नहरों एवं गाँवों को रात में भी पर्याप्त प्रकाश प्राप्त हो और औद्योगिक इकाईयों व कल–कारखानों के साथ ही कृषि जैसी अन्य गतिविधियों को पर्याप्त मात्रा में आवश्यक ऊर्जा उपलब्ध कराई जा सके। 3. नदियों के कारण आने वाली बाढ़ को नियंत्रित किया जाये ताकि जन–धन की हानि ना होने पाये। 4. बाढ़ के कारण तथा अन्य कारणों से होने वाले मृदा कटाव को रोककर भूमि–संरक्षण किया जाये। 5. क्षेत्रीय पर्यावरण की रक्षा की जाये ताकि जैव विविधता बनी रहे। 6. मत्स्य पालन उद्योग का विकास किया जाये ताकि यातायात की एक वैकल्पिक व्यवस्था उपलब्ध हो।

किसी देश में कृषि के सर्वकालिक संवर्धन के लिए उसके पास जल का विशाल भंडार होना आवश्यक है और इस विशाल जल भंडारण के लिए देश में नहरों व बांधों का परियोजनागत विकास अपरिहार्य हो जाता है। बांध जल के प्रवाह को अवरोधित करने की व्यवस्था है। जिन्हें बड़े जलाशय में बदलकर इनसे सिंचाई का प्रबंधन, विद्युत उत्पादन, जलीय कृषि, अंतः स्थलीय नौ परिवहन, मत्स्यपालन जैसी आर्थिक गतिविधियों को संचालन किया जाता है। देश के आर्थिक विकास में इनकी महती भूमिका और सार्थकता के कारण ही हमारे प्रथम प्रधानमंत्री जवाहर लाल नेहरू ने बहुउद्देशीय नदी परियोजनाओं को आधुनिक भारत के मंदिर की संज्ञा से अभिहित किया। नदियों की घाटियों पर बड़े–बडे बांध बनाकर बहुआयामी सामाजिक–आर्थिक सुविधाएं प्राप्त करने को आयोजन को

बहुउद्देशीय परियोजना कहते हैं। इनका प्राथमिक उद्देश्य नदी घाटी के अधीन जल और थल का मानव हित में अधिकतम संभव उपयोग करना होता है।

भारत में बांध–निर्माण का कार्य स्वतंत्रता प्राप्ति के पहले भी हुआ है। तब देशी और ईस्ट इंडिया कम्पनी का शासन काल था। लेकिन तब निर्मित किये गये बांधों का उद्देश्य सिंचाई के कार्य हेतु वैकल्पिक व्यवस्था और बाढ़ से क्षेत्र का बचाव था। परन्तु स्वतंत्रता प्राप्ति के बाद निर्मित किये गये बांधों के साथ जल–विद्युत उत्पादन जैसे बड़े उद्देश्यों को भी जोड़ा गया। इसी क्रम में भाखड़ा–नांगल, रिहन्द, हीराकुंड, नागार्जुन सागर, दामोदर घाटी और गांधी सागर आदि बांध निर्मित किये गये। बांधों का निर्माण होने से भारत की आर्थिक विकास दर तेज हुई, ग्रामीण क्षेत्रों का तथा कृषि का विकास हुआ। कृषि उत्पादन बढ़ा, सूखे की समस्या का निराकरण अत्यधिक सीमा तक संभव हो पाया। बहु–उपयोगी बांधों ने भारत की, भारत के जन–जीवन की आर्थिक उन्नति में महत्वपूर्ण योगदान किया है। भारत में 154 प्रमुख नदियाँ और लगभग 22 नदी बेसिन क्षेत्र हैं। केन्द्रीय जल आयोग के आंकड़ों के अनुसार देश में वर्ष 1950–51 में 370 बांध थे जो बढ़कर वर्ष 1970 में 1200, वर्ष 1990 में 3650 और वर्ष 2017 में 5176 हो गए तथा 261 बैराज और निर्माणाधीन वृहद् बांधों की संख्या 314 है। देश में सिंचाई परियोजनाओं और नहरों से कुल सिंचित क्षेत्र का 40 प्रतिशत सींचा जाता है। शेष 60 प्रतिशत क्षेत्र अन्य साधनों से सींचा जाता है। वर्ष 1951 में भारत का कुल सिंचित क्षेत्र 226 लाख हेक्टेयर था वहीं मार्च 2010 तक बढ़कर 10.82 करोड़ हेक्टेयर तक पहुँच गया, सिंचाई परियोजनाओं के आधार पर ही प्रकृति निर्धारित की जाती है।

सारणी 1. क्षमता के आधार पर सिंचाई परियोजनाओं का वर्गीकरण

क्रमांक	**परियोजनाएँ**	**क्षमता**
1.	लघु सिंचाई परियोजनाएँ	200 हेक्टेयर से कम क्षेत्रफत्र। इसके अंतर्गत कुँआं, नलकूप, डीजल पम्पसेट आदि आते हैं तथा इसकी शुरुआत 2010 में राष्ट्रीय लघु सिंचाई मिशन के रूप हुई थी।
2.	मध्यम सिंचाई परियोजनाएँ	2000 हेक्टेयर से 10000 हेक्टेयर के बीच नहरें आदि।
3.	वृहत सिंचाई परियोजनाएँ	10000 हेक्टेयर से अधिक बांध इसके उदाहरण है। देश की 38 प्रतिशत सिंचाई आवश्यकताओं की पूर्ति करते हैं।

भारत में बहुउद्देशीय सिंचाई परियोजनाएँ

बहुउद्देशीय सिंचाई बांध और नदी परियोजनाओं से सिंचाई की सुविधा के अतिरिक्त बाढ़ नियंत्रण, पेयजल आपूर्ति, जलविद्युत उत्पादन, नहरी परिवहन, पर्यटन आदि अनेक कार्य किए जा सकते हैं।

चित्रः 1 सिंचाई हेतु नदी परियोजना

भारत में कुछ प्रमुख बहुउद्देशीय सिंचाई बांध और नदी परियोजनाओं का विवरण निम्नलिखत है जो मुख्य स्थान रखती हैं, जैसे;

1. दामोदर घाटी परियोजना

- स्वतंत्र भारत की प्रथम बहुउद्देशीय परियोजना है।
- इसका विस्तार झारखंड और पश्चिम बंगाल में है।
- संयुक्त राज्य अमेरिका की टेनेसी घाटी परियोजना के आधार पर इसकी 1948 में शुरुआत हुई।
- दामोदर नदी छोटा नागपुर की पहाड़ियों से निकलकर पश्चिम बंगाल में हुगली नदी से मिल जाती है।
- इस परियोजना पर तिलैया, कोनार, मैथान, पंचेत, अयर, बर्मो, बाल पहाड़ी, बोकारो, कोनार बांध तथा दुर्गापुर बैराज बनाया गया है।
- इस परियोजना के प्रणेता डब्ल्यू. एल. बुर्दइन हैं।
- छोटा नागपुर पठार से उद्गमित 592 कि.मी. लम्बी दामोदर नदी का औसत जलप्रवाह 296 घनमीटर प्रति सेकेंड है।
- इस नदी का बेसिन क्षेत्र 58480 वर्ग कि.मी. है।

2. भाखड़ा नांगल परियोजना

- यह परियोजना पंजाब तथा हिमाचल में सतलज नदी पर बनाई गई है।
- यह देश की सबसे बड़ी बहुउद्देशीय परियोजना है।
- यह संसार के गुरुत्वीय बांधों (226 मी.) में सबसे बड़ा और देश का कंक्रीट निर्मित टिहरी बांध के बाद सबसे ऊँचा है।
- गोविन्द सागर बांध (हिमाचल प्रदेश) इसी पर स्थित है।
- पंजाब हरियाणा, राजस्थान, दिल्ली और हिमाचल प्रदेश इससे लाभाविन्त हो रहे हैं।
- इस बांध से बिस्त दोआब, सरहिन्द और नरवाना शाखा जैसी नहरें बड़े पैमाने पर निकाली गई है।

3. रिहंद बांध परियोजना

- सोनभद्र जिले के पिपरी पहाडों के मध्य निर्मित यह उत्तर प्रदेश की सबसे बड़ी बहुउद्देशीय परियोजना है।
- सोन की सहायक नदी रिहंद पर निर्मित यह 91.44 मीटर ऊँचा और 934.21 मीटर लंबा ठोस गुरुत्वीय बांध है जिसमें 61 स्वतंत्र ब्लॉक है।
- बांध के पीछे गोविन्द वल्लभ पन्त सागर नामक कृत्रिम झील बनाई गई।
- यह मध्य प्रदेश एवं उत्तर प्रदेश की सीमा पर स्थित है जिसकी सकल भंडारण क्षमता 10.60 बीसीएमः बिलियन क्यूबिक मीटर (1 बिलियन क्यूबिक मीटर $=10^9$ क्यूबिक या घन मीटर) है और यह अपने 5148 वर्ग कि.मी. जलग्रहण क्षेत्र में उत्तर प्रदेश, मध्य प्रदेश तथा छत्तीसगढ़ तक फैला है।

4. हीराकुंड बांध परियोजना

यह ओडिशा में संबलपुर के निकट महानदी पर एक महत्वपूर्ण परियोजना है जिसकी मुख्य खंड की लम्बाई 4.8 कि.मी. तथा तटबंध सहित बांध की लम्बाई 25.8 कि.मी. एवं ऊँचाई 60.96 मीटर है। इस परियोजना के दो अन्य बांध नाराज और टीकापारा हैं। हीराकुण्ड बांध के निर्माण से पूर्व महानदी अपनी भंयकर बाढ़ों के कारण महानदी ओडिशा का शोक कहलाती थी। हीराकुण्ड इस परियोजना का मुख्य बांध है। हीराकुण्ड बांध 4801 मीटर लम्बा तथा 61 मीटर ऊँचा है जो विश्व का सबसे लम्बा बांध है।

5. गंडक सिंचाई परियोजना

- यह नेपाल के सहयोग से पूरी की गई है और इसके जलग्रहण क्षेत्र 37410 वर्ग कि. मी. का 90 प्रतिशत भाग नेपाल में है।
- इसमें मुख्य नहर गंडक पर बने वाल्मीकी नगर बैराज से निकाली गई है।
- गंडक, सालिग्रमि और नारायणी नाम से अभिहित यह नदी औसतन 1760 घनमीटर जल प्रति सेकेंड प्रवाहित करती है और इसका बेसिन क्षेत्र 46300 कि.मी. है। पूर्वी उत्तर प्रदेश के 5 जिले अपनी कृषि आजीविका के लिए इसी परियोजना पर आश्रित हैं।

6. कोसी परियोजना

- यह बिहार राज्य में नेपाल के सहयोग से पूरी की गई है।
- विनाशकारी बाढ़ों के कारण कोसी को उत्तरी बिहार का शोक कहा जाता है।
- मुख्य नहर कोसी पर बने हनुमान नगर बैराज नेपाल से निकाली गई है।
- भविष्य में इस योजना के शक्ति गृहों को दामोदर घाटी परियोजना के शक्तिगृहों से मिलकर नेटवर्क बनाने की भी योजना है।

7. इंदिरा गांधी (राजस्थान नहर) परियोजना

- इस परियोजना में रावी और व्यास नदियों का जल सतलज नदी में लाया जाता है तथा रावी–व्यास नदियों के संगम पर माधोपुर में लिंक नहर का निर्माण भी किया गया है।
- व्यास नदी पर पौंग नामक बांध बनाया गया है।
- इस मरू गंगा के प्रणेता अभियंता कवरसेन की साकार परिकल्पना ने सदियों से बूँद–बूँद जल को प्यासे रेगिस्तान को जीवन रेखा और राजस्थान के बहुमुखी विकास को भाग्यश्री प्रदान किया है।
- इसका मुख्य उद्देश्य नए क्षेत्रों को सिंचित करके कृषि योग्य बनाना है।
- यह संसार की सबसे लम्बी नहर है। जिसे राजस्थान में गंग नहर के नाम से जाना जाता है। इस नहर से बीकानेर, गंगा नगर व जैसलमेर जिलों की सिंचाई की जाती है।
- इस परियोजना का जलप्रवाह 18,500 घनफीट प्रति सेकेंड है।

8. चम्बल सिंचाई परियोजना

- यमुना की सहायता से चम्बल नदी के जल का उपयोग करने के लिए मध्य प्रदेश एवं राजस्थान में यह परियोजना संयुक्त रूप से बनायी गई और यमुना की सहायक 996 कि.मी. लम्बी चंबल नदी का बेसिन क्षेत्र 143219 वर्ग किमी. है।
- इस परियोजना के अंतर्गत मध्य प्रदश से गांधी सागर बांध तथा राजस्थान में राणा प्रताप सागर बांध, जवाहर सागर बांध तथा कोटा बैराज बनाए गए हैं।
- इस परियोजना का मुख्य उद्देश्य चम्बल नदी की द्रोणी में मृदा का संरक्षण करना है।
- चंबल सिंचाई परियोजना के अंतर्गत मध्य प्रदेश में मध्यम–स्तर के सिंचाई बांध कोतवाल, पगारा, पिलोवा भी निर्मित किए गए हैं जिनकी सिंचाई क्षमता 2.73 लाख है. क्षेत्र है।

9. नागार्जुन सागर परियोजना

- यह तेलंगाना के नालगोंडा जिले में नदीकोड़ा गांव के निकट कृष्णा नदी पर निर्मित यह भारत की सबसे बड़ी सिंचाई परियोजना है।
- बौद्ध विद्वान नागार्जुन के नाम पर इसका नाम नागार्जुन सागर रखा गया है। इसकी जलधारा क्षमता 11472 एमसीएमः मिलियन क्यूबिक मीटर (1 मिलियन क्यूबिक मीटर $=10^6$ घन मीटर) और जलग्रहण क्षेत्र 214185 वर्ग किमी. है, इस बांध में 1.6 किमी. लम्बे फाटक हैं।
- भारत में कृषि इतिहास में हरित क्रांति लाने के लिए शुरू की गई यह पहली बहुउद्देशीय परियोजना है।
- इस बांध से निर्मित नागार्जुन सागर झील विश्व की तीसरी सबसे बड़ी मानव–निर्मित झील है। जिसका पूर्ण जलाशय–स्तर 179.83 मीटर और फैलाव क्षेत्र 285 वर्ग किमी. है, जिसकी भंडारण क्षमता 11.472 बीसीएम है। यह भारत में सबसे बड़ा जल भण्डार है।

10. तुंगभद्रा परियोजना

यह आंध्र प्रदेश तथा कर्नाटक राज्यों के सहयोग से कृष्णा की सहायता से तुंगभद्र नदी पर मल्लपुरम के निकट बनाया गया है।

11. मयूराक्षी परियोजना

- छोटा नागरपुर पठार के उत्तर पूर्वी भाग की एक छोटी नदी मयूराक्षी के मसानजोर नामक स्थान पर बांधकर झारखंड को बिजली से और प. बंगाल को सिंचाई की नहरों से लाभाविन्त किया जा रहा है।
- इसे कनाडा बांध भी कहते हैं।

12. शरावती परियोजना

- यह कर्नाटक में भारत के सबसे ऊँचे जोग या महात्मा गांधी जलप्रपात पर बनाया गया है।
- यहाँ से बंगलूरू के औद्योगिक क्षेत्र तथा गोवा और तमिलनाडु राज्यों को भी बिजली भेजी जाती है।

13. कोयना परियोजना

- यह परियोजना महाराष्ट्र के कृष्णा की सहायक कोयना नदी पर है।
- मुंबई पुणे औद्योगिक क्षेत्र को यहीं से बिजली भेजी जाती है।

14. बगलिहार परियोजना

- यह परियोजना जम्मू–कश्मीर में चिनाब नदी पर 450 मेगावाट की जलबिजली परियोजना है।
- इसके निर्माण को 1960 की सिंन्धु जल संधि का उल्लंघन माना जाता है।

15. किशनगंगा परियोजना

- यह जम्मू–कश्मीर में झेलम नदी पर 330 मेगावाट की जल बिजली परियोजना है।
- इस पर भूमिगत सुरंग बनाने की भी बात है।
- झेलम नदी पर ही बनाई जा रही बुलर बैरपे परियोजना है।
- पाकिस्तान इसे 1960 के सिंधु जल समझौते का उल्लंघन मानता है।

16. केन–बेतवा लिंक परियोजना

- इसका शुभारम्भ 2005 को प्रायद्वीप नदी विकास योजना के अंतर्गत किया गया है।
- इस परियोजना का नाम अमृत क्रांति परियोजना भी है।

- इसे उत्तर प्रदेश और मध्य प्रदेश में चलाया जा रहा है।
- इसकी क्षमता लगभग 9 लाख हेक्टेयर की सिंचाई की है।
- इस पर 72 मेगावाट बिजली उत्पादन का लक्ष्य रखा गया है।
- दौधन बांध केन बेतवा लिंक को जोड़ने हेतु बनाया गया है।
- बनवा बांध जलाशय बेतवा नदी पर मिलाया जायेगा।

17. सरदार सरोवर परियोजना

- मध्य प्रदेश, महाराष्ट्र और गुजरात एवं राजस्थान की संयुक्त परियोजना है।
- यह नर्मदा और उसकी सहायक नदियों पर बनाई जा रही है।
- पूर्ण होने पर यह भारत की सबसे बड़ी कमान क्षेत्र विकसित परियोजना होगी।
- इसका उद्देश्य सिंचाई के अतिरिक्त घरेलू जलापूर्ति, रोजगार, पशुपालन, मत्स्यकी, बाढ़ नियंत्रण व नहरी परिवहन है।
- इस परियोजना का सबसे अधिक लाभ मध्य प्रदेश को मिलेगा।
- 17 सितंबर, 2017 को प्रधानमंत्री द्वारा राष्ट्र को समर्पित यह बहुउद्देशीय सिंचाई और हाईड्रोलिक परियोजनाओं की श्रृंखला में सबसे लम्बी हाईड्रोलिक अभियांत्रिक परियोजना है और इसमें कुल 21 सिंचाई, 6 बहुउद्देशीय, 5 जलविद्युत सहित 30 परियोजनाएँ सम्मिलित है।
- सरदार सरोवर बांध अमेरिका के ग्रांड कोली डैम के बाद विश्व का दूसरा सबसे बड़ा गुरुत्वीय बांध है जिसमें 30 द्वार हैं और प्रत्येक द्वार का वजन 450 टन है।

18. टिहरी बांध परियोजना

- उत्तराखंड में भागीरथी व भिलांगना नदियों के संगम के दक्षिण में टिहरी गढ़वाल क्षेत्र में निर्मित यह विश्व की सबसे ऊँची चट्टान आपूर्ति और भारत का सबसे ऊँचा बांध है जिसकी ऊँचाई 260.5 मीटर और लम्बाई 20 मीटर है।
- इस बांध के साथ दो अन्य इकाइयां कोटेश्वर बांध और टिहरी पंप स्टोरेज परियोजना है।
- इस बांध पर निर्मित जलाशय की कुल क्षमता 4 बीसीएम और सतही क्षेत्र 52 वर्ग कि.मी. है।
- इस परियोजना के सम्पूर्ण सिंचाई भाग को उत्तर प्रदेश द्वारा वित्तपोषित किया जाता है।

- यह परियोजना तीन स्तरों पर चलाई जा रही है–प्रथम चरण: 1000 मेगावाट, द्वितीय चरण: 1400 मेगावाट, तृतीय चरण 2400 मेगावाट।
- क्षमता 2.7 लाख हेक्टेयर सिंचाई की है।
- बाढ़ तथा सूखा को कम करना, मत्स्य पालन, नहरी परिवहन इसका उद्देश्य है। अन्य उद्देश्य रोजगार बढ़ाना तथा विकास कार्य में प्रगति है।
- यह भूकम्प क्षेत्र के जोन वी में आता है। इसके महान टियर फौल्ट पर स्थित होने के कारण यह आशंका और बढ़ जाती है।

19. देवसारी बांध परियोजना

- उत्तराखंड की पिंडर घाटी में गढ़वाल के चमोली जिले में पिन्डूर नदी पर यह योजना है।
- भूकम्प के स्थिर स्केल केन्द्र 4 और 5 में यह बांध आता है।

20. नर्मदा घाटी परियोजना

यह देश की सबसे लम्बी व पश्चिम की ओर बहने वाली नदी है। इसके जल संसाधन सतलज, व्यास तथा रावी नदियों के संयुक्त विभव से कहीं अधिक हैं। इस नदी पर गुजरात में सरदार सरोवर बाँध तथा मध्य प्रदेश में नर्मदा सागर बाँध दो प्रमुख बाँधों का निर्माण प्रस्तावित किया गया है।

21. व्यास परियोजना

यह परियोजना पंजाब, हरियाणा एवं राजस्थान राज्यों की सम्मिलित परियोजना है। इसके अंतर्गत इंदिरा गांधी नहर में शीत ऋतु में नियमित जलापूर्ति बनाए रखने के लिए व्यास नदी पर पोंग बाँध बनाया गया है।

सारणी 2. विभिन्न सिंचन परियोजनाएँ एवं उनसे लाभान्वित होने वाले राज्य

क्रमांक	परियोजनाएँ	संबंधित नदी	लाभान्वित राज्य
1.	फरक्का परियोजना	गंगा, भागीरथी	पश्चिमी बंगाल
2.	कंसावती परियोजना	कसावती व कुंआरी	पश्चिमी बंगाल
3.	रंजीत सागर बांध	रावी	पंजाब
4.	माताटीला बांध	बेतवा	उ.प्र.
5.	पोचमपाद परियोजना	गोदावरी	आंध्र प्रदेश
6.	उकाई परियोजना	ताप्ती	गुजरात
7.	माही परियोजना	माही	गुजरात–राजस्थान
8.	साबरमती परियोजना	साबरमती	गुजरात
9.	शिवसमुद्रम परियोजना	कावेरी	कर्नाटक
10.	मण्डी परियोजना	व्यास	हिमाचल प्रदेश
11.	तवा परियोजना	तवा	मध्य प्रदेश
12.	नागपुर शक्तिगृह परियोजना	कोराडी	महाराष्ट्र
13.	मालप्रभा डेल्टा परियोजना	महानदी	ओडिशा
14.	कुण्डा परियोजना	कुण्डा	तमिलनाडु
15.	दुर्गा बैराज परियोजना	दामोदर	झारखण्ड, पश्चिमी बंगाल
16.	रामगंगा परियोजना	रामगंगा	उत्तर प्रदेश
17.	घाटप्रभा परियोजना	घाटप्रभा	कर्नाटक
18.	भीमा परियोजना	पवना	महाराष्ट्र
19.	भद्रा परियोजना	भद्रा	कर्नाटक
20.	जायकवाडी परियोजना	गोदावरीम	महाराष्ट्र
21.	हिडकल परियोजना	घाटप्रभा	कर्नाटक
22.	सतलज परियोजना	चिनाव	जम्मू–कश्मीर
23.	नाथपा झाकड़ी	सतलज	हिमाचल प्रदेश
24.	पनामा परियोजना	पनामा	गुजरात
25.	कोल बांध परियोजना	सतलज	हिमाचल प्रदेश
26.	कांगसावती	कांगसावती	पश्चिमी बंगाल
27.	गिरना परियोजना	गिरना	महाराष्ट्र
28.	शारदा परियोजना	शारदा, गोमती	उत्तर प्रदेश
29.	मुचकुण्ड परियोजना	मुचुकुण्ड	ओडिशा व आंध्र प्रदेश
30.	हंसदेव बांगो परियोजना	हंसदेव	मध्य प्रदेश

क्रमशः

सारणी 2

31.	पूर्णा परियोजना	पूर्णा	महाराष्ट्र
32.	पंचेत बांध परियोजना	दामोदर	झारखण्ड, पश्चिमी बंगाल
33.	गंगा सागर परियोजना	चम्बल	मध्य प्रदेश
34.	बाणसागर परियोजना	सोन	बिहार, उत्तर प्रदेश एवं मध्य प्रदेश
35.	राणा प्रताप सागर	चम्बल	राजस्थान
36.	जवाहर सागर परियोजना	चम्बल	राजस्थान
37.	दुलहस्ती परियोजना	चिनाब	जम्मू–कश्मीर
38.	तुलबुल परियोजना	चिनाब	जम्मू–कश्मीर
39.	तिलैया	बराकर	झारखण्ड

कृषि उत्थान की पहली आवश्यकता व आधारभूत आगत सिंचाई है, जिसकी पर्याप्त सुलभता कृषि में इंद्रधनुषी क्रांति ला सकती है और पर्याप्त सिंचाई के लिए जल का विशाल भंडार होना आवश्यक है और इस विशाल जल भडारण के लिए देश में नहरों व बांधों का परियोजनागत विकास अपरिहार्य हो जाता है। देश में उपलब्ध सिंचाई व्यवस्था और जलापूर्ति प्रणाली पर्याप्त नही है और नदियां जोड़ने का समग्र कार्यक्रम अनेक समस्याओं से भरा है, जिसके लिए सर्वमान्य समाधान समावेशी आयोजन, समेकित नीति और व्यापक निवेश की आवश्यकता है।

❑❑❑

अध्याय 4

भारतीय कृषि के उत्थान में वर्षा जल संरक्षण एवं संग्रहण का महत्व एवं उपयोगिता

भारत में विश्व के भौगोलिक क्षेत्र का लगभग 2.45 प्रतिशत, जल संसाधनों का 4 प्रतिशत और जनसंख्या का लगभग 16 प्रतिशत भाग है। हमारे देश में एक वर्ष में वर्षा से लगभग 4000 घन कि.मी. जल प्राप्त होता है। धरातलीय जल और पुनः पूर्तियोग भूजल से 1869 घन कि.मी. जल उपलब्ध है, जिसका 60 प्रतिशत जल ही उपयोग किया जा सकता है। इस तरह देश में उपयोगी जल संसाधन 1121 घन कि.मी. है (चित्रः 1)। खेती के लिए जल सबसे अधिक महत्वपूर्ण संसाधन है। देश में कुल जितना जल प्रयुक्त होता है, उसका सर्वाधिक उपयोग 70 प्रतिशत सिंचाई मे, 23 प्रतिशत उद्योगों में तथा घरेलू एवं अन्य उपयोगों में केवल 7 प्रतिशत काम में आता है। सघन कृषि के अन्तर्गत जल के उपयोग की पूर्ति के लिए ट्यूबवैल सिंचित क्षेत्रों में भू–गर्भ जल के अत्यधिक व अविवेक पूर्ण दोहन से लवणीयता, जल भराव, उर्वरक एवं पोषक तत्वों का नुकसान, कीट–बीमारियों का अधिक प्रकोप, मिट्टी संरचना, बिगड़ना, तथा बाढ़ आना, सूखा पड़ना, मृदा कटाव, जल

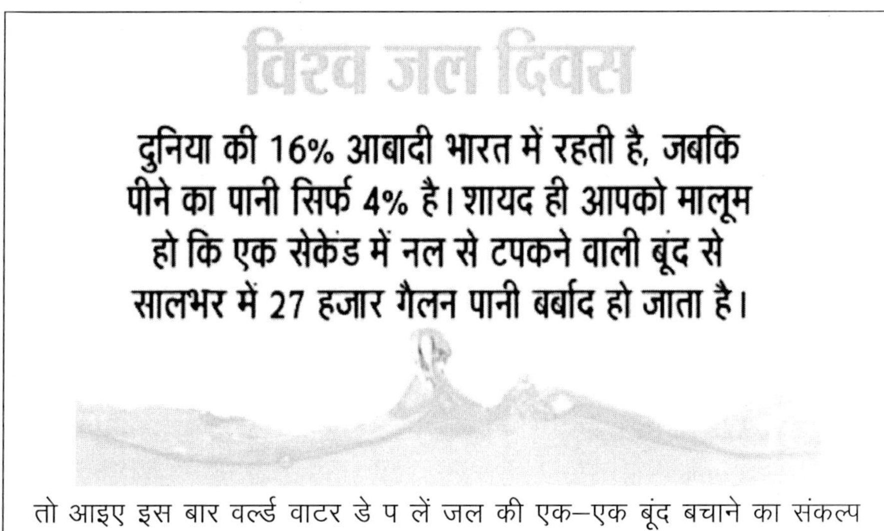

चित्रः 1 जल की स्थिति

उपलब्धता एवं गुणवत्ता आदि प्रमुख समस्याएँ पैदा कर दी हैं, तथा जल स्रोतों के कुप्रबंधन एवं अंधाधुंध दोहन से ही विभिन्न प्रकार के प्राकृतिक जल संसाधन विलुप्त हो रहे हैं।

हमारे देश की अर्थव्यवस्था कृषि पर आधारित है और कृषि स्वयं जल की उपलब्धता पर निर्भर करती है। हमारे देश को आजाद हुए 70 साल हो चुके हैं इस दौरान हमने सूचना प्रौद्योगिकी और औद्योगिक उत्पादन जैसे कई क्षेत्रों में अभूतपूर्व सफलताएं प्राप्त की हैं, लेकिन जल के प्रबंधन के लिए विशेष प्रयास नहीं किए गए। यही कारण है कि हमारे किसान आज भी मानसून पर निर्भर हैं। आज तक भारत इस समस्या का कोई स्थाई समाधान नहीं खोज पाया है। आज भी यदि जल नहीं बरसता तो हाहाकार मच जाता है, और यदि बरसे तो भी। प्रकृति ने हमें खेती के अनुकूल जल भी दिया है लेकिन हम उसका प्रयोग सर्वथा उत्तम विधियों से नहीं कर पा रहे हैं। सिंचाई के जल का देश में बहुत अपव्यय किया जाता है, कई मामलों में तो प्रयोग से ज्यादा अपव्यय ही नजर आता है। कम जल में फसलें उगानें की विधियां अभी तक आम किसानों में प्रचलित नहीं हो पाई हैं।

चित्रः 2 जल संरक्षण की आवश्यकता

सरकारी योजनाओं के अंतर्गत लगाए गए ड्रिप सिंचाई तथा स्प्रिंकलर सिंचाई प्रणालियों से भी किसानों की दिशा और दशा नहीं बदल पा रही हैं अब समय कि माँग है कि हम जल प्रबंधन के लिये वर्षा जल संरक्षण एवं संग्रहण का सहारा लें। यह तभी संभव होगा जब हम सार्थक पहल करें और पूरे विश्वास व लगन के साथ विभिन्न पहलुओं पर काम करें, जैसे; जल प्रदूषण का निवारण, जल सरंक्षण, घरेलू स्तर पर जल संग्रहण, फसल चक्र में बदलाव, जल उपयोग में जागरुकता, खेती की वैकल्पिक विधियों, वर्षा जल संग्रहण, नवीनतम सिंचाई प्रणाली का उपयोग आदि (चित्रः 2)।

वर्षा जल संभरण

वर्षा जल संचयन मुख्य रूप से दो विधियों पर आधारित है। पहली विधि में धरातल पर वर्षा जल को रोककर संचित किया जाता है। यह एक परंपरागत विधि है जिसके द्वारा भूमिगत कुँएं, तालाब, आदि का प्रयोग किया जाता है। दूसरी विधि में, भूमिगत जल को पुनर्भरण करने की तकनीक सम्मिलित है, जो वर्षा जल संरक्षण की नई अवधारणा है। इस तकनीक में खाईयां खोदना, कुँओं को गहराई में स्थित जल संभरण केन्द्रों तक वर्षा जल रिसाव को पहुँचाने हेतु प्रयुक्त किया जाता है। इससे जल अच्छी तरह से फिल्टर हो जाता है।

खेती में वर्षा जल संरक्षण के उपाय

वर्षा जल का भूमि की विभिन्न परतों में संचय करना, अपवाहित जल को एकत्रित कर समय–समय पर फसलों की माँग अनुसार सिंचाई के लिए उपयोग करना ही नमी जल संरक्षण है। मृदा एवं जल प्रबंधन में नमी संचय हेतु निम्नलिखित क्रियायें उपयोगी पायी गयी हैं–

1. जल उपलब्धता आधारित फसल चक्र

सिंचाई जल की कम सुविधा वाले क्षेत्रों में उन फसलों को उगाना लाभदायक होता है जिन को बस एक या दो सिंचाई की ही आवश्यकता पड़ती है। फसल का चुनाव, मृदा की दशा, सिंचाई जल की उपलब्धता, बरसात आदि के आधार पर ही करनी चाहिए। आमतौर पर देखा जाता है कि जैसे ही किसी नए क्षेत्र में नहर या नलकूप (ट्यूबवैल) की सुविधा दी जाती है तो किसान धान, आलू, गन्ना जैसी अधिक जल चाहने वाली फसलें लेने लगते हैं। धान सबसे अधिक जल अपव्यय करने वाली फसल है, क्योंकि आमतौर पर जितना जल धान को दिया जाता है, उतने ही जल से गेहूँ का 3 गुना, तिलहन का 6 गुना और दलहनों का तो 8–10 गुना क्षेत्र तक सींचा जा सकता हैं। मृदा नमी के आधार पर फसल एवं उसकी किस्म का चुनाव करना चाहिए, कृषि मौसम के आधार पर विभिन्न क्षेत्रों की फसलों का चुनाव होना चाहिए अन्यथा सिंचाई जल की समय उपलब्धता के आधार पर, कम नमी में ज्वार, बाजरा एवं रागी आदि फसले सफलतापूर्वक उगायी जा सकती हैं।

2. ग्रीष्मकालीन जुताई

रबी की फसल की कटाई के बाद एक गहरी जुताई की जाए ताकि वर्षा का अधिक से अधिक जल खेत में ही रुका रहे तथा खरीफ के बाद उथली जुताई नमी संरक्षण के लिए उपयुक्त होती है। रबी की फसल कटने के बाद खेत की जुताई करने से खेत गर्मी में पूरी तरह सूख जाते हैं तथा हानिकारक कीड़े–मकोड़े मर जाते हैं और वर्षा प्रारम्भ होते ही वर्षा

जल भूमि में प्रवेश करने लगता है। यह जुताई लगभग 20 से 30 सें.मी. गहरी मिट्टी पलटने वाले हल या ट्रैक्टर से की जाती है।

3. समतलीकरण एवं मेड़बंदी

वर्षा जल के समान वितरण एवं अधिक समय तक प्रक्षेत्र में रोकने के लिए खेतों को समतल करके मेड़बंदी करना आवश्यक है। मेड़बंदी करने से मृदा कटाव रुकता है तथा मृदा नमी एवं मृदा उर्वरता को अधिक समय तक बनाये रखा जा सकता है। सामान्यतः एक मेड़ से दूसरी मेड़ की दूरी 30 सें.मी. रखी जाती है (चित्रः 3)।

चित्रः 3 खेती में मेंडबंदी

4. मेंड़–कूंड़ खेती

कम वर्षा वाले क्षेत्रों में फसलों को छोटी मेड़ों पर उगाया जाये तथा कूंड़ को जल संचय हेतु छोड़ दिया जाये।

5. समोच्च (कंटूर) रेखीय खेती एवं समोच्च बंध (कंन्टूर निर्माण)

समोच्च रेखाओं के सहारे असमतल खेतों में फसलों की बुवाई कर खेती की जाय तो इससे मृदा के कटाव के साथ–साथ अधिक नमी पौधों को उपलब्ध होती है। खेत में 15 सें.मी. गहरी एवं 20 सें.मी. चौड़ी कूंड का निर्माण 10–15 मीटर के अंतराल से करे, जिससे वर्षा जल इसमें संचित होकर मृदा में पहुँच सके (चित्रः 4)।

चित्रः 4 कंटूर रेखीय खेती

6. ढालू स्थानों पर पट्टीदार खेती

इस विधि द्वारा एक ही खेत में विभिन्न पट्टियों पर कई फसलें पट्टी के रूप में उगायी जाये तो इस मृदा में नमी का संरक्षण बढ़ता है। इस प्रकार की खेती में कटाव रोधी फसलें जैसे; लोबिया, मूँग, उड़द, ग्वार, मूँगफली या घास की पट्टी के बीच कटाव सहायक फसल जैसे; मक्का, कपास, ज्वार, बाजरा, अरहर को एकान्तर रूप से उगाते हैं।

7. मेड़ों या ऊँची पट्टियों पर बुवाई

समतल खेतों तथा ढालू खेतों में 2–4 मीटर चौड़ी ऊँची–नीची पट्टियों को बनाकर कम जल चाहने वाली फसलें जैसे; मक्का, उड़द, मूँग आदि की मेंड़ों पर बुवाई करनी चाहिए। रबी में नमी की आवश्यकतानुसार ऊँची व नीची दोनों ही पट्टियों पर सरसों, गेहूँ, जौ व चना की फसलें उगायी जा सकती है।

8. पलवार का प्रयोग

मृदा की ऊपरी सतह को फसलों के अवशेषों द्वारा ढँकने से जल के बहाव की गति घटती है, कटाव रुकता है, जल का रिसाव बढ़ता है, वाष्पीकरण कम होता है तथा मृदा में अधिक नमी बनी रहती है। खरीफ की फसलों की अपेक्षा रबी की फसलों में आच्छादन का अच्छा प्रभाव पड़ता है।

9. जल रिसाव में वृद्धि

कम वर्षा वाले क्षेत्रों में इस बात पर जोर दिया जाता है कि वर्षा से उपलब्ध एक–एक बूँद का मृदा के भीतर रिसाव किया जाये और कम से कम जल सतही जल प्रवाह के रूप में खेत से बाहर न जाये। ऐसा करने के लिये मृदा की संरचना सुधारने पर विशेष ध्यान देना आवश्यक है। इसके लिये और मृदा की बुवाई से पहले एक बार अच्छी जुताई करने व गुड़ाई करने से जल रिसाव में पर्याप्त सहायता मिलती है।

10. फसल प्रणाली में परिवर्तन

फसल बुवाई की प्रणाली में (एकल फसल को मिश्रित खेती या कई फसलों को एक साथ बोना) परिवर्तन करके वर्षा जल का संरक्षण तथा उपयोग किया जा सकता है। फसल बुवाई की पद्धति (मेंड पर मक्का या अरहर और कूंड में उड़द या लोबिया या सब्जी या खीरा या ककड़ी) में परिवर्तन करके भी जल का प्रबंधन किया जा सकता है। औसत या कम वर्षा वाले क्षेत्रों में जहाँ की मिट्टी हल्की होती है, कूंड–नाली विधि अत्यधिक उपयोगी सिद्ध हुई है। इसमें खरीफ की फसलों को मेड़ों पर तथा रबी की फसलों को नाली के क्षेत्र में या कम जल चाहने वाली फसलों खरीफ की फसलों को मेड़ों पर तथा अधिक जल चाहने वाली फसलों को नाली में बोया जाता है। इसमें एक सीमित क्षेत्र के वर्षा जल को एकत्र किया जाता है। 250–400 मि.मी. वार्षिक वर्षा वाले क्षेत्रों में घासों के अलावा कम अवधि की दलहन या सस्य वानिकी आधारित फसल चक्र अपनानें चाहिए। अगर वर्षा अवधि अधिक हो तो धान, पटसन, बाजरा, ज्वार आदि फसलों को भी उगाया जा सकता है। जिन क्षेत्रों में 400–625 मि.मी. वार्षिक वर्षा होती है खरीफ के मौसम में पड़ती छोड़कर रबी में संचित मृदा नमी में कम जल चाहने वाली फसल उगाते है या केवल खरीफ की फसल ही लेते हैं।

अर्धशुष्क क्षेत्रों में साधारणतः खाद्यान्न जैसे; जौ, जई, ज्वार, बाजरा आदि, तिलहन जैसे; मूँगफली, तिल, अरण्डी, कुसुम, सूरजमुखी, अलसी, सरसों, रामतिल, तारामीरा आदि अथवा दलहन जैसेः उड़द, मूँग मोठ, अरहर, चना, मटर, मसूर, ढ़ैंचा, सनई, ग्वार, सोयाबीन, रेशे वाली फसलें जैसे; कपास आदि आसानी से उगाई जा सकती हैं। अगर वार्षिक वर्षा 500–750 मि.मी. होती है तथा अधिक समय तक मृदा नमी बनी रहती है तो उन स्थानों पर अन्तरा सस्य अपनाना चाहिए जैसे; ज्वार+अरहर, बाजरा+अरहर, मूँग+बाजरा, ज्वार+मूँग, ज्वार+सोयाबीन, मूँगफली+अरहर, मोटे अनाज+अरहर आदि।

11. असिंचित क्षेत्रों में फसल विविधीकरण

असिंचित क्षेत्रों में फसल विविधीकरण उत्पादकता की कुंजी है क्योंकि ऐसी स्थिति में कोई न कोई फसल कुछ न कुछ उत्पादन अवश्य दे जाती है। इन क्षेत्रों में फसलों का

अनुमोदन ढलान स्तर पर निर्भर होता है जैसे, पहाड़ियों के ऊपरी भागों पर पेड़ व घासें, ऐसे क्षेत्र जहाँ पर 6 प्रतिशत ढ़लान के खेत में जिनकी मृदा उथली हो वहाँ पर घासें, ऐसे क्षेत्र जहाँ 6 प्रतिशत ढ़लान के खेत जिनकी मृदा काफी गहरी हो सीढीनुमा खेती, गहरी मृदा और 1–2 प्रतिशत ढलान पर अन्तः फसलीकरण या द्विफसलीकरण और गहरी मृदा वाली भूमि में 1 प्रतिशत ढलान के साथ वर्षा ऋतु में परती छोड़कर संचित नमी पर रबी की फसल उगाना या द्विफसलीकरण अपनाना।

12. फसल जल अवरोध परत

फसलों की कटाई के बाद उनकी जड़ों को खेत में छोड़ देने से सतही जल बहाव में अवरोध उत्पन्न होता है तथा मृदा कटाव कम होता है। इससे जल संरक्षण भी अधिक होता है।

13. खेत का जल खेत में अन्तःस्थलीय जल भण्डारण/संरक्षण (इन सिटू वाटर हार्वेस्टिंग)

किसानों को वर्षा जल के संरक्षण हेतु प्रयास करना होगा। जो भी वर्षा जल खेत में गिरता है उसे बहकर बाहर नहीं जाने देना चाहिए। इसके लिए किसानों को स्वयं के खेत पर पानी रोकने हेतु ऐसी संरचनाओं का निर्माण करना होगा, जिससे खेत में गिरने वाला जल खेत में ही भूमि के अंदर की सतहों में चला जाये। खेत की स्थिति के अनुसार जल सोखने वाली संरचनाओं का निर्माण भी किया जा सकता है, वर्षा जल का जल खेतों में इन्हीं संरचनाओं के माध्यम से भूमि के अंदर की सतहों में संरक्षित रहता है तथा बाद में आवश्यकता के समय उसका उपयोग किया जा सकता है अर्थात् खेत में ही कुछ ऐसी तकनीकियाँ अपनाना जिससे वर्षा तथा अपधावन जल की अधिकाधिक मात्रा खेत में ही संचित कर ली जाये, अन्तः स्थलीय जल भण्डारण/संरक्षण (इन सिटू वॉटर हार्वेस्टिंग) कहलाता है।

14. एकीकृत जल संरक्षण एवं प्रबंधन हेतु सरकारी प्रयास

मृदा एवं वर्षा जल का संवर्धन कर निर्जीव कुँओं, नलकूपों को जीवित करते हुए भूमिगत जल स्तर में वृद्धि कर भूमि से चिर निरन्तर फसल उत्पादन लेना एकीकृत जल संरक्षण कहलाता है। कृषि कार्यो के लिए जल के संरक्षण हेतु तालाब बनवाने के लिए सरकार सदैव प्रयत्नशील रही है तथा पुराने तालाबों व कुँओं के रखरखाव के लिए जल व मृदा संरक्षण हेतु सरकार योजनाएँ चला रही है। इन योजनाओं में पुराने तालाबों की खुदाई/गाद निकालना, किनारे ठीक करना, नए तालाब खुदवाना, मृदा कटाव को रोकना व भू–जल को रिचार्ज करना, पौधारोपण एवं घास लगाना आदि कार्य कराये जा रहे हैं।

पंचायती राज अधिनियम के तहत ग्राम पंचायतों को अधिकार दिया गया है कि वे गांवों में स्थित तालाब एवं पोखरों की खुदाई कराएं। साथ ही पुराने कुँओं की मरम्मत के लिए भी उन्हें निर्देश दिया गया है। गांव में कुओं की मरम्मत तो हो जाएगी और तालाब–पोखरे भी खुद जाएंगे, लेकिन उन्हें स्वच्छ रखने की जिम्मेदारी ग्रामीणों की होगी। केंद्र सरकार की ओर से चलाई जा रही मनरेगा योजना के तहत भी सबसे अधिक ध्यान तालाब खुदाई पर ही दिया जा रहा है।

देश में जल की कुल खपत का लगभग 85 प्रतिशत खेती के काम में आता है, ऐसी स्थिति में इस क्षेत्र में जल संरक्षण एवं जल के बचत की बहुत संभावनाएँ है। आने वाले 15–20 सालों में जल के संकट का सामना करना पड़ सकता है, इसलिए अभी से जल की एक–एक बूंद का उपयोग सोच–समझ कर करना चाहिए। जल संरक्षण में ही आने वाली पीढ़ियों की भलाई है। उपरोक्त पहलुओं पर ध्यान देकर हम न केवल जल की मात्रा बचा सकते है अपितु फसलों की पैदावार भी बढ़ा सकते हैं।

❑❑❑

अध्याय 5

भारतीय कृषि में सतत सिंचाई जल प्रबंधन

भारत का कुल क्षेत्रफल 32.8 करोड़ हेक्टेयर है, जिसके 92.2 प्रतिशत के भूमि उपयोग संबंधी आंकड़े उपलब्ध है। लगभग 52 प्रतिशत भाग कृषि के अंतर्गत आता है, जबकि लगभग 4 प्रतिशत भूमि पर चारागाह, 21 प्रतिशत भूमि पर वन तथा 24 प्रतिशत बंजर है। देश में शुद्ध बोए गए 52 प्रतिशत भू–भाग के मात्र 28 प्रतिशत भाग अर्थात् 4.5 करोड़ हेक्टेयर भूमि पर ही सिंचाई की सुविधा उपलब्ध है, जबकि देश का समस्त सिंचित क्षेत्र 8 करोड़ हेक्टेयर है। जल ही कृषि की जीवन रेखा होती है व जल पर कृषि की प्रगति निर्भर करती है। सफल फसलोत्पादन के लिए जल, वायु, धूप और भूमि की आवश्यकता होती है। इनमें से भूमि सीमित है जिसे घटाया बढ़ाया नहीं जा सकता। वायु और धूप प्राकृतिक देन है। फसलों को जल मुख्य रूप से वर्षा द्वारा प्राप्त होता है। लेकिन वर्षा अनियमित तथा अनिश्चित रहती है कि केवल वर्षा के सहारे खेती करके फसलों से सफल उत्पादन प्राप्त नहीं किया जा सकता है। इसलिए वर्षा के अतिरिक्त कृत्रिम रूप से फसलों में जल दिया जाता है। अतः फसलों को कृत्रिम रूप से वर्षा के अतिरिक्त जल देने की क्रिया को सिंचाई कहा जाता है और इस सिंचाई के लिए जो जल प्रयोग होता है उसे ही सिंचाई जल कहा जाता है।

सिंचाई के लिए प्रयोग किये जाने वाले जल की किस्म एवं प्रयोग विधि का सम्यक ज्ञान किसानों को होना ही चाहिए अर्थात सिंचाई जल, जल की वह मात्रा है जो किसी भी फसल को पूर्णतया सफलतापूर्वक उगाने की कुल मात्रा होती है। जिस स्थान से होकर जल बहता है वहाँ की भूमि में उपस्थित घुलनशील लवणों के कुछ अंश को अपने में घोल लेता है। कुछ कुँओं से लवण युक्त जल निकलता है। सिंचाई जल, लवणों से जहाँ तक संभव हो सके मुक्त होना चाहिए। 1000 भाग जल में एक भाग घुलनशील लवण होने तक जल प्रायः ठीक रहता है। जल में इससे अधिक लवण होने पर वह पौधों तथा मृदा के लिए हानिकारक सिद्ध रहता है। सिंचाई जल के गुण मुख्य रूप से निम्न विशेषताओं द्वारा निर्धारित किये जाते हैं, जैसे;

1. यदि बॉरोन की 0.33 भाग, प्रति 10 लाख भाग से कम जल में हो तो यह सिंचाई के लिए उपयुक्त समझा जाता है। आमतौर पर जल में बॉरोन की मात्रा एक पी.पी. एम. से कम होनी चाहिए।

2. अच्छे जल में कार्बोनेट तथा बाइकार्बोनेट की मात्रा कैल्शियम तथा मैग्नीशियम से अधिक नही होनी चाहिए।
3. कार्बोनेट की मात्रा 1.25 सहस्र तुल्यांक प्रति लीटर से कम होना बहुत ही अच्छा होता है। 1.25 से 2.50 सहस्र तुल्यांक प्रति लीटर फसलों की रोधक क्षमता के अनुसार प्रयोग किया जा सकता है। इससे अधिक मात्रा में फसल नहीं उगायी जा सकती।
4. घुलनशील लवणों को विद्युत चालकता से नापा जाता है। यदि यह चालकता 750 माइक्रोमोल प्रति सें.मी. से कम है तो वह जल काफी अच्छा है। 750–5000 माइक्रोमोल प्रति सें.मी. फसल की रोधक क्षमता के अनुसार उपयुक्त होता है। इससे अधिक सभी फसलों के लिए अनुपयुक्त होता है।
5. यदि जल में सोडियम का अनुपात कैल्शियम तथा मैग्नीशियम की अपेक्षा अधिक है तो क्षार संकट होता है। 20 प्रतिशत से कम सोडियम वाला जल श्रेष्ठ होता है 20 से 40 प्रतिशत सोडियम वाला जल अच्छा होता है।
6. सिंचाई जल में सिल्ट तथा कार्बनिक पदार्थ भी घुल हो सकते हैं।

कृषि जल प्रबंधन और वर्षा जल प्रबंधन क्यों आवश्यक है ?

भारतवर्ष के अधिकतर हिस्सों में वार्षिक वर्षा का लगभग 70–80 प्रतिशत भाग मानसून के तीन महीनों में (100 दिनों में) प्राप्त होता है तथा बाकी के नौ महीनों में मात्र लगभग 20–30 प्रतिशत ही वर्षा होती है। इस विषम वर्षा जल वितरण के कारण मानसून में वर्षा जल का अधिकांश भाग अपवाह जल के रूप में नदी नालों में बहकर बेकार चला जाता है और मृदा अपरदन एवं बाढ़ जैसी समस्याओं को जन्म देता है। शेष नौ महीनों में अधिकतर कृषि योग्य भूमि असिंचित रह जाती है। वर्षा ऋतु में अनियंत्रित अपवाह अपने साथ–साथ उपजाऊ मिट्टी एवं पोषक तत्वों को भी बहा कर ले जाता है। पोषक तत्वों का लगातार क्षरण भूमि में सूक्ष्म एवं अति सूक्ष्म पोषक तत्वों की कमी अथवा असंतुलन पैदा कर देता है। परिणाम स्वरूप सफल फसल उत्पादन के लिये पोषक तत्वों की अतिरिक्त मात्रा डालनी पड़ती है। इस प्रकार फसलोत्पादन पर प्रति इकाई खर्च बढ़ जाता है तथा कृषक का लाभ घट जाता है। अगर समय पर वर्षाजल प्रबंधन की तकनीकों का प्रयोग करके भूमि अपरदन को न रोका जाये तो कुछ ही वर्षो में हरी–भरी भूमि बंजर एवं अनुपजाऊ भूमि में परिवर्तित हो जाती है। अनियंत्रित वर्षाजल अपवाह सिर्फ पहाड़ी क्षेत्रों में ही समस्या का कारण नही है, बल्कि यही अपरदित मृदा से परिपूर्ण अपवाह मैदानी क्षेत्रों की नदियों में गाद इकट्ठा करके उन्हें भी उथला बना देता है, जिससे नदियों में बाढ़ की समस्या को और बढ़ावा मिलता है। उपरोक्त वर्णित समस्याओं के कारण भूमि एवं शुद्ध जल की प्रति व्यक्ति

उपलब्धता दिन प्रतिदिन घटती जा रही है जिसे सिर्फ समेकित एवं प्रभावी वर्षा जल संरक्षण, प्रबंधन एवं संग्रहण द्वारा दूर किया जा सकता है। भारत के अधिकतर प्रदेशों में सिंचाई का मुख्य साधन भूजल है। भूजल के अनियंत्रित दोहन से भूजल स्तर दिन प्रतिदिन गिरता जा रहा है। यह समस्या देश के उत्तरी प्रदेशों में ज्यादा भयावह रूप धारण कर चुकी है जहाँ भूजल स्तर का गिराव 1 मीटर से 4 मीटर प्रतिवर्ष है। फसल उत्पादन में देश के उत्तरी प्रदेशों मुख्यतः पंजाब एवं हरियाणा का विशेष योगदान रहता है तथा इन्हीं प्रदेशों में भूजल स्तर का गिराव सबसे ज्यादा है जो एक चिंता का विषय है।

कृषि हेतु सतत सिंचाई जल के प्रबंधन में समस्याएँ

1. जल ले जाने, वितरण व खेत के प्रयोग करने के नियंत्रित एवं कारगर उपाय खोजना व अपनाना जिससे जल की वाष्पन, बहाव व रिसाव के रूप में हानि न हो।
2. मौसम, मृदा सिंचाई सुविधाओं की उपलब्धि के अनुरूप उपयुक्त फसल, फसल चक्र व योजना।
3. मृदा गठन, स्थलाकृति व अन्य भौतिक गुणों के आधार पर विभिन्न मृदाओं की सिंचाई के लिए उपयोगिता निर्धारित करके उचित मृदा जल–प्रबंधन की विधियों को अपनाना।
4. सिंचाई विभाग तथा कृषि विभाग में सिंचाई योजनाओं के निर्माण एवं उनके क्रियान्यवन में समन्वय का अभाव।

इसके अतिरिक्त योजनाबद्ध विकास के दौरान रेलवे लाइन, नहरों में आवास निर्माण तीव्र गति से हुआ जिससे जल निकास के लिए पर्याप्त नाली एवं पुलियों के निर्माण पर बल नहीं दिया गया। इससे प्राकृतिक बहाव में रूकावट पैदा होने से जल या नए रास्ते से होकर गुजरता है, या नीचे स्थानों पर रुक जाता है। जलाक्रांत नीचे स्थानों पर जल रुकने की दशा का नाम है।

कृषि हेतु सतत सिंचाई जल प्रबंधन की प्रमुख विधियाँ

1. जलाक्रांत मृदाओं में जल प्रबंधन

देश में लगभग 60 लाख हेक्टेयर क्षेत्र जलाक्रांत की समस्या से ग्रसित है जिसमें 34 लाख हेक्टेयर पृष्ट आप्लावन एवं शेष 26 लाख हेक्टेयर भूमि उच्च जलस्तर की समस्या से प्रभावित है। ऐसी मृदाओं में उच्च जलस्तर के कारण फसलों की जड़ों के समीप के रंध्रावकाश अधिक समय तक जल से भरे रहने तथा मृदा की खराब संरचना के कारण वायु संचार में व्यवधान उत्पन्न होता है। इन मृदाओं में जल की अधिक मात्रा होने के कारण

इनका उचित जल प्रबंधन आवश्यक है। इनमें धान की रोपाई से पूर्व कद्दू करना (पडलिंग) जुताई से मृदा जल का वाष्पन, मृदा द्वारा जल का सोखने और हल परत के बाद मृदा में नीचे की ओर जल का रिसाव इत्यादि सम्मिलित है। संरक्षण जल निकास द्वारा मृदा पृष्ठ या पौधों के जड़ क्षेत्र से आवश्यकता से अधिक जगह निष्कासित किया जाता है। जल निकास से मृदा दलदली होने से बच जाती है, हानिकारक लवण मृदा की ऊपरी सतह पर एकत्रित नहीं हो पाते। साथ ही साथ जुताई, निराई व गुड़ाई आदि के लिए जल निकास अत्यधिक आवश्यक है। भारत के विभिन्न प्रदेशों में जलाक्रांत मृदाओं का विकास सारणी 1 में दर्शाया गया है।

सारणी 1. भारत के विभिन्न राज्यों में जलाक्रांत मृदाओं का विकास (क्षेत्रफल हजार हेक्टेयर में)

राज्य	क्षेत्रफल
आंध्र प्रदेश	266
बिहार व झारखण्ड	363
गुजरात	173
हरियाणा	230
कर्नाटक	36
मध्य प्रदेश	12
महाराष्ट्र व गोवा	6
ओडिशा	196
पंजाब	199
राजस्थान	180
तमिलनाडु	18
उत्तर प्रदेश	455
पश्चिमी बंगाल	अनुपलब्ध
कुल	**2190**

स्रोतः त्यागी एन.के., सीएसएसआरआई, करनाल

2. लवणीय व क्षारीय भूमि में सिंचाई जल प्रबंधन

लवणीय भूमि में घुलनशील लवणों की सान्द्रता अधिक होती है जबकि क्षारीय भूमि में विनिमय योग्य सोडियम की मात्रा अधिक होती है। कुछ भूमि ऐसी होती है जिनमें घुलनशील लवणों की अधिकता के साथ–साथ विनिमय योग्य सोडियम की भी मात्रा अधिक होती है, ऐसी भूमियों को लवणीय–क्षारीय भूमि कहते हैं।

हमारे देश में 43 मिलियन हेक्टेयर क्षेत्रों में नलकूपों एवं कुँओं यानि भू–जल से सिंचाई होती है तथा देश का 32 से 83 प्रतिशत भू–जल निम्न गुणवत्ता वाला है। हमारे देश में नहरों का जाल बिछा है, ये नहरें जब लवण वाली भूमि से गुजरती है तो लवणों को एक स्थान से दूसरे स्थान पर ले जाती हैं जिसके कारण क्षारीयता की समस्या पैदा हुई। जिसे भविष्य में सुधारने की शीघ्र आवश्यकता है। लवणीय भूमियों में सिंचाई प्रबंधन हेतु अच्छी गुणवत्ता वाले जल को लवणीय जल के साथ मिलाकर सिंचाई करें, फसलों की प्रारम्भिक अवस्थाओं एवं फूल बनने के समय अच्छी गुणवत्ता वाले जल द्वारा सिंचाई, सूक्ष्म सिंचाई जैसे; बूँद–बूँद सिंचाई, फव्वारा सिंचाई आदि का प्रयोग, स्वच्छ जल की आवश्यक मात्रा से अधिक सिंचाई करनी चाहिए, जिससे जड़ क्षेत्र में विद्यमान लवण नीचे भूमि में चले जाए। सिंचाई जल्दी–जल्दी पर हल्की करनी चाहिए। जल निकास की अच्छी व्यवस्था होनी चाहिए।

3. खरीफ की फसलों में जल प्रबंधन

खरीफ में तापमान अधिक रहने के कारण फसलों में जल की मांग अधिक होती है। साथ ही वर्षा का अनियमित और असमान वितरण, सूखा और खेत में जलमग्नता, दोनों ही स्थितियां उत्पन्न कर सकती है। इन सभी परिस्थितियों में खेत और वर्षा की स्थिति का ध्यान रखकर ही जल प्रबंधन करना आवश्यक है। अगस्त में कभी–कभी तो लम्बे समय तक वर्षा ही नहीं होती है या फिर निरन्तर लम्बे समय तक वर्षा पड़ती रहती है। अधिक वर्षा होने की स्थिति में जल निकासी की उचित व्यवस्था रखें। मक्का, दलहनी और तिलहनी फसलों के खेत में अधिक लम्बे समय तक खड़ा जल सहन नहीं कर सकती है। अतः खेत में तुरन्त जल निकालने की व्यवस्था करें, साथ ही जब खेत ठीक स्थिति में आ जाये तो फसल में गुड़ाई भी अवश्य कर दें। ऐसा करने से जड़ों में जल संचार बढ़ेगा जिससे जड़ें सक्रिय होंगी।

दूसरी ओर वर्षा की कमी होने पर इन फसलों को सूखे की स्थिति से बचाने के लिए संवेदन अवस्थाओं पर सिंचाई करके फसल को नमी उपलब्ध कराते रहें। अगस्त में मक्का में पूर्ण वानस्पतिक अवस्था अर्थात् फसल के घुटनों तक बढ़ने और सूत निकलने तथा भुट्टा बनने की अवस्थायें, दलहनी फसलों में फूल आने और फली में दाना बनने की अवस्थाओं पर, मूँगफली में नस्से बटने और फली बनने की अवस्थाओं पर खेत में नमी का अभाव न होने दें। जिन किसान भाइयों की खेती बारानी है वे लोग ऐसे उपाय करें ताकि फसलें लंबे समय तक सूखा सहन कर सकें। बाजरे में कमजोर पौधों की छंटनी करके छिदरा कर दें। मक्का में नरमंजरी द्वारा परागण की प्रक्रिया कम होने पर नरमंजरी को तोड़ दें। खेतों की सतह से वाष्पीकरण (जल का उड़ना) की प्रक्रिया कम करने के लिए खेत में पपड़ी तोड़कर, गुड़ाई करके या घास–पात की पलवार डालकर अवरोध पैदा करें ताकि खेत में अधिक से अधिक नमी फसल के उपयोग हेतु बनी रहे। चौड़ी पत्ती वाली फसलों पर 6 प्रतिशत केओलिन के घोल का छिड़काव करने से पत्तियों की सतह से उत्स्वेदन की क्रिया को कम

किया जा सकता है। ऐसा करने से इन फसलों में जल उपयोग क्षमता को बढ़ाया जा सकता है। खरीफ के मौसम में प्रमुख फसलों की जलमाँग सारणी 2 में प्रदर्शित है।

सारणी 2. भारत में खरीफ की फसलों की जलमाँग (सें.मी. / है.)

क्रमांक	फसल का नाम	जलमाँग
1.	धान	60–165
2.	मक्का	70–75
3.	ज्वार	50–55
4.	बाजरा	45–60
5.	मूँगफली	55–65
6.	कपास	25–50
7.	गन्ना	50–90
8.	जूट	30–45
9.	सोयाबीन	60–80
10.	उड़द, मूँग, लोबिया व अरहर	5–35

स्रोतः आधुनिक सस्यविज्ञान द्वारा रणबीर सिंह एवं सी.बी. सिंह, 2015

4. रबी फसलों में जल प्रबंधन

जब पाला पड़ने की संभावना हो तब खेत में सिंचाई करनी चाहिए। नमीयुक्त मृदा में अधिक देरी तक गर्म रहती है, क्योंकि जब जल बर्फ में जमता है तो इस प्रक्रिया में ऊर्जा का उत्सर्जन होता है, जो 80 कैलोरी प्रति ग्राम के बराबर होती है। इस प्रकार पर्याप्त नमी होने पर शीत लहर व पाले से नुकसान की संभावना कम रहती है। सर्दी में फसल में सिंचाई करने से तापमान को 0.5 डिग्री से 2 डिग्री सेल्सियस तक बढ़ाया जा सकता है। रबी की फसलों की जलमाँग सारणी 3 में प्रदर्शित है।

सारणी 1. भारत में रबी की फसलों की जलमाँग (सें.मी./है.)

क्रमांक	फसल का नाम	जलमाँग
1.	गेहूँ	45–50
2.	जौ	15–20
3.	चना, मसूर व सरसों	15–20
4.	मटर दाने हेतु	20–25
5.	आलू व तम्बाकू	45–50
6.	बरसीम	60–75
7.	टमाटर	85–95
8.	प्याज	60–70
9.	मूली व शलजम	20–30
10.	गातगोभी	40–65
11.	चुकन्दर व जई	30–35

स्रोतः आधुनिक सस्यविज्ञान द्वारा रणबीर सिंह एवं सी.बी. सिंह, 2015

5. सीवेज जल का प्रबंधन

शहरों के पास वाले किसानों के द्वारा गंदे जल (सीवेज) एवं औद्योगिक बर्हिस्राव द्वारा सिंचाई करने से मृदा में विकार उत्पन्न हो जाते हैं। औद्योगिक एवं शहरीकरण प्रगति से भविष्य में यह समस्या और भी गंभीर होने की संभावना है। इस प्रकार के गंदे जल में जीवांश पदार्थ की प्रचुर मात्रा में होते हैं, इसका सिंचाई के रूप में प्रयोग करने से मृदा में जीवांश पदार्थ की मात्रा बढ़ जाती है। इस प्रकार के जल का लम्बे समय तक उपयोग करने पर मृदा में सूक्ष्म–जीवों व पौधों की जड़ों को ऑक्सीजन की आपूर्ति घट जाती है। साथ ही कुछ हानिकारक जीवाणुओं एवं व्याधियों की संख्या बढ़ जाती है। अतः सिंचाई, किसी भी स्रोत से करें। उसका परीक्षण कराने के बाद ही उसका सिंचाई जल के रूप में प्रयोग करना चाहिए।

6. अपशिष्ट जल का उपयोग

अपशिष्ट जल से तात्पर्य, उपयोग किया हुआ जल जिसमें उपयोग प्रक्रिया के दौरान अतिरिक्त अनावश्यक तत्व मिल जाते हैं और जल की गुणवत्ता को पौधों के उपयोग की दृष्टि से अपेक्षाकृत श्रेष्ठता घटाकर देते हैं। इस जल के मानवीय कार्यकलापों में बिना उपचार के प्रयोग की सम्भावना नहीं है अतः इसको जहाँ है जैसा है के रूप में अखाद्य फसलों की सिंचाई के लिए वैज्ञानिक रूप से लाभदायक माना गया है।

शहरी क्षेत्रों तथा शहरी घरों कारखानों, खेती तथा अन्य कार्यकलापों में स्वच्छ जल के उपयोग के उपरान्त जल निष्कासित होता है। यह नगरपालिका एवं अन्य संस्थानों द्वारा निकास नालियों व तालाबों से होकर नदियों के जल में मिलकर समुद्र की ओर चला जाता है इस प्रकार कम मात्रा में एकत्रित होने से इसका पुनप्रयोग नगण्य होता है। अपशिष्ट जल में हानिकारक तत्वों की मात्रा जैसे कि भारी, उद्योग जनित रसायन बीमारियाँ उत्पन्न करने वाले जीवाणु एवं अन्य सूक्ष्मजीव की मात्रा सुरक्षित स्तर से प्रायः अधिक रहती है।

चित्रः 1 अपशिष्ट जल प्रयोग का प्रारूप।

अपशिष्ट जल को उपयोग करने के कारण

हमारे देश में अपशिष्ट जल का उत्पादन इसके उपचार संयंत्रों की क्षमता की तुलना में बहुत अधिक है। भारत में अपशिष्ट जल को उपचारित करने के साधन एवं उनकी, दूषित जल की उत्पादन दर की तुलना में बहुत ही कम है। इसलिए अपशिष्ट जल का खेती में सिंचाई हेतु सही उपयोग अनिवार्य हो गया है अन्यथा दूषित जल हमारे अच्छे जल के स्रोतों को भी दूषित कर सकता है और साथ ही बहुत सी बीमारियाँ एवं अन्य समस्याएँ भी उत्पन्न कर सकता है।

□□□

अध्याय 6

कृषिगत जल उत्पादकता वृद्धि हेतु दक्षतापूर्ण जल प्रबन्धन

भारत में कृषि उत्पादकता बढ़ाने के लिए समुचित मात्रा में, सही समय पर सुनिश्चित जल उपलब्धता एक महत्वपूर्ण कारक है। मानसून की असाम्यताओं के दुष्प्रभावों के कारण कृषि में एक अनिश्चितता सदैव बनी रहती है। अभी तक तो भारत को अधिक जल संसाधनों का वरदान प्राप्त है लेकिन सिंचाई हेतु उपलब्ध जल में लगातार कमी हो रही है। कृषि में सिंचन हेतु समग्र उपयोग क्षमता का लगभग 84 प्रतिशत (7.5 मिलियन घन मीटर) प्रयुक्त होता है। उत्तम गुणवत्तापूर्ण इसके बावजूद भी लगभग 50 प्रतिशत कर्षित क्षेत्रफल वर्षा आधारित अथवा वर्षा पोषित जहाँ पर कृषि की स्थिति उत्तम है। बिना निश्चित जल उपलब्धता के कहीं पर भी कुछ भी पैदा कर पाना लगभग असम्भव है। इस हेतु यद्यपि अनेक तकनीकियाँ विकसित की गई है, और कुछ तकनीकियाँ किसानों द्वारा अपनाई भी जा रही है, तथापि उत्तम तकनीकियों के विस्तार की महती आवश्यकता है। सन् 2025 ई. तक अन्य विभिन्न क्षेत्रों जैसे; घरेलू, औद्योगिकी और विद्युत उत्पादन से तीक्ष्ण स्पर्धा के कारण सिंचाई हेतु उपलब्ध जल में 73 प्रतिशत तक गिरावट का अनुमान है। भोज्य पदार्थो के प्रतिपालित उत्पादन के लिए जल की माँग जलापूर्ति की अपेक्षा बहुत अधिक हो जायेगी। इसलिए समय की माँग है कि टिकाऊ व अधिक कृषि उत्पादन हेतु जल प्रबंधन की दक्षतापूर्ण तकनीकों का प्रयोग किया जाए। जिससे न केवल जल का दक्षतापूर्ण प्रबंधन हो, लाभ में वृद्धि हो बल्कि बाकी बचा हुआ जल अन्य फसलों के लिए या अन्य व्यक्तियों के लिए प्रयुक्त हो सकें।

टपकदार (ड्रिप) सिंचाईः जल प्रयोग की एक दक्षतापूर्ण विधि

जल की बचत, पैदावार में वृद्धि एवं जल उपयोग दक्षता के आधार पर सतही सिंचाई विधियों की तुलना में ड्रिप सिंचाई प्रणाली एक अधिक दक्ष तकनीक है। इस तकनीक के अनेक लाभ है, जिसमें कुछ निम्न है:

- सिंचाई के साथ पोषक तत्वों का प्रयोग।
- उपलब्ध जल व पोषक तत्वों का दक्षतापूर्ण प्रयोग।

❑ मृदा एवं भू–जल का स्वास्थ्य।

❑ अधिक फसल उत्पादकता एवं उन्नत गुणवत्ता।

ड्रिप सिंचाई के उपयोग

औद्योगिक फसलें जैसे; अंगूर, नीबू वर्गीय फसलें, सेब, अनार, नाशपाती, स्वादिष्ट फल (आड़ू, खुबानी, आलू बुखारा इत्यादि), सूखे मेवे (बादाम व पिस्ता) केला, खजूर, जैतून, अमरूद इत्यादि (**चित्रः** 1)।

चित्रः 1 (क) फलदार वृक्षों बागवानी और औद्यानिकी में ड्रिप सिंचन तंत्र की प्रायोगिक स्थिति

सब्जियाँ–टमाटर, हरी मिर्च, खीरा, लेट्यूस, हरी मटर, गोभी, भिंडी इत्यादि। कतार वाली फसलें–कपास, गन्ना, मक्का, मूँगफली तथा प्याज। अन्य बेर प्रजातियाँ, खरबूजा प्रजातियां, अल्फालफा, फूल और अन्य सजावटी पौधे (**चित्रः** 2)।

चित्रः 1 (ख) पंक्ति में बोई गई फसलों में ड्रिप सिंचन तंत्र

चित्रः 2 पंक्तियों में बोयी गई फसल के लिए ड्रिप सिंचन तंत्र का निरूपण

इसके अतिरिक्त आज कल ड्रिप लगभग सभी फसलों में सफलतापूर्वक प्रयोग किया जा सकता है। उपसतही ड्रिप सिंचाई प्रणाली सतही ड्रिप सिंचन प्रयोग से अधिक आय प्राप्त की जा रही है (चित्रः 3)।

चित्रः 3 अधोभौमिक ड्रिप सिंचन तंत्र

धान में जल उत्पादकता वृद्धि हेतु एरोबिक विधि

इस विधि में धान के बीज को गेहूँ की तरह ही खेत तैयार कर सीधे खेत में बो दिया जाता है। जिससे खेत में कद्दू (पड़लिंग) करने एवं पौधे उगाने पर खर्च होने वाले 20–300 मि.मी. जल की सीधी बचत हो जाती है। इस विधि द्वारा धान की बुवाई समय पर हो जाने के कारण अगली फसल गेहूँ के लिये समय से खेत भी खाली हो जाता है। धान उगाने की इस विधि में अल्प एवं मध्यम अवधि में पकने वाली प्रजातियों का चुनाव किया जाता है। जो कि शीघ्र पकती हों एवं खरपतवारों के साथ अच्छी स्पर्धा करने की क्षमता रखती हों। पूसा सुगन्ध–3 और 4, पूसा संकर धान–10 एवं प्रो–एग्रो 6111 ऐसी ही प्रजातियाँ हैं जो कि शुरुआत में उगी खरपतवारों की पहली खेप को अच्छी स्पर्धा देती हैं। इन प्रजातियों

का 30–40 कि.ग्रा. बीज एक हेक्टेयर खेत की बुवाई हेतु पर्याप्त होता है। अच्छे अँकुरण हेतु बीज को खेत में 3 से 4 सें.मी. की गहराई पर गिराना व मिट्टी से भली–भांति ढ़कना आवश्यक होता है। शुरूआत में ही जल की भी बचत कर लेने से जल की उत्पादकता में आशातीत वृद्धि देखी गई (चित्रः 4) है।

चित्रः 4 एरोबिक विधि से उगायी जा रही धान की फसल

इस विधि से उगाये गये धान के खेतों में खरपतवारों की समस्या प्रमुख होती हैं अतः बुवाई के तुरन्त बाद पेण्डीमिथेलीन को तीन लीटर प्रति हेक्टेयर की दर से छिड़काव करने से खेत में 25 दिन तक घास कुल के खरपतवारों को नियंत्रित किया जा सकता है। चौड़ी पत्ती वाले खरपतवारों के नियंत्रण हेतु 2, 4–डी का 500 ग्राम ए. आई. प्रति हेक्टेयर का प्रयोग बुवाई के 21 दिन बाद करना लाभदायक होता है। रासायनिक उर्वरकों का प्रयोग स्थान विशेष हेतु की गई सिफारिशों के अनुसार करना उचित होता है। आवश्यकता से अधिक नत्रजनीय उर्वरकों का प्रयोग नहीं करना चाहिए। अँकुरण के बाद पहली सिंचाई में 7 से 10 दिन की देरी की जा सकती है। जिससे जड़ें गहराई तक चली जाती हैं। कल्लों के फुटाव के समय जल अत्यन्त ही आवश्यक होता है। इसके अलावा वर्षा के अनुसार बदलाव लाते हुये 7 से 10 दिन के अन्तराल से सिंचाई कर 30 से 40 प्रतिशत जल की बचत के साथ–साथ धान की अच्छी पैदावार (4–4.5 टन प्रति हेक्टेयर) ली जा सकती है। कहीं कहीं पर लौह तत्व (आयरन) की कमी होने की शिकायत आ सकती है। ऐसी स्थिति में फेरस सल्फेट का घोल पत्तियों पर छिड़का जा सकता है।

जल ग्रहण क्षेत्रों के जल संसाधनों का आंकलन तथा उपयोग

जल संसाधनों का आंकलन तथा अनुप्रयोग हेतु भू–स्थैतिक चारित्रीकरण एवं सभी स्रोत्रों से उपलब्धता का अनुमान लगाने की आवश्यकता पड़ती है। उपलब्ध जल की मात्रा के निर्धारण हेतु वर्षा एवं नदियों के बहाव का मापन आवश्यक है। जिन जल ग्रहण क्षेत्रों में मापन की सुविधा उपलब्ध नहीं है वहाँ जल का अनुमान लगाने के लिए जल प्रौद्योगिकी

मॉडलों का प्रयोग किया जाता है जो नदियों में बहने वाले जल का चार्ट (हाइड्रोग्राफ) बना सकते हैं। इस प्रकार के मॉडल साधारणतः पर्वतीय क्षेत्रों में ठीक कार्य नहीं करते इसलिए, सूक्ष्म जल ग्रहण क्षेत्रों में जल उपयोग की योजना बनाने हेतु नदियों के बहाव के मापन की संस्तुति की जाती है।

जल संसाधनों के समग्र अवलोकन हेतु जल मापन केन्द्र की स्थापना की आवश्यकता होती है। इसके वर्षा मापी तथा वाहरेखी यंत्र होते हैं। नदियों के प्रवाही जल का समय के साथ वक्र (हाइड्रोग्राफ) समयक फसल योजना बनाने हेतु प्रयुक्त किया जाता है (चित्रः 5)।

चित्रः 5 जल ग्रहण क्षेत्रों में सम्यक जल प्रबंधन

शुष्क भूमि में अगेती बुवाई हेतु एक्वा–फर्टी सीड डिल का प्रयोग

शुष्क भूमियों में बुवाई के समय मृदा नमी उपलब्धता में बहुत अनिश्चितता होने के कारण फसलोत्पादन बहुत कठिन कार्य है। इस कारण यह है कि बीजों के समुचित अँकुरण एवं प्रारम्भिक अवस्था में फसल के स्थापित होने में समस्या आती है। एक्वा–फर्टी ड्रिल के प्रयोग से सही मात्रा में जल तथा समुचित सान्द्रता में उर्वरकों के प्रयोग द्वारा अच्छा अँकुरण एवं फसलों की प्रारम्भिक अवस्था में स्थापन में सहयोग प्राप्त होता है। बाद में, उपसतही मृदा में संरक्षित जल का सहायता से तथा सर्दी के मौसम में होने वाली वर्षा द्वारा फसलों की बढ़वार जारी रहती है। एक्वा–फर्टी सीड ड्रिल द्वारा जल तथा उर्वरक घोल का प्रचालन इस प्रकार किया जाता है कि 1000 लिटर जल के उपयोग से 2 मि.मी. सिंचाई के साथ एक हेक्टेयर क्षेत्रफल को पूरा किया जा सकता (चित्रः 6) है।

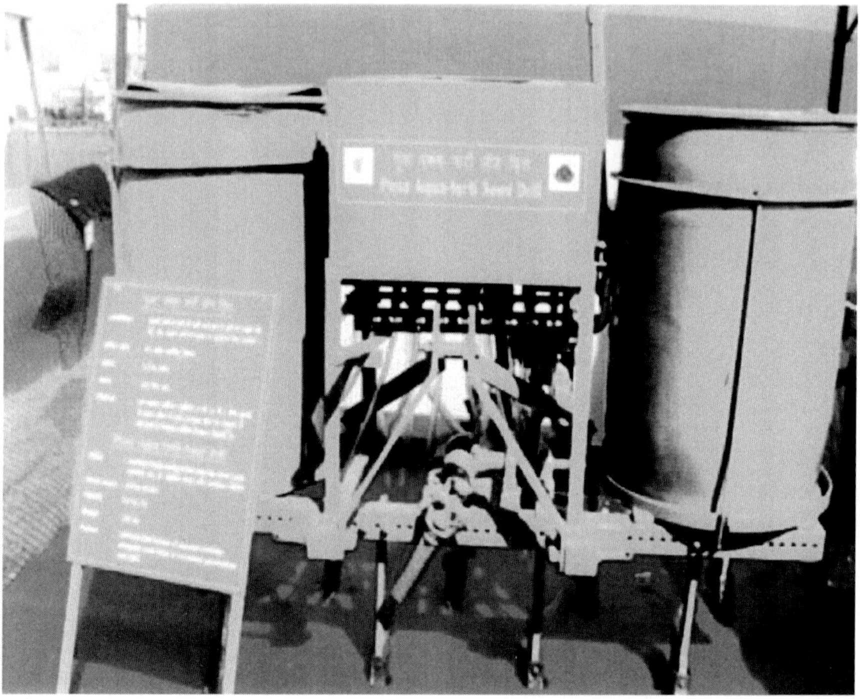

चित्रः 6 ट्रैक्टर चालित पूसा एक्वा–फर्टी सीडड्रिल द्वारा अगेती बुवाई

ट्रैक्टर चालित लेजर लैण्ड लेवलर

आधुनिक खेती में ट्रैक्टर एवं भारी–भरकम कृषि मशीनों के उपयोग के कारण खेती में समतलता एवं मेंडें सुरक्षित नहीं रहीं, जिससे वर्षा जल का अधिकांश भाग बहकर नष्ट हो जाता है। इसके अलावा कृषि भूमि की समतलता बिगड़ती जा रही है, साथ ही फसलों को दिए गए पोषक तत्वों का एक बड़ा हिस्सा भी वर्षा जल के साथ बहकर नष्ट हो जाता है। इस समस्या के कारण फसल की औसत पैदावार में गिरावट आ जाती है। कभी–कभी एक ही तरह के कृषि यंत्रों द्वारा एक ही गहराई पर बार–बार जुताई करने के कारण अधो–भूमि में हल तल के नीचे सख्त (कठोर) परतों का निर्माण हो जाता है, जिसके कारण मृदा में वायु नमी के आवागमन में बाधा पहुँचती है। साथ ही पौधों की जड़ों का विकास भी ठीक तरह से नहीं हो पाता है (चित्रः 7)। इस प्रकार की समस्याओं के निवारण के लिए आधुनिक कृषि यंत्र लेजर लैण्ड लेवलर के उपयोग से खेतों को पूर्णतया समतल किया जा सकता है। यह यंत्र चार उपकरणों से मिलकर बना होता है। जिसके तीन उपकरण कन्ट्रोल बौक्स, लेजर ग्राही और मांजा (बकेट) एक ट्रैक्टर में लगे होते हैं तथा लेसर ट्रांसमीटर खेत के बाहर तिपाई पर रखा जाता है यह लेसर ट्रांसमीटर खेत के बाहर तिपाई पर रखा जाता है। यह लेसर ट्रांसमीटर खेत के समान्तर लेजर तरगें अपने चारों और भेजता है जिन्हें मांझे

पर लगा लेजर ग्राही (रिसीवर) पकड़ लेता है और उन्हें कन्ट्रोल बॉक्स को भेजता है (चित्रः 7)। ट्रैक्टर ड्राइवर की सीट की बगल में लगा हुआ यह कन्ट्रोल बॉक्स मांझे को आवश्यकतानुसार ऊपर नीचे करता रहता है, जिससे खेत में चलता हुआ ट्रैक्टर खेत को पूर्ण रूपेण समतल कर देता है। यदि एक एकड़ खेत का ढ़लान 10 सें.मी. से कम है तो समय दो घन्टे प्रति एकड़ लगता है। इस यंत्र द्वारा समतल भूमि पर जल, उर्वरक, खाद, पोषक तत्व आदि एकसार वितरित होते हैं तथा उनका न्यूनतम क्षरण होता है। इस तकनीक से 20 से 30 प्रतिशत जल की बचत, 40 से 50 प्रतिशत पैदावार में बढ़ोत्तरी एवं 30 प्रतिशत कृषि योग्य भूमि बढ़ जाती है। इसकी कीमत 3.25 से 4.50 लाख तक है तथा विभिन्न राज्य सरकारें इस पर 50 प्रतिशत तक अनुदान दे रही हैं।

चित्रः 7 ट्रैक्टर चालितलेजर लेंड लेवलर

लवणीय और क्षारीय भूमि सुधार हेतु उप–सतही जल निकास प्रौद्योगिकी

फसल पौधों की जड़ों के आस–पास के क्षेत्र की मिट्टी में उपलब्ध अतिरिक्त जल और लवण पौधों के लिए हानिकारक होते हैं। खराब जल निकासी वाली मृदाओं के फसल की उपज में भारी कमी हो सकती है। बहुत देर तक जलमग्नता (जलाक्रांत) रहने पर जड़ क्षेत्र में ऑक्सीजन की कमी होने के कारण अन्ततः फसलें नष्ट हो जाती हैं। जल निकासी का मुख्य उद्देश्य पौधों के जड़ क्षेत्र के आस–पास अनुकूल वातावरण उपलब्ध कराना है, जो पौधों के उचित बढ़वार के लिए उपयुक्त हैं। फसल जड़ क्षेत्र में वायु–जल लवण की इष्टतम मात्रा सुनिश्चित करने के लिए निम्न गुणवत्तापूर्ण जल निकासी वाले खेतों में जल–निकासी अनिवार्य है। उप–सतही जल निकासी प्रौद्योगिकी से लवणता से प्रभावित भूमि का सफलतापूर्वक सुधार किया जा सकता है। उप–सतही जल निकासी के लिए मिट्टी से बनी टाइल की नालियाँ सबसे सस्ती साधन है। मिट्टी की अच्छी तरह से पकाई हुई टाइलें मजबूत होती है। दीर्घ कालिक परीक्षणों से पाया गया कि ये मिट्टी की टाइलें

उप सतही जल निकास तंत्र स्थापित करने में सर्वधा उपयुक्त है (चित्रः 8)। 10 और 15 सें.मी. व्यास एवं 60 से 80 सें.मी. लम्बी मिट्टी की टाइलें उपयुक्त है। टाइलों में मिट्टी को जाने से रोकने के लिये 7 टाइलों के जड़ों पर अतिरिक्त फिल्टर के रूप में नारियल की जटाओं की रस्सी लपेटी जाती है। टाइलों पर बने छेदों से टाइलों में जाने वाले जल प्रवाह को बढ़ाया जा सकता है।

चित्रः 8 उपसतही जल निकास प्रणाली की स्थापना

कृषि में अपशिष्ट जल का पुनः प्रयोग

देश में त्वरित शहरीकरण तथा औद्योगिकीकरण में वृद्धि के फलस्वरूप, सतही और उपसतही जल तीव्रता से विषैले हो रहे हैं। इस प्रकार के व्यर्थ तथा प्रदूषित जल की गुणवत्ता का आँकलन करके तथा उचित सुधार करके सिंचाई हेतु इनका उपयोग किया जा सकता है। जल प्रौद्योगिकी केन्द्र के वैज्ञानिकों द्वारा कागज उद्योग की मिलों द्वारा बहिस्रवित जल को धान, मक्का, गन्ना, गेहूँ तथा सरसों जैसी फसलों को उगाने के लिए सफलतापूर्वक प्रयुक्त किया गया है। 50 प्रतिशत प्रदूषित बहिस्रवित जल+50 प्रतिशत नलकूपों के जल के प्रयोग से धान, गन्ना तथा अन्य फसलों की पैदावार में 10 से 20 प्रतिशत तक वृद्धि पायी गई। सिंचित भूमियों के भौतिक व रासायनिक गुणों में बहिस्राव द्वारा जोड़े गये कार्बोनिक पदार्थ के कारण वृद्धि हुई। उपलब्ध नाइट्रोजन, फॉस्फोरस तथा पोटेशियम के रूप में मृदा की उर्वरता में वृद्धि पायी गई (चित्रः 9)।

चित्रः 9 कागज जिंक के वहिस्रवित जल के कृषि क्षेत्रों में प्रयोग

कम पानी से अधिक धान की श्री विधि

इस पद्धति का विकास मेडागास्कर में हुआ था। धान उगाने की इस विकसित पद्धति के पाँच प्रमुख अवयव हैं।

1. धान के 8 से 12 दिन के नवजात पौधों का रोपण जिसमें एक स्थान पर मात्र एक पौधा हो।
2. अधिक दूरी पर वर्गाकार पौध रोपण।
3. सीमित सिंचाई कर जल की बचत।
4. बार–बार खेत में खरपतवार नियंत्रण हेतु क्रियाओं द्वारा वायु के अधिक आवागमन को सतत रखना।
5. अधिक से अधिक कार्बनिक खादों का उपयोग।

चित्रः 10 श्री विधि में धान की रोपाई

इस विधि से एक हेक्टेयर खेत हेतु पौध तैयार करने के लिये मात्र 100 वर्ग मी. क्षेत्रफल तथा मात्र 7.5 कि.ग्रा. बीज की आवश्यकता होती है। जबकि परम्परागत विधि में 800 वर्ग मी. क्षेत्रफल तथा 60 से 75 कि.ग्रा. बीज लगता है। चूँकि इस विधि में गोबर की खाद का विशेष महत्व है अतः 30 टन प्रति हेक्टेयर की दर से गोबर की खाद डालना लाभकारी होता है। इस विधि में 8 से 12 दिन के पौध के एक–एक पौध को 25×25 अथवा 30×30 सें. मी. की दूरी पर रोपित करते हैं। इसके बाद अत्यन्त हल्की सिंचाई करते हैं और खेत को लगभग नम अवस्था में रखा जाता है। इस विधि में जड़ों के अच्छे विकास, कल्लों के फुटाव में बढ़ोत्तरी, बाल वाले कल्लों की अधिक संख्या, खेत में फसल न गिरने एवं पोषक तत्वों की उच्च दक्षता के कारण न सिर्फ परम्परागत धान उगानें की विधि से अधिक पैदावार प्राप्त होती है अपितु 30 से 40 प्रतिशत जल की भी बचत होती है (चित्रः 10)।

खारे जल का सिंचाई में उपयोग

लवणीय जल से भूमि व फसल पर कम से कम प्रभाव पड़े, इसके लिए निम्न क्रियाएँ अपनाएं –

क) वर्षा के जल का उचित उपयोग

लवणीय जल के उपयोग से पड़ने वाले दुष्प्रभाव को वर्षा के जल के समुचित उपयोग से कम किया जा सकता है। इन जल को खेत से बाहर न जाने दें। वर्षा ऋतु से पहले

भूमि को समतल कर जुताई करें व छोटी–छोटी क्यारियों में बांट कर मेंडबन्दी करें, जिससे वर्षा जल को सब स्थान पर बराबर भूमि में रिस कर नीचे चला जाए। यह जल अपने साथ लवण बहाकर नीचे ले जाता है व ऊपर की भूमि में लवण कम हो जाते हैं।

ख) सिंचाई की विधियाँ

लवणीय जल से सिंचन करने से सिंचाई के बाद नमक की कुछ मात्रा भूमि में एकत्र हो जाती है। यदि साथ–साथ निक्षालन नहीं हो तो धीरे–धीरे जड़ क्षेत्र में नमक एकत्र हो जाता है कि उपज घटने लगती है। इसके लिए निम्न सुझाव अपनाएं तो जड़ क्षेत्र में अतिरिक्त नमक एकत्र नहीं हो पाता है जैसे;

- जिस वर्ष सामान्य से कम वर्षा हो (400 मि.मी. से कम) उस वर्ष अगली फसल की बुवाई से पहले लवणीय जल से भारी सिंचाई करें, ताकि लवण जड़ क्षेत्र से नीचे चले जाएं।
- बाढकृत सिंचाई करें और मृदा को समतल रखें, जिससे कम जल से अच्छी सिंचाई हो।
- सूखे खेत में बुवाई करें एवं बुवाई के बाद सिंचाई करें व अँकुरण एवं पौधों को अच्छी तरह जमने तक ऊपरी सतह पर पर्याप्त मात्रा में नमी बनाए रखें।
- नाली विधि से सिंचाई हेतु मेंड पूर्व से पश्चिम दिशा में बनानी चाहिए व बीज या पौधे उत्तर दिशा में लगाने चाहिए।
- फसलों में खारे जल की बूँद–बूँद सिंचाई पद्धति से सिंचाई करने से फसल पर लवणों का असर कम होता है।
- लवणीय–क्षारीय जल का स्प्रिंकलर विधि से सिंचाई करने पर पत्तियों पर दुष्प्रभाव होता है। इस दुष्प्रभाव को कम करने के लिए छिड़काव विधि द्वारा सिंचन कार्य रात में करें।

मिश्रित जल का उपयोग

यदि एक ही स्थान पर अच्छा व खारा जल उपलब्ध हो तो उसको इस अनुपात में मिलाएं कि मिश्रित जल की विद्युत चालकता निश्चित सीमा से अधिक न हो। इस जल को चक्रीय विधि से दिया जा सकता है। अच्छे जल को फसलों की बढ़वार की प्रारम्भिक अवस्थाओं में दिया जाए व बाद की अवस्थाओं में अगर खारा जल भी दिया जाए तो फसल उत्पादन संभव है।

लवणीय जल में जिप्सम का उपयोग

अवशिष्ट सोडियम कार्बोनेटयुक्त सिंचाई जल के जिप्सम की आवश्यक मात्रा का निर्धारण सिंचाई जल की जांच कर किया जा सकता है। यदि सिंचाई जल में अवशिष्ट सोडियम कार्बोनेट की मात्रा 2.5 मिलीतुल्य लीटर हो तो अधिक प्रति एक मिलीतुल्य प्रति लीटर अवशिष्ट सोडियम कार्बोनेट सान्द्रता होने पर लगभग 90 कि.ग्रा. कृषि ग्रेड जिप्सम प्रति हेक्टेयर प्रति 7.5 सें.मी गहरी सिंचाई हेतु खेत में मिलाना चाहिए। खेत में जिप्सम मिलाने का उचित समय मई–जून का महीना होता है।

लवणीय जल में उगने वाली फसलें एवं किस्मों का चयन

कम जल चाहने वाली तथा लवण व क्षार सहिष्णु फसलों की उन्नत किस्में (सारणीः 1) लगाएं जैसे;

सारणी 1. कम जल मांग तथा लवण–क्षार सहिष्णु कुछ फसलों की किस्में

फसल का नाम	किस्में
धान	सीएआर 10, 13, 23, 27, 30, 36, सीता, ऊसर 1, जया, आईआर 8, 20, एवं 24।
गेहूँ	केआरएल 1–4, 19, 210, 213, राज 2037, डब्ल्यूएच 157।
सरसों	सीएस 52, 54, वरूण, पूसा बोल्ड।
जौ	डीएल 4, 106, 120, वीएचएस 12, रत्ना।
कपास	मलजारी, विक्रम 70, आईएस 452।
बाजरा	एमएच 269 एवं एमएच 280।
ज्वार	सीएसएच 11, 296, 488, एसवीपी 475, 678 एवं 881
मक्का	विजय एवं डेक्कन 103।

अन्य लवण सहनशील फसलें

ढैंचा, चुकन्दर, तारामीरा, रोड्स घास, पालक, खजूर, नारियल, गाजर, अनार, अंगूर एवं अमरूद आदि।

लवणीय जल उपयोग हेतु विशेष सस्य क्रियाएँ

- सामान्य से 25 प्रतिशत अधिक नाइट्रोजन का प्रयोग करें।

- लवणीय जल में क्लोराइड की अधिकता 70 प्रतिशत से अधिक हो तो 50 प्रतिशत अतिरिक्त फॉस्फोरस का प्रयोग करें।
- सामान्य से 20 से 30 प्रतिशत अधिक बीज दर प्रयोग करें।
- बुवाई मेंड़ों की अपेक्षा कूड़ में करें तथा सूखी भूमि या कम नमी पर बुवाई के बाद स्प्रिंकलर विधि से हल्की सिंचाई करें।
- खेत में गोबर की सड़ी खाद कम्पोस्ट आदि का भरपूर प्रयोग करें।
- पौधों से पौधों एवं लाइन से लाइन की दूरी कम कर दें।
- फसलों में निराई–गुड़ाई करते रहना चाहिए व अगर संभव हो तो पलवार का प्रयोग करें।
- वर्षा जल का भूमि से अधिक से अधिक जल संग्रह तथा संरक्षण।
- शुष्क वर्षा क्षेत्रों में रबी में केवल सहनशील फसलें उगायें।
- शुष्क वर्षा क्षेत्रों में ज्वार–गेहूँ, ग्वार–गेहूँ, बाजरा–गेहूँ तथा कपास–गेहूँ उपयुक्त फसल चक्र।
- 55 सें.मी. से अधिक वर्षा वाले क्षेत्रों में धान–गेहूँ, धान–सरसों, धान–बरसीम, ज्वार–सरसों, ढैंचा–गेहूँ, सूडान घास–जई आदि लाभकारी फसल चक्र है किन्तु सिंचाई के साथ पर्याप्त मात्रा में जिप्सम का प्रयोग आवश्यक है।

कृषि में दक्षतापूर्ण जल प्रबंधन करने से न केवल कृषक बंधुओं को अपनी उपज में कई गुना वृद्धि प्राप्त हो सकेगी बल्कि प्रतिबूँद उत्पादन से काम में भी वृद्धि होगी। इजराइल जैसे अति शुष्क देश के कृषक भाई ड्रिप सिंचन प्रणाली के प्रयोग से न केवल स्वावलंबी बन गये हैं वरन विदेशों में अपने कृषि उत्पादों को नियमित करने में अग्रणी बन गये हैं। किसी भी नई तकनीकी को अपनाने में सर्वप्रथम विभिन्न प्रकार की बाधायें और कठिनाइयां आती हैं। यह कठिनाइयां हमारे देश के अनपढ़ कृषकों को बहुत बड़ी और अविजेय लगती है परन्तु हमें यह भी समझ आता है कि क्या हमारे देश के किसान हमेशा निर्धन और बेचारे ही बने रहना चाहते हैं ? अथवा प्रगति के पथ पर आगे बढ़ते हुए अग्रणी कृषि उत्पाद निर्यात की अग्रिम पंक्ति मे खड़े होना आपके घर में आपकी आवश्यकता है कि विभिन्न कठिनाइयों को झेलने के साथ ही साथ कृषक भाई ऐसी फसलों को उगाना और उनका विपणन और निर्यात करना प्रारम्भ करें और हमारे देश को भगवान द्वारा दिये गये जल, भूमि, वायु, सौर ऊर्जा इत्यादि प्राकृतिक संसाधनों के सम्यक उपयोग से स्वयं और समग्र देश का उत्थान करें व हमारे देश को एक प्रगतिशील और विकसित देश बनाने में अपना योगदान करें।

❑❑❑

अध्याय 7

भारतीय कृषि में विभिन्न सिंचाई विधियाँ एवं निर्धारण

भारतीय कृषि मानसूनी वर्षा पर निर्भर होने के कारण सिंचाई रीढ़ की हड्डी है। कृषि के उपयोग में आने वाली सामग्रियों (इनपुट) में बीज, उर्वरक, पादप संरक्षण मशीनरी और ऋण के अतिरिक्त सिंचाई की भी महत्वपूर्ण भूमिका है। सिंचाई सूखी भूमि को वर्षा जल के पूरक के तौर पर जल की आपूर्ति की तकनीक है, इसका मुख्य लक्ष्य कृषि है। देश में सिंचाई कुँओं, जलाशयों, आप्लावन और बारहमासी नहरों तथा बहु–उद्देशीय नदी घाटी परियोजनाओं के द्वारा की जाती है। भारत के अलग–अलग राज्यों में सिंचाई की विभिन्न विधियों का प्रयोग किया जाता है।

सफल फसलोत्पादन हेतु उन्नत बीज, खाद व उर्वरक, जल, भूमि की तैयारी तथा कीट एव बीमारियों से फसलों की रक्षा करना आवश्यक है, जिनका समुचित प्रबंधन करके हम कृषि उत्पादन को बढ़ाकर दो या तीन गुना कर सकते हैं। उपरोक्त फसलोत्पादन के कारकों में जल एक प्रमुख कारक है, क्योंकि पौधों के सम्पूर्ण जीवन काल में इसकी अधिक मात्रा में आवश्यकता होती है। अथवा हम यह भी कह सकते हैं कि पौधों की लगभग सभी क्रियाएं जल द्वारा ही सम्पन्न होती हैं। परन्तु जल की कमी से फसल उगाना लगभग असभंव हो जाता है। सिंचाई कृषि को प्रभावित करने वाला प्रमुख कारक है। सिंचाई के द्वारा जहाँ पर कृषि उत्पादन में वृद्धि हुई है वहीं पर दो फसली एवं बहुफसलीय क्षेत्रों में भी वृद्धि सिंचाई के फलस्वरूप तीव्र गति से हुई है।

दास्ताने, 1971 के अनुसार, सिंचाई के उद्देश्य से वह भूमियाँ उत्तम होती हैं, जिनमें भूमिगत जलस्तर 3 मीटर से अधिक होता है। इस प्रकार 2 मीटर से अधिक भू–जलस्तर वाली भूमियाँ उत्तम, 1–2 मीटर तक जलस्तर वाली भूमियाँ मध्यम तथा 1 मीटर से कम की जलस्तर वाली भूमियाँ फसलोत्पादन के लिए अनुपयुक्त होती हैं। अतः जल की उत्पादकता बढ़ाने हेतु टपक सिंचाई, फव्वारा सिंचाई, धान–सह–मछली पालन, उठी एवं धंसी हुई क्यारी, संरक्षित खेती की तकनीकें, समेकित कृषि प्रणाली, जलीय फसलों का विविधीकरण, मत्स्य पालन में अंगुलिका, चौर, दियारा एवं मान आदि क्षेत्रों का समेकित विकास, जलवायु क्षेत्रों के आधार पर फसलों का चुनाव, जलवायु परिवर्तन के अनुकूल फसल चक्र तथा फसलों का बदलाव इत्यादि कुछ परीक्षणों के उपरान्त संस्तुत तकनीकियाँ है (कुमार एवं समूह, 2011, 2012, 2013, कौशल, 2011, मीणा एवं समूह, 2013, लाइक एवं समूह, 2014)।

भारत में सिंचाई का इतिहास

सिंचाई की परम्परा अत्यन्त प्राचीन है। मिश्र, मध्य एशिया, चीन तथा भारत आदि देशों में कृषि कार्यों में सिंचाई का उपयोग प्राचीन काल से होता आ रहा है। हमारे देश में सिंचाई का उल्लेख 300 ईसा पूर्व का है। 2000 वर्ष पूर्व दक्षिण भारत में जलाशयों के निर्माण होने के प्रमाण है। सन् 1700 ई. में मैसूर के महाराज ने कावेरी नदी पर बाँध बनवाया था। मुगलकाल में फिरोजशाह ने यमुना पर सिंचाई के लिए नहरें बनवाई थी। ईस्ट इण्डिया कम्पनी ने 1846 ई. तथा 1856 ई. में गोदावरी एवं अपर गंगा नहर का निर्माण कराया था उन्नीसवीं शताब्दी के उत्तरार्द्ध में कुछ प्रमुख नहरें जैसे; बिहार में सोन नहर, दिल्ली में यमुना पर आगरा नहर, नरोरा की निचली गंग नहर, तथा उत्तर प्रदेश में बेतवा एवं शारदा आदि नहरों का निर्माण हुआ। स्वतंत्रता के बाद भी अनेक नहरों का निर्माण हुआ तथा हो रहा है।

भारत में सिंचाई के स्रोतों की स्थिति

वर्ष 2010–11 की कृषि गणना के अनुसार भारत में कुल सिंचित क्षेत्र 6.47 करोड़ हेक्टेयर का है। इसमें से सबसे अधिक 45 प्रतिशत क्षेत्र में सिंचाई नलकूप से होती है जिसके बाद नहरों और कुँओं का स्थान हैं। सरकार 1950–51 से ही नहरों का सिंचित क्षेत्र बढ़ाने के काम को अधिक महत्व दे रही है। वर्ष 1959–51 में नहरों का सिंचित क्षेत्र 83 लाख हेक्टेयर था जो अब 1.7 करोड़ हो चुका है। इसके अतिरिक्त कुल सिंचित क्षेत्र में नहरों का हिस्सा 1951 में 40 प्रतिशत से घटकर 2010–11 में 26 प्रतिशत रह गया है। दूसरी और कुल सिंचित क्षेत्र में कुओं और नलकूप का हिस्सा 29 प्रतिशत से बढ़ कर 64 प्रतिशत तक पहुँच चुका है।

सिंचाई की परिभाषाएँ

1. फसलों के सफल उत्पादन हेतु फसलों में जल पहुंचाने की क्रिया को सिंचाई कहते हैं।
2. वैज्ञानिक पीटर वेल्स (1983) के अनुसारः कृत्रिम विधि से फसलों को जल देने की कला ही सिंचाई है।
3. प्रो. डडले स्टेम्प के अनुसारः वर्षा के अभाव में पौधों की वृद्धि करने एवं उत्पादकता बढ़ाने के लिए कृत्रिम तरीके से भूमि को जल की पूर्ति करना, सिंचाई कहलाता है।

सिंचाई की आवश्यकता

भारत की औसत वार्षिक वर्षा 1194 मि.मी. है। यदि पूरे पृथ्वी के क्षेत्रफल को देखा जाए तो भारत में 329 मिलियन हेक्टेयर में लगभग 392.826 मिलियन हेक्टेयर मीटर वर्षा

होती है, इसमें से 75 प्रतिशत जल की प्राप्ति दक्षिण–पश्चिमी मानसून (जून–सितम्बर तक) से होती है। शेष जल की प्राप्ति शेष 8 महीनों में होती है इस जल का एक बड़ा भाग (215 मिलियन हेक्टेयर मीटर) भूमि द्वारा सोख लिया जाता है जबकि 70 मिलियन हेक्टेयर मीटर का वाष्पीकरण हो जाता है। इसलिए उन्नत फसलोत्पादन हेतु सिंचाई की आवश्यकता पड़ती होती है। इसके अतिरिक्त सिंचाई हेतु निम्न कारक भी जिम्मेदार होते हैं, जैसे;

1. बुवाई से पहले खेत तैयार करने के लिए।
2. पौधों को सूखे से बचाव के लिए।
3. मृदा व वायुमण्डल में उचित नमी बनाये रखने के लिए।
4. टिलेज यंत्रों का सफलता से प्रयोग करने के लिए।
5. लाभदायक जीवाणओं को क्रियाशील करने के लिए।
6. पौधों की वृद्धि एवं पाले से बचाव के लिए।

सारणी 1. विभिन्न फसलों में सिंचाई की आवश्यकता

फसल का नाम	सिंचाई की गहराई (सें.मी. में)	सिंचाई की संख्या	सिंचाई जल की आवश्यकता (मि.मी.)
धान	3–7	8–30	500–2200
गेहूँ	4–7	4–8	300–500
कपास	3–8	2–9	300–700
गन्ना	6–10	5–20	600–2000
सरसों	6–8	1–4	50–250
मूँगफली	5–8	2–8	150–500
तिल	5–8	1–5	80–300
चना	6–8	1–4	80–250
अरहर	6–8	1–4	80–300
आलू	3–6	6–9	300–450

सारणी 2. भारत में सिंचाई हेतु जल की आवश्यकता

घटक	इकाई	वर्ष 2010		वर्ष 2025		वर्ष 2050	
		निम्न माँग	उच्चतम माँग	निम्न माँग	उच्चतम माँग	निम्न माँग	उच्चतम माँग
सिंचाई हेतु सतही जलमाँग	घन किलोमीटर	330	339	325	365	375	463
सिंचाई हेतु अधोसतही जलमाँग	घन किलोमीटर	213	218	236	245	253	344
सिंचाई हेतु कुल जलमाँग	**घन किलोमीटर**	**543**	**557**	**560**	**611**	**628**	**807**

स्रोत: आधुनिक सस्यविज्ञान द्वारा रणबीर सिंह एवं सी.बी. सिंह, 2015

सिंचाई आवश्यकता के आंकलन हेतु सूत्र

यह फसल की जलमाँग का वह भाग है जिसकी पूर्ति वर्षा के अतिरिक्त कृत्रिम साधनों द्वारा की जाती है। सूत्र रूप में,

IR = WR-Pe

जहाँ पर IR = सिंचाई की आवश्यकता

WR = फसल की जलमाँग

Pe = मौसम की प्रभावी वर्षा

सिंचाई के मूल सिद्धांत

कृषि कार्य के लिए सिंचाई बहुत ही आवश्यक है अथवा किसी फसल को सफलतापूर्वक उगाने के लिए सिंचाई की आवश्यकता होती है। कुशल सिंचाई वह होती है जिसमें फसल में नियंत्रित तथा समान रूप में जल का प्रयोग होता है अर्थात् जल फसल में उचित मात्रा में, उचित समय पर, उचित विधि द्वारा लगाकर जल के अपव्यय को सीमित रखते हुए कम जल खर्च द्वारा इष्टतम उपज प्राप्त की जाती है। यहीं सिंचाई का मूल सिद्धांत है। संक्षेप में सिंचाई के मूल सिद्धांत निम्न है –

1. खेत की तैयार, पलेवा, नर्सरी निर्माण, रोपाई करना, हानिकारक लवणों को खेत से बाहर निकालने के लिए जल उपलब्ध होना चाहिए।
2. मृदा के प्रकार, फसल की किस्म, भूमि का ढाल, जल का प्रसाव आदि के अनुसार सिंचाई की विधि अपनानी चाहिए। क्यारी विधि से सिंचाई हल्की भूमियों में, बार्डर

सिंचाई विधि जल के समान वितरण के लिए मध्यम गठन वाली तथा हल्के ढ़लान वाली भूमियों के लिए उपयुक्त है। थाला विधि बागों के लिए तथा बौछारी विधि बलुई व असमान ढाल वाली भूमियों के लिए उपयुक्त है।

3. कुछ फसलों को कम जल देना पड़ता है और कुछ को अधिक देना पड़ता है। इसलिए फसल योजना में कम जल चाहने वाली फसलें जैसे; चना, मटर, ज्वार, बाजरा तथा अधिक जल चाहने वाली फसलें जैसे; धान, गन्ना, आलू, बरसीम सम्मिलित की जानी चाहिए। जिसे जल की निश्चित मात्रा में अधिक क्षेत्रफल सिंचित किया जा सकता है।

4. लवणीय जल की दशा में लवणता सहिष्णु अथवा लवण रोधी फसलें जैसे; जौ, कपास, सरसों, जई, धान व ढैंचा आदि उगानी चाहिए।

5. जल के अपव्यय को रोकने के लिए सिंचाई की नालियां, बरहे आदि इस प्रकार बना लेने चाहिए कि निस्यंदन व अन्तःस्रवण द्वारा कम से कम जल नष्ट हो। यदि सम्भव हो तो नाली पक्की बनानी चाहिए अन्यथा चिकनी मृदा से भी बनायी जा सकती है।

6. जब जड़ क्षेत्र में उपलब्ध जल कम हो जाता है तो सिंचाई कर देनी चाहिए। पौधों के मुरझाने से पहले ही सिंचाई कर देनी चाहिए। आगतौर पर फसलों की किस्म के अनुसार 5 सें.मी. से 7 सें.मी. गहरी सिंचाई करनी चाहिए। फसलों में फूल आते समय, दाना पड़ते समय जल की कमी नहीं होनी चाहिए। सब्जियों को जल्दी–जल्दी जल देना चाहिए। हल्के गठन वाली भूमियों में जल रोकने की क्षमता कम होती है इसलिए इनमें सिंचाई जल्दी–जल्दी करनी चाहिए। बलुई दोमट मृदा में 10–14 सें.मी., दोमट में 12–19 सें.मी. तथा चिकनी मृदा में 14–20 सें.मी. उपलब्ध जल प्रति मीटर गहरी मृदा में उपलब्ध होता है।

7. जल की उपयोगिता बढ़ाने के लिए भूमि को समतल कर देना चाहिए तथा हल्का ढ़लान दे देना चाहिए। भूमि के समतल होने से जल का समान वितरण होता है।

8. सिंचाई के समय भूमि पूर्णरूप से समतल करके क्यारी, नाली, मेंड़ आदि मृदा के अनुरूप बना देनी चाहिए।

9. फसलों में क्षेत्र क्षमता के आस–पास मृदा में नमी का स्तर सदैव बनाये रखना चाहिए तथा उपलब्ध मृदा नमी जल का 50 प्रतिशत से कम होने की दशा में सिंचाई कर देने से पौधों की वृद्धि पर कोई हानिकारक प्रभाव नहीं पड़ता है।

10. सिंचाई का जल सदैव उचित मात्रा में लगाना चाहिए।

11. सिंचाई द्वारा फसलों को पाले के प्रकोप तथा गर्मी से झुलसने से बचाया जा सकता है।

सिंचाई में जल को अपव्यय होने से बचाव के उपाय

सिंचाई जल को नष्ट होने से बचाने के लिये निम्नलिखित उपाय किये जाने चाहिए–

1. **वाष्पीकरण कम करने के उपाय**
   - बड़े जल–स्रोतों जैसे नहर तथा राजवाहों इत्यादि के किनारे पर बड़े–बड़े छायादार वृक्ष लगाने चाहिए जिससे उनकी छाया जल पर रहे और तेज धूप आदि से वाष्पीकरण अधिक न होने पाये। गुजरात में नहरों के ऊपर सोलर पैनल लगा कर दो प्रकार से लाभ लिया जा रहा हैं; एक तो वाष्पीकरण में बचत और दूसरा सोलर पैनल के लिए अतिरिक्त स्थान की आवश्यकता नही पड़ती है।
   - नहरों, रजवाहों तथा जल नालियों आदि में पर्याप्त ढ़ाल रखना चाहिए जिससे जल तेजी से चलता रहे और वाष्पीकरण के लिए कम समय मिले।
   - नहरों, रजवाहों तथा जल नालियों की चौड़ाई कम रखी जाये और गहराई अधिक कर देनी चाहिए।
   - यदि संभव हो सके तो ढकी हुई सिंचाई नालियाँ बनानी चाहिए।
2. सिंचाई जल का अपवाह रोकने के लिए नहरों, रजवाहों तथा जल नालियों के किनारे पक्के या मेंड़ आदि काफी मजबूत तथा चिकनी मिट्टी से बना देने चाहिए जिससे उन्हें काटकर जल बह न सकें। साथ ही साथ किसानों कों सख्त निर्देश होने चाहिए कि वे किसी भी हालत में रजवाहों को न काट सकें।
3. सिंचाई नहरों, रजवाहों तथा नालियों को समय–समय पर अन्दर से छांटकर साफ कर देना चाहिए जिससे उनके अन्दर के खरपतवारों की सफाई हो जाये जो जल के बहाव में बाधा डालते है तथा जल की मात्रा का उपयोग करते रहते हैं। इस कार्य के लिए मशीनें प्रयोग की जानी चाहिए।
4. नहरों, रजवाहों तथा नालियों को अन्दर से चिकनी मिट्टी से बनाना चाहिए या अगर संभव हो तो इन्हें अन्दर से पक्का बनवा देना चाहिए जिससे अन्तःस्यंदन, अन्तः स्रवण तथा निस्यंदन द्वारा जल की हानि कम हो।
5. सिंचाई की नालियों की मेंड़े मजबूत तथा ऊँची बनाना चाहिए।
6. सिंचाई की नालियों को अन्दर से साफ करते रहें जिससे अन्दर खरपतवार अधिक न उगने पाएं। अधिक वनस्पतियाँ अधिक वास्पोसर्जन करती हैं।
7. सिंचाई की नालियों को अधिक ढालदार बनाना चाहिए इससे सिंचाई जल का प्रवाह बढ़ जाता है।
8. खेतों को समतल रखें जिससे सारे खेत में समान मात्रा में जल सुगमतापूर्वक फैल सके।

9. फसलों की आवश्यकता को ध्यान में रखकर ही जल दें। अत्यधिक जल व्यर्थ जाता है तथा फसल को भी हानि पहुँचाता है।
10. खेत में अधिक कार्बनिक पदार्थ डालकर अन्तः स्यन्दन (परकोलेशन) को रोका जा सकता है।
11. खेत में शाम के समय सिंचाई करने से सिंचाई जल के वाष्पीकरण को रोका जा सकता है।
12. खेतों में निराई–गुड़ाई करके खरपतवारों को नष्ट करना चाहिए।
13. खेतों में अवरोध परत तैयार करनी चाहिए। इससे खेतों में जल की हानि नहीं होती है और नमी संरक्षण अधिक रहती है।

सिंचाई जल के प्रयोग की विधियाँ

आज कल सिंचाई की अनेक विधियाँ प्रचलित है। इनका चुनाव भूमि की किस्म व ढाल, फसल की किस्म तथा जल स्रोत व प्रवाह की मात्रा के आधार पर किया जाता है। सिंचाई की विधियों का मुख्य वर्गीकरण निम्न प्रकार से किया जा सकता है:

- सिंचाई की प्राचीन विधियां
- सिंचाई की आधुनिक विधियाँ

सिंचाई की प्राचीन विधियाँ

1. पृष्ठीय सिंचाई
2. अवभूमि सिंचाई
3. छिड़काव विधि से सिंचाई
4. बूँद–बूँद सिंचाई

सिंचाई की प्राचीन विधियों का विवरण

1. धरातलीय/खुली/सतह सिंचाई

देश में सबसे अधिक क्षेत्रफल में (95 प्रतिशत भाग में) इस विधि द्वारा सिंचाई की जाती है तथा भारत वर्ष में सिंचाई की यह विधि सबसे अधिक प्रचलित है। सिंचाई के जल को भूमि के ऊपरी धरातल पर लगाने की विधि को धरातलीय सिंचाई कहते हैं। इस विधि में सिंचाई के जल को ऊँचाई पर नाली को खोल दिया जाता है और गुरुत्वाकर्षण बल तथा

जल के तरल स्थैतिक दाब द्वारा सम्पूर्ण खेत में फैल जाता है, इसकी निम्नलिखित विधियाँ प्रचलित है, जैसे;

अ) भराव / तोड़ / अप्लावन / प्रवाह / बाढ़कृत / (फ्लडिंगविधि)

सिंचाई की यह विधि बहुत ही प्राचीन तथा अधिकांश नहरी क्षेत्रों में अपनाई जाती है। जहाँ सिंचाई का जल सस्ता होता है। इस विधि से सिंचाई की नाली खेत के एक किनारे पर आकर खुलती है जिससे सारा खेत जल से भर जाता है। यह केवल समतल खेतों में ही अपनाई जाती है। धान, जूट एवं बरसीम की फसलों के लिए यह विधि उत्तम मानी जाती हैं परन्तु अन्य फसलों के लिए इस विधि से सिंचाई करने पर लाभ की अपेक्षा हानि अधिक होती है। इस विधि में सिंचाई करते समय सारे खेत में जल छोड़कर बाढ़ की स्थिति पैदाकर दी जाती है। इस विधि में मृदा स्तर पर जल स्वतंत्र रूप से बहता है। इस विधि में जल का सर्वाधिक नुकसान होता है।

चित्रः 1 अप्लावन धरातलीय सिंचाई विधि

इस विधि में खेत का समतल होना अति आवश्यक है। इसकी चार विधियां हैः–

क) असीमित बाढ़कृत विधि

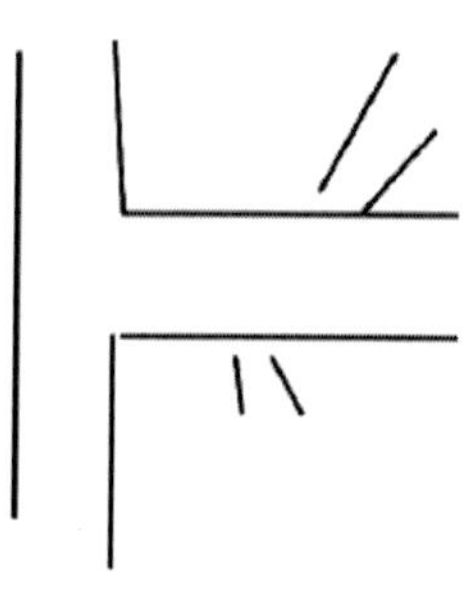

ख) सीमित पट्टी विधि

ग) क्यारी विधि

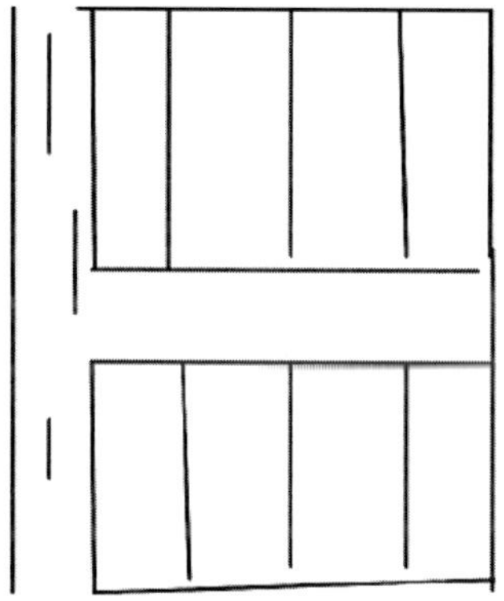

चित्रः 2 क्यारी विधि

हमारे देश में सिंचाई की यह विधि अधिक प्रचलित है इसका प्रयोग गेहूँ, जौ, मक्का, सरसों, कपास, चना, एवं सब्जियों जैसे; पालक, मेथी, टमाटर में किया जाता है। अधिकतर असमतल खेतों में सिंचाई करने के लिए यह विधि अपनायी जाती है। सिंचाई करने से पूर्व खेतों में मेंड बनाकर छोटी–छोटी क्यारियाँ बना ली जाती है। क्यारियों का आकार जल–स्रोत, खेत की समतलता, फसल जो उगाई गई है तथा मृदा कणों पर आधारित होता है। तत्पश्चात प्रत्येक क्यारी को एक–एक करके भरते जाते हैं। समतल खेतों में भी इस विधि से सिंचाई करके जल की अधिक मात्रा की बचत की जा सकती है (चित्रः 1 व 2)।

घ) **वलय/रिंग विधिः** इस विधि में दो पंक्तियों के मध्य एक सिंचाई की नाली बना लेते हैं। इस नाली से छोटी–छोटी नलिकायें बनाकर पेड़ के थालों से जोड़ देते हैं। तने के चारों ओर मिट्टी की मेंड बना दी जाती है। जिससे जल तने को न छूने पाये। पेड फैलने के अनुसार रिंग की संख्या बढ़ती जाती है (चित्रः 3)।

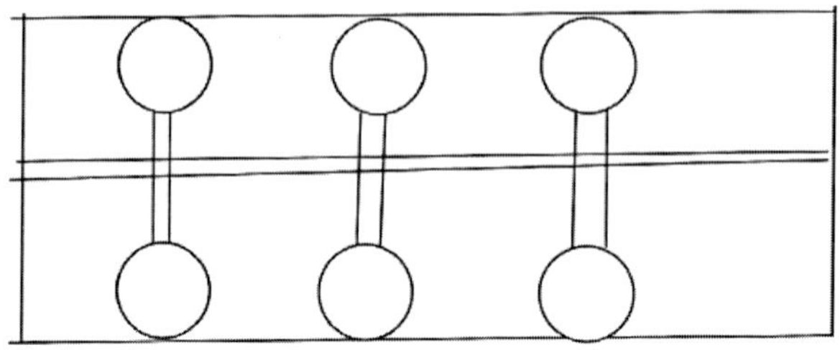

चित्रः 3 रिंग विधि

च) थाला (बेसिन)

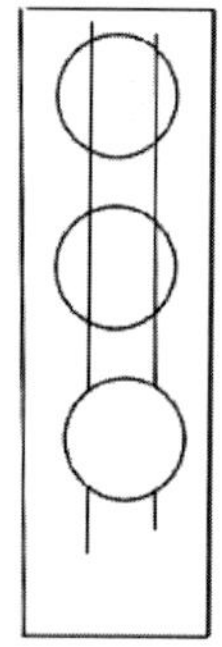

चित्रः 4 थाला विधि

यह विधि अधिकतर बाग–बगीचों में सिंचाई करने में प्रयोग की जाती है। पेड़ों के चारों ओर गोल या वर्गाकार थाले बना दिये जाते है तथा पेड़ों की पंक्तियों के बीच में एक नाली बनाकर थालों से जोड़ दी जाती है। थालों के अन्दर पौधे के तने के चारों और मिट्टी चढ़ा दी जाती है। जिससे पौधे का तना जल के सीधे सम्पर्क में न आने पाये। इस विधि से कम समय में अधिक क्षेत्र कम जल द्वारा सींचा जा सकता है। छोटे पेड़ों की सिंचाई में यह विधि उत्तम है (चित्रः 4)।

बाढ़कृत विधि के लाभ

1. थोडे समय में अधिक सिंचाई हो जाती है।
2. नाली तथा मेंड़े बनाने की अधिक आवश्यकता नहीं होती है।
3. औसत जल चाहने वाली फसलों की सिंचाई ठीक हो जाती है।
4. सिंचाई सरलता से हो जाती है।
5. अन्य विधियों की अपेक्षा सस्ती है।

बाढ़कृत विधि से हानियाँ

सिंचाई की यह विधि सर्वाधिक दोषपूर्ण है इस विधि में जल का ह्रास सबसे अधिक होता है तथा जल का वितरण भी सब स्थानों पर समान ढंग से नहीं हो पाता है। इस विधि से सिंचाई करने पर मृदा कटाव का भी डर रहता है ऊँची–नीची तथा ढाल वाली भूमियों में यह विधि नहीं अपनाई जा सकती है।

कूंड विधि/नाली विधि (फरो इरिगेशीन मैथड)

इस विधि से सिंचाई उन फसलों में की जाती है, जो पंक्तियों में मेंड़ों या नालियों में बोई जाती है और जिसमें बुवाई के समय अथवा बाद में मेंड़ बनानी पड़ती है, जैसे; आलू, शकरकन्द, गन्ना, मूँगफली, मक्का, तम्बाकू, ज्वार, सब्जियों आदि में प्रयोग की जाती है। आलू की फसल में कूंड़ और मेड़ प्रत्येक की मोटाई 22.5 सें. मी. तथा गहराई 20–25 सें. मी. रखते है। इस विधि में दो पंक्तियों के बीच में कूंड़ों एवं मेंड़ो के माध्यम में सिंचाई की जाती है जिससे रिसाव द्वारा जल मेंड़ों पर पहुँचता है। इस विधि में फसलें मेंड़ों पर बोई जाती हैं। कूंड में कब, कितना तथा कितने समय तक जल दिया जाए यह पौधों की जलमांग, अंतःस्यंदन (इनफिल्ट्रेशन) दर तथा मृदा की किस्म पर निर्भर करता है यह विधि विशेषकर उन फसलों में प्रयोग की जाती है। जिनमें अधिक जल से जड़ गलन रोग का प्रयोग हो जाता है तथा जल की मात्रा में जल्दी–जल्दी आवश्यकता होता है जिन क्षेत्रों में जल निकास की आवश्यकता होती है वहाँ पर भी कूंड़ बनाने से वर्षा का अतिरिक्त जल, जल बहाव द्वारा निकल जाता है। इस विधि से सिंचाई करने से कम सिंचाई जल से अधिक क्षेत्र पर सिंचाई की जा सकती है। इसविधि द्वारा जल की क्षति बहुत कम होने से जल उपयोग क्षमता अन्य विधियों की अपेक्षा बहुत अधिक होती है। यह 0.2–0.5 प्रतिशत ढ़लान एवं 1–2 लीटर प्रति सेकेण्ड धारा प्रवाह के लिए सर्वोत्तम विधि है। यह विधि में कूंड़ मुख्यतः पांच प्रकार के होते है, जैसे; समतल कूंड़, ढ़ालू कूंड़, एकान्तर कूंड़, समोच्च कूंड़, वलीय कूंड़ आदि (चित्रः 5)।

चित्रः 5 सतही कूंड सिंचाई विधि

सारणी 2. कूंड–सिंचाई विधि से मक्का और कपास फसलों की पैदावार

फसल	फसल परीक्षण	हर कूंड में सिंचाई	एकान्तर कूंड में सिंचाई
मक्का	जल की बचत (प्रतिशत में)	–	0.03
	पैदावार (क्विंटल/है.)	41.3	40.6
	जल उपयोग दक्षता (क्विं./है. सें.मी.)	25.8	36.7
कपास	जल की बचत (प्रतिशत में)	–	27.1
	पैदावार (क्विंटल/है.)	20.5	19.8
	जल उपयोग दक्षता (क्विं./है.सें.मी.)	6.0	8.0

स्रोतः कृषि में उन्नत जल प्रबंधन, मिश्र तथा अन्य (2011), पृ.15

कूंड सिंचाई विधि (फरो मैथड़) के लाभ

1. इसमें भूमि सतह कर आधा या चौडाई हिस्सा कूंड़ के जल से भीग पाता है इस तरह जल के वाष्पीकरण के कारण कम हानि होती है (सारणीः 2)।
2. इस विधि में भू–पपड़ी नहीं बनती है।
3. रिसाव द्वारा जल मेंड़ पर लगे पौधों की जड़ों तक पहुँच जाती है तथा सिंचाई करने पर जल की बचत होती हैं।
4. सिंचाई करने में सुविधा होती है और समय की बचत भी होती है।
5. सिंचाई गुड़ाई संभव है और श्रम की आवश्यकता भी सिंचाई हेतु कम होती है।

अधरातलीय/अधोपृष्ठीय सिंचाई

पौधों को भूमि के नीचे की सतह की ओर से सिंचाई का जल प्रदान करने की क्रिया को अधरातलीय अथवा अधोपृष्ठीय सिंचाई कहते हैं। इस विधि में सिंचाई जल पौधों को जड़ क्षेत्र में उपलब्ध कराया जाता है। सिंचाई की इस विधि का प्रयोग भारत वर्ष में कम सिंचित क्षेत्रफल में किया जाता है। यह विधि उन्ही क्षेत्रों पर सफल हो सकती है जहाँ फसलें स्थाई रूप से लगाई जाती है। इस विधि में सिंचाई भूमि में खुली नालियों अथवा पाइप लाइन बिछा कर की जाती है यह नालियाँ अथवा पाइप लाइन मृदा की 30–100 सें. मी. की गहराई पर 15–30 सें. मी. की दूरी पर बिछाई जाती है अर्थात सख्त तह तक नालियाँ खोदकर इनमें कंकड़–पत्थर भर दिये जाते हैं। कंकड़ो के स्थानों पर नालियों में छिद्र मुक्त लोहे या सीमेन्ट के पाइप भी प्रयोग किये जा सकते हैं। मुख्य नाली का स्तर सहायक

नालियों की तुलना में ऊँचा रखा जाता है सहायक नालियों में 150 प्रतिशत तक ढाल दिया जाता है सहायक नाली से जल जड़ क्षेत्र में पहुँचता है तथा जड़ों द्वारा ग्रहण कर लिया जाता है। अधोसतह सिंचाई उन क्षेत्रों में की जाती है जिन क्षेत्रों में जल स्तर बहुत ऊँचा हो गया हो और जल की एक निश्चित मात्रा ही प्रयोग करनी हो। भारत में इस विधि का प्रयोग बहुत सीमित क्षेत्रों में ही किया जा रहा है। इस सिंचाई विधि की निम्न उपविधियाँ हैं, जैसे;

(अ) भूमिगत नालियों द्वारा

इस विधि में खेत के धरातल के नीचे नालियाँ बनाकर उन्हें घास–फूस, ईंट–पत्थर आदि से ढँककर ऊपर से मिट्‌टी की तह डाल दी जाती है। इन नालियों में सिंचाई के स्रोत से जल भेजा जाता है जो कि धीरे–धीरे घास–फूस में से ऊपर को निकलकर मिट्‌टी में फैलता है। लोहे, सीमेंन्ट या प्लास्टिक के छिद्र युक्त पाइप काम में लिये जाते हैं।

(ब) छिद्रयुक्त नलों द्वारा सिंचाई

इस विधि में छिद्रयुक्त पाइपों/नल को भूमि में लगभग 1.0 मीटर के अन्तर पर तथा 25 से 50 सें.मी. की गहराई पर छिद्रयुक्त नल दबा दिये जाते है। इन नालों के सिरे एक–दूसरे से जुड़े रहते है तथा अन्त में वे मुख्य जल स्रोत से जोड़ दिये जाते है। जल स्रोत से सिंचाई जल को अधिक दबाव के साथ इन नलों में भेजा जाता है। इस लिए जल बारीक छिद्रों में रिस–रिसकर भूमि में फैलता रहता है और मृदा कणों के बीच रिक्त स्थानों में जमा होता रहता है तथा यहाँ से यह कशीय गति के द्वारा पौधों की जड़ों के समीप पहुँच जाता है। लवणीय भूमियों में इस विधि को प्रयोग नहीं करना चाहिए।

(स) मटका/घड़ा द्वारा सिंचाई या पोटकल्चर या पिचर सिंचाई

इस विधि में छिद्र युक्त मटके जल से भरकर भूमि में दबा दिये जाते हैं। घड़े में से जल धीरे–धीरे जल रिसता रहता है, जिसमें भूमि नम बनी रहती है। यह जल पौधों की आवश्यक वृद्धि के लिए उत्तम नमी बनाए रखता है। घडे में जल की कमी को एक निश्चित अन्तराल पर जल डालकर पूरा कर दिया जाता है। यह विधि फलदार और वानिकी पौधों में आसानी से स्थापित किया जा सकता है। यह प्रणाली ड्रिप सिंचाई प्रणाली का एक उत्तम विकल्प है तथा प्रणाली शुष्क और जल की अत्यधिक कमी वाले क्षेत्रों के लिए बहुत ही लाभदायक हैं (चित्रः 6)।

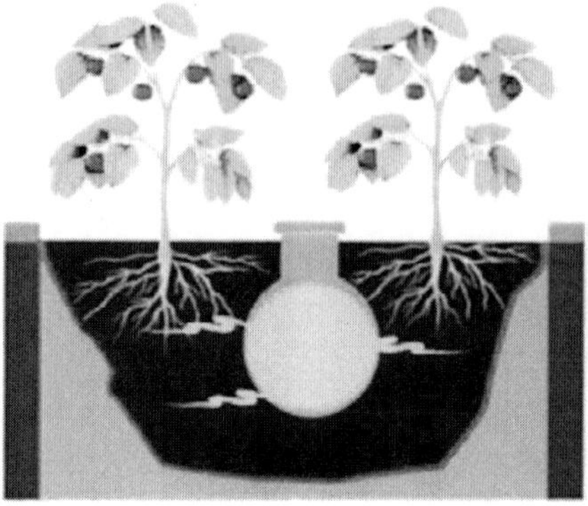

चित्रः 6 मटका सिंचाई विधि

अधोपृष्ठीय सिंचाई के लाभ

1. खरपतवार कम होता है।
2. सतह सूखी रहने के कारण जल का वाष्पीकरण कम होता है।
3. गहरी खाई का प्रयोग जल निकास में भी हो सकता है।
4. जहाँ का जल स्तर ऊँचा हो वहाँ के लिए बहुत उपयुक्त विधि है।
5. वाष्पीकरण द्वारा सिंचाई जल की हानि नहीं होती है।
6. मेंड व सिंचाई नाली बनाने में क्षेत्रफल कम नहीं होता है।

अधोपृष्ठीय सिंचाई विधि के दोष

1. प्रारम्भिक लागत अधिक आती है।
2. शहरी भूमियों के लिए प्रयोग नहीं कर सकते हैं।
3. मृदा क्षरित तथा ढ़ालू खेतों के लिए अनुपयोगी हैं।
4. सिंचाई के जल के साथ कीटनाशी व रोगनाशी दवाओं का प्रयोग नहीं हो सकता।

टपक/बूँद–बूँद/ड्रिप सिंचाई विधि

कृत्रिम रूप से किसी पौधों की जड़ों में धीरे–धीरे सिंचाई जल को बूँद–बूँद करके पहुँचाना ड्रिप सिंचाई कहलाता है। अथवा समुचित मात्रा में नियमित रूप से पौधों के जड़ों में सीधे जल देने की विधि को ड्रिप अथवा सूक्ष्म सिंचाई निकाय (ड्रिप/माइक्रो इरिगेशन सिस्टम) कहते हैं (चित्रः 7)।

ड्रिप इरिगेशन

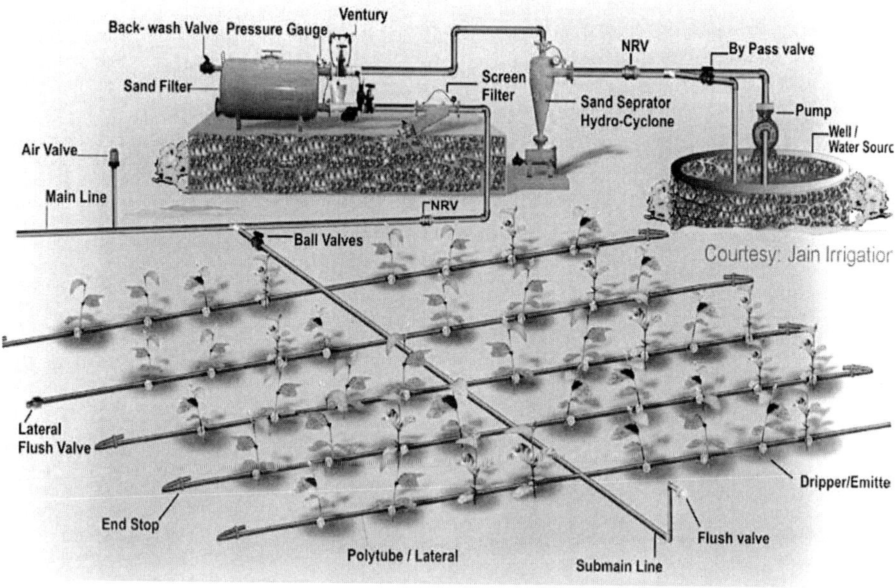

चित्रः / ८५क सिंचाई

टपक सिंचाई वह विधि है, जिसमें जल को प्लास्टिक पाइपों पर स्थापित ड्रिपर के द्वारा पौधों की जडों तथा समान रूप में सिंचाई से कम जल प्रयोग करके अधिकतम पैदावार प्राप्त की जा सकती है। इस विधि द्वारा पौंधों के जड़ क्षेत्र में तरल घुलनशील रासायनिक तथा उर्वरकों पोषक तत्वों का प्रयोग भी आसानी से किया जा सकता है।

ड्रिप सिंचाई की उत्पत्ति

बूँद–2 करके जल का प्रयोग भारतीय संस्कृति में अनादि काल से शिवलिंग का सिंचन करने के लिए किया जाता है। साथ ही साथ सनातन हिन्दू धर्म में मृतक को जल देने हेतु भी बूँद–2 करके जल को घडें में से सिंचन के लिए प्रयुक्त किया जाता रहा है। परन्तु सिंचाई के लिए बूँद–2 जल का प्रयोग हमारे देश में पहले नही किया गया। मेघालय के मुक्तापुर जिले में बांस की बनी हुई नालियों के प्रयोग से सुपारी के वृक्षों को जल का प्रयोग बूँद–2 करके देने की विधियों का पता चला है परन्तु इसे हमेशा से जयन्तिया जन जाति प्रगति के द्वारा प्रयोग किया जाता रहा है। आधुनिक ड्रिप इरिगेशन का प्रचलन भारत में 1970 से प्रारम्भ हुआ, जो वर्तमान में 03 लाख हेक्टेयर तक फैल चुका है और विश्व स्तर पर उभर कर आगे आ रहा है। ड्रिप इरिगेशन का विकास सिम्बाब्रास नाम के इज़्राइली वैज्ञानिक द्वारा 1960 में प्रारम्भ किया गया था। आज इस विधि का प्रयोग इन सभी क्षेत्रों में किया जाने लगा है जहाँ जल की कमी है तथा जल लवणीय है। इस विधि में पौधों की जड़ों के सहारे

पाइप बिछाये जाते हैं और इनमें नोजल/टोटियाँ लगी होती हैं। इन टोटियों द्वारा 2–10 लीटर प्रति घण्टा की दर से जल बूँद–बूँद करके भूमि पर टपकता रहता है। धीमी गति से पड़ने के कारण पूरा जल भूमि में सोख लिया जाता है। यह उन क्षेत्रों में भी उपयोगी साबित हो रहा है जहाँ जल की कमी और मृदा लवणीय है। ड्रिप सिंचाई का मुख्य उद्देश्य फसल को एक समान मात्रा में जल उपलब्ध कराना, जल उपयोग क्षमता में वृद्धि करना, पौधे की जड़ों के पास लगातार नमी रखकर उपज बढ़ना है। ड्रिप सिंचाई में जल का सामान्य दबाव 1–1.5 कि.ग्रा. प्रति वर्ग सें. मी. होता है, इस विधि में जल ईमीटर के द्वारा प्राप्त होता है, ड्रिपर अथवा ईमीटर के द्वारा में जल के प्रवाह की दर 2–4 लीटर प्रति घण्टा होती है। ड्रिप नालियों व लैटरल्स में रुकावट की समस्या को दूर करने के लिए 1–2 माह के अन्तराल पर तनु हाईड्रोक्लोरिक अम्ल को नालियों में प्रवाहित करना चाहिए, क्योंकि सिंचाई जल में लवणों की अधिकता में ड्रिप नालियों व लेटरल्स के ड्रिपर बन्द हो जाते है। यह विधि उन क्षेत्रों के लिए वरदान सिद्ध हो रही है, जहाँ जल का अभाव व मृदा में लवणों की समस्या है। यह विधि उद्यानों, बगीचों व फल वृक्षों के लिए सर्वोत्तम है। ड्रिप सिंचाई पद्धति में 2–4 लीटर/ड्रिपर/घन्टे बहाव (डिसचार्ज) रेट होता है। इस में जल की आपूर्ति निरन्तर या निश्चित अन्तराल पर की जा सकती है। सतही सिंचाई की तुलना में ड्रिप सिंचाई से 30–40 प्रतिशत तक जल की बचत होती है। इससे प्रति हेक्टेयर उपज भी 20 से 25 प्रतिशत अधिक प्राप्त होती है। गन्ने की सिंचाई भी इस प्रकार की ड्रिप प्रणाली के प्रयोग द्वारा कि जा सकती है। इसमें 50 प्रतिशत कम जल की आवश्यकता होती है। आजकल इस सिंचाई प्रणाली का प्रयोग हवाई द्वीप समूह में गन्ना की सिंचाई हेतु भी होता है।

ड्रिप सिंचाई के अवयव/घटक

1. जल उठाने के लिए पम्प (हेड यूनिट)
2. ऊँचाई पर जल की टंकी।
3. **केन्द्रीय जल वितरण प्रणालीः** जल की मात्रा तथा दबाव को नियंत्रित करने के लिए मुख्य जलापूर्ति लाइन से जुड़ी रहती है।
4. **उर्वरक के प्रयोग के लिए केद्रीयः** वितरण प्रणाली से जुड़ी उर्वरक टंकी।
5. **फिल्टरः** जल में घुले हुए अवांछित पदार्थ को छानने के लिए प्रयोग करते हैं।
6. जलापूर्ति के लिए पी.वी.सी. पाइप।
7. **सहायक एवं पार्श्व पाइप लाइनः** ये मुख्य लाइन से समान्तर रूप से एक–दूसरे से जुड़ी रहती हैं।
8. **प्लास्टिक के ड्रिपरः** नियत मात्रा में जल देने के लिए पौधों की पंक्तियों में एक समान दूरी पर पार्श्वलाइन में लगाया जाता है।

ड्रिप सिंचाई पद्धति के प्रकार

1. सतही बूँद–बूँद सिंचाई पद्धति

सिंचाई की इस विधि में जल दाब द्वारा प्लास्टिक की पतली नलिकाओं में जिनमें थोड़ी–थोड़ी दूरी पर बूँद–बूँद जल निकलने के लिए कपाट लगे होते हैं, भेजा जाता है। यह प्रणाली काफी लोकप्रिय हुई तथा इस प्रणाली को स्थापित करने, देखरेख करने, उत्सर्जक (ड्रिपर) की सफाई करने अथवा उसे बदलने में सुविधा रहती है। यह विधि मुख्यतः उन क्षेत्रों के लिए हितकर पाई गई है जहाँ पर जल की बहुत कमी हो, जलवायु मरुस्थलीय हो तथा पौधे एक दूसरे से काफी दूरी पर लगाए गए हों। इस विधि के द्वारा विभिन्न फसलों की पैदावार तथा जल की बचत सारणीः 3 व 4 में दी गई है, सतही बूँद–बूँद सिंचाई द्वारा उर्वरक देने की फर्टीगेशन विधि में विभिन्न फसलों की उपज में वृद्धि तथा उर्वरक की बचत सारणीः 3–4 में दर्शायी गई है।

सारणी 3. सतही बूँद–बूँद सिंचाई विधि में विभिन्न फसलों की उपज तथा जल की बचत

फसल का नाम	उपज में वृद्धि	जल की बचत (प्रतिशत में)
अनार	20–40	50–60
आलू	20–30	40–50
गन्ना	50–60	30–50
टमाटर	25–50	40–60
गोभी	60–80	30–40
बैंगन	20–80	40–60
पत्तागोभी	20–30	50–60
भिण्डी	25–40	20–30
मिर्च	10–40	60–70
लौकी	20–40	40–50
सेम	55–65	30–40

स्रोतः कृषि में उन्नत जल प्रबंधन, मिश्र तथा अन्य (2011) पृ.154

सारणी 4. सतही बूँद–बूँद सिंचाई द्वारा उर्वरक देने की फर्टीगेशन विधि में विभिन्न फसलों की उपज तथा उर्वरक की बचत

परीक्षण	प्याज की उपज	टमाटर की उपज	भिण्डी की उपज
फर्टीगेशन विधि से 100 प्रतिशत उर्वरक	35.12	50.10	28.00
फर्टीगेशन विधि से 100 प्रतिशत उर्वरक	32.33	47.47	26.12
फर्टीगेशन विधि से 100 प्रतिशत उर्वरक	30.15	43.11	23.22
फर्टीगेशन विधि से 100 प्रतिशत उर्वरक	28.65	39.00	20.52
साधारण विधि से 100 प्रतिशत उर्वरक	30.12	43.00	23.30

स्रोतः कृषि में उन्नत जल प्रबंधन, मिश्र तथा अन्य (2011) पृ.154

2. उप–सतही बूँद–बूँद सिंचाई

इस विधि से सिंचाई इजराइल तथा संयुक्त राज्य अमेरिका के कुछ दक्षिण–पश्चिमी भागों में की जा रही है। इस विधि में पार्श्व पाइप तथा ड्रिपर दोनों ही भूमि के भीतर दबा दिये जाते है इस विधि में फसलों में की जाने वाली सस्य क्रियाओं में कोई परेशानी नहीं होती है। इस विधि में पेड़ या पौधे के आसपास जल बूँद–बूँद करके नालियों से बाहर आता है और दो पौधों या पेड़ों के बीच की पूरी भूमि की सिंचाई नहीं की जाती है जिसके फलस्वरूप सिंचाई दक्षता अधिक होती है और सीमित प्राप्य जल से अधिक क्षेत्र की सिंचाई हो सकती है। इस विधि द्वारा जल के साथ–साथ घोल के रूप में उर्वरक डालने की उपयोगिता पर भी अनुसंधान किए जा रहे हैं।

3. सूक्ष्म सिंचाई अथवा ड्रिप सिंचाई पद्धति

इस पद्धति में सहायक पार्श्व तथा ड्रिपर भूतल पर स्थित होते है परन्तु इनसे सिंचाई जल बाहरी फुहार अथवा फुवार के रूप में मृदा पर पड़ता है इस विधि का प्रयोग कम दूरी पर बोई गई फसलों में किया जाता है।

4. स्पन्द ड्रिप सिंचाई पद्धति

इस पद्धति में लगातार स्पन्द के रुप में जल दिया जाता है अर्थात ऐसी व्यवस्था होती है जो यंत्र में सामंजन करके 5–10 या 15 मिनट के अन्तराल पर जल दिया जाता है।

ड्रिप सिंचाई पद्धति का रेखांकन (ले आउट)

रेखांकन (ले आउट के) लिए निम्न बातें आवश्यक होती हैं, जैसे;

1. भूमि की स्थलाकृति जानकारी के लिए सामान्य सर्वेक्षण।
2. सिंचाई के लिए उपलब्ध जल की मात्रा, जल स्रोत तथा उपलब्ध जल दबाव का आंकलन।
3. उगाई जा रही फसल की किस्म, अवस्था दूरी तथा जल माँग।
4. मृदा में वाष्पोत्सर्जन की दर
5. जलवायु सम्बन्धी सूचना।
6. मृदा की किस्म परगम्यता तथा अंतःस्यंदन (इनफिल्टेशन) की दर।
7. सिंचाई जल की किस्म।
8. पौधों को जल की दैनिक आवश्यकता।

ड्रिप सिंचाई के लाभ

1. इस विधि में 40–70 प्रतिशत जल की बचत होती है तथा 90–95 प्रतिशत जल प्रयोग क्षमता प्राप्त होती है।
2. इस विधि में 60–80 प्रतिशत तक समय व श्रम की बचत तथा लवणीय जल का प्रयोग भी किया जा सकता है अर्थात् लवणीय जल का प्रयोग भी संभव है।
3. इस विधि द्वारा उत्पाद गुणवत्ता के साथ–साथ फसल की उपज में 30–50 प्रतिशत तक की बचत तथा खरपतवारों की समस्या को भी रोका जा सकता है।
4. इस विधि द्वारा उर्वरक देने पर 50 प्रतिशत उर्वरकों की बचत हो सकती है।
5. यह प्रणाली जल की कमी वाले क्षेत्रों, उबड़–खाबड, रेतीले क्षेत्रों, पहाड़ी क्षेत्रों तथा कम वर्षा वाले क्षेत्रों के लिए फसलों की सिंचाई करने में सक्षम है।
6. सिंचाई के साथ–साथ उर्वरक एवं कीटनाशी दवाओं का प्रयोग आसानी से एवं सामान्य रूप से हो सकता है।
7. इस विधि में जल पोषक तत्वों को घोलकर सीधे जड़ क्षेत्र में पहुँचा दिया जाता है जिससे पोषक तत्व क्षमता बढ़ जाती है।
8. पौधों का मूल क्षेत्र ही गीला रहता है अतः दो पंक्तियों के मध्य मृदा शुष्क तथा ठोस रहने से सस्य कार्य आसानी से किये जा सकते है।

9. सिंचाई हेतु खेत में क्यारी या मेंड़ बनाने की कोई आवश्यकता नही होती है।
10. पौधों को जल की कमी म्लान बिन्दु तक कभी नहीं आती जिससे पौधों की वृद्धि पर प्रतिकूल प्रभाव नहीं पड़ता।
11. यह पद्धति हवा की दशा में कम प्रभावित होती है।
12. यह जल के अभाव एवं लवणता वाले क्षेत्रों के लिए उपयुक्त है।
13. लवणीय जल का उपयोग किया जा सकता है।
14. यह विधि अधिक दूरी पर उगाई जाने वाली फसलों, बगीचों एवं सब्जियों जैसे; टमाटर, भिण्डी, पत्तागोभी, फूलगोभी तथा पॉलीहाउस, शेडनेट हाउस के लिए बहुत उपयुक्त है।
15. लगभग 10 प्रतिशत मजदूरी लागत में बचत होती है।
16. फसल गुणवत्ता में सुधार एवं फसल जल्दी पकती है।
17. पैदावार एवं उत्पादकता में वृद्धि होती है।
18. खेतों को समतल करने की आवश्यकता नहीं होती है।
19. शुष्क क्षेत्रों में सिंचाई की यह विधि अधिक उपयोगी है।
20. तेज वायु चलने पर भी सिंचाई में कोई परेशानी नहीं होती है।
21. सिंचाई जल का सदुपयोग होता है।

ड्रिप सिंचाई के दोष

1. आरम्भ में अधिक खर्च।
2. महंगी प्रणाली।
3. इस विधि के लिए कुशल तथा तकनीकी ज्ञान की आवश्यकता होती है।
4. किसी कारण से नोजल बन्द हो जाने पर बार–बार खोलना तथा सफाई करना पड़ता है।
5. लवणीय जल का प्रयोग करने से लवण पौधों की जड़ों के पास एकत्रित होते रहते हैं जिससे पौधों की वृद्धि पर बुरा प्रभाव पड़ता है।
6. पौधे का पोषक तत्व ग्रहण करने का क्षेत्र सीमित रहता है।

7. प्लास्टिक के पाइप का प्रयोग करने से एक निश्चित के समय पश्चात् पाइप खराब हो जाते है अथवा फट जाते हैं जिन्हें नियमित अन्तराल पर बदलने की आवश्यकता होती है।
8. चूहों एवं कीटों द्वारा प्लास्टिक पाइपों को हानि पहुँचाई जा सकती हैं।
9. आग द्वारा सिंचन प्रणाली पूरी तरह नष्ट हो सकती हैं।

टपक या ड्रिप सिंचाई के लिए उपयुक्त फसलें

क) **सब्जियाँ**: टमाटर, मिर्च, शिमला मिर्च, पत्तागोभी, फूलगोभी, भिंडी, बैंगन, करेला, खीरा, मटर, प्याज आदि।

ख) **फल वाली फसलें**: अंगूर, केला, अनार, नीबू, अमरूद, आंवला, लीची आदि।

ग) **फूलों वाली फसलें**: गुलाब, कार्नेशन, जरवैरा, गुलदावदी, डहैलिया गेंदा आदि।

घ) **तिलहन फसलें**: सूरजमुखी, ऑयल पाम, मूँगफली आदि।

ड्रिप सिंचाई तंत्र की लागत और सरकारी सहायता

ड्रिप सिंचाई को किसानों के बीच लोकप्रिय बनाने के लिए केन्द्र सरकार द्वारा सूक्ष्म सिंचाई योजना के द्वारा ठोस प्रयास किए जा रहे हैं। किसान अगर फल, फूल, सब्जियाँ और दवाइयों में प्रयोग होने वाली फसलों को उगाते हैं, तो वह इन फसलों की सिंचाई के लिए ड्रिप तंत्र लगाने के लिए सरकार से अनुदान ले सकते है। यह एक केन्द्र पोषित योजना है, जिसमें सूक्ष्म सिंचाई प्रणाली की कुल लागत में से 50 प्रतिशत केन्द्र सरकार तथा शेष 50 प्रतिशत भाग लाभार्थियों द्वारा वहन किया जाएगा। केन्द्र सरकार अधिक से अधिक 5 हेक्टेयर खेत में ड्रिप प्रणाली लगाने के लिए अनुदान देती है। सरकारी अनुदान लेने के लिए किसान के पास सिंचाई के जल, मोटर और ऊर्जा स्रोत के साधन उपलब्ध होने चाहिए। इस योजना के द्वारा सभी वर्ग के किसान को सम्मिलित किया जाएगा। यद्यपि यह सुनिश्चत किए जाने की आवश्यकता है कि कम से कम 25 प्रतिशत लाभार्थी छोटे व सीमान्त हो।

ड्रिप सिंचाई प्रणाली की कीमत फसलों के ऊपर निर्भर करती है। ड्रिप सिंचाई लागत अलग–अलग राज्यों में भी अलग–अलग है। भारत के पूरे राज्यों को केन्द्र सरकार अनुदान देने के लिए तीन श्रेणियों अ, ब और स में बाँटा है। जिन राज्यों में अप्रैल 1,2004 तक 10,000 हेक्टेयर क्षेत्रफल ड्रिप सिंचाई के अन्तर्गत लाया गया है, उन राज्यों में अ श्रेणी में रखा गया है, जिनमें आन्ध्र प्रदेश, गुजरात, कर्नाटक, केरल, महाराष्ट्र और तमिलनाडु राज्य सम्मिलित है। हिमालय पट्टी में आने वाले सभी राज्य जो श्रेणी अ में नहीं आते, वे श्रेणी ब में आएंगे। समस्त पूर्वोत्तर राज्य, सिक्किम, हिमाचल प्रदेश, जम्मू और कश्मीर, उत्तरांचल तथा पश्चिमी का दार्जिलिंग जिले को स श्रेणी में रखा गया है।

ड्रिप सिंचाई विधि में फर्टिगेशन

ड्रिप सिंचाई प्रणाली के द्वारा जल के साथ जल में घुलनशील या द्रव उर्वकों को पौधों तक पहुँचाना फर्टिगेशन कहलाता है। फर्टिगेशन के द्वारा पोषक तत्वों को जल उत्सर्जक के ठीक नीचे वाले भाग में प्रयोग किया जाता है जहाँ पर जड़ों की क्रियाविधि केन्द्रित रहती है। फर्टिगेशन में पौधे अपनी प्रारम्भिक काल में उर्वरकों की कम मात्रा प्राप्त करते है (सारणीः 5)।

फर्टिगेशन की आवृत्ति

उर्वरकों की ड्रिप सिंचाई प्रणाली में विभिन्न आवृत्तियों में (प्रति, दो दिन में एक बार या सप्ताह में एक बार) दिया जा सकता है। यह आवृत्ति प्रणाली की रूपरेखा, सिंचाई तत्वों की आवश्यकता और किसान के चुनाव पर निर्भर करती है।

फर्टिगेशन के लिए उपयुक्त उर्वरक

नाइट्रोजन, फॉस्फोरस और पोटेशियम के बहुत से स्रोत है जिन्हें सूक्ष्म सिंचाई के साथ प्रयोग किया जा सकता है।

फर्टिगेशन के लाभ

- जल एवं उर्वरकों की उपयोग क्षमता में वृद्धि होती है।
- उर्वरकों को फसल की माँग के अनुसार दे सकते हैं।
- फर्टिगेशन से उर्वरक प्रयोग में आने वाली लागत, परम्परागत विधियों से उर्वरक प्रयोग में आने वाली लागत की एक तिहाई होती है।

सारणी 5. फर्टिगेशन से उर्वरकों की बचत और पैदावार में वृद्धि।

फसल	उर्वरक की बचत (प्रतिशत में)	उपज में वृद्धि (प्रतिशत में)
टमाटर	40	18
केला	20	11
भिण्डी	40	18
अण्डी	60	32
प्याज	–	16
ब्रोकली	40	10
आलू	40	–

स्रोतः फर्टिगेशनः उर्वरकों की बचत और उपज वृद्धि हेतु प्रौ., प्रपत्र, डब्ल्यू.टी.सी., 2011

स्प्रिंकलर/बौछारी/फव्वारा/ओवर हेड

छिड़काव सिंचाई पद्धति एक ऐसी पद्धति है जिसके द्वारा सिंचाई जल का हवा में छिड़काव किया जाता है और यह जल भूमि की सतह पर कृत्रिम वर्षा के रूप में गिरता है। इस विधि में पौधों की दो पंक्तियों के बीच में लोहे या रबर के पाइप भूमि के ऊपर बिछा दिये जाते हैं (चित्रः 8)।

चित्रः 8 छिड़काव सिंचाई प्रणाली

सहायक पाइप एक–दूसरे से समान्तर रखते हुये आवश्यकतानुसार दूरी पर नोजल लगा दिये जाते हैं। नोजल घूमने वाले या स्थिर हो सकते हैं। इन नलों का संबंध मुख्य नल से व मुख्य नल का सम्बंध जल स्रोत से कर दिया जाता है। इन नलों में जल अधिक दबाव से प्रवाहित किया जाता है। जिससे जल तेज बहाव के साथ निकलता है और स्प्रिंकलर में लगी नोजल जल को फुहार के रूप में बाहर फेंकती रहती है। स्प्रिंकलर हमेशा घूमता रहता है जिससे उसको क्षेत्र को खेत में इधर–उधर ले जाया जा सकता है। स्प्रिकंलर एवं शाखा लाइनों की आपसी दूरी लगभग 12 मीटर रखी जाती है। हमारे देश में 1980 के दशक के बाद स्प्रिंकलर सिंचन को बड़े पैमाने पर अपनाया जा रहा है। इस विधि द्वारा सतही जल बहाव बिल्कुल नहीं होता है। जिन क्षेत्रों में फसल पाले अथवा अधिक तापमान से प्रभावित होता है वहाँ पर इस विधि द्वारा सिंचाई करके फसल को बचाया जा सकता है तथा अधिक पैसे देने वाली फसलों जैसे, चाय, कॉफी, बागानों आदि के लिए सिंचाई की यह विधि अधिक उपयुक्त है परन्तु धान एवं जूट के लिए उपयुक्त नहीं है। यह विधि काली मृदाओं को छोड़कर सभी मृदाओं के लिए उपयुक्त है। फव्वारा या छिड़काव सिंचाई में जल का दबाव 2–2.5 कि.ग्रा. प्रति वर्ग सें. मी. होता है तथा इस प्रणाली में जल का डिस्चार्ज 1000 लीटर प्रति घन्टे प्रति नोजल होता है। 5 नोजल वाले सेट से एक घण्टे में लगभग 4000–5000 लीटर जल छिड़का जा सकता है। इस विधि से एक एकड़ क्षेत्रफल की सिंचाई लगभग 3–4 घण्टे में की जा सकती है। देश में लगभग 30 लाख हेक्टेयर भूमि में इसका प्रयोग हो रहा है। स्प्रिंकलर सिंचाई बलुई मृदा, ऊँची–नीची भूमि तथा जहाँ पर जल कम उपलब्ध है वहाँ पर प्रयोग की जा सकती है। इस विधि के द्वारा गेहूँ, कपास, मूँगफली, तम्बाकू तथा अन्य फसलों में सिंचाई की जा सकती है।

स्प्रिंकलर सिंचाई पद्धति के मुख्य अवयव/घटक

पम्पिंग सेट या जल उठाने वाला यंत्र, उर्वरक टैंक, प्रेसर मेज, फव्वारा नोजल, बाइ पास वाल्व, छलनी प्रणाली, कन्ट्रोल वाल्व पाइप लाइन, छिड़काव यंत्र आदि (सारणी 6 व 7)।

स्प्रिंकलर सिंचाई प्रणाली के प्रकार

स्प्रिंकलर सिंचाई (इरीगेशन) प्रणाली का वर्गीकरण मुख्यतः दो भागों में किया गया है जो जल छिड़काव के कार्य विधि पर आधारित है

1. घूमता हुआ फव्वाराः सैट्रल पिवट, रोटेटिंग बूम टाइप, साइड रोल लेटरल टाइप।
2. छिद्र युक्त पाइप प्रणाली

स्थानान्तरित पर आधारित फव्वारा सिंचाई प्रणाली का वर्गीकरण निम्न प्रकार से किया जा सकता है पूर्ण रूप से स्थानान्तरित योग्य प्रणाली, आंशिक रूप से स्थानान्तरित योग्य प्रणाली, पूर्ण स्थाई प्रणाली, आंशिक स्थाई प्रणाली।

सारणी 6. छिड़काव सिंचाई क्षमता पर आधारित फव्वारों का वर्गीकरण

फव्वारा प्रकार	प्रेसिपटेशन दर मि.मी. प्रति घंटा
न्यून क्षमता फव्वारा	13 मि.मी. प्रति घंटा से कम
मध्यम क्षमता फव्वारा	13–25 प्रति घंटा
उच्च क्षमता फव्वारा	25 मि.मी प्रति घंटा से अधिक

सारणी 7. विभिन्न विधियों की तुलनात्मक दक्षता

फसल	सिंचाई विधि	उपज (क्विं./है.)	जल उपयोग दक्षता (क्विं./है.से.मी.)
मूँगफली	बोर्डर	23.2	25.85
	चेक–बेसिन	223.8	26.45
	स्प्रिंकलर	28.9	46.8
मिर्च	कूंड	18.87	45.03
	स्प्रिंकलर	24.23	81.57

स्रोतः कृषि में उन्नत जल प्रबंधन, मिश्र तथा अन्य (2011), पृ. 153

स्प्रिंकलर सिंचाई पद्धति के लाभ

1. खेत में बनाई जाने वाली नालियों तथा मेंड़ों की कोई आवश्यकता नहीं होती है तथा उनके रख रखाव आदि में कोई खर्च भी नहीं होता है।
2. खेत में सिंचाई की नालियों तथा मेंड़ बनाने से कुल सस्य क्षेत्र में कमी हो जाती है परन्तु इस विधि द्वारा कुल सस्य क्षेत्र में कमी नहीं हो पाती है।
3. कम श्रम, समय तथा जल में अधिक क्षेत्र की सिंचाई की जा सकती हैं तथा इसके प्रयोग से 30 से 50 प्रतिशत जल की बचत होती है।
5. इस विधि के द्वारा घुलनशील उर्वरक भी लगाये जा सकते हैं, जिससे उर्वरक की बचत होती है।
6. भूमि को समतल करने की आवश्यकता नहीं होती है तथा उबड़–खाबड़ भूमियों के लिए भी यह प्रणाली उपयुक्त है।
7. पाला व ठण्ड से फसलों के बचाव में सहायता करती है।
8. सिंचाई के जल के साथ उर्वरक, कीटनाशी, कवकनाशी दवाओं का भी आसानी से प्रयोग किया जा सकता है।
9. सघन व बागवानी फसलों के लिए यह विधि उपयोगी है।
10. नर्सरी उत्पादन और श्री विधि से बुवाई गई फसलों के लिए यह विधि उपयोगी सिद्ध हुई।
11. अन्य विधियों की अपेक्षा इससे जल उपयोग क्षमता बढ़ती है।
12. चाय, कॉफी, इलाइची और बगीचों की फसलों के लिए उपयुक्त है।
13. परम्परागत सिंचाई विधि की तुलना में 30–40 प्रतिशत लागत में बचत होती है।
14. यह प्रणाली भारी मृदा को छोड़कर सब प्रकार की मृदा के लिए उपयुक्त है तथा बलुई–भूमि के लिए अधिक उपयोगी है।
15. उर्वरक एवं कीटनाशी रसायनों का सिंचाई के साथ प्रयोग संभव है।
16. इस विधि में जल की हानि बहुत कम होती है (सारणीः 8)।

स्प्रिंकलर सिंचाई पद्धति के दोष

1. इसकी स्थापना लागत अधिक आती है।
2. दिन में वायु तेज होने के कारण रात में सिंचाई करनी पड़ती है।
3. इसके लिए अधिक बल की आवश्यकता पड़ती है।
4. यदि जल में घुलनशील लवण की मात्रा 0.05–0.091 हो तो पत्तियां झुलस जाती है।

5. जल भूमि के साथ–साथ पौधों के तनों पर भी गिरता है जिससे तने में रोग होने की सम्भावना रहती है।

6. जल के साथ आये कचरे या लवणों से नोजल बन्द होने की समस्या आती रहती है जिससे स्प्रिंकलर सिंचाई पद्धति के कारण किसानों का अमूल्य समय नष्ट होता है।

सारणी 8. ड्रिप एवं बौछारी सिंचाई विधि में अन्तर

ड्रिप सिंचाई	स्प्रिंकलर सिंचाई
1. इस प्रणाली में जिन पाइपों का प्रयोग किया जाता है वह कम दबाव सहन कर सकते हैं तथा सस्ते होते हैं।	1. इस प्रणाली में जिन पाइपों का प्रयोग किया जाता है वह अधिक दबाव सहनशील तथा महंगे होते हैं।
2. जल की खराब गुणवत्ता के बावजूद भी फसल की वृद्धि एवं विकास अच्छी होती है।	2. जल की खराब गुणवत्ता होने पर पौधों की वृद्धि पर प्रतिकूल प्रभाव पड़ता है।
3. सिंचाई जल में कीटनाशी रसायनों का भी प्रयोग किया जा सकता है।	3. कीटनाशी रसायनों का प्रयोग सिंचाई जल में कदापि नहीं किया जा सकता है।
4. ऊँचे वृक्षों में सिंचाई देने के लिए यह विधि उपयुक्त है।	4. ऊँचे वृक्षों में सिंचाई के लिए यह विधि उपयुक्त नहीं है।
5. सिंचाई जल प्रयोग क्षमता बहुत अधिक होती है क्योंकि 90 प्रतिशत सिंचाई में जल प्रयोग किया जाता है।	5. सिंचाई जल उपयोग क्षमता बहुत कम होती है क्योंकि जल मृदा सतह के ऊपर समस्त क्षेत्र में जल का छिड़काव किया जाता है।
6. सिंचाई जल देते समय बहुत कम दबाव होने के कारण ऊर्जा की अधिक बचत होती है।	6. सिंचाई करते समय अधिक दबाव की आवश्यकता होने के कारण ऊर्जा की खपत बहुत अधिक होती है।
7. पौधों की जलमाँग अधिक होती है।	7. पौधों की जलमांग कम होती है।
8. खेत में मेंडे आदि का प्रभाव सिंचाई पर नहीं पड़ता है।	8. खेत में मेंड़ो की ऊंचाई तथा संख्या का प्रभाव पड़ता है।
9. सिंचाई करते समय हवा की गति का कोई प्रभाव नहीं पड़ता है।	9. सिंचाई करते समय हवा की गति का प्रभाव पड़ता है।
10. एक निश्चित स्थान विशेष में सिंचाई करना संभव है।	10. एक निश्चित स्थान विशेष में सिंचाई करना संभव नहीं है।
11. वाष्पोत्सर्जन द्वारा नमी का ह्रास नहीं होता है।	11. वाष्पोत्र्जन द्वारा नमी का ह्रास अधिक होता है।

सूक्ष्म सिंचाई

इसमें जल देने वाली नालियों का व्यास अतिसूक्ष्म होता है और जल बहुत कम मात्रा में वितरित होता है इसका जल बहुत सीमित क्षेत्र तक ही रहता है।

सूक्ष्म सिंचाई की विशेषताएँ निम्नलिखित हैं –

1. पौधों के जड़ क्षेत्रों में ही प्रत्यक्ष रूप से डाला जाता है।
2. जल डालने की दर कम होती है।
3. जल का रिसाव निम्न दाब पर होता है।
5. जल अधिक लम्बे समय तक डाला जाता है।
6. जल बार–बार परन्तु कम अन्तराल पर ही डाला जाता है।
7. सिंचाई के अन्तर्गत निम्न सिंचाई विधियाँ आती है, जैसेः भौमिक ड्रिप इरिगेशन, मिस्टर, फग्गर

चित्रः 9 सूक्ष्म सिंचाईः स्प्रिंकलर एवं ड्रिप सिंचाई विधियाँ

सूक्ष्म सिंचाई पद्धति का भविष्य

उपजाऊ योग्य भूमि का मृदा कटाव और सिंचाई योग्य जल की उपलब्धता दिन प्रति दिन घटती जा रही है साथ ही साथ रसायनिक उर्वरकों के भाव भी अधिक खर्चीला होने से सिंचाई करना अधिक और सिंचाई की क्षमता में भी ह्रास होता जा रहा है। कम से कम लागत कम से कम क्षेत्र से, कम से कम समय में अधिक से अधिक उत्पादन बढ़ती हुई जनसंख्या के कठिन परिस्थितियों में सूक्ष्म सिंचाई पद्धति ही एक अति आवश्यक और अति उपयोगी सिंचाई का विकल्प है। कम से कम जल में अधिक से अधिक पैदावार के लिए सूक्ष्म सिंचाई पद्धति देश में फसल उत्पादन क्षमता, अधिक क्षेत्र की सिंचाई पद्धति तथा अधिक सिंचाई क्षमता बढ़ाने और जल की एक–एक बूँद के अति उपयोग के लिए एक वरदान साबित हो रही है। इस पद्धति की बढ़ती उपयोगिता को देखते हुए इसका और अधिक विकास और विस्तार होना अति आवश्यक है।

सिंचाई की आधुनिक विधियाँ

1. माइक्रोजेट सिंचाई विधि
2. माइक्रो स्प्रिंकलर सिंचाई विधि
3. सर्ज सिंचाई विधि
4. बब्लर सिंचाई विधि
5. केबलगेशन सिंचाई विधि
6. लीपा
7. कोरूगेशन।

1. माइक्रो जेट इरिगेशन

इस विधि में एक स्वचालित जेट द्वारा लगभग एक दाब पर जल छोड़ा जाता है। जिससे जेट द्वारा 1–2 मीटर दूरी तक सिंचाई की जा सकती है। जल रिसाव की दर 5–160 ली. प्रति घण्टा होता है। यह विधि कम जल उपलब्धता वाले क्षेत्रों हेतु उपयुक्त है (चित्रः 10)।

चित्रः 10 माइक्रो जेट सिंचाई

2. माइक्रो स्प्रिकंलर इरिगेशन

इसमें जल का रिसाव 28–223 लीटर प्रति घण्टा की दर से 0.8–4 बार दाब पर होता है और छिड़काव की दूरी 1–4 लीटर तक होती है यह वन वृक्षों के लिए उपयुक्त होता है (चित्रः 11)।

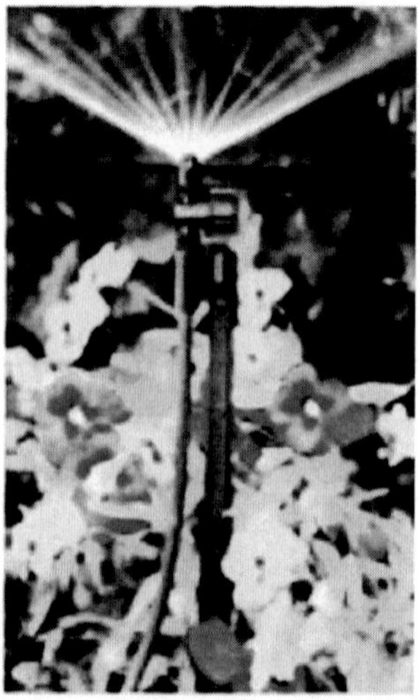

चित्रः 11 माइक्रो छिड़काव सिंचाई

3. सर्ज सिंचाई विधि

चित्रः 12 सर्ज सिंचाई विधि

यह विधि गुरुत्व जल पर आधारित है तथा यह चालू व बन्द प्रणाली (ON and OFF) पर आधारित है। इसमें जल का आन्तरिक प्रयोग, एक लम्बी कूंड में जिसकी लम्बाई 25 मीटर से 200 मीटर तक होती है उसमें निरन्तर समय अन्तराल (5 से 10 मिनट) से खुला और बन्द मोड की एक श्रृंखला में किया जाता है। इस विधि में जल के खुले समय में जल कूंड में एक निश्चित लम्बाई में बढ़ता है और इसके बाद जल के प्रयोग के बन्द समय में मृदा को आंशिक रूप से संतृप्त करता है एवं जब जल पुनः खुले समय में दिया जाता है तो कूंड में जल कम अन्तः स्रवण (इनफिल्ट्रेशन) दर होने से कूंड के अन्तिम छोर तक शीघ्र पहुँच जाता है। इस विधि के बन्द और खुला की प्रक्रिया से जल की कटऑफ से गहरा विस्रण (परकोलेशन) एव अपवाह (रनऑफ) हानियाँ कम होती है (चित्रः 12)।

4. बब्लर इरिगेशन

चित्रः 13 बब्लर सिंचाई विधि

खुले ऊर्ध्वाधर पाइप की ऊँचाई इस तरह से निर्धारित की जाती है कि जल अपेक्षित दर से बुलबुले के रूप में गिरे। इसका प्रयोग आम, अंगूर, संतरा व नारियल आदि बागवानी फसलों में सिंचाई हेतु किया जाता है।

इस विधि में पतली खाँचेनुमा ऐसी पाइपों का प्रयोग किया जाता है जो कम दबाव पर भी सिंचाई जल आसानी से शीर्ष से बाहर आये। पार्श्व पाइपें टपक विधि की तरह भूमि में दबा दी जाती है तथा इनमें उचित दूरी पर 1–3 सें.मी. व्यास के राइजर भूमि से बाहर जल निस्सरण करते हैं (चित्रः 13)।

5. केबलगेशन सिंचाई विधि

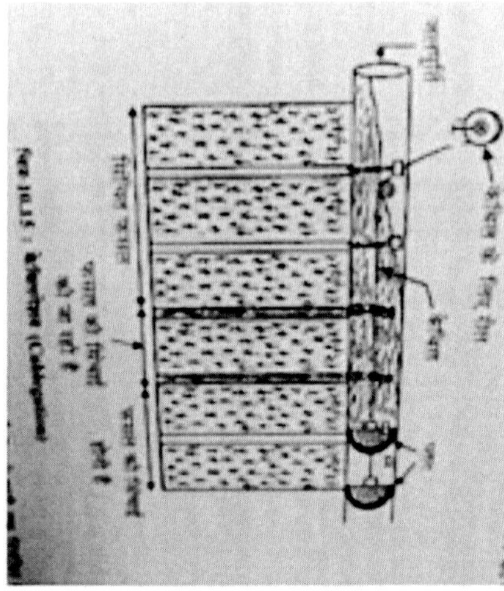

चित्रः 14 केबलगशन सिंचाइ विधि

यह सतही सिंचाई की एक स्वचालित विधि है। इसमें पाइप में सिंचाई हेतु सिरे की ओर निश्चित दूरी पर छिद्र होते है। सिंचाई की लम्बी पाइप को खेत के एक निश्चित झुकाव पर रखा जाता है। पाइप के अन्दर आगे–पीछे खिसकने वाला एक प्लग लगा होता है जो कि केवल की रोल से जुड़ा होता है। प्लग के खिसकाने की दर फसल की जलमाँग के अनुसार रखी जाती है। पाइप के अन्दर जल का प्रवाह होता है जो जल निकासी छिद्रों के माध्यम से सिंचाई हेतु बाहर आता है। प्लग के निकट वाले छिद्रों से जल दबाव के कारण अधिक तथा दूर स्थित छिद्रों से कम जल निकलता है। इस विधि में सतह सिंचाई की अन्य विधियों की अपेक्षा श्रम तथा जल की आवश्यकता होती हैं (चित्रः 14)।

6. न्यून ऊर्जा प्रीसिजन एप्लीकेशन प्रणाली (लीपा)

यह स्प्रिंकलर सिंचाई का एक परिवर्तित रूप है जिसमें जल अति न्यून दबाव से नाली में छोड़ा जाता है और कम दबाव के कारण नाली छोटी नलिकाओं में जाता है तथा बूँद–बूँद टपकता है या छोटे–छोटे छिद्रों से टपकता है। इसके नियंत्रण के लिए इमिटर्स लगे होते हैं। इसमें स्प्रिंकलर प्रणाली की भांति दबाव के साथ छिड़काव नहीं किया जाता है (चित्रः 15)।

चित्रः 15 न्यून ऊर्जा प्रीसिजन एप्लीकेशन प्रणाली

7. कोरूगशन

छोटे तथा छिछले कूंड को कोरूगेशन कहा जाता है। यह विधि गेहूँ एवं मूँगफली इत्यादि की सिंचाई में अपनाई जाती है। इसमें प्रत्येक कूंड़ में सिंचाई की जाती है। जल फसल की उत्पादन क्षमता को कई गुना बढ़ा देता है। समय पर और सही मात्रा में की गई सिंचाई उत्पादकता बढ़ाने के साथ ही खेती की प्रासंगिकता को बनाती है। भूमि पर वर्ष भर खेती जिसमें खरीफ, रबी और जायद फसलें तीनों लेना किसान के लिए बिना जल के संभव नहीं है।

आधुनिक भारत में प्रति व्यक्ति जल उपलब्धता में लगातार ह्रास हो रहा है क्योंकि हमारे देश की जनसंख्या तीव्र गति से बढ़ रही है तथापि सभी व्यक्तियों को समय पर सही मात्रा में जल उपलब्ध न होने के कारण कुछ व्यक्तियों को अधिक जल उपलब्ध है यही वास्तविकता है। इसमें भी जल जिन स्थानों पर भू–जल की उपलब्धता अधिक है वहाँ के किसान खेती के लिए अधिक जल का दोहन करते हैं क्योंकि खेती में जल की माँग अधिक होती है। इस अधिक जल की माँग को उन्नत सिंचाई विधियों के द्वारा कम किया जा सकता है। दक्षतापूर्ण विधियों में सिंचाई करना किसान का ही काम है क्योंकि जल को उत्थापित करने में लगने वाली ऊर्जा को विद्युत अथवा डीजल के द्वारा प्रदान किया जाता है जिसमें खर्चा आता है यदि कम जल का प्रयोग होगा तो खर्च में कमी आयेगी और किसान की लागत कम होने से लाभ में वृद्धि होगी। इसलिए किसानों को प्रयास करके नवीन सिंचाई की विधियों को अपनाना होगा, जिससे सभी को लाभ होगा और संसाधनों को अतिकतम दोहन होने से बचाया जा सकेगा जिससे प्रतिपालित विकास के अभीष्टों की पूर्ति हो सकेगी।

□□□

अध्याय 8

सिंचाई जल का नियमन

भारत में खेतों की हरियाली और किसानों की खुशहाली के लिए सिंचाई जल एक अति आवश्यक साधन है। सिंचाई की दशा में सुधार किए बिना हम समृद्ध कृषि की कल्पना नहीं कर सकते अर्थात कृषि कार्य हेतु सिंचाई जल एक बहुत महत्वपूर्ण साधन है। सिंचाई जल का नियमन किये बिना सिंचाई करने से अधिक जल खर्च होता है और यदि किसानों द्वारा सिंचाई नियमन हेतु कोई वैज्ञानिक विधियाँ नहीं अपनाई जाती हैं, तो किसान उत्तम पैदावार नहीं ले पाते। सिंचाई की सही विधि द्वारा सिंचाई नहीं करने से फसलों की उपज भी कम हो जाती है और फसल उत्पादन की लागत बढ़ जाती है तथा दोषपूर्ण सिंचाई विधियों से खेतों में अनावश्यक जल भर जाता है। जिसके कारण भूमि में वायु–संचार बाधित हो जाता है और फसल को अधिक हानि पहुँचती है। अतः उचित सिंचाई नियमन द्वारा उचित जल संसाधनों का निर्धारण कर किसान अधिक उत्पादन प्राप्त कर सकते हैं। सिंचाई नियमन से हमें यह जानकारी मिलती है कि सिंचाई कब की जाये, कितनी गहरी की जाये तथा किस विधि द्वारा की जाये। संक्षेप में सिंचाई निर्धारण वह प्रक्रिया है जिससे हम इस बात का निर्धारण करते है कि सिंचाई करने का उचित समय क्या है (कब की जाये) सिंचाई जल की कितनी मात्रा की आवश्यकता पड़ेगी (कितनी की जाये) तथा किस दक्षतापूर्ण सिंचन प्रणाली का प्रयोग करना उचित होगा (किस विधि से की जाये) अर्थात फसलों को उनकी आवश्यकता के अनुरूप जल देने की प्रक्रिया को सिंचाई निर्धारण कहते हैं।

सिंचाई निर्धारण की विधियाँ

एक आदर्श सिंचाई निर्धारण में निम्न तीन गुणों का विद्यमान होना नितान्त आवश्यक है, जैसे;

1. सिंचाई कब की जाये–समय का निर्धारण।
2. सिंचाई कितनी की जाये–मात्रा (गहराई) का निर्धारण।
3. सिंचाई कैसे की जाये–सिंचाई की उचित विधि का निर्धारण।

1. मृदा नमी ह्रास के आधार पर सिंचाई निर्धारण

जड़ क्षेत्र से जब एक विशेष स्तर तक जल की कमी हो जाती है। (जो हर फसल में अलग–अलग होती है) तो सिंचाई के द्वारा इसकी आपूर्ति होनी चाहिए। मक्का और गेहूँ जैसी फसलों के लिए सिंचाई सूचीकरण उपलब्ध नमी में 25 प्रतिशत की कमी आने पर की जाती है। सूखा अवरोधी फसलें जैसे; ज्वार, बाजरा आदि के लिए उपलब्ध नमी में 50 प्रतिशत की कमी पर सूचीकरण करना चाहिए। ये मत यों तो सही है किन्तु नमी ज्ञात करने के साधन किसान के पास न उपलब्ध होने के कारण इनकी संस्तुति नहीं की जा सकती है किसान अपने अपने अनुभव और खेत को देखकर सिंचाई निर्धारित करता है।

2. जलवायुवीय विधि (क्लाइमेटोलोजिकल अप्रोच)

जलवायु सम्बन्धी आँकड़ों के आधार पर मृदा नमी को निर्धारित करके फसलों में सिंचाई करने की इस विधि को जलवायुवीय आधार कहते हैं। इस आधार पर फसलों में उपभौमिक उपयोग तथा वाष्पन आंकड़ों का सीधा सम्बन्ध होता है। खुले स्थान से जितना अधिक वाष्पन होगा उतना ही अधिक उत्स्वेदन होगा। इस स्थिति में पौधे अधिक मात्रा में नमी अवशेषित करते है। इस मत की दो विधियां हैं, जैसे;

क) सिंचाई की गहराई तथा वाष्पोत्सर्जन अनुपात

इस विधि में प्रत्येक सिंचाई में प्रयोग की जाने वाली जल की मात्रा का वाष्पोत्सर्जन अनुपात के आधार पर सिंचाई की जाती है जो बहुत ही सरल तथा उपयोगी है। इस विधि में एक निश्चित समय में होने वाली संचयी वाष्पोत्सर्जन की मात्रा का सिंचाई की गहराई में भाग के द्वारा सिंचाई को ज्ञात किया जाता है। इस विधि में हर फसल के लिए वाष्पोत्सर्जन का एक विशेष स्तर आते ही सिंचाई कर दी जाती है।

$$\text{IW/CPE} = \frac{\text{सिंचाई जल की गहराई}}{\text{संचयी पैन वाष्पन}}$$

जहाँ पर IW = सिंचाई जल की ज्ञात मात्रा (मि. मी.)

CPE = पैन वाष्पन (इवेपोरेशन) की एकत्रित मात्रा (मि. मी.)

आई. डब्ल्यू./सीपीई अनुपात पर सिंचाई दी जाती है जैसेः गेहूँ–0.9–1.0, जौ–.08–0.9, सरसों–0.6–0.8, धान–1.2, मक्का–0.75–0.9, बाजरा एवं ज्वार–0.6–0.8, कपास–0.6–0.9, गन्ना–0.8, तथा मूँगफली–0.6–0.8।

ख) वाष्पीकरण डिब्बा (कैन इवेपोरीमीटर)

इस विधि में 10 सें. मी. व्यास तथा 14.3 सें.मी. गहराई के एक लीटर क्षमता वाले डिब्बे का प्रयोग खेतों में वाष्पीकरण की मात्रा को ज्ञात करने के लिए किया जाता है। इस डिब्बे को सफेद रंग से दोनों तरफ अच्छी प्रकार से रंग दिया जाता है तथा 6 / 120 आकार की जाली से ढ़क देते हैं। डिब्बे के सबसे ऊपरी भाग में अन्दर की तरफ 15 सें. मी. नीचे एक सूचक बिन्दू लगा देते हैं। फसल के लिए आवश्यक जलापूर्ति के लिए डिब्बे में संचित स्थान तक जल भर देते है। इस प्रकार इस डिब्बे को फसल के बीचों–बीच पौधों की ऊँचाई पर स्थापित कर देते है। एक निश्चित स्तर तक डिब्बे से जल वाष्पीकृत हो जाने के पश्चात् सिंचाई दी जाती है।

3. सूचक पौधों द्वारा सिंचाई निर्धारण

कुछ पौधे ऐसे होते है जो मृदा नमी की कमी के लक्षण बहुत शीघ्र प्रदर्शित करते हैं उन पौधों को खेत में ही बीच–बीच में 3–4 जगह बुवाई कर देते है जैसे; **सूर्यमुखी** यदि सूचक पौधों में मुरझान के लक्षण नजर आते है तो यह संकेत होता है कि अब हमारी मुख्य फसल को सिंचाई दे देनी चाहिए।

4. बालू मिश्रित छोटी क्यारी विधि

इस विधि में खेत के बीचों बीच में 1 घन मीटर आयतन का गडढ़ा खोदकर उसमें पहले से खुदी हुई मिट्ट के आयतन के बराबर बालू भर दी जाती है। खेत का पूरा क्षेत्र एक साथ बो दिया जाता है जिसमें गड्ढ़ा भी शामिल होता है इस प्रकार गढड़ें वाले स्थान के पौधे फसल की अपेक्षा पहले मुरझाने लगते है जिनको देखकर सिंचाई कर दी जाती है।

5. पत्तियों में जल की मात्रा अथवा जल विभव मापकर

पौधों की वृद्धि पत्तियों की स्फीति एवं उसमें वर्तमान जल के विभव पर निर्भर करती है। अतः यदि स्फीति जल विभव या जल की मात्रा को सही–सही मापकर सिंचाई की जाए तो यह विधि सैद्धान्तिक रूप से सबसे अच्छी है। प्रो. रॉबिन्सन (1963) ने गन्ने की पत्तियों में जल विभव मापकर सिंचाई की इस विधि को निकाला था। यह सबसे उपयुक्त विधि है परन्तु यह विधि प्रयोगशाला तक ही सीमित है।

6. मृदा के बाह्य गुणों को देखकर

प्रायः ऐसा देखा गया है कि नमी की विभिन्न मात्रा रहने पर अलग–अलग प्रकार की भूमियों में अलग–2 लक्षण दिखाई पड़ते हैं जिन्हें देखकर अथवा हाथ से छूकर सिंचाई की आवश्यकता का अनुमान लगाया जा सकता है, जैसे; पत्तियों का मुरझाना, पत्तियों का रंग बदलना आदि।

7. अधिक बीज दर बुवाई

एक ऊँचे स्थान पर वास्तविक बीज दर से 4 गुना अधिक बीज की बुवाई की जाती है अतः अधिक घने होने के कारण पौधों में सूखने के लक्षण पहले प्रकट होने लगते है। लक्षण प्रकट होते ही सिंचाई सूचीकरण कर देना चाहिए।

8. पौधों की क्रांतिक अवस्था के आधार पर

पौधों की वह अवस्थायें जिस पर जल की कमी का विशेष प्रभाव पड़ता है या उपज में अपूर्वीय हानि होती है इन अवस्थाओं को क्रांतिक अवस्था या नमी संवेदी अवस्था कहते हैं। व्यवहारिक दृष्टि से सिंचाई निर्धारण की इस विधि का प्रयोग सरल है। क्रांतिक अवस्था उन फसलों पर विशेष रूप से लागू होती है जिनमें दाना पड़ने की अवस्था आती है। इन फसलों में सामान्यतः कल्ले निकलने, शाखायें बनना, फूल आना, दाना पड़ना, दाना भराव आदि क्रांतिक अवस्थायें पाई जाती हैं। चारे वाली फसलों, सब्जियों आदि की फसलों में कोई भी अवस्था क्रांतिक नहीं होती बल्कि पौधे को लगातार जल की अवश्यकता पड़ती रहती है। जबकि गन्ना एवं आलू में भी हरी वानस्पतिक वृद्धि मुख्यतः उत्पादन है परन्तु फिर भी इन फसलों की कुछ अवस्थायें अति संवेदनशील होती है। जिन पर सिंचाई करना अति आवश्यक है। कुछ फसलों में सिंचाई हेतु क्रांतिक अवस्थाएं सारणीः 1 में दी जा रही है, जैसे;

सारणी 1. फसलों में सिंचाई हेतु क्रांतिक अवस्थाएं

फसलें	फसलों की क्रांतिक पहली सिंचाई	वृद्धि की अवस्थाएँ दूसरी सिंचाई	तीसरी सिंचाई	चौथी सिंचाई	पांचवी सिंचाई	टिप्पणी
गेहूँ	शिखर जड़ों के निकलते समय	अधिकतम कल्ले निकलते समय	तने में गांठे या बनते पुष्पावस्था से पूर्व	फूल निकलते समय	दानों में दूध पड़ते समय	यदि प्रथम अवस्था में सिंचाई नहीं की जाए तो उपज में कमी सम्भव होती है।
जौ	कल्ले निकलते समय	पुष्पावस्था पूर्व	–	–	दानों में दूध पड़ते समय	–

क्रमशः

सारणी 1

चना, मटर	–	पुष्पावस्था पूर्व	–	फलियों कें बनते समय	–	–
तेरिया, सरसों,	–	–	पुष्पावस्था पूर्व	फूल निकलते समय	–	–
कपास	शाखाएं निकलते समय	पुष्पावस्था पूर्व	फूल आते समय	गूलर आते समय	गूलरों के विकास एवं वृद्धि के समय	–
गन्ना	मानसून के पूर्व की आवयकता होती है।	4–5 सिंचाईयां	मानसून समाप्ति के बाद	सितम्बर से अक्टूबर तक	2–3 सिंचाई तथा गन्ने की अधिकतम वृद्धि के समय सिंचाई	–
आलू	पत्तियों के निकलने के तुरन्त बाद	भूस्तारी बनने के समय	कन्द बनते समय	विकसित होने के पश्चात मृदा में नमी बनाये रखने के लिए लगभग 10 दिन के अन्तराल में सिंचाई करनी आवश्यक होती है।		
धान	रोपाई के तुरन्त बाद	कल्ले निकलते समय	बाली निकलते समय	पुष्पावस्था के समय	धान का खेत संतृप्त रखा जा सकता है।	
मक्का	अँकुरण के उपरान्त	घुटनों तक की ऊँचाई हो जाने पर	भुट्टा निकलने के कुछ समय पूर्व	भुट्टे पर रेशमी बाल निकलने से थोड़ा पहले	परागण के समय	परागण के समय मृदा में नमी के अभाव में परागण नहीं होने

क्रमशः

सारणी 1

						से भुट्टों में दाने नहीं पड़ते है।
मूँगफली	–	–	फूल आते समय	मृदा में अधिकीलन के प्रवेश के समय	–	–
सोयाबीन	पौध अवस्था	–	फूल निकलते समय	फसल में लगभग प्रत्येक सप्ताह बाद सिंचाई आवश्यक होती है।		
तम्बाकू	रोपाई के तुरन्त बाद	पुष्पावस्था पूर्व	पुष्पावस्था के समय	–	–	–

9. मृदा नमी तनाव के आधार पर सिंचाई निर्धारण

मृदा नमी तनाव के आधार पर भी सिंचाई निर्धारण किया जाता है इसके लिए इरोमीटर या टेंसिओमीटर (चित्रः 1) को जड़ के पास एक निश्चित गहराई पर गाड़ दिया जाता है जब नमी का तनाव एक निश्चित सीमा तक (0.5, 0.75 या 1.0 बार) पहुँच जाता है तब सिंचाई की जाती हैं। इनका प्रयोग हल्की मिट्टी के बागों में किया जाता है किन्तु इनसे यह ज्ञात नहीं हो पाता है कि सिंचाई में कितना जल दिया जाए (चित्रः 2)।

चित्रः 1 फसलों में मृदा नमी का मापन

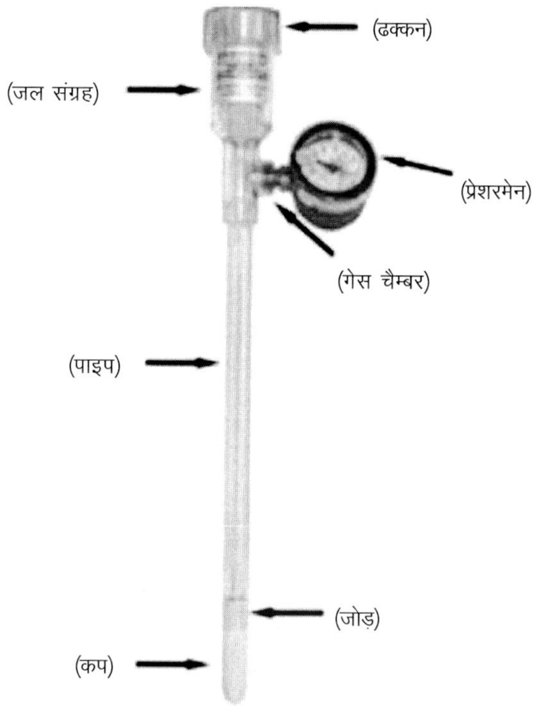

चित्रः 2 टेंसिओमीटर

10. सुदूर संवेदन (रिमोट सेसिंग)

परियोजना क्षेत्र में जहाँ पर लम्बे क्षेत्रफल पर एक ही फसल बोई जाती है वहाँ सिंचाई का निर्धारण रिमोट सेसिंग आंकड़ों के आधार पर किया जाता है। सौर विकिरण का परावर्तन जो पौधों द्वारा होता है, जब पर्याप्त नमी उपस्थित रहती है, उससे जल की कमी के आघात वाले पौधों का परावर्तन भिन्न होता है। रिमोट सेसिंग के द्वारा हमे यह पता चलता है कि मृदा तथा पौधों में जल की कितनी मात्रा है।

11. पराबैगनी तापमापी (इन्फ्रोरैड थर्मामीटर)

पराबैगनी थर्मामीटर से पौधों के ऊपर (केनोपी) टेम्पेचर मापा जाता है इसी थर्मामीटर के द्वारा आच्छादन तापक्रम (Tc) तथा साथ ही साथ हवा का तापक्रम (Ta) भी मापा जाता है अतः उपकरण Tc व Ta मान दर्शाता है। Tc-Ta मान सिंचाई निर्धारण का निर्देशक होता है आच्छादन का तापक्रम दोपहर में मापा जाता है जब हवा का तापक्रम अधिकतम होता है।

पौधों को उनकी वृद्धि की अवस्था के अनुसार मृदा के भौतिक गुणधर्मों एवं वातावरणीय जलमाँग के आधार पर जल की भिन्न–2 आवश्यकताएँ होती हैं। तदनुसार जलमाँग की आपूर्ति सिंचाई के द्वारा किया जाना अपेक्षित है। यदि फसल को उसकी जलमाँग के आधार पर जलापूर्ति बनी रहे तो फसलोत्पादन सर्वाधिक होता है अन्यथा उत्पादन में कमी आना स्वाभाविक है। इसलिए कृषक बन्धुओं को हमारी सलाह है कि फसलों के प्रकार, मृदा की संरचना और भौतिक गुणों की पहचान करके वातावरणीय जलमाँग आधारित सिंचाई आवश्यकतानुसार करते हुए अपना फसलोत्पादन सर्वाधिक करने हेतु सर्वथा तत्पर रहना चाहिए। इस हेतु विभिन्न प्रकार के उपकरणों का भी आविर्भाव हुआ है। यदि सम्भव हो तो सिंचाई नियमन हेतु उपकरणों का यथोचित प्रयोग किया जाना चाहिए।

❑❑❑

अध्याय 9

सिंचाई जल मापने की विधियाँ

सिंचाई जल का मापन, कितने क्षेत्रफल में सिंचाई करना है इसका पता लगाने के लिए आवश्यक है यह इस लिए भी आवश्यक है ताकि एक निश्चित क्षेत्रफल पर सही–सही (न अधिक, न कम) जल दिया जा सके। जल अधिक होने से रिसाव की हानि तथा लीचिंग के द्वारा जल की हानि होती है जबकि कम सिंचाई में फसल को जल की हानि हो जाती है। सिंचाई के जल का माप आयतन, प्रवाह अथवा गहराई की इकाईयों में किया जाता है आयतन की इकाई प्रति इकाई समय में व्यक्त किया जाता है अर्थात् लिटर प्रति सेकेण्ड, घन (क्यूबिक) मीटर प्रति सेकेण्ड। गहराई की इकाइयां हैः हेक्टेयर–सेन्टीमीटर, हेक्टेयर–मीटर आदि। इन इकाइयों को आपस में बदला जा सकता है। एक हेक्टेयर सेन्टीमीटर जल का अर्थ है कि एक हेक्टेयर (10,000 वर्ग मी.) में एक सेन्टीमीटर की गहराई तक जल दिया जाय। नदियों के जल के विशाल भण्डार को हजार घन मीटर में व्यक्त करने की परम्परा है।

सिंचाई जल क्षमता को बढ़ाने की विधियाँ

1. नहरों को सीमेंट एवं ईट से पक्का बना देना चाहिए, जिससे कि पतली नहरों के माध्यम से काम चल जाये एवं कच्ची एवं चौड़ी नहरों से जो वाष्पीकरण, अन्तः श्रवण (परकोलेशन) एवं सीपेज द्वारा जल का ह्रास होता है उसको रोका जा सके।
2. खेतों में समोच्च मेंड़बन्दी कर देनी चाहिए, जिससे कि कम जल में ही खेत की सिंचाई की जा सके।
3. सिंचाई की आधुनिक विधियों जैसे; बौछारी अथवा ड्रिप सिंचाई विधि अपनानी चाहिए जिससे कम से कम सिंचाई जल से अधिक से अधिक खेत की सिंचाई की जा सके।
4. अधिक गहरी सिंचाई कदापि नहीं करनी चाहिए।
5. सिंचाई नालियों के आस–पास अनावश्यक पेड़ अथवा खरपतवारों को नहीं उगने देना चाहिए जिससे खरपतवारों द्वारा वाष्पीकरण से होने वाले बहुमूल्य सिंचाई जल के ह्रास को बचाया जा सके।

6. नहरों में जल का वितरण नियंत्रित होना चाहिए।
7. खेत की सिंचाई की नालियाँ भी पक्की एवं ढ़लान युक्त होनी चाहिए जिससे छोटी नालियों से ही पर्याप्त जल लाया जा सके।
8. खेतों का समान रूप से समतलीकरण कर देना चाहिए।

सिंचाई जल मापने की कुछ इकाईयां

एक हेक्टेयर मि.मी. : 10,000 लीटर जल।

एक हेक्टेयर सें.मी. : 1,00000 लीटर जल/एक लाख लीटर जल

एक घन मीटर : 1000 लीटर जल।

क्यूमेक : घन मीटर प्रति मिनट

1 क्यूमेक : 1000 लीटर जल प्रति सेकेंड

क्यूसेक : घनफुट प्रति सेकेण्ड, यह जल के बहाव को मापने की इकाई है।

एक क्यूसेक : 28.3 लीटर जल होता है।

1 बार : 1023 सें. मी. जल ऊँचाई।

सिंचाई जल मापने की विधियाँ

1. कुलावा

कुलावे प्रायः नहरों, नलकूपों आदि द्वारा सिंचाई करने के लिए प्रयोग किये जाते हैं जिनसे विस्तारित जल की मात्रा को निम्न सूत्र की सहायता से ज्ञात करते हैं –

क) जब जल निकासी प्रवेशीय जल स्तर से नीचे से होता है, तो सूत्र

$$D = 0.61 \times 10^{-3} \times A\sqrt{2gh} \quad ......1a$$

OR

$$D = 0.00061 \times A \times 2gh^{1/2} \quad ....1b$$

जहाँ पर

D = कुलावे का जल बहाव (लीटर प्रति सेकेण्ड)

A = कुलावे का क्षेत्रफल (वर्ग सें.मी. में) या πr^2

g = गुरुत्व त्वरण बल (981 स्थिरांक)

h = कुलावे पर जल की ऊँचाई (सें.मी.)

r = कुलावे की त्रिज्या सें.मी. में यदि कुलावा गोल है और L^2 यदि कुलावा चौकोर है (वर्गाकार)

ख) जल प्रवेश से ऊँचाई पर स्थित कुलावे से सूत्र

$Q = CLH^{1.5}$ 2a

$C = 2C^{½} gh$ 2b

जबकि कुलावे की लम्बाई फीट में है

ग) जलगग्न कुलावे से

$Q = 0.61\ LH\ 2gh$ 3

2. बन्धरा या विकर द्वारा जल निस्सारण ज्ञात करना

बन्धरा मुख्य रूप से धातु लोहे अथवा सीमेन्ट/कंक्रीट अथवा लकड़ी का बना हुआ होता है जिसे जल प्रवाह नाली में लगाया जाता है। बंधरा का निचला भाग शिखर कहलाता है इसे प्रवाहित जल शीर्ष से भी पुकारते हैं। ये मुख्यतः तीन प्रकार के होते हैं –

क) आयताकार बंधारा : इस वियर में नाम के अनुसार आयताकार लोहे का अथवा सीमेन्ट का द्वार बनाते है इस विधि का प्रयोग जब बहुत अधिक मात्रा में जल निस्सारण होता है, वहाँ पर प्रयोग करते हैं (चित्रः 1)।

चित्रः 1 आयताकार बंधारा

ii) सिमटी आयताकार बंधरा

$Q = 0.0184\ LH^{3/3}$ 4

Q = जल का निस्सारण लीटर प्रति सें. मी.

L = क्रेस्ट की लम्बाई

H = बन्धरा की ऊँचाई सें. मी.

ii) सिकुड़ी आयताकार बंधरा

$Q = 0.0184\ (L\text{-}0.2H)\ H^{3/2}$ 5

ख) त्रिभुजाकार बंधारा (90 डिग्री की नॉच) अथवा समकोण विधिः वी–नॉच ट्यूबवैल के समीप बने जल के हौज में लगाया जाता है। कम मात्रा के प्रवाह को मापने के लिए 90 वी नॉच वियर एक उत्तम साधन है। इसका आकार बनाने और फिट करने में सुविधा होती है। इसमें वियर की प्रत्येक साइड 45 डिग्री कोण पर फिट की जाती है (चित्रः 2)। निकास निम्न सूत्र से ज्ञात किया जाता है–

$Q = Cd.\ H^{5/2}$ or $Cd = 0.0138\ H^{3/2}$ 6

Q = जल का निस्सारण लीटर प्रति से.

H = V-Notch में जल की ऊँचाई सें.मी. में।

15–20 सें. मी. 15–20 सें. मी.

चित्रः 2 त्रिभुजाकार बंधारा

iii) विषम चतुर्थजाकार बंधारा

$$Q = 0.0186\ LH^{3/2} \qquad \ldots\ldots 7$$

Q = जल का निस्सारण लीटर प्रति सें. मी.

L = क्रेस्ट की लम्बाई सें. मी. में

H = बन्धरा की ऊँचाई सें. मी.

3. पार्शल फ्लूम

पार्शल ने 1926 में एक यंत्र बनाया जो जल प्रवाह को मापता है जिसे वेन्चूरी फ्लूम कहा गया। बाद में वेन्चूरी फ्लूम को स्वयं पार्शल 1950 के द्वारा संशोधित किया गया जिसे पार्शल फ्लूम की संज्ञा दी गयी आज कल जल प्रवाह को मापने में पार्शल फ्लूम का ही सर्वाधिक प्रयोग होता है।

चित्रः 3 पार्शल फ्लूम

जल की बड़ी धारा जैसे नहर, रजवाहा, नाली आदि से जल निकास को मापने के लिए पर्याप्त फ्लूम का प्रयोग किया जाता है इसका एक तल थोड़ा ऊँचा तथा दूसरा तल थोड़ा नीचा होता है तथा पार्शल फ्लूम के गले की चौड़ाई एक इंच से 10 फीट तक होती है (चित्रः 3)।

सिंचाई से संबंधित अन्य तथ्य

1. सिंचाई दक्षता

सिंचाई के रुप में प्रयुक्त जल का वह प्रतिशत जो फसल वृद्धि व फसल के उपयोग हेतु मृदा में संचित होता है, सिंचाई दक्षता कहलाता है।

$$\text{E.I.} = \frac{\text{जड़ क्षेत्र में संचित जल की मात्रा}}{\text{सिंचन में प्रयुक्त जल}} \times 100 \qquad ......7$$

अथवा

सिंचाई में दिये गये जल की उस प्रतिशत मात्रा को कहते है जो मृदा की परतों में रह जाता है जहाँ से फसल के पौधे उस का उपयोग कर सके, इसे सिंचाई की दक्षता कहते हैं।

$$\text{सिंचाई दक्षता} = \frac{\text{मृदा में उपलब्ध जल का ह्रास जो सिंचाई के द्वारा पूर्ण हुआ}}{\text{सिंचाई में दिये गये जल की कमुल मात्रा}} \qquad ......8$$

सिंचाई दक्षता मुख्यतः सिंचाई की विधि खेत की तैयारी, सिंचाई देते समय सावधानी आदि से प्रभावित होती है। सिंचाई करते समय स्रोत तथा वितरण से हानि, खेत में सही ढंग से जल का वितरण न होना, पौधों की जड़ों द्वारा जल का लीचिंग, सिंचाई की गलत तकनीक एवं विधि द्वारा भी सिंचाई दक्षता घट जाती है।

जब सिंचाई दक्षता का आंकलन फार्म में सिंचाई जल गिरने के समय में किया जाता है तब इसे फार्म इरिगेशन इफिशिएन्सी कहते हैं और जब खेत में मापी जाती है तब फील्ड इरिगेशन इफिशेन्सी तथा डाइवरजन बिन्दु पर मापी गयी दक्षता या प्रौजेक्ट इफिशिएन्सी कही जाती है।

2. जल प्रयोग क्षमता

खेत में प्रयोग किये गये जल की मात्रा एवं फसलों के जड़ क्षेत्र में संचित जल की मात्रा के अनुपात को जल प्रयोग क्षमता कहते है, सूत्र रूप में जैसे;

$$\text{WAE} = \frac{\text{(WS) पोधों के जड़ क्षेत्र में संचित जल की मात्रा}}{\text{Wf (खेत में प्रयोग किये गये जल की कुल मात्रा}} = 100 \qquad ......9$$

बहुत हल्की मृदा में जल प्रयोग दक्षता 60 प्रतिशत से अधिक नहीं होती है जबकि भारी दोमट मृदा में 80 प्रतिशत तक है बूँद–बूँद सिंचाई में इस प्रकार की दक्षता 90 से 95 तक होती है।

3. जल वितरण दक्षता

जल वितरण दक्षता का तात्पर्य खेत में एक समान वितरण से है जिससे प्रति इकाई जल उपयोग द्वारा अधिक उत्पादन प्राप्त करने के लिए आवश्यक है, सूत्र रूप में जैसे;

$$WDE = \{1 - Y/d\} \times 100 \qquad ......10$$

जहाँ पर Y = सिंचाई करते समय संतृप्त भूमि की गहराई का आंकिक विचलन

D = सिंचाई करते समय सम्पूर्ण प्रवाह स्थल में संतृप्त भूमि की औसत गहराई

4. परियोजना सिंचाई दक्षता

इसका अर्थ है कि कितनी दक्षता से सिंचाई के जल का फसलोत्पादन में उपयोग हुआ है, नहर के उद्‌गम स्थान से छोड़े गये जल की मात्रा को कितना प्रतिशत अंश खेत में फसल के उपभोग के लिए प्रयुक्त हुआ है। सूत्र रूप में :

$$\text{परियोजना सिंचाई दक्षता} = \frac{\text{फसल उपभोग के लिये प्रयुक्त जल की मात्रा}}{\text{नहर उदगम स्थान से छोड़े गये जल की मात्रा}} \times 100 \qquad ......11$$

सिंचाई जल उपयोग दक्षता

जल के बिना मृदा के ऊपर कोई भी फसल सफलतापूर्वक नहीं उगाई जा सकती है, तथा सिंचाई की पर्याप्त सुविधायें नहीं होनें पर कृषि उत्पादन प्रभावित होता है। इसलिए प्रति इकाई क्षेत्र से जल उत्पादकता की वृद्धि के लिए सिंचाई जल का सही उपयोग होना चाहिए। विभिन्न फसलों की जल उपयोग दक्षता सारणीः 1 में प्रदर्शित है।

सिंचाई जल उपयोग दक्षता की परिभाषाएँ

1. खेत में सिंचाई के लिए दिये गये जल का वह आनुपातिक भाग जो फसल के उपयोग में आता है, जल उपयोग क्षमता कहलाता है।
2. पौधे द्वारा 1 कि.ग्रा. शुष्क पदार्थ उत्पन्न करने के लिए जल उपयोग करने की क्षमता, जल उपयोग दक्षता कहलाती है। इसको Kg/ha-mm में प्रदर्शित करते हैं।
3. फसल द्वारा जल के उपयोग को जल उपयोग क्षमता कहते हैं। जल उपयोग क्षमता Kg/ha-cm अथवा क्विंटल प्रति हेक्टेयर सें.मी. में व्यक्त की जाती है यह दो प्रकार की होती है–

1. फसल जल उपयोग क्षमता

यह फसल से प्राप्त होने वाली उपज एवं फसल द्वारा उपभोग वाष्पोत्सर्जन की मात्रा का अनुपात है, जैसे;

WUE=Yield/ET 12

2. खेत की जल उपयोग क्षमता

यह फसल से प्राप्त होने वाली उपज एवं खेत में दिये जाने वाली कुल जल की मात्रा का अनुपात है अथवा फसल उत्पादन तथा खेत में प्रयोग किये गये कुल जल की मात्रा के अनुपात को क्षेत्र जल उपयोग क्षमता कहते है, जैसे;

WUE= Yield/WR or WUE=Y/wb+ET+LR 13

सस्य विधियों में जल उपयोग क्षमता को बढ़ाने के उपयोग का कार्य सारणी 2 मे किया गया हैं।

सारणी 1. विभिन्न फसलों की जल उपयोग दक्षता

फसल का नाम	जल उपयोग क्षमता
रागी	13.4 (सबसे अधिक)
गेहूँ	12.6
मूँगफली	9.2
ज्वार	9.0
बाजरा, मक्का	8.0
धान	3.7 (सबसे कम)

सारणी 2. सस्य विधियों द्वारा जल उपयोग क्षमता बढ़ाने के उपाय

मृदा सतह से वाष्पोत्सर्जन कम करना	पौधों में पानी की आपूर्ति अधिक करना
1. पलवार	1. वर्षा के जल का संचयन
2. पौधों की संख्या तथा अन्तरण में फेरबदल	2. जीवन रक्षक सिंचाई
3. कम समय में पककर तैयार होने वाली फसलों की प्रजातियां	3. जल का अन्तः स्रवण में सुधार तथा जल अपवाह को कम करने वाली सस्य विधियां
4. शीघ्र सिंचाई	4. खरपतवार नियंत्रण, उर्वरक का प्रयोग
5. उर्वरकों का प्रयोग	5. सघन फसल पद्धति में गहरी जड़ वाली फसल की प्रजातियों का चयन

फसलों द्वारा जल उपयोग क्षमता को बढ़ाना

1. जलवायु की विपरीत परिस्थितियों से निपटने के लिए वैसे ही फसल पद्धति को अपनाना।
2. कम लागत लगाकर अधिक पैदा होने वाली फसलों एवं उनकी किस्मों का चयन, उचित समय पर बुवाई, उचित विधि से बुवाई तथा उचित पौधों की संख्या रखकर खरपतवारों से मुक्त रखना।
3. उचित खादों एवं उर्वरकों का प्रयोग तथा जीवन रक्षक सिंचाई का प्रयोग।
4. उगाई गई फसलों की कटाई के बाद समुचित उपयोग आदि।
5. एक फसल के काटने के बाद दूसरी फसल तुरन्त ही (बिना मृदा नमी ह्रास क) बुवाई कर देनी चाहिए। खेत की तैयारी बीज की बुवाई तथा उवर्रक का प्रयोग एक साथ ही करना चाहिए ताकि मृदा नमी का समुचित उपयोग हो सके।
6. मृदा परीक्षण के आधार पर उर्वरकों का प्रयोग करें। इनका उपयोग बुवाई के समय बीज से नीचे या अगल–बगल में वर्षा के समय पत्तियों पर छिड़काव करके करना चाहिए।
7. फसल की बुवाई सदैव कतारों में ही करें।
8. बीजों को कवकनाशी एवं कीटनाशी से उपचारित करना।
9. मौसम, भूमि, फसल पद्धति तथा वातावरण के अनुसार फसल का चयन करना।
10. कीट, बीमारी व खरपतवारों का समय पर नष्ट करना।
11. नीची जगहों पर जल निकास अपनाना आदि।

जल उपयोग क्षमता बढ़ाने के अन्य उपाय

1. सिंचाई की नालियां कम चौड़ी एवं गहरी बनानी चाहिए जिससे कम क्षेत्रफल से जल का वाष्पीकरण होने पाये एवं नाली से वाष्पीकरण क्षति के कम किया जा सके।
2. नाली में ढ़लान होना चाहिए जिससे जल तेजी से खेत में पहुँच जाये एवं नाली से परकोलेशन द्वारा कम से कम क्षति हो सके।
3. सिंचाई नाली के आस–पास खरपतवार नहीं होने चाहिए जिससे सिंचाई जल की खरपतवारों द्वारा क्षति न होने पाये।
4. खेत की समुचित एवं समोच्च मेड़बन्दी कर देनी चाहिए जिससे खेत का जल बहकर न निकल सके।

5. अगर मृदा बलुई है तो उसमें जीवांश पदार्थ का उपयोग करना वांछित है, जिससे मृदा की जल धारण क्षमता सुधारी जा सके एवं सिंचाई जल का अधिक से अधिक भाग पौधों के उपयोग का हो सके।
6. यदि संभव हो तो खेत को खरपतवार रहित रखना चाहिए, जिससे कि जल की वह मात्रा जो कि खरपतवार द्वारा उपयोग होती फसल के पौधों के काम में लायी जा सके।
7. सिंचाई की अधोसतही, बौछारी अथवा ड्रिप विधि अपनाकर भी जल के खर्चे को कम किया जा सकता है एवं जल उपयोग क्षमता बढ़ाई जा सकती है।
8. फसलों की उन प्रजातियों का चयन करना चाहिए जिनकी जड़ प्रणाली अधिक विकसित हो, जिससे फसलें अधिक गहराई से जल एवं खाद्य–पदार्थ शोषित कर सकें।
9. खेतों में वाष्पीकरण द्वारा जल हानि को निराई–गुड़ाई, पलवार अपनाकर भी कम कर सकते हैं।
10. एन्टीट्रांसपीरेन्टस का प्रयोग जैसे कि पी.एम.ए., केओलिन आदि का 1–4 पी.पी. एम. घोल छिड़कर भी वाष्पोत्सर्जन के द्वारा होने वाले जल की क्षति को कुछ हद तक कम किया जा सकता है जिससे कुछ हद तक जल उपयोग क्षमता बढ़ाई जा सकती है।
11. आच्छादित सिंचाई अथवा आच्छादित कृषि को बढ़ावा देना चाहिए। आच्छादित कृषि द्वारा माइक्रो–क्लाईमेट परिवर्तित करके/कंट्रोल करके।

सिंचाई जल उपयोग क्षमता को प्रभावित करने वाले कारकों का विवरण

1. जलवायु

तापमान, आर्द्रता, सौर विकरण, सूर्य का प्रकाश, वायु की गति आदि, जलवायु के विभिन्न कारकों का जल उपयोग क्षमता पर प्रभाव पड़ता है। वायुमण्डल में अधिक तापमान कम आर्द्रता तेज वायु की गति तथा सूर्य के प्रकाश के द्वारा फसलों में अधिक मात्रा में उत्स्वेदन की क्रिया होने से जल उपयोग क्षमता घट जाती है। इन कारकों से पौधों में प्रकाश संश्लेषण तथा अन्य दैहिक क्रियायें भी प्रभावित होती हैं।

2. फसल तथा जातियाँ

किसी फसल की वृद्धि एवं विकास उसके आनुवांशिक लक्षणों तथा जलवायु द्वारा प्रभावित होती है। फसलों की कुछ जातियों में कम से कम जल के उपयोग से अधिक से

अधिक उत्पादन प्राप्त करने की क्षमता होती है इस प्रकार सूखा सहनशील फसलों एवं उनकी प्रजातियाँ भी कम जल के उपयोग करके अधिक उत्पादन प्राप्त करने की क्षमता के कारण जल उपयोग क्षमता में वृद्धि हो जाती है। गेहूँ एवं जौ आदि में प्रकाश संश्लेषण दर तथा जल उपयोग क्षमता दोनों ही कम होती है। मक्का, ज्वार, गन्ना तथा मंडुआ आदि में प्रकाश संश्लेषण तथा जल उपयोग क्षमता दोनों ही अधिक होती है।

3. सस्य क्रियायें

फसल की बुवाई के समय, निराई–गुड़ाई, पत्तियों की दशा आदि का प्रभाव तथा सौर–विकरण सूर्य के प्रकाश को ग्रहण को प्रभावित करता है, जिसके फलस्वरूप फसल की वृद्धि पर अनुकूल प्रभाव पड़ता है। उपयुक्त समय पर फसल की बुवाई करने पर बीजों के जमाव तथा पौधों की वृद्धि एवं विकास पर अनुकूल प्रभाव पड़ता है। फसल के बोने की गहराई पर अँकुरण, कल्ले निकलना, मृदा में नमी का शोषण, पौधों का गिरना आदि प्रभावित होता है। इस प्रकार उचित समय तथा गहराई पर फसल बोने से जल उपयोग क्षमता में वृद्धि हो जाती है।

4. वाष्पोत्सर्जन

वाष्पोत्सर्जन दर में वृद्धि पर जल उपयोग क्षमता कम हो जाती है। अतः वाष्पोत्सर्जन की क्रिया कम मात्रा में होने के लिए पलवार का प्रयोग, खरपतवार नियंत्रण, कूंड एवं नाली द्वारा बुवाई, रक्षक पटि्का/शॉल्टर बेल्ट्स तथा उत्स्वेदन अवरोधी रसायनों का प्रयोग करके की जा सकती है।

5. पौध घनत्व

पौधों की संख्या का फसलोत्पादन पर प्रत्यक्ष प्रभाव पड़ता है अधिक पौध धनत्व होने से उत्पादन के घटकों के अधिक प्रयोग से पौधों में परस्पर प्रतिस्पर्धा बढ़ जाने से उत्पादन में कमी हो जाती है जिसके फलस्वरूप जल उपयोग क्षमता भी घट जाती है।

6. उर्वरकों का प्रयोग

सन्तुलित मात्रा में आवश्यक पोषक तत्वों की उपलब्धता का अधिक फसल उत्पादन में प्रमुख योगदान है। कार्बनिक खादें जैसे; कम्पोस्ट, गोबर की खाद, हरी खाद आदि के प्रयोग की उपज में वृद्धि के साथ–साथ मृदा की जल धारण क्षमता बढ़ जाती है जिसके फलस्वरूप जल उपयोग क्षमता भी बढ़ जाती है। इसी प्रकार जैव उर्वरकों के प्रयोग से फसल की पोषक तत्व ग्रहण क्षमता में भी वृद्धि हो जाती है। इसके विपरीत खादों एवं उर्वरकों के असन्तुलित अथवा कम मात्रा में प्रयोग करने पर फसल की उपज में कमी हो जाने से जल उपयोग क्षमता कम हो जाती है।

7. सिंचाई प्रबंधन

फसल को आवश्यकता से कम या अधिक मात्रा में सिंचाई करने से उपज पर प्रतिकूल प्रभाव पड़ता है जिसके फलस्वरूप जल उपयोग क्षमता कम हो जाती है। इसी प्रकार फसल की प्राकृतिक अवस्था उपयुक्त सिंचाई की विधि तथा मात्रा में प्रयोग करके जल उपयोग क्षमता बढ़ाई जा सकती है। मृदा में उपस्थित अधिक मात्रा में जल को निकालकर भी जल उपयोग क्षमता में वृद्धि की जा सकती हैं।

$$\text{जल उपयोग दक्षता} = \frac{\text{शुष्क पदार्थ उत्पादन}}{\text{वाष्पोर्त्सजन}} \qquad ......14a$$

$$\text{Water Productivity (wp)} = \frac{\text{Evapo-Transpiration (E.T.)}}{\text{Dry matter production}} \qquad ......14b$$

(यह जल उपयोग क्षमता का विपरीत होती है)

WR = Cu + Al + WNSP

CU = Consumptiv use of water 15

Al = Application losses

WNSP = Water needed for special purpose excluding CU & AL

फसलों की जलमाँग

परिभाषाएँ

1. जल की वह मात्रा जो एक फसल को एक निश्चित अवधि में उगाने के लिए आवश्यक होती है उसे उस फसल की जल की आवश्यकता अथवा जल मांग कहते हैं।

2. फसल की जल मांग के अन्तर्गत हम जल के उपरिभौमिक उपयोग के अतिरिक्त उस जल की मात्रा को भी सम्मिलित करते हैं, जो खेत की तैयारी, नर्सरी बनाने सिंचाई की नालियों से नष्ट होने वाले प्रमुख हानिकारक लवणों को बहाने आदि में खर्च हो जाता है। सूत्र रूप में जैसे;

जल मांग = वाष्पोत्सर्जन/उपरिभौमिक उपयोग + सिंचाई के समय हानि + विशिष्ट उपयोग 16

फसलों की जल मांग को इस प्रकार भी ज्ञात कर सकते है, जैसे;

$$WR = IR + ER + SMa \qquad ......17$$

जल माँग = सिंचाई आवश्यकता + प्रभावी वर्षा + मृदा में उपलब्ध जल

फसलों की जल आवश्यकता को प्रभावित करने वाले कारक

1. वायुमण्डल की आर्द्रता

वायुमण्डल में आर्द्रता जितनी कम होगी, पौधों की जल माँग उतनी अधिक तथा पौधों की जल मांग उतनी ही कम होगी।

2. तापमान

वायुमण्डल का तापक्रम बढ़ने से पौधों में उत्स्वेदन की क्रिया बढ़ जाने से जल मांग बढ़ जाती है तथा इसके विपरीत तापमान के घटने से उत्स्वेदन की क्रिया घट जाने से फसलों की जल मांग भी कम हो जाती है।

3. सौर विकिरण

सूर्य की किरणें जितनी अधिक तेज होंगी, पौधों में प्रकाश संश्लेषण तथा उत्स्वेदन दोनों ही क्रियायें अधिक होने से पौधों की जल माँग अधिक होगी। यही कारण है कि खरीफ तथा जायद ऋतु की फसलों में रबी फसलों की अपेक्षा जल माँग अधिक होती है।

4. फसल की किस्म

धान, गन्ना आदि फसलों में प्राकृतिक रूप से अधिक जल की आवश्यकता होती है, जबकि तम्बाकू, जौ, सरसों आदि फसलों में जल की कम आवश्यकता होने पर जल माँग कम होती है। इस प्रकार कह सकते है कि सी फोर (C-4) फसलों की अपेक्षा सी थ्री (C-3) फसलों की जल माँग कम होती है।

5. फसल की अवधि

शीघ्र पकने वाली फसलों तथा प्रजातियों की जल माँग देर से पकने वाली फसलों तथा प्रजातियों की अपेक्षा कम होती है।

6. भूमि की किस्म

हल्की बलुई भूमियों में उगाई जाने वाली फसलों की जल माँग भारी भूमियों की अपेक्षा अधिक होती है बलुई भूमियों में जल का लीचिंग तथा इनफिल्ट्रेशन तीव्र गति से होता है।

7. भूमि की उर्वरा–शक्ति

भूमि में कार्बनिक खादों का प्रयोग करने से पौधों की जल माँग घट जाती है जब भूमियों में पोषक तत्वों की कमी होती है तो पौधों की बढ़वार कम हो जाती है परन्तु वाष्पोत्र्सजन की क्रिया में कोई कमी नहीं आती है। अतः अनुर्वर भूमियों की अपेक्षा उर्वर भूमियों में पौधों की जल माँग कम होती है।

8. भूमि की क्षरीयता

लवण प्रभावित क्षरीय भूमियों में साधारण भूमियों की अपेक्षा फसलों की जल माँग अधिक होती है क्योंकि ऐसी भूमियों में लवणों के रिसाव में काफी मात्रा में जल खर्च हो जाता है।

9. वायु की गति

वाष्पोत्सर्जन की क्रिया पर वायु की गति का प्रत्यक्ष प्रभाव पड़ता है। वायु की गति जितनी तेज होगी यह क्रिया उतनी ही तेज से होगी। अतः वायु की गति अधिक होने पर पौधों की जल माँग वायु की गति कम होने की अपेक्षा अधिक होती है।

10. पौधों की पत्तियों की संरचना

अधिक हरी भरी तथा बड़े आकार वाली पत्तियों की फसलें जैसे; केला, घुईया, भिण्डी आदि में वाष्पोत्सर्जन क्रिया द्वारा अधिक मात्रा में जल उड़ाती है जिससे इन फसलों की जल माँग वायु की गति कम होने की अपेक्षा अधिक होती है।

11. जड़ों का फैलाव

जिन फसलों की जड़ों का विस्तार कम होता है, उनकी जल माँग अधिक होती है इसके विपरीत जिन फसलों की जड़ों का विस्तार अधिक होता है उनकी जल माँग कम होती है।

12. अन्तःकर्षण क्रियायें

अन्तःकर्षण की क्रियायें करने से जल की हानि कम होती है जिसके फलस्वरूप फसलों की जल माँग कम हो जाती है।

फसलों में जल माँग ज्ञात करने की विधियाँ

1. वाष्पोत्सर्जन अनुपात विधि

एक इकाई शुष्क पदार्थ उत्पन्न करने के लिए पौधों द्वारा जितना जल वाष्पोत्सर्जन क्रिया में प्रयुक्त होता है वाष्पोत्सर्जन अनुपात कहते हैं। इस विधि से फसलों की जल माँग ज्ञात करने के लिए किसी विशेष पौधे के जीवन काल में उत्स्वेदित जल की मात्रा ज्ञात करते हैं तथा पौधे के फूल व फल लगने के बाद पककर सूखने पर जड़ सहित भूमि से निकालने के बाद उसका शुष्क भार ज्ञात करते हैं।

2. गहराई अन्तराल उपज विधि

इस विधि से जल माँग ज्ञात करने के लिए फसल की विभिन्न गहराई व अन्तराल के फार्म प्रयोग किये जाते हैं। विभिन्न उपचारों से प्राप्त उपज को अलग–अलग रिकार्ड किया जाता है तथा अधिकतम उपज प्राप्त करने के लिए जितनी मात्रा में जल दिया जाता है वह उस फसल विशेष की परिस्थिति विशेष में जल माँग होती है।

3. फार्म प्रयोग विधि

इस विधि में फसल को खेत में उचित प्रबंधन स्थिति व सर्वोत्तम समय पर सिंचाई कर उगाया जाता है जिससे फसल की जल आवश्यकता पूरी हो जाये तथा फसल से अधिकतम उपज प्राप्त हो सके।

4. जल की उपभौमिक उपयोग विधि

इस विधि में मृदा में फसल की बुवाई से लेकर कटाई तक के समय को विभिन्न अन्तरालों में बांट लेते हैं तथा प्रत्येक अन्तराल के लिए कुल जल उपयोग की मात्रा ज्ञात करते हैं और समय योग करके फसल के उपभोग में प्रयुक्त जल की मात्रा निकाली जाती है।

5. ड्रम कल्चर विधि

इस विधि का उपयोग धान की फसल जल आवश्यकता ज्ञात करने में करते हैं।

6. जल संतुलित विधि

इस विधि द्वारा भी जल माँग ज्ञात की जाती है।

सिंचाई जल की गुणवत्ता

जल जिस स्थान पर होकर बहता है वहाँ की भूमि में उपस्थित घुलनशील लवणों के कुछ भाग को अपने में घोल लेता है। कुछ कुँओं से भी लवणयुक्त जल निकलता है। सिंचाई का जल; जहाँ तक संभव हो, लवणों से मुक्त होना चाहिए। 1000 भाग जल में एक भाग घुलनशील लवण होने तक जल प्रायः अच्छा रहता है। जल में 0.1 प्रतिशत से अधिक लवण होने पर वह पौधों के लिए हानिप्रद सिद्ध होता है। अधिक लवण घुले होने पर सिंचाई का जल फसलों को ही हानि नहीं पहुँचाता अपितु उस भूमि को भी खराब कर सकता है जिसमें उस जल से सिंचाई करते हैं। अतः इस सम्बंध में सावधान रहने की आवश्यकता है, खारे जल से सिंचाई करके तम्बाकू की फसल पैदा की जा सकती है। यदि अच्छी गुणवत्ता का जल उपयोग नहीं किया जाए तो भूमि क्षारीय या लवणीय हो जाएगी अथवा उनकी भौतिक, रसायनिक एवं जैविक दशा नष्ट हो जाने से फसल उगाने के लिए अनुपयुक्त हो जायेगी (सारणीः 1)।

सिंचाई जल की किस्में

सारणी 1. सिंचाई जल की गुणवत्ता निर्धारित करने हेतु सारणी

जल की किस्में	ई.सी.	एस.ए.आर.	आर.एस.सी.
1. उत्तम जल	2000 से कम	10 से कम	25 से कम
2. सामान्य जल	2000 से 4000	10 से कम	25 से कम
3. सोडियम युक्त जल	4000 से कम	10 से अधिक	25 से कम या अधिक
4. लवणीय जल	4000 से 8000	10 से कम	25 या शून्य
5. सोडियम युक्त एवं खारा जल	4000 से अधिक	10 से अधिक	25 से कम या अधिक

U.S.S.L. वर्गीकरण (1954) द्वारा जल गुणवत्ता की जांच निम्न आधार पर की जाती हैं–

1. कुल क्षार की सार्द्रता
2. विनिमय सोडियम अवशोषण अनुपात
3. सोडियम कार्बोनेट का अवशेष
4. कुछ विषाक्त तत्व जैसे; बोरोन, फ्लोरीन, लीपियम आदि का विशिष्ट प्रभाव
5. पोटैशियम तथा नाइट्रेट
6. फ्लोराइड

सिंचाई जल के गुण

1. जल उदासीन अर्थात् न अम्लीय न क्षारीय होना चाहिए।
2. सिंचाई के जल में कुछ सड़े हुए कार्बनिक पदार्थ तथा हड्डियों का चूर्ण आदि घुले हो तो ये पदार्थ सभी फसलों विशेष कर साग–सब्जियों आदि की फसलों के लिए खाद का कार्य करेंगे।
3. सिंचाई के जल में हानिकारक कीटाणु नहीं होनें चाहिए।
4. यदि मृदा अम्लीय हो तो सिंचाई के जल में कैल्शियम बाई कार्बोनेट, मैग्नीशियम बाइकार्बोनेट तथा चूने का पत्थर आदि, क्षारीय पदार्थ होनें चाहिए क्योंकि जल में इन क्षारीय पदार्थो की उपस्थिति से अम्लीय मृदा उदासीन होकर फसल के लिए उपयुक्त हो जायेगी।
5. यदि मृदा क्षारीय हो तो भू–सिंचन के जल में कार्बोनिक अम्ल, सल्फेट तथ नाइट्रेट आदि अम्लीय पदार्थ होनें चाहिए, क्योंकि ये मृदा की क्षारीयता को उदासीन कर इसे पौधों तथा फसल के लिए उपयुक्त बना देंगे।
6. सिंचाई के जल में सोडियम लवणों की अधिकता नहीं होनी चाहिए, क्योंकि सोडियम की अधिकता में पौधों और पौधे की जड़ें गलनें लगती हैं।
7. यदि मृदा में कैल्शियम तथा मैग्नीशियम आदि की कमी हो तो सिंचाई के जल में कैल्शियम तथा मैग्नीशियम के क्षारीय यौगिक होने चाहिए क्योंकि ऐसा कठोर जल मृदा के लिए खाद का कार्य करेगा और सिंचाई के लिए उपयुक्त होगा।

फसलोत्पादन में निम्न गुणवत्ता वाले जल का प्रयोग

यदि निम्न गुणवत्ता जल हो तो हमे कुछ मृदा–फसल प्रबंधन पद्धतियाँ अपनानी होंगी ताकि इस निम्न गुणवत्ता वाले जल का फसलों की पैदावार के लिए उपयोग किया जा सके, जैसे;

1. फसल प्रबंधन तकनीक

निम्न गुणवत्ता वाले जल का उपयोग करने के लिए लवण सहिष्णुता शक्ति वाली फसलों का चयन करना चाहिए। खाद्यान्नों में जौ और गेहूँ में अपेक्षाकृत लवण को सहन करने की शक्ति है। सेम, प्याज और आलू के अलावा सब्जियों में भी लवण को सहन करने की शक्ति सामान्य है। दालें खारे जल की सिंचाई के प्रति संवेदनशील होती हैं। बीज की गुणवत्ता बढ़िया होनी चाहिए तथा बीज की मात्रा 10 प्रतिशत अधिक रखनी चाहिए। चावल

की पौध 20 से 25 दिन की होनी चाहिए तथा प्रति इकाई क्षेत्र में 2 से 3 पौध रोपित करनी चाहिए। बीज या पौधों को सूक्ष्म पोषकों एवं कीटनाशक के घोल में उपचारित कर लेना चाहिए।

2. मृदा प्रबंधन तकनीक

निम्न गुणवत्ता वाले जल का उपयोग केवल हल्की मृदाओं में किया जाना चाहिए। भूमि को समतल कर लेना चाहिए। भूमि का माइक्रो और माइक्रो पोषकों की दृष्टि से विश्लेषण कर लेना चाहिए तथा सिंचाई करने से पूर्व उत्तम उर्वरता की स्थिति जुताई कर लेनी चाहिए तथा वर्षा के जल का अधिकतम मात्रा में भण्डारण करने का प्रयास करना चाहिए।

3. जल प्रबंधन तकनीक

मृदा में उसकी आवश्यकतानुसार जिप्सम डालना और उसे अच्छी तरह मिश्रित करना चाहिए। जल निकास प्रणाली भी उपयुक्त होनी चाहिए। फसल के विकास के प्रारम्भिक चरण में पहली सिंचाई उत्तम गुणवत्ता वाले जल से की जानी चाहिए। सिंचाई की बार्डर अथवा कूंड प्रणाली की तुलना में सिंचाई की ड्रिप पद्धति को अधिक महत्व दिया जाना चाहिए।

4. उर्वरक और पोषण तकनीक

सोडियम जल से सिंचाई वाले क्षेत्र में यूरिया की तुलना में नाइट्रोजन के लिए अमोनियम सल्फेट उत्तम होता है। सुपर फास्फेट जैसे जल में घुल जाने वाले फास्फेट स्रोतों को प्राथमिकता दी जानी चाहिए। सिंचाई में खारे जल का उपयोग करते समय विशेष रूप से तिलहन और तम्बाकू की फसलों में पोटेशियम सल्फेट अच्छा रहता है।

खारे जल का हानिकारक प्रभाव

क) खारे सिंचाई जल का फसलों पर प्रतिकूल प्रभाव

1. लवणीय जल के प्रयोग करने पर मृदा घोल का परासरण विभव बढ़ने से बीज के अन्दर जल का प्रवेश नहीं होने पाता है, जिसके फलस्वरूप बीजों का सही ढ़ग से जमाव नहीं होने पाता है।
2. सिंचाई के तुरन्त पश्चात् पौधों की जड़ें जल से डूबी रहती हैं जो खारे जल को बहुत अधिक समय तक सहन नहीं कर पाती हैं।

3. जल में घुलनशील लवणों का अधिक मात्रा में पौधों के जड़ क्षेत्र में उपस्थित रहने के कारण जड़ों की जल ग्रहण क्षमता घट जाती है जिसके परिणामस्वरूप पौधे नमी रहने के बावजूद भी सूखने लगते हैं जिसे पारिस्थितिक सूखा कहते हैं।

4. खारे जल का प्रयोग करने पर पौधों की जड़ों द्वारा पोषक तत्वों को ग्रहण करने की क्षमता कम हो जाती है।

5. मृदा क्षारीयता से पौधों में कोशिका विभाजन, कोशिका फैलाव तथा प्रोटीन संश्लेषण पर हानिकारक प्रभाव पड़ता है।

6. बोरोन क्लोराइड, सोडियम, सल्फेट तथा बाइकार्बोनेट की सान्द्रता जल से अधिक होने पर पौधों के लिए विषाक्त हो जाता है जिससे पौधों की वृद्धि एवं विकास रुक जाता है और उपज में काफी कमी हो जाती है।

7. दलहनी फसलों में लवणीय जल का प्रयोग करने पर जड़ों में नत्रजन स्थिरीकरण करने वाली ग्रंथियों की संख्या व कार्यशीलता कम हो जाती हैं।

ख) खारे सिंचाई जल का मृदा पर प्रभाव

1. लवणीय जल का अधिक प्रयोग करने पर मृदा में पोषक तत्वों की उपलब्धता घट जाती है।

2. हानिकारक लवणों का सान्द्रण बढ़ने से मृदा में जीवांश पदार्थो का विघटन तथा नत्रजन स्थिरीकरण करने वाले लाभदायक जीवाणुओं की क्रियाशीलता घट जाती हैं।

3. मृदा में कैल्शियम की अधिकता से पौधों में पोटाश का अवशोषण घट जाता है तथा सोडियम का अवशोषण बढ़ जाता हैं।

4. मृदा की अधोसतह पर कठोर स्तर बन जाने से मृदा सतह पर जल रुका रहता है और वाष्पोत्सर्जन क्रिया के द्वारा मृदा की अधोसतह से लवण मृदा की ऊपरी सतह पर एकत्रित हो जाते हैं।

5. कैल्शियम युक्त भूमियाँ सूखने पर अधिक कठोर हो जाती हैं जिससे कृषि कार्यों में असुविधा होती है। साथ ही साथ ऐसी भूमियों को जोतने के लिए अधिक मात्रा की ऊर्जा की जरूरत पड़ती है अर्थात ऊर्जा की आवश्यकता बढ़ जाती है।

सिंचाई जल को माप कर देने से प्रति इकाई उत्पादन हेतु कितना जल प्रयुक्त होता है इसका पता लगाया जा सकता है। इसके अतिरिक्त प्रति इकाई जल से उत्पन्न होने वाली पैदावार को भी ज्ञात किया जा सकता है। मापित सिंचाई जल से, जल के ह्रास में कमी लाई जा सकती है और सिंचाई की प्रयोग क्षमता में वृद्धि की जा सकती है। जिन स्थानों

में जल के उत्थापन हेतु पम्प का प्रयोग किया जाता है वहाँ पर कम जल के प्रयोग के कारण न केवल जल उत्थापन का व्यय व कीमत कम रखी जा सकती है बल्कि पैसे बचाकर व्यय–लागत अनुपात भी बदला जा सकता है। इसलिए सिंचाइयों को सर्वप्रथम अपनी बेकार पड़ी भूमि को फसलोत्पादन करने हेतु उपयुक्त बनाया जा सकता है। साथ ही निम्न गुणवत्तापूर्ण जल के प्रयोग से अधिक पैदावार भी प्राप्त की जा सकती है।

❑❑❑

अध्याय 10

भारतीय कृषि में जल निकास

जल संसाधनों के प्रयोग में सिंचाई जितनी आवश्यक है, उससे कम आवश्यक नहीं है जल निकास। जल निकास की आवश्यकता भूमि सतह या पौधों के जड़–क्षेत्र से अतिरिक्त जल को निकालने के लिए पड़ती है। अतिरिक्त जल भूमि की अच्छी भूपरिष्करण दशाओं तथा पौधों की वृद्धि दोनों ही के लिए हानिकारक है। अतिरिक्त जल के अनेक कारक है जैसेः अतिवृष्टि, बर्फ के पिघलने से, अतिरिक्त सिंचाई जल से, नहरों व नालों के रिसाप से, सतह के ऊपर जल बहाव से, भूमिगत रिसाव से एवं पाताल तोड़ कुँएं आदि। भारत में जलमग्नता से प्रभावित राज्य जैसे; प. बंगाल, पंजाब, हरियाणा तथा उ.प्र. हैं, जहाँ पर यह समस्या नदियों में बाढ़, दोषपूर्ण सिंचाई तथा नहरों के जल के लगातार बहाव के कारण जल निकास की समस्याएं उत्पन्न हो गई है। इस प्रकार फसलों की पैदावार बढ़ाने हेतु मृदा की सतह या अधोसतह से आवश्यकता से अधिक जल को कृत्रिम रूप से बाहर निकालना ही जल निकास कहलाता है।

अतिरिक्त जल का फसल वृद्धि एवं उत्पादन पर प्रभाव

मृदा के क्षेत्र में क्षमता से अधिक जल अतिरिक्त जल कहलाता है। पौधों की वृद्धि जिस प्रकार जल की कमी से प्रभावित होती है ठीक उसी प्रकार जल की अधिकता भी हानिकारक है। अतिरिक्त जल के स्रोतों में बर्फ के पिघलने से, वर्षा, अतिरिक्त सिंचाई जल, सिंचाई जल के ह्रास, नहरें, नालियां व जल स्रोतों के रिसाव, भूमिगत रिसाव, जलमार्गों के बाहरी बहाव या बाढ़ आदि है। इस प्रकार अतिरिक्त जल का फसलों पर निम्नलिखित प्रभाव पड़ता है, जैसे;

1. वायुसंचार भूमि का रुकने से जड़ों के लिए ऑक्सीजन नहीं मिल पाती है, जिससे पौधे नष्ट हो जाते हैं।
2. मृदा ताप गिरने से बीजों का अँकुरण नहीं हो पाता है व जड़ों की बढ़वार रुकती है क्योंकि पौधों की बढ़वार एक उचित ताप पर ही होती है।
3. भूमि की ऊपरी सतह में एकत्रित लवण पौधों की वृद्धि पर विषैला प्रभाव रखते हैं।

4. अतिरिक्त जल भूमि में एकत्र होने के कारण भूमि में पाये जाने वाले लाभदायक जीवाणु क्रियाशील नहीं रहते और अपरोक्ष तथा परोक्ष रूप से पौधों की बढ़वार रुक जाती है।
5. पौधों के आवश्यक तत्वों की भूमि की गहराई में ऊर्ध्वाधर रिसाव (लीचिंग) होने के कारण पौधे अपनी उचित वृद्धि नहीं कर पाते।
6. पौधों की जड़ें ऊपरी सतह में ही जल मिलने के कारण उथली रह जाती हैं।

जल निकास के प्रकार

1. मृदा जल निकास

मृदा जल निकास का तात्पर्य यह है कि मृदा जल स्तर कितना नीचा किया जाये जिससे बुवाई एवं अन्य कृषि क्रियायें सुचारु रूप से समय पर सम्पन्न की जा सकें तथा मृदा को ठीक प्रकार से रखा जा सके।

2. फसल जल निकास

प्रत्येक फसल की जल सहने की क्षमता भिन्न–भिन्न स्तर पर भिन्न–भिन्न होती है इस लिए यह जानना अत्यन्त आवश्यक है कि उक्त जल स्तर पर कौन सी फसल उगाई जाय। जल स्तर की विभिन्न परिस्थितियों के अनुसार फसलों का चुनाव किया जाना आवश्यक है।

3. लवणता जल निकास

मृदा से लवणता का निकास करके लवणीय तथा क्षारीय मृदाओं को सुधारा जा सकता है। इसके साथ–साथ सिंचाई के जल में लवण उपस्थित रहते हैं यदि मृदा जल स्तर ऊँचा है, तो लवणों की लीचिंग नहीं होती है, जिससे लवण मृदा की ऊपरी सतह पर एकत्रित होते रहते हैं।

जल निकास की विधियाँ

1. सतह जल निकास जैसेः अस्थाई, स्थाई नालियाँ एवं कटआउट।
2. अधोसतही जल निकास जैसेः– टाइल ड्रेन, पाइप ड्रेन, स्टोन ड्रेन, एवं मोल ड्रेन आदि।

1. सतही जल निकास

पौधों को अनुकूल परिस्थितियाँ प्रदान करने के उद्देश्य से मृदा धरातल की ऊपरी सतह से अतिरिक्त जल को निकालना ही पृष्ठीय जल निकास कहलाता है। जल निकास की नालियाँ नीचे की अपेक्षा ऊपर अधिक चौड़ी तथा खेत की सतह से 30 सें.मी. गहरी बनाई जाती हैं। नालियों को 20–50 मी. की दूरी पर बनाते हैं। प्रत्येक नाली का संबन्ध एक मुख्य नाली से कर दिया जाता है। हल्की या बलुई मृदाओं में कम गहरी छोटी तथा दूर–दूर नालियाँ बनाते हैं। भारी भूमियों तथा अधिक वर्षा वाले क्षेत्रों में यह नालियाँ कम चौड़ी, गहरी तथा पास–पास बनानी पड़ती हैं। नालियाँ बनाते समय यह ध्यान रखना चाहिए कि जिन स्थानों में जल भरता हो, वहीं पर नालियाँ बनानी चाहिए। ये नालियाँ फावड़े अथवा ट्रैक्टर से बनाई जाती हैं, जैसे;

1. अस्थाई नालियाँ

अस्थाई नालियों को खेत में पास–पास 4–5 गहरी नालियाँ बना ली जाती हैं। इन छोटी–छोटी नालियों को एक मुख्य नाली से जोड़ दिया जाता है।

2. स्थाई नालियाँ

स्थाई छोटी–छोटी नालियों का सम्बन्ध एक बड़ी नाली से जोड़ दिया जाता है लेकिन इन नालियों को बनाने में ढाल का विशेष ध्यान रखा जाता है। ये तीन प्रकार की होती है;

क) **प्राकृतिक प्रणाली**

ये नालियाँ ढाल की दिशा में होती है जिनका जल तालाबों, नहरों अथवा नालों में छोड़ा जाता है।

ख) **हैरिंग बोन प्रणाली**

इस विधि में एक मुख्य नाली खेत के मध्य में होती है जिसमें खेत में बनाई गई छोटी–छोटी नालियाँ आकर मिलती हैं।

ग) **गोरीडिरीन प्रणाली**

इस विधि में मुख्य नाली खेत के एक किनारे पर होती है जिसमें छोटी–छोटी नालियाँ आकर मिलती हैं।

3. कटआउट नालियाँ

कटआउट नालियाँ नहरों तथा तालाबों के पास वाली ऊँची भूमियों में बनाई जाती हैं जिससे उनका सम्बन्ध पास में स्थित तालाब से कर दिया जाता है इसमें 3–5 चौड़ी नालियां बनाई जाती हैं, जो अस्थाई होती हैं।

पृष्ठीय जल निकास के गुण

1. यह विधि चिकनी मृदा के लिए उपयुक्त पायी गयी है।
2. जहाँ अधिक वर्षा होती है, वहाँ यह विधि अच्छी पायी गयी है।
3. इस प्रकार की नालियाँ बनाना आसान हैं।
4. इनके निर्माण में कम खर्च होता है।

पृष्ठीय जल निकास दोष

1. ये नालियाँ जगह घेरती हैं, जिससे फसलों के लिए भूमि का क्षेत्रफल कम हो जाता है।
2. मशीनों को ले जाने तथा ले आने में कठिनाई होती है।
3. नालियों में खरपतवार उग जाने से जल निकास में कठिनाई होती है।

अधो–सतही जल निकास

भूमि के जल को बाहर निकालने की क्रिया को या अधो–सतही जल निकास या सब सरफेस ड्रेनेज कहते हैं। भूमिगत जल प्रणाली का उपयोग मुख्यतः जल स्तर को पौधों के नीचे ले जाना होता हैं, जो कि अधिक वर्षा, अधिक सिंचाई, ऊँची भूमि, नहर, जल मार्गों के रिसाव के कारण नीचे के स्थानों पर आ गया हो, के कारण भूमि जल स्तर ऊपर उठ गया हो, भूमिगत जल निकास के कारण फसलों की जड़ों के पास अधिक मात्रा में वायुसंचार होने से फसलों की वृद्धि अच्छी होती है। पृष्ठीय जल निकास की भांति इस विधि में कृषि योग्य भूमि नष्ट नहीं होने पाती है इसके साथ–साथ नालियां न होने से कृषि कार्यो में बांधा भी नहीं होती है इस विधि में तीन प्रकार की नालियाँ बनाते है, जैसे;

1. टाइल ड्रेनस (पक्की मिट्‌टी)

इसके अन्दर 10 सें. मी. व्यास वाले पकी हुई मिट्‌टी के टाइल जो कि छिद्र युक्त होते हैं उचित गहराई पर दबा देते हैं। सहायक नालियों के बीच की दूरी 45–75 सें.मी. तक रखते हैं।

2. पाइप ड्रेनस (लोहे / प्लास्टिक)

इसके अन्दर 10 सें.मी. व्यास के छिद्र युक्त लोहे या प्लास्टिक के नल सहायक नालियों में दबा देते है, जिसका सम्बन्ध मुख्य नाली से कर देते हैं।

3. स्टोन ड्रेनस (पत्थर)

इस विधि में अवमृदा में बनी नालियों में पत्थर का प्रयोग किया जाता है मृदा का अतिरिक्त जल रिस रिसकर पत्थर के टुकड़ों के बीच छिद्रों से गुजरता हुआ सहायक व मुख्य जल निकास नाली तक पहुँच जाता है। इन नालियों में प्रायः शीघ्र ही मिट्टी भर जाती है।

4. मोल ड्रेनस (लकड़ी के टुकड़े)

जिन क्षेत्रों में लकड़ी आसानी से प्राप्त हो जाती है उन क्षेत्रों में जल निकास नालियाँ लकड़ी के टुकड़े से बनते हैं। इन नालियों का आकार 80–90 सें.मी. गहरा 30 सें.मी. चौड़ा होता है। अथवा बांस की (रॉबिन) नालियाँ कुछ क्षेत्रों में बांस की बल्लियों का प्रयोग करके नालियाँ बनाई जाती है, जिन्हें रॉबिन नालियाँ कहते हैं। इसमें खोखले बांस में समान दूरी पर छेद करके जल निकास के लिए प्रयोग करते हैं।

अधोभौमिक जल निकास (सब–सरफैस ड्रेनेज) के लाभ

1. खेती योग्य भूमि नहीं घिरती है।
2. मृदा की जल धारण क्षमता में वृद्धि होती है।
3. एक बार टाइल की नालियाँ बैठा देने पर अधिक देख–रेख की आवश्यकता नहीं होती है।
4. पौधों के जड़ क्षेत्र में वायुसंचार में संतोषजनक सुधार होता है।
5. खेत की तैयारी के लिए पर्याप्त समय मिल जाता है।

अधोभौमिक जल निकास (सब–सरफैस ड्रेनेज) के दोष

1. इसके निर्माण में अधिक खर्च आता है।
2. टाइल की नालियाँ बैठाने का काम जटिल है, तथा काफी सावधानियाँ बरतनी होती है।

जल निस्तारण कूप

जल निकास के लिए कूपों का प्रयोग सबसे पहले अमेरिका में 1919 में आरम्भ हुआ। पम्प द्वारा निकाला जाने वाला जल ऊपर लाया जाता है और उसे प्राकृतिक जल मार्ग तथा पृष्ठीय नाली द्वारा ले जाते हैं। इस विधि से भू–जल स्तर इच्छानुसार अधिक शीघ्रता से नीचे किया जा सकता है।

जल निकास के लाभ

1. जल निकास से मृदा में वायु–संचार बढ़ने से भूमि में उपस्थित लाभदायक जीवाणुओं की क्रियाशीलता बढ़ जाती हैं, जिससे मृदा में पोषक तत्वों की उपलब्धता में भी वृद्धि हो जाती है।
2. जल निकास से मृदा में हानिकारक लवणों का एकत्रीकरण नहीं होने पाता, जिससे मृदा की भौतिक तथा रसायनिक संरचना खराब नहीं होने पाती हैं।
3. भूमि में वायु–संचार बढ़ने से पौधों की जड़ें अधिक गहराई तक चली जाती है, जिससे पोषक तत्वों को अधिक मात्रा में ग्रहण कर लेती हैं।
4. मृदा में उपस्थित हानिकारक लवण जल में घुलकर बह जाते हैं, जिससे मृदा में इनकी सान्द्रता कम हो जाती है।
5. मृदा में जल स्तर पौधों के जड़ क्षेत्र में इष्टतम गहराई तक बनाये रखने में सहायक होता है।
6. मृदा नमी की मात्रा कम होने से तापमान बढ़ जाता है, जिससे कार्बनिक पदार्थो का विघटन अधिक तथा शीघ्रता से होता है।
7. मृदा में नमी की मात्रा कम हो जाने से सस्य क्रियायें समय से सम्पन्न की जा सकती हैं, जिससे फसलों की वृद्धि अधिक होने से उपज से भी वृद्धि हो जाती हैं।
8. मृदा में नमी की मात्रा कम होने से फसलों में कीटों तथा बीमारियों का प्रकोप कम होता हैं।
9. जल निकास की उचित व्यवस्था होने से पोषक तत्वों की लीचिंग द्वारा हानि कम होती हैं।

जैव जल निकास

यह विधि ऑस्ट्रेलिया व रूस में अपनाई जाती है। इस विधि में पेड़–पौधों के द्वारा जल निकास किया जाता है। यह विधि नदी व समुद्र के किनारे वाले क्षेत्रों के लिए उपयुक्त है। एक पूर्ण रूप से विकसित सफेदा (यूकेलिप्टस) का पौधा एक दिन में लगभग 80 गैलन (384 लीटर) जल का वाष्पोत्सर्जन करता है।

❑❑❑

अध्याय 11

भारत में जल संकट के समाधान हेतु वृहद जल संरक्षण अभियान

जल व्यक्ति की मूलभूत आवश्यकताओं में से एक है। कृषि व उद्योगों में जल की समान व महत्वपूर्ण भूमिका है। जल के बिना कोई भी विकास कार्य नहीं किया जा सकता है। सामाजिक–आर्थिक विकास की प्रक्रिया में पर्यावरण का सन्तुलन बनाए रखने के लिए जल सबसे महत्वपूर्ण घटक/प्राकृतिक संसाधन है अर्थात् 'जल ही जीवन है'। इसके बिना कुछ भी संभव नहीं। जन, जंगल, जानवर कुछ भी बिना शुद्ध जल के जीवित नहीं रह सकते हैं। जल के बिना तो जीवन की कल्पना भी नहीं की जा सकती है क्योंकि जल का दूसरा कोई विकल्प ही नहीं है। रीति–कालीन कवि एवं संत रहीम दास के अनुसार **''रहिमन पानी राखिए बिन पानी सब सून,पानी गए न ऊबरै मोती, मानुष चून''।**

पृथ्वी पर जीवन बचाने के लिए हमें जल की हानि को रोकना होगा और जल का संरक्षण करना होगा। इस कार्य में बच्चे से लेकर बुजुर्ग तक और रसोई से लेकर आज विश्व के सभी देश गहराते जल संकट से चिंतित है। विश्व के वैज्ञानिक जल संकट का समाधान खोजने में लगे हैं। भारत देश के राजस्थान प्रांत में पीने के जल की कमी है विभिन्न प्रांतों में खेती के किये किसानों को मानसून की प्रतीक्षा रहती है (चित्रः 1 व 2) जो बहुत बार धोखा भी दे देता है।

चित्रः 1 (क) राजस्थान के मरूस्थल में जल की खोज में महिलाएं तथा (ख) जल के अभाव से ग्रस्त एक किसान

भारतीय संस्कृति में जल को जीवन का आधार माना जाता है। भारत में जल संरक्षण की सुदृढ़ परंपरा है। जल संरक्षण व जल की मितव्ययता जल संकट के समाप्त करने का एकमात्र कारगर उपाय है। आने वाले 15–20 वर्षों में जल के संकट का सामना करना पड़ सकता है। इसलिए अभी से जल की एक–एक बूँद का प्रयोग सोच–समझकर करना चाहिए। जल संरक्षण में ही आने वाली पीढ़ियों की भलाई है। जल संरक्षण का अर्थ जल के अपव्यय को रोककर इसका संतुलित प्रयोग करना, सफाई, निर्माण व उद्योगों आदि कार्यो में अपशिष्ट जल का पुनःप्रयोग करना और वर्षा जल को संग्रहित कर इसका संरक्षण करना।

चित्रः 2 पृथ्वी रक्षण हेतु जल संरक्षण

आज देश में गहराते उपलब्ध जल संकट को बहुत से लोग प्राकृतिक आपदा कह रहे हैं, लेकिन यह सच्चाई से काफी दूर है। जनसंख्या मिलने के बाद औद्योगिक क्रांति जनित विकास की दौड़ में हम प्राकृतिक संसाधनों के महत्व को भुला बैठे और उनका उसी प्रकार दोहन करने लगे जैसा कि विकसित देशों ने किया। देश में औद्योगिक क्रांति से वर्षा के जल का उपयोग करने की सर्व साधारण तथा परम्परागत तकनीक लुप्त होने लगी। इसकी जगह ट्युबवैल के द्वारा नदियों व भू–जल का जमकर दोहन होने लगा, यही कारण है कि जल का संकट दिन–प्रतिदिन गहराता जा रहा है। संयुक्त राष्ट्र के अनुसार एक व्यक्ति के लिए न्यूनतम 50 लीटर जल प्रतिदिन पीने, कपड़ा धोने, खाना पकाने और सफाई हेतु आवश्यक है। मगर पूरे विश्व की एक तिहाई जनसंख्या को समुचित जल नहीं मिलता और 2025 तक जनसंख्या बढ़ने से विश्व की लगभग दो तिहाई जनसंख्या जल की समस्या से तबाह होगी।

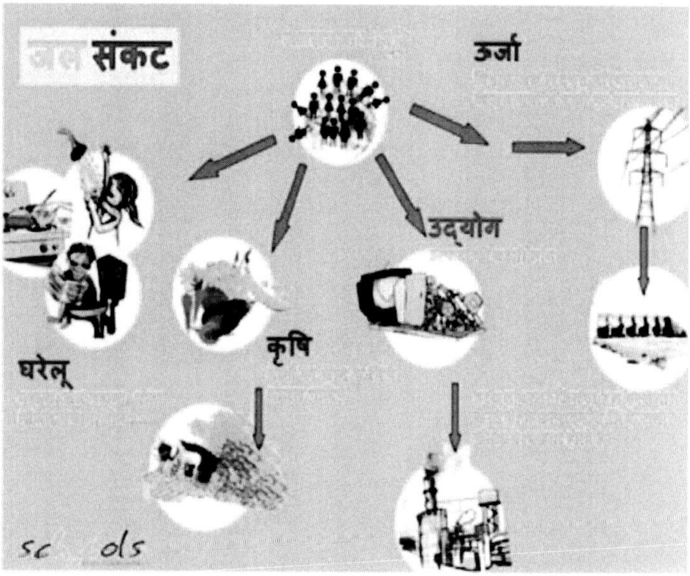

चित्रः 3 जल संकट के कारक

भारत की जनसंख्या पूरे विश्व की जनसंख्या का 16 प्रतिशत है जबकि इसके पास विश्व के सम्पूर्ण जल का मात्र 4 प्रतिशत उपलब्ध है (चित्रः 3)। प्रति वर्ष 1.9 प्रतिशत की वृद्धि दर के हिसाब से भारत की जनसंख्या 2050 तक एक सौ पचास करोड़ होने की संभावना है। इसके फलस्वरूप भारत की जनसंख्या का एक बड़ा भाग जल की समस्या से बुरी तरह प्रभावित होगा। हमारे देश में वर्षा जल के रूप में जल की पर्याप्त संग्रहण व जल संरक्षण किया जाए, तो यहाँ जल संकट को समाप्त किया जा सकता है।

जल संकट के लिए जिम्मेदारी

जल संकट तो हमारी भूलों और लापरवाहियों का परिणाम है। हम अनाश्यक रूप से तथा अधिक मात्रा में जल का दोहन कर रहे हैं। दैनिक उपयोग में आवश्यकता से अधिक मात्रा में जल का अपव्यय करने के स्वभाव ने जल संकट बढ़ा दिया है। बढ़ती जनसंख्या के कारण भी जल का उपभोग बढ़ता जा रहा है। खेती एवं उद्योगों में अधिक उत्पादन लेने के कारण जल उपभोग बढ़ा दिया है। जल, स्रोतों से जल के उपभोक्ता तक पहुँचाने से ही उसका पाँचवा भाग गटर में चला जाता है। वृक्षों की अंधाधुंध कटाई व वनों के लगातार घटने से वर्षा होने की अवधि व साथ ही वर्षा की मात्रा में कमी आ रही है। कुँओं, नलकूपों, तालाबों से अंधाधुंध जल दोहन के कारण भूजल में कमी आ गई है। भूमि में जल स्तर निरन्तर नीचे गिरता जा रहा है कल–कारखानों से निकले दूषित जल व शहरी क्षेत्रों के गटर व कूड़े–कचरे ने जल स्रोतों को प्रदूषित कर दिया है जिससे पीने के जल का संकट खड़ा

हो गया है। यह सब कुछ अनियंत्रित मानवीय गतिविधियों के कारण ही हुआ है। इसका निराकरण भी मानव ही कर सकता है।

क्या है जल संरक्षण

जल संरक्षण से हमारा तात्पर्य जल के नुकसान तथा प्रदूषण को रोकने से है। जल संरक्षण एक अनिवार्य आवश्यकता है क्योंकि वर्षा जल हर समय उपलब्ध नहीं रहता। अतः जल की कमी को पूरा करने के लिए जल का संरक्षण आवश्यक है।

जल संरक्षण की परम्परा

शतपथ ब्राह्मण में 'अन्नं व आपो' (जल ही अन्न है), कहा गया है। जल से ही अन्न उत्पन्न होता है। इससे खेती के लिए जल का महत्व स्पष्ट है। कृषि कार्यों के लिए जल के संरक्षण हेतु तालाब बनवाने के लिए भारत सरकार सदैव प्रयत्नशील रही है और किसानों को भी इसके लिए प्रोत्साहित किया जाता रहा है। चाणक्य ने अर्थशास्त्र में जिस प्रकार से सिंचाई के लिए जलकर लगाने का उल्लेख किया है, उससे स्पष्ट है कि देश में हजारों वर्षों से किसान सिंचाई के लिए निजी तालाबों व कुँओं के साथ राजकीय नहरों व तालाबों का भी प्रयोग करते रहे हैं।

जल संरक्षण की आवश्यकता क्यों है?

- गिरते हुए भू–जल स्तर पर विराम लगाने हेतु।
- भूमि कटाव रोकने हेतु।
- मानव व पशुओं को पेयजल उपलब्ध कराने हेतु।
- वनस्पतियों की वृद्धि दर में बढ़ोत्तरी कर क्षेत्र की परिस्थिति को सुधारने हेतु।
- खरीफ के मौसम में वर्षा चक्र की अनिश्चिता और रबी के मौसम में समय पर वर्षा न होने के कारण फसलों में जीवनदायनी सिंचाई देने हेतु।
- जनसंख्या वृद्धि, शहरीकरण तथा औद्योगिकीकरण के कारण प्रति व्यक्ति के लिए उपलब्धता सुनिश्चित करने हेतु।

जल संरक्षण के 4–आर

जल संरक्षण आज की आवश्यकता बन चुकी है। विशेष तौर पर कृषि कार्यकलापों के लिए जल कमी की स्थिति का सामना न करना पड़े, यही इस समय सबसे बड़ी चुनौती है। इसलिए जल संरक्षण के चार आर निम्नलिखित हैं–

1. **घटाना** (Reduce): जल का प्रयोग बहुत सोच–समझ कर सावधानी के साथ करना चाहिए। छोटी–छोटी कुछ सावधानियाँ अपनाकर हम जल के प्रयोग को घटा सकते हैं।

2. **पुनर्प्रयोग** (Reuse): निम्न गुणवत्ता जल (ग्रे वॉटर) को शौचालयों या बगीचों आदि में पुनः प्रयोग करके हम काफी जल बचा सकते हैं। इसलिए जहाँ संभव हो सके जल को पुनः प्रयोग कर लेना चाहिए।

3. **पुनर्भरण** (Recharge): पुनर्भरण जल संरक्षण की एक अत्यंत महत्वपूर्ण विधि है। इसके लिए वर्षा जल संरक्षण किया जा सकता है। जिससे भूमिगत जलभृत पुनर्भरित (रिचार्ज) किये जा सके है।

4. **सम्मान** (Respect): जल का सम्मान सभी दृष्टियों से महत्वपूर्ण है। यदि हम जल का सम्मान करते है तो अपवाह के रूप में उसे बहने भी नहीं देंगे इसलिए इससे जल स्रोतों की पवित्रता बनाए रखने में और जल के संरक्षण में बहुत सहयता मिलती है। पहले भी बहते हुए जल में किसी प्रकार का अपशिष्ट पदार्थ डालना, थूकना, मलमूत्र त्याग इत्यादि धार्मिक रूप से वर्जित था।

जल संरक्षण: अनिवार्य कर्त्तव्य

आज जब विश्व 21 वीं शताब्दी की दहलीज पर खड़ा है, तब यह सोचना बेहद आवश्यक है कि हम पूरे विश्व की प्यास कैसे बुझा पाएंगे। जल संरक्षण के साथ–साथ हमें "जल के अपव्यय एवं दुरुपयोग" के विषय में भी आवश्यक अभियान चलाकर शहरों और गाँवों में घर–घर यह चेतना जगानी होगी कि "जल की बरबादी" वास्तव में हमारे पूरे समाज के विकास की बरबादी है। इसलिए हर कदम पर हर मानव को जागरूक रहकर जल की एक–एक बूँद बचानी है।

जल संरक्षण हेतु संरचनाएँ

भारत के विभिन्न प्रदेशों में विभिन्न प्रकार की जल संचयन प्रविधियां प्रचलित हैं, जैसे; जल संग्रहण जल कुण्ड, टांका, भंडार, तालाब, जोहड, सागर, ताल, तलैया, झील, गड्ढा, कुँआं, भूमि में जल शोषण संरचनाएं, भू–जल पुनर्भरण संरचानाएं आदि।

जल संरक्षण हेतु उपयोगी उपाय

अ) जल के प्रति जागरूकता व कार्यक्रम

जल की समस्या के समाधान के लिए सबसे पहले हमें जल के प्रति अपना दृष्टिकोण बदलना होगा तथा जल के मूल्य को समझना होगा। जल यदि बहुमूल्य है तो इसे बचाना

उससे भी अधिक मूल्यवान है। यह हमें अच्छी तरह से समझना होगा कि जल बचाने का मतलब जल बनाना ही है। जल बनाया नहीं जा सकता, इसलिए जल बचाना ही एक मात्र विकल्प है। एक ऐसा विकल्प कि जिसमें छोटे से छोटे बच्चे से लेकर बड़े–बूढ़े भी जल को बचाना अपना धर्म समझें। जल के व्यय को रोकने के लिए, वर्षा जल का संचयन करने, लगातार वृक्षारोपण करने तथा जल को प्रदूषण से बचाने हेतु लगातार जागरूकता कार्यक्रम चलाते रहना चाहिये और यह प्रयास हम सबको मिलकर करना चाहिए।

ब) जल संरक्षण के लिए तालाब

तालाब वर्षा जल के संरक्षण का एक परम्परागत संरचना है। हमारे देश के लोग प्राचीन समय में जल, जंगल एवं भूमि का महत्व अच्छी तरह समझते थे। इसलिए आषाढ़ माह के पहले दिन से लेकर भादों के अंतिम दिन तक भारत में तालाब पवित्र जल से भर दिये जाते थे (चित्रः 4) और जेठ तक उनका उपयोग सभी लोग बखूबी करते थे। वर्षा जल को सहेज कर ही पेयजल की आवश्यकता पूरी की जाती थीं। लोग अपना कल्याण स्वयं करने में विश्वास करते थे। वर्षा जल संरक्षण के लिए तालाब हेतु निम्नलिखित कार्य करें,, जैसेः

1. गर्मियों में तालाब की सफाई करें।
2. तालाब की मिट्टी निकाल कर उन्हें गहरा करें।
3. किनारे ठीक करें व मजबूत बनाएं।
4. तालाब में बरसात का जल आने के रास्तों को साफ करें व अवरोध हटाएं।
5. गाँव एवं शहरों का गंदा जल तालाब में न डालें।
6. बरसात में तालाब के चारों ओर नीम, शीशम, सिरस, अनार, आम, अमरुद, जामुन, शहतूत, सहजन, अर्जुन, अशोक, आंवला, हरड़, बेहड़ा, कटहल, पीपल, बरगद तथा कीकर आदि पेड़ स्थानीय परिस्थितियों के अनुसार लगाएँ।

चित्रः 4 जल संरक्षण के लिए खेत तालाब की संरचनाएं

तालाब के लाभ

1. पूरे गाँव के जल स्तर में सुधार होगा।
2. तालाब के चारों ओर लगे पेड़ों पर चिड़ियों का बसेरा होगा, जो हानिकारक कीटों को खाकर नष्ट करेगी।
3. गाँव का पर्यावरण सुधरेगा।
4. सुबह–शाम घूमने व व्यायाम करने का स्थल बनेगा।

स) घरेलू उपयोग जल संरक्षण के उपाय

लगभग 10 प्रतिशत जल का उपयोग घरेलू कामों में होता है। घरेलू स्तर पर जल संरक्षण के कुछ उपाय निम्नलिखित हैं –

1. नल को खुला न छोड़ें तथा उतना ही जल लें जितना पीना है।
2. दांतों को ब्रश करते समय नल तभी खोलें जब कुल्ला करना हो।
3. स्नान घर में धीमी गति का फुव्वारा प्रयोग करें।
4. पेयजल का प्रयोग शौचालय में न करें बल्कि पेयजल या ताजे जल के स्थान पर कपड़े धोने के बाद बचे जल का प्रयोग करें।
5. घर में फर्श जल से धोने की बजाय पौछे से साफ करें।
6. हाथों को धोने, साबुन लगाने और रगड़ने के समय नल बंद कर दें और धोने के समय खोल दें।
7. दाढ़ी बनाते समय टोंटी खोलने के बजाय छोटे बर्तन में जल भर लें।
8. कपड़े और बर्तन तभी धोयें जबकि वे पूरे इकट्ठे हो जायें।
9. जल के टैंक में नली बन्द नलिका का प्रयोग करें जिससे टैंक भरने के बाद जल स्वतः बंद हो जाता है। इसका प्रयोग बाथरूम या गन्दे पदार्थ की धुलाई हेतु किया जा सकता है।
10. घरों में प्रयोग हो रहे आर.ओ. सयंत्र में शुद्धिकरण के उपरान्त गंदे जल को पुनः रिसाइक्लिंग कर उसे प्रयोग करें।
11. घरेलू आवश्यकतानुसार गीजर, कपड़े धुलाई मशीनें लें।
12. टोंटी खोलकर जल से सब्जी धोने के बजाये जल के छोटे पैन का उपयोग करें।

13. नल की टोंटियों की जाँच कर उनकी मरम्मत करें।
14. मोटर साईकिल व कार आदि की धुलाई के लिए जल का नुकसान न करें।
15. कपड़े धोने के जल का प्रयोग फर्श की सफाई के कामों में करें।
16. सबेरे अपने लॉन सींचे ताकि अधिक वाष्प बनकर न उड़े।
17. वर्षा के जल को एकत्र करके प्रयोग करें। क्योंकि बढ़ती जनसंख्या के साथ जल बढ़ता नही हैं बल्कि घटता है (चित्रः 5)।

चित्रः 5 जल के महत्व को रेखांकित करता हुआ एक पोस्टर

द) खेती में जल संरक्षण के उपाय

जल प्रकृति की अमूल्य धरोहर है, इसके बिना जीवन संभव नहीं है। यह सम्पदा बहुत ही सीमित मात्रा में उपलब्ध है। अतः समय की मांग है कि जल की खपत के सबसे महत्वपूर्ण क्षेत्र सिंचाई में भी आधुनिक तकनीक अपनाकर जल का संतुलित उपयोग किया जा सकता है तथा सिंचाई के नए तरीके अपनाकर जल की बचत भी की जा सकती है, जैसे;

1. खेत को समतल बनाएं रखें ताकि सिंचाई के दौरान खेत में नीचे ज्यादा जल एकत्र न हो सकें।
2. छोटी–छोटी क्यारियाँ बनाकर सिंचाई करें ताकि जल का नुकसान न हो।
3. खेत की नालियों को पक्का कर दें ताकि जल न रिसे और जल की बचत हो सके।
4. खेत में बड़े गड्ढे या कुंड बनाकर बरसात के जल को एकत्र करें ताकि उसका प्रयोग किया जा सकें।

5. सिंचाई नालियों को अच्छी तरह से साफ रखें और चूहों के बिलों को ढूँढकर उन्हें बंद कर दें।
6. स्थानीय मृदा, जलवायु और फसल को ध्यान में रखते हुए समुचित सिंचाई प्रणाली का चुनाव करें।
7. स्प्रिंकलर या ड्रिप सिंचाई प्रणालियों में साफ जल का प्रयोग करें (चित्रः 6)।
8. तेज हवा के दिनों में स्प्रिंकलर से सिंचाई न करें।
9. लगातार धान–गेहूँ फसल चक्र न अपनाकर फसलों में विविधता लाए।
10. अधिक जल चाहने वाली फसलों के स्थान पर कम जल चाहने वाली फसलों की बुवाई करें।
11. रबी में तिलहन, दलहन व शरदकालीन मक्का की बुवाई करें तथा खरीफ में धान, मक्का तथा दलहन वाली फसलों की बुवाई करें।
12. जायद में साठी धान की बुवाई न करें, इसके स्थान पर ग्रीष्मकालीन मूँग की बुवाई करें।
13. उर्वरकों का प्रयोग करें ताकि फसलों को सिंचाई जल का सर्वाधिक लाभ मिल सकें।
14. खेतों को खरपतवार मुक्त रखें।
15. धान की सीधे बुवाई करें।
16. धान की रोपाई 'श्री' पद्धति करें।
17. गेहूँ की बुवाई जीरो टिलेज पद्धति से करें।

चित्रः 6 खेती में जल संरक्षण की विधियां

य) वृक्षारोपण

वृक्ष हमारे अभिन्न मित्र हैं ये हमें छाया, फल, लकड़ी प्रदान करते हैं। भूमि का कटाव रोकते हैं, बाढ़ से सुरक्षा करते हैं। जहाँ अधिक वृक्ष होते हैं वहाँ अच्छी वर्षा होती है जिससे वर्षा में नदी नाले भर जाते हैं और जल की कमी नहीं हो पाती है। इसलिए वृक्षारोपण करते रहना चाहिए।

र) जल संरक्षण हेतु कानून

कई क्षेत्रों में बिना रोकथाम के जल निकालने से भूजल के स्तर में भारी गिरावट आती है। इसके लिए भू–जल के वितरण प्रबंधन नियमों का पालन करना आवश्यक है साथ ही नये कानून बनाने की आवश्यकता है जो किसी भी प्रकार के जल व्यय को एक गैर–कानून के रूप में देखे और ऐसा करने वालों को दंड और सजा देने का प्रावधान करें। देश में बढ़ते हुए जल संकट के निवारण में सरकारी स्तर पर सकारात्मक व व्यावहारिक पहल होती नहीं दिखती है। हालांकि वर्ष 2007 को जल वर्ष घोषित किया गया था। वर्ष 1974 में जल अधिनियम तथा 1985 में पर्यावरण अधिनियम बनाए गए, मगर ये प्रभावी नहीं रहे। कारण एक तो जन–चेतना के स्तर पर इन्हें सहयोग नहीं मिला, दूसरा पारदर्शिता और इच्छा–शक्ति के मामले में सरकार भी कारगर साबित नहीं हुई। वर्ष 1987 में राष्ट्रीय जल नीति पर गौर किया गया था।

ल) औद्योगिक क्षेत्रों में जल का दक्षतापूर्ण प्रयोग

जल संरक्षण हेतु औद्योगिक क्षेत्र में कम जल उपयोग वाली नई नई तकनीकियों का प्रयोग करना चाहिए जिससे औद्योगिक जलमाँग में कमी लाई जा सके एवं शुद्ध जल को गन्दा होने से बचाया जा सके।

व) वर्षा जल संचयन (रेन वॉटर हार्वेस्टिंग)

वर्षा जल का संग्रहण, संरक्षण तथा समुचित प्रबंधन आवश्यक है। यही एकमात्र विकल्प भी है। यह तभी संभव है, जब पूरा समाज जोहड़ों, तालाबों को पुनर्जीवित करे, खेतों में सिंचाई के लिए पक्की नालियों का निर्माण हो, पी.वी.सी. पाइपों को प्रयोग हो। एक वर्षा के बाद अगली वर्षा से छतों से वर्षा जल का संचय करें। यह पीने, कपड़े धोने, बागवानी आदि सभी कार्यों हेतु उत्तम है। इसके लिये गाँव, शहर में भवन निर्माण संबंधित नियमों में वर्षा जल संचयन को अनिवार्य किया जाना चाहिए तथा लोगों को अपने–2 घरों की छतों से वर्षा जल संचय हेतु प्रोत्साहित किया जाना चाहिए।

ह) हैंड पम्प का प्रयोग करें

भारत में 5–6 दशकों से लोग हैंड पम्प का प्रयोग करते आ रहे हैं। इस लिफ्ट प्रणाली से जल का व्यय बहुत कम होता है, जिसको जितना आवश्यक होता है वो उतना ही जल निकालता है। परन्तु अब पावर चालित मोटर से जल भरने लगे हैं और लोग हैंड पम्प को भूल गये हैं। यदि आपके यहाँ हैंड पम्प लगा है तो समय पर उसे प्रयोग करें।

क्ष) जल संरक्षण हेतु योजनाएँ

वर्तमान समय में अनेक अंतर्राष्ट्रीय संस्थाएँ जैसेः संयुक्त राष्ट्र, विश्व बैंक और भारत सरकार विभिन्न बड़े कार्यक्रमों को आयोजित करके कार्यनीतियाँ व कानून बनाकर जल संरक्षण का कार्य कर रही है, ताकि लोग जल संरक्षण के प्रति प्रेरित हो सके जैसेः

- **विश्व जल दिवसः** ब्राजील के शहर रियो–डि–जेनेरो में संयुक्त राष्ट्र के तत्वाधान में वर्ष 1992 में आयोजित "संयुक्त राष्ट्र पर्यावरण व विकास सम्मेलन" में 22 मार्च को विश्व जल दिवस घोषित किया गया। इसलिए प्रतिवर्ष विश्व जल दिवस 22 मार्च को मनाया जाता है, जिसका उद्देश्य शुद्ध जल की अहमियत की ओर ध्यान आकर्षित करना और स्वच्छ जल के संसाधनों को सतत प्रबंधन की व्यवस्था करना है। 22 मार्च 1993 को प्रथम विश्व जल दिवस के रूप में मनाया गया था। वर्ष 2017 में, विश्व जल दिवस का विषय (थीम) "अपशिष्ट जल" था तथा 2018 के विश्व जल दिवस उत्सव के लिए विषय "जल के लिए प्रकृति के आधार पर समाधान" होगा। पिछले कुछ वर्षों में विश्व जल दिवस के विषय क्रमशः 2012 में "जल और खाद्य सुरक्षा," 2013 में 'जल सहयोग," 2014 में जल और ऊर्जा," 2015 में जल और दीर्घकालिक विकास," 2016 में "जल और नौकरियाँ तथा 2017–"अपशिष्ट जल" रहे हैं।
- **विश्व जल सप्ताहः** प्रतिवर्ष 5 से 11 सितम्बर तक विश्व जल सप्ताह मनाया जाता है। इसका आयोजन "स्टॉकहोम अंतर्राष्ट्रीय जल संस्थान के तत्वाधान में होता है।
- **विश्व जल वर्षः** संयुक्त राष्ट्र द्वारा वर्ष 2003 को "अंतर्राष्ट्रीय मृदु जल वर्ष""घोषित किया गया था।
- **विश्व जल दशकः** वैश्विक जल संकट के निवारण हेतु संयुक्त राष्ट्र ने वर्ष 1981–90 की अवधि को "अंतर्राष्ट्रीय पेयजल" आपूर्ति एवं स्वच्छता दशक मनाने की घोषणा की थी। इसका लक्ष्य था कि दशक समाप्त होने तक सम्पूर्ण विश्व के नागरिकों को पेयजल उपलब्ध कराया जा सके।
- **जीवन के लिए जलः** संयुक्त राष्ट्र महासभा ने दिसम्बर 2003 के अपने 58 वें अधिवेशन में वर्ष 2005 से 2015 की अवधि को अन्तर्राष्ट्रीय कार्य दशकः **"जीवन के लिए जल"** घोषित किया था।

- **राष्ट्रीय नदी संरक्षण योजनाः** गंगा कार्य योजना के क्रियाकलापों का पहला चरण वर्ष 1985 में आरम्भ किया गया एवं इसे 31 मार्च 2000 को बन्द किया गया।

सिंचाई जल की उपयोग क्षमता बढ़ाने के उपाय

1. सिंचाई की नालियाँ कम चौड़ी एवं गहरी बनानी चाहिए जिससे कम क्षेत्रफल से जल का वाष्पीकरण होने पाये एवं नाली से वाष्पीकरण क्षति को कम किया जा सके।
2. नाली में ढ़लान होना चाहिए जिससे जल तेजी से खेत में पहुँच जाये एवं नाली से परकोलेशन द्वारा कम से कम क्षति हो सकं।
3. सिंचाई नाली के आस–पास खरपतवार नहीं होने चाहिए जिससे सिंचाई जल की खरपतवारों द्वारा क्षति न होने पाये।
4. खेत की समुचित एवं समोच्च मेंड़बंदी कर देनी चाहिए, जिससे खेत का जल बहकर न निकल सके।
5. अगर मृदा बलुई है तो उसमें जीवांश पदार्थ का उपयोग करना वांछित है, जिससे मृदा की जल धारण क्षमता सुधारी जा सके एवं सिंचाई जल का अधिक से अधिक भाग पौधों के उपयोग का हो सके।
6. यदि संभव हो तो खेत को खरपतवार रहित रखना चाहिए, जिससे कि जल की वह मात्रा जो कि खरपतवार द्वारा उपयोग होती है फसल के पौधों के काम में लायी जा सके।
7. सिंचाई की अधोसतही, बौछारी अथवा ड्रिप विधि अपनाकर भी जल के खर्चे को कम किया जा सकता है एवं जल उपयोग क्षमता बढ़ाई जा सकती है।
8. फसलों की उन प्रजातियों का चयन करना चाहिए जिनकी जड़ प्रणाली अधिक विकसित हो, जिससे फसलें ज्यादा गहराई से जल एवं खाद्य पदार्थ शोषित कर सकें।
9. खेतों में वाष्पीकरण द्वारा जल हानि को निराई–गुड़ाई, पलवार अपनाकर भी कम कर सकते हैं।
10. एन्टीट्रांसपीरेन्टस का प्रयोग जैसे कि पी.एम.ए., केओलिन आदि का 1–4 पी.पी. एम. घोल छिड़ककर भी वाष्पोत्सर्जन के द्वारा होने वाले जल की क्षति को कुछ हद तक कम किया जा सकता है जिससे कुछ हद तक जल उपयोग क्षमता बढ़ाई जा सकती है।

हमारे देश के पुरखों से हमें अनेक प्रकार के जलस्रोत विरासत में मिले हैं। यदि हमने इस विरासत को संभाल कर नहीं रखा, तो आने वाली पीढ़ियाँ हमें माफ नहीं करेंगी। जल का संरक्षण कोई कठिन व महंगा कार्य नहीं है, आवश्यकता है तो बस संकल्प की। हर गाँव इस कार्य को बहुत सरलता से पूरा कर गाँव के सूखते जीवन केन्द्रों को पुनः हरा–भरा कर सकता है। यह कार्य प्रत्येक गाँव, गाँव पंचायत अपने स्तर पर जन सहयोग से और बिना कुछ खर्च किए कर सकती है। गाँव–गाँव और शहर–शहर में बने जलस्रोतों को पुनरुद्धार किया जाना आवश्यक है। मोहल्ले, गाँव, शहर जहाँ भी ऐसे स्रोत है वहाँ के लोग मिलकर इन जलस्रोतों की जिम्मेदारियाँ अपने ऊपर लें। इनमें जमा कूड़े–कचरे, मिट्टी, कंकड़, झाड़ आदि को हटाएँ। जलस्रोतों के रखरखाव में अपनी व दूसरे लोगों की भागीदारी सुनिश्चित किये जाने की आवश्यकता है। अब तक जो भूल हमने की है उनका समाधान भी हमें मिलजुल कर ही करना है।

❑❑❑

अध्याय 12

फसलों में मृदा नमी संवेदक आधारित स्वचालित वास्तविक समय सिंचाई प्रणाली का संवेदक संजाल

भारत में कृषि सिंचाई में आने वाली समस्याओं को ध्यान में रखते हुए स्वदेशी तकनीक के प्रयोग से संवेदक संजाल आधारित वायरलेस सेंसिंग नेटवर्क (डब्ल्यू.एस.एन.) प्रणाली का विकास, परीक्षण, अवलोकन तथा मूल्यांकन करने व उपयुक्त सिंचाई हेतु फसलों में जल की आवश्यकता का अवलोकन करना अति आवश्यक होता है। यदि फसलों की जल माँग के वैज्ञानिक निर्धारण के आधार पर सिंचाई की मात्रा का पता लग सके तो इसके बाद किसान का काम बड़ा ही आसान हो जाता है। इस यंत्र के प्रयोग से मृदा में उपलब्ध नमी का/मापन हो जाता है और आंकड़ा सीधे आंकड़ा संग्रहण क्षेत्र में संग्रह कर किया जाता है। तत्पश्चात मोटर को चलाने के लिए नियंत्रण सिग्नल दे दिया जाता है।

इस नवोन्मेषी यंत्र का विकास भारतीय कृषि अनुसंधान संस्थान, नई दिल्ली स्थित जल प्रौद्योगिकी केन्द्र पर किया गया है। यह पूर्णतः स्वदेशी है और इसकी लागत अत्यंत कम है। इस यंत्र को एक साधारण जानकार मैकेनिक अथवा विद्युत तथा इलेक्ट्रोनिक अभियंता के द्वारा अथवा किसी रेडियों मिस्त्री के द्वारा भी बनाया जा सकता है। इस यंत्र की लागत 10000/– रूपये से कम होती है। इस यंत्र से वास्तविक समय पर आवश्यक जल की सिंचाई की कम मात्रा का निर्धारण सम्भव है। इस अध्याय में संवेदक आधारित वास्तविक समय सिंचाई यंत्र द्वारा सिंचाई जल की मात्रा का निर्धारण कैसे किया जाता है इस पर प्रकाश डाला गया है।

विकसित डब्ल्यूएसएन सिंचाई के द्वारा फसलों में जल की आवश्यकता का आंकलन

फसलों में जल की आश्यकता का अर्थ है कि जल, मृदा और उर्वरता सहित मृदा की स्थिति को सीमित करने तथा किसी निश्चित समय में मृदा वातावरण में माध्यम द्वारा पूरी क्षमता के साथ रोग मुक्त फसलों के वाष्पीकरण द्वारा जल हानि को पूरा किया जा सके (गीर्ट एवं अन्य, 2009)। दैनिक आधार पर बैंगन, टमाटर और प्याज में वाष्पोत्सर्जन की गणना की गई थी और एक सप्ताह सिंचाई कंडीडेटियल ड्रिप प्रणाली में निर्धारित की गई थी। फसल वाष्पोत्सर्जन का अनुमान था कि ईटीओ को फसल गुणांक को बढ़ाना होगा।

अर्थात् फसल वाष्पन (ईटीसी) = मूलभूत वाष्पन (ईटीओ) × फसल गुणांक (के.सी.). 1

फसल जल आवश्यकता की गणना समीकरण (2) के द्वारा की गई थी।

फसल जल आवश्यकता = फसल वाष्पन × क्षेत्रफल × फसल गुणांक
(ईटीसी × एसी ×केसी) / सिंचाई दक्षता (ई.) 2

स्वचालित डब्ल्यूएसएन प्रणाली का विकास

खेत में जांच के बाद, पूरी प्रणाली को विकसित किया गया और परीक्षण किया गया था, जिसमें तीन फसलों प्याज, बैंगन एवं टमाटर शामिल थे। खाका, संवेदी सर्किट और विकसित प्रणाली का प्रवाह चित्रः 1 से 4 में दिखाया गया है। विकसित डब्ल्यू.एस.एन. सिंचाई प्रबंधन प्रणाली को चित्रः 5 में दिखाया गया है। मृदा नमी संवेदक आधारित स्वचालित सिंचाई प्रणाली का खाका चित्रः 2 में, विकसित स्वचालित संवेदक विद्युत सर्किट 3 में तथा विकसित संवेदक प्रणाली का प्रवाह चार्ट को चित्रः 4 में दर्शाया गया है। चित्रः 5 सर्किट डायग्राममेड और विकसित सूक्ष्म नियंत्रक आधारित स्वचालित डब्ल्यू.एस. एन. सिंचाई प्रणाली एवं डब्ल्यू.एस.एन. के संचालन सिद्धांत का पता चलता है।

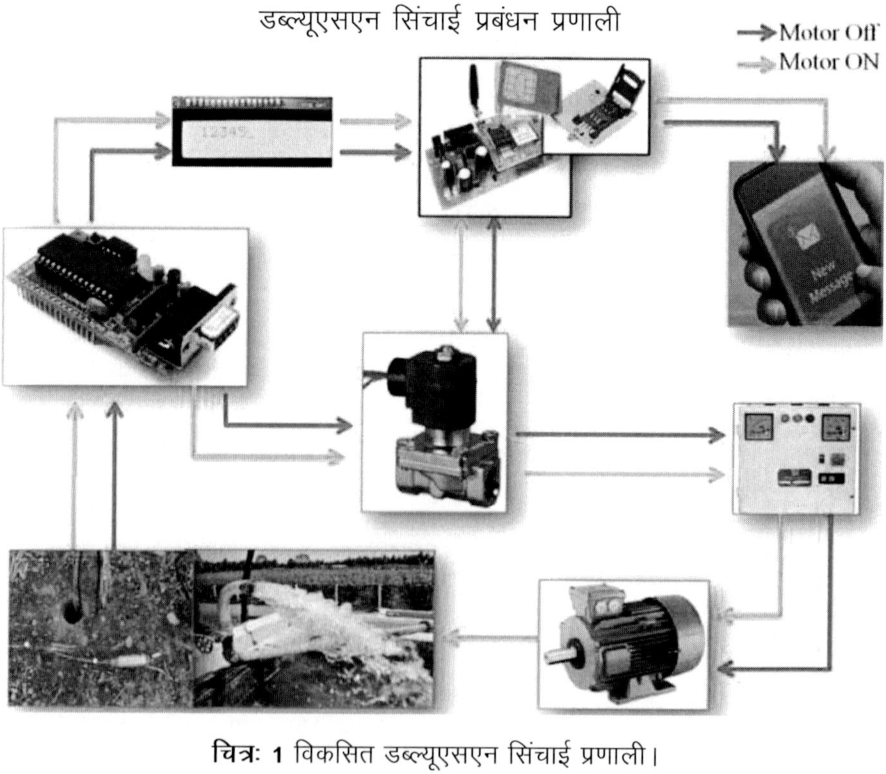

चित्रः 1 विकसित डब्ल्यूएसएन सिंचाई प्रणाली।

Layout of the Soil Moisture Sensor Based Automated Irrigation System

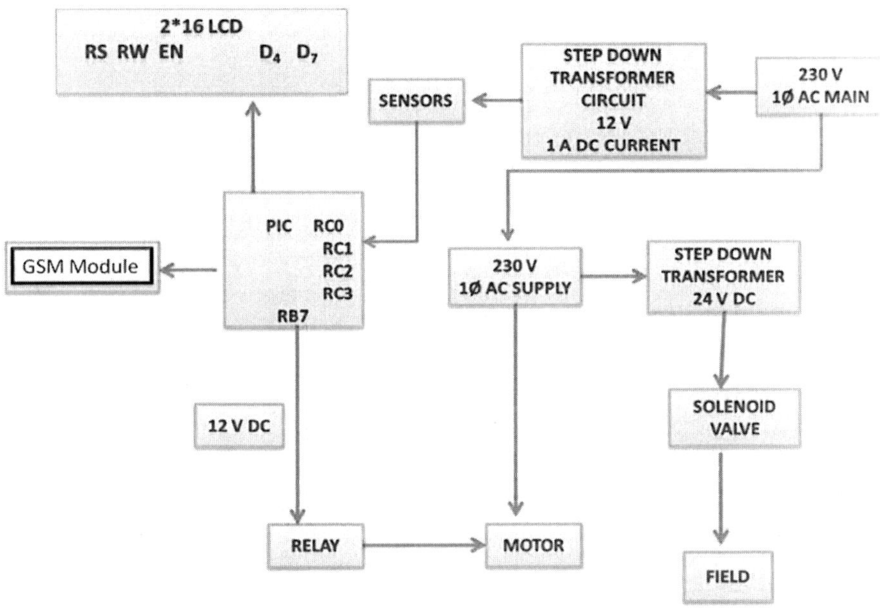

चित्रः 2 मृदा नमी संवेदक आधारित स्वचालित सिंचाई प्रणाली का खाका।

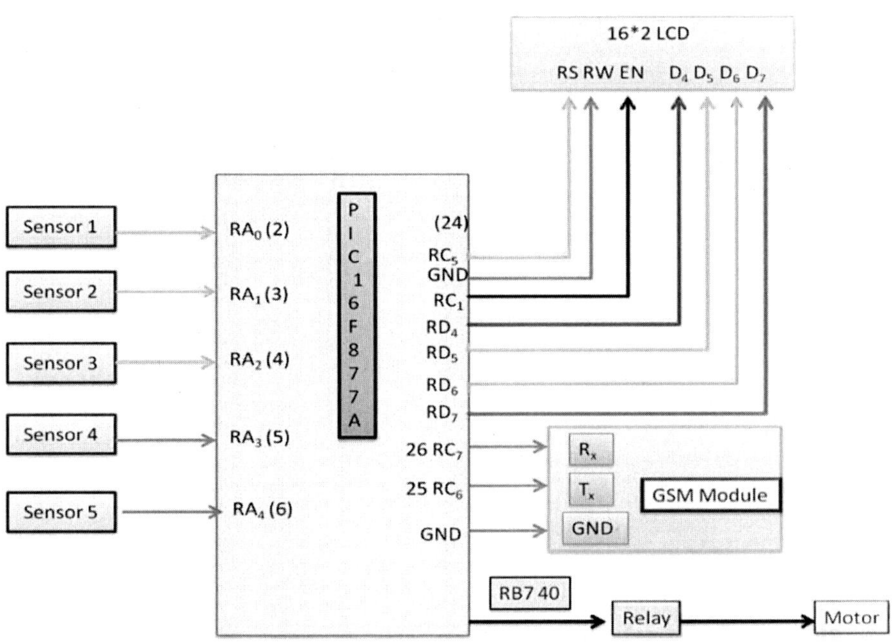

चित्रः 3 विकसित स्वचालित संवेदक विद्युत सर्किट।

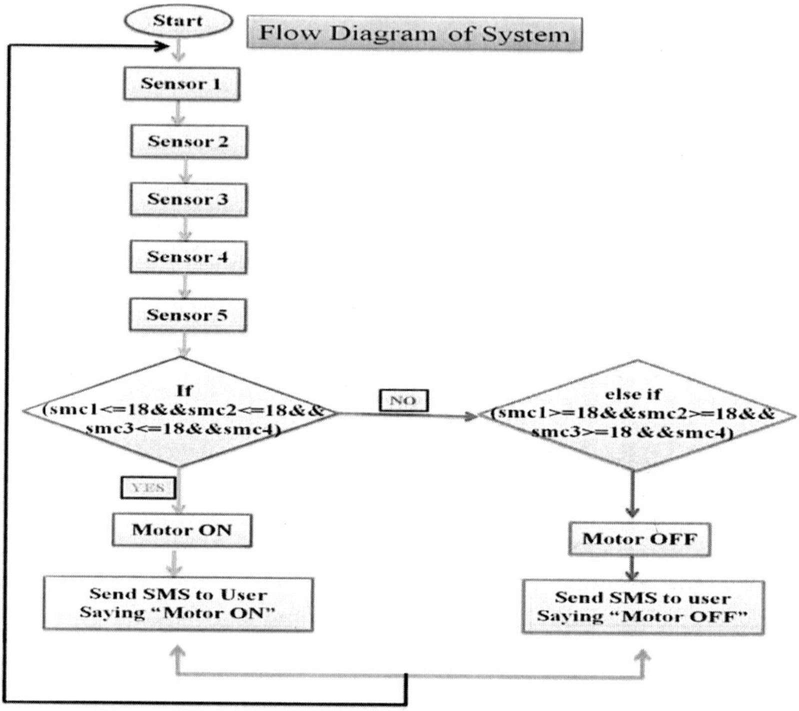

चित्रः 4 विकसित संवेदक प्रणाली का प्रवाह चार्ट।

चित्र 5: (क) विकसितडब्ल्यूएसएन **(ख)** खेत में विकसित डब्ल्यूएसएन से जुड़ाव

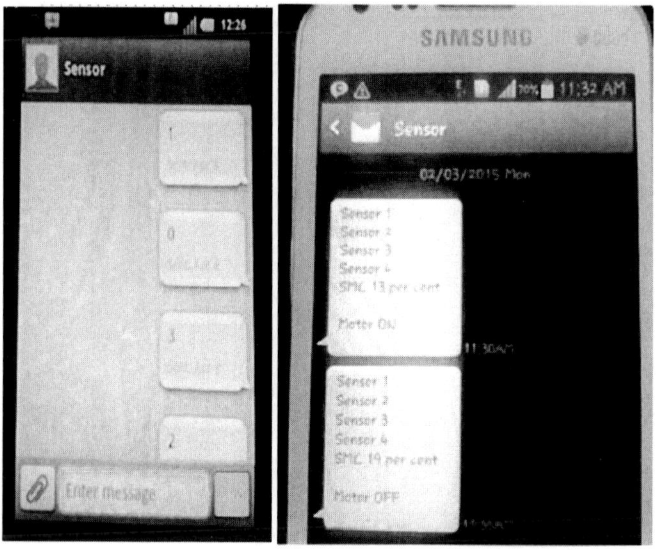

चित्र: 5 ग विभिन्न संवेदकों द्वारा चालू/बंद के रूप में मोबाइल में प्राप्त पाठ संदेश **(क, ख व ग)** खेत में विकसित प्रणाली के सर्किट और कनेक्शन।

मृदा नमी अवधारणा वक्र

खेत में स्थापित किए गए अध्ययन के द्वारा मृदा नमी संवेदक का उपयोग करके मृदा नमी अवधारणा वक्र को विकसित किया गया था। मृदा नमी सामग्री रीडिंग्स को वाई–अक्ष पर और मृदा प्रोफाइल में विभिन्न परतों के लिए मृदा मैट्रिक क्षमता को एक्स–अक्ष पर चित्रित किया गया था जैसा कि चित्र 6 से 9 में दिखाया गया है।

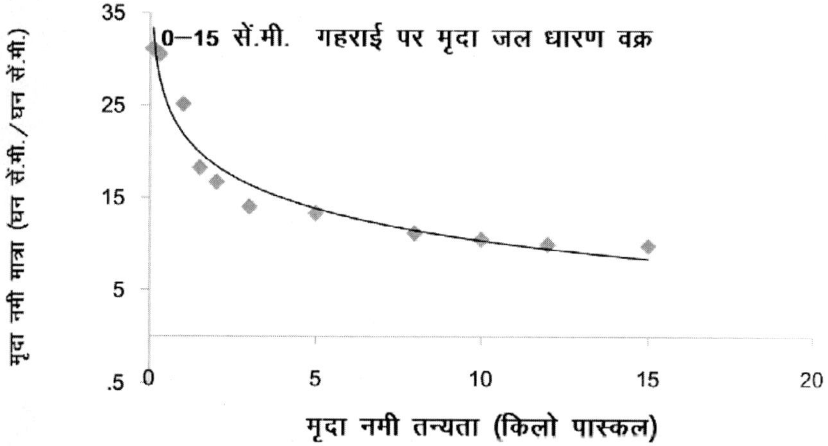

चित्र: 6 जिप्सम ब्लॉक संवेदक का उपयोग करके 15 सें.मी. मृदा गहराई में मृदा अवधारणा विशेषता वक्र

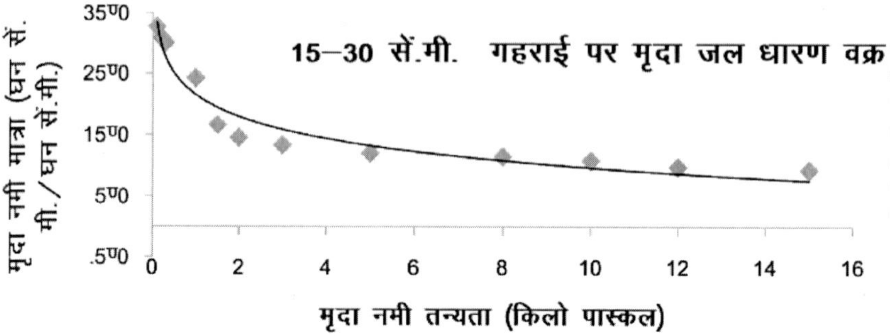

चित्रः 7 जिप्सम ब्लॉक संवेदक का उपयोग करके 30 सें.मी. मृदा गहराई में मृदा अवधारणा विशेषता वक्र

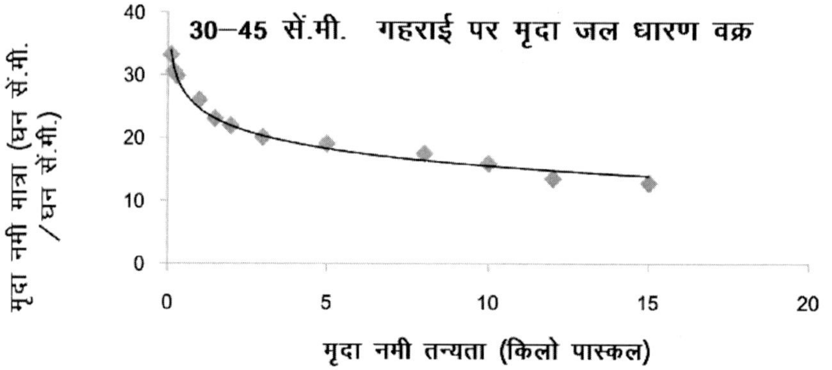

चित्रः 8 जिप्सम ब्लॉक संवेदक का उपयोग करके 45 सें.मी. मृदा गहराई में मृदा अवधारणा विशेषता वक्र

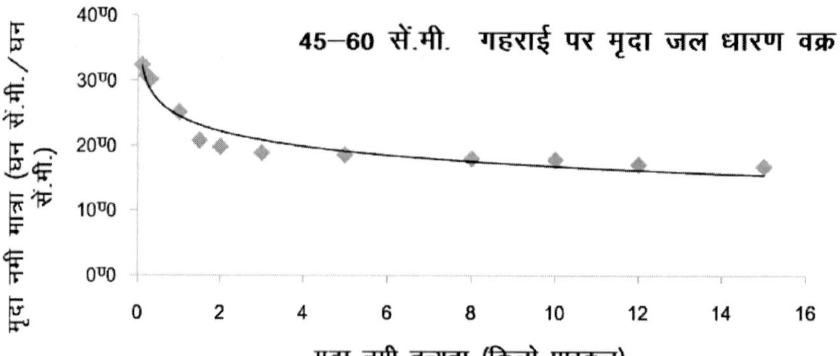

चित्रः 9 जिप्सम ब्लॉक संवेदक का उपयोग करके 60 सें.मी. मृदा गहराई में मृदा अवधारणा विशेषता वक्र

विकसित मोबाइल संचालित स्वचालित प्रणाली का प्रदर्शन

प्रयोगशाला और खेत प्रयोगों के आधार पर, यह पाया गया कि विकसित प्रणाली सूक्ष्म नियंत्रक इकाई में कार्यक्रम की स्थितियों के आधार पर खेत को सिंचाई करने में सक्षम थी। मूल्यांकन के विशिष्ट परिणामों को निम्नलिखित प्रस्तुत अनुच्छेद में किया गया है।

स्वचालित प्रणाली को प्रयोग करक सूचीकरण के लिए मृदा नमी की मात्रा में भिन्नता

विकसित एकीकृत स्वचालित प्रणाली डब्ल्यूएसएन के साथ ड्रिप सिंचाई की स्थिति का परीक्षण दो भूखंड़ों (चॉ एवं अन्य, 2009) में किया गया था। फसल में जल की आवश्यकता के आधार पर स्वचालन के अंतर्गत मृदा नमी का पता चलता है। चित्र 8 में दिनों की अवधि के लिए दैनिक मृदा नमी सामग्री भिन्नता 24 से 26 प्रतिशत तक दर्शाती है। पिछली सिंचाई से हर तीन दिन के अंतराल उपरान्त प्रणाली ने हर चौथे दिन पर फसल को सिंचित किया। खेत को 10 दिनों की अवधि के लिए प्रणाली 1, 5 और 9 की क्षमता पर सिंचित किया गया। सिंचाई के 24 घंटे के बाद मृदा नमी क्षेत्र क्षमता के लगभग पहुँचती है और अगले दो दिनों में कम हो जाती है। प्रयोगात्मक अवधि के दौरान प्रणाली ने मृदा नमी को क्षेत्र क्षमता के लगभग बनाए रखा। विकसित स्वचालित प्रणाली का उपयोग करके विभिन्न फसलों मृदा नमी भिन्नता को ड्रिप सिंचाई के द्वारा अलग–अलग जल आवश्यकताओं हेतु विकसित जिप्सम ब्लॉक संवेदक द्वारा मापा गया था। जिसे चित्र 10 व 12 में दर्शाया गया है। परिणामों से ज्ञात हुआ कि जल की आवश्यकता भूखंड द्वितीय से थोडा अधिक था। यह अंतर मुख्य रूप से जल की माँग के आकलन के कारण था क्योंकि मृदा संरचना में भिन्नता थी। विकसित मौसम फसल के जड़ में मृदा नमी बनाए रखने में अत्यधिक सफल रहा।

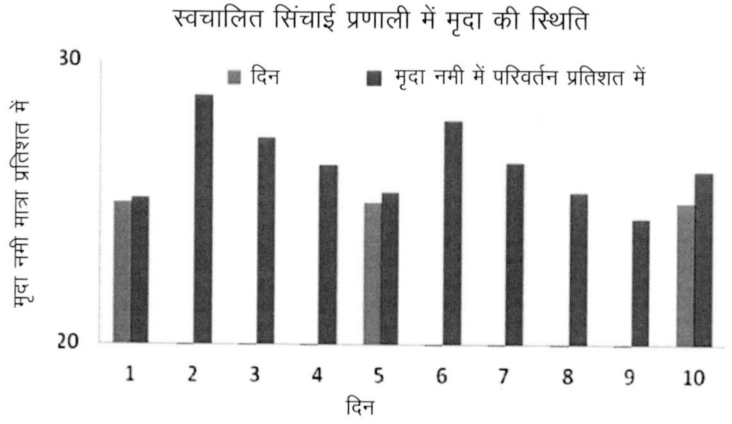

चित्रः 10 डब्ल्यूएसएन प्रणाली पर आधारित स्वचालन के आधार पर मृदा नमी की स्थिति

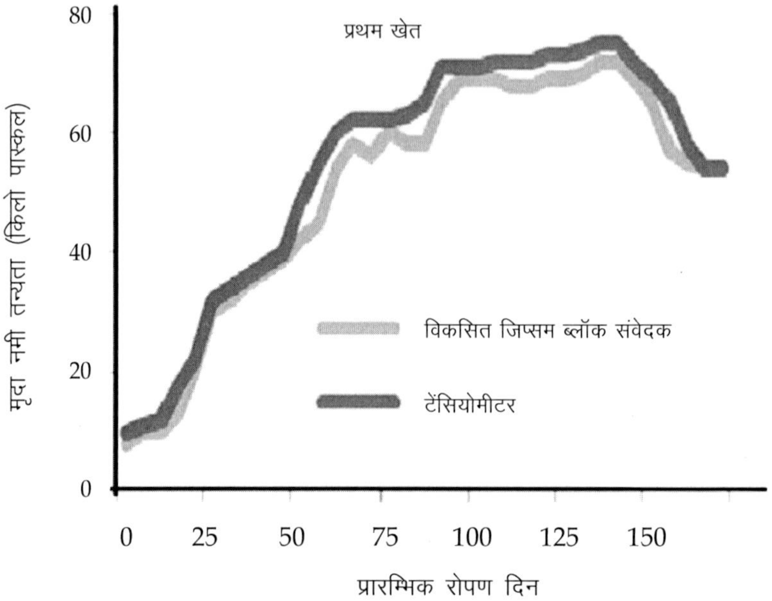

चित्रः 11 विभिन्न फसलों के लिए भूखंड़ों में जल की आवश्यकता (भूखंड प्रथम–टमाटर और भूखंड द्वितीय–प्याज)

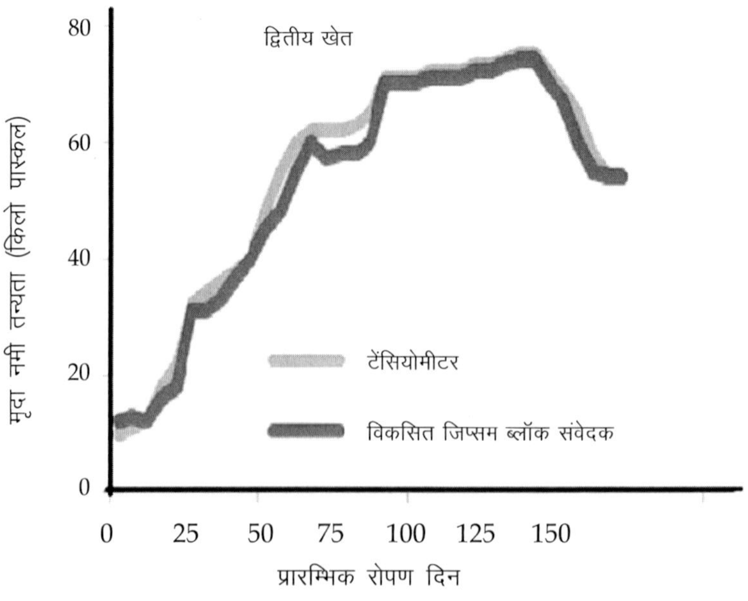

चित्रः 12 विभिन्न फसलों के लिए भूखंडों में जल की आवश्यकता (भूखंड द्वितीय–टमाटर और भूखंड द्वितीय–प्याज)

सांख्यिकीय विश्लेषण

इस अनुसंधान कार्य हेतु तीन सांख्यिकीय मापदंडों को प्रत्येक संवेदक के प्रदर्शन के आकलन के लिए अपनाया गया था जो कि मानक (ग्रेवीमैट्रिक) विधि द्वारा माप के विरुद्ध था। औसत अंतर का वर्णन करने के लिए सेंसर मान और ग्रेवीमैट्रिक मापन का प्रयोग किया गया (समीकरण 3)।

$$MD = \frac{\sum_{i=1}^{n} (Msi - Mgi)}{n} \qquad ......3$$

जहाँ पर,

M_{si}= संवेदक द्वारा प्राप्त मापन

M_{gi} = मानक (ग्रेविमेट्रिक) विधि द्वारा प्राप्त माप

n = नमूनों की संख्या

संवेदक वेल्यू के बीच कुल अंतर हेतु सापेक्ष जड़ वर्ग त्रुटि के रूप में गणना की गई थी और मृदा नमी के लिए गुरूत्वाकर्षण माप के अनुरूप गणना की गई थी जिसे समीकरण 4 के रूप में दर्शाया गया है।

$$RRMSE = \sqrt{\left[\sum_{i=1}^{n} (Msi - Mgi)^2\right]} \times \frac{100}{mg} \qquad ......4$$

जहां पर

Mgi = ग्रेविमेट्रिक औसत मापन विधि द्वारा गणना

$$Mg = \frac{1}{n}\sum_{i=1}^{n} Mgi \qquad ......5$$

संवेदक और मानक (ग्रेविमेट्रिक) के बीच समानता की गणना के लिए सहसम्बध गुणाँक का प्रयोग किया गया था। गणनित सेंसर के बीच अंतर के निर्धारण हेतु युग्मित टी–परीक्षण का उपयोग किया गया था। वर्तमान अध्ययन में, वास्तविक समय पर सिंचाई और चयनित फसलों में स्वचालित सिंचाई प्रणाली के प्रदर्शन मूल्यांकन के लिए मृदा नमी संवेदन प्रणाली विकसित करने के प्रयास किये गए। सूक्ष्म नियंत्रक आधारित स्वचालित सिंचाई प्रणाली के विकास की कार्यप्रणाली और उसके प्रदर्शन मूल्यांकन को निम्न अनुभाग में वर्णित किया गया है। इस लेख में प्रयोगों और प्रयोगशाला अध्ययनों से प्राप्त परिणाम निम्नलिखित हैः

सारणी 1. प्रथम भूखंड में विभिन्न मृदा गहराई पर संवेदक क्षमता की साख्यिकी स्मरण

संवेदक प्रथम खंड	गहराई सें.मी. में	अवलोकनों की संख्या	आरआर एमएसई	अवरोधन	ढ़ाल	सापेक्ष आधार	आर, वर्ग
जिप्सम	0.15	8	8.15	4.4	0.78	4.01	0.94
ब्लॉक	15.30	8	8.59	3.3	0.83	5.59	0.91
	30.45	8	10.76	2.0	0.94	8.99	0.95
	45.60	8	5.58	3.7	0.80	10.59	0.93
टेंसिओमीटर	0.15	8	5.69	0.9	0.94	0.98	0.96
	15.30	8	13.89	1.8	0.91	7.59	0.93
	30.45	8	7.586	0.7	1.05	6.78	0.91
	45.60	8	6.871	0.9	0.98	11.58	0.96

खेतों को सिंचन हेतु व्यक्ति अधिकांश चालित सिंचाई उपकरणों का उपयोग करते हैं तथा या तो वे सो जाते हैं या फिर रात में अपने घर चले जाते है ऐसा करने से जल संसाधनों का अति दोहन तथा राष्ट्रीय संपदा का नुकसान होता है। उक्त समस्या के समाधान हेतु एक स्मार्ट मोबाइल पहले एसएमएस आता एवं बाद में सिंचाई पूर्ण होने पर स्वयं उपकरण बंद भी हो जाता है। मोबाइल व शक्ति चालित सिंचाई उपकरण को जोड़ने के लिए एक डिवाइस का उपयोग किया जाता है। वर्तमान में इसका आमतौर पर प्रयोग बढ़ता जा रहा है।

❑❑❑

अध्याय 13

फसलों में संवेदक आधारित वास्तविक समय पर सिंचाईः मृदा नमी संवेदन प्रणाली का विकास

कृषि में जल संसाधन प्रकृति का अनुपम व निःशुल्क उपहार है। भारत देश में कृषि का लगभग 60 प्रतिशत से अधिक क्षेत्रफल वर्षा आश्रित है। अच्छी गुणवत्ता की फसल वृद्धि व उपज हेतु फसल वृद्धि अवस्था में सूर्य का प्रकाश, जल व पोषक तत्वों का महत्वपूर्ण स्थान है। यदि फसलों की वृद्धि के समय सिंचाई जल की कमी होती है और इसका अवैज्ञानिक प्रबंधन भी हो तो यह आर्थिक हानि व पर्यावरणीय दुष्परिणामों का कारण भी बनता है। इसके अलावा फसलों में जल की कमी जल तनाव (वॉटर स्ट्रेस) का कारण भी है। जबकि क्रांतिक सिंचाई जल में कमी के कारण उपज में कमी, प्रतिकूल मृदा वातयन, रोग और ऊर्जा ह्रास बढ़ जाता है (चावन एवं कर्ण डे, 2014)। फसल और तकनीकियों का एक कुशल समन्वय तथा सिंचाई प्रबंधन की संस्तुतियों को उन्नत जल उपयोग दक्षता हेतु जल के उपयोग में शामिल करना चाहिए (कार्डेनास–2012, पेरिया व अन्य, 2013)। फसलों में जल की खपत कम करने और उन्नत जल उपयोग दक्षता में सुधार के लिये सिंचाई जल का सही विधियों से न्याय एवं विवेकपूर्ण प्रयोग करना चाहिए ताकि सिंचित कृषि क्षेत्र से बचत जल को घरेलू, औद्योगिक और पर्यावरणीय इत्यादि अन्य क्षेत्रों की मांगों को पूरा किया जा सके।

मृदा में उचित नमी बनाए रखने के लिए सिंचाई जल को फसल जड़ क्षेत्र के आस–पास देने की सर्वोतम विधियों को अपनाया जाना चाहिए (काम्बले एवं अन्य, 1986)। मृदा नमी दक्षता हेतु सिंचाई निर्धारण के लिये मृदा के क्रांतिक गुण, पर्यावरण एवं फसल उत्पादन हेतु एक महत्वपूर्ण गुण हैं। सिंचाई का निर्धारण फसल के जड़ क्षेत्र में मृदा नमी की मात्रा को मापने और फसल जल आवश्यकता की गणना द्वारा किया जाता है (प्रतूषा एवं अन्य, 2013)। यदि वास्तविक समय में मृदा नमी ज्ञात हो सके तो सटीक वास्तविक समय सिंचाई निर्धारण किया जा सकता है। एक नवीन नवोन्मेषी सिंचाई प्रणाली का विकास किया गया है जिससे किसी भी समय मृदा में उचित नमी बनाये रखने के लिये समय (वास्तविक) पर सिंचाई करने हेतु निगरानी उपकरणों, संचार एवं संवेदन उपकरणों द्वारा सिंचाई की मात्रा तथा समय दोनों ही उचित समय पर नियंत्रित की जा सकती है। यह व्यवस्था तारयुक्त एवं तार रहित भी हो सकती है। संवेदन मृदा नमी, शक्ति व उत्थापक

(पम्पिंग) इकाई को संप्रेषण और नियंत्रित मृदा नमी संवेदक संजाल (डब्ल्यू एस एम एस एन) (सुरेश एवं अन्य, 2014) के रूप में जाना जाता है। डब्ल्यू.एस.एम.एस.एन. आधुनिक परिशुद्ध कृषि के क्षेत्र में रीढ़ की हड्डी की तरह कार्य करता है और यह फसल को वृद्धि व विकास की अवस्था के दौरान जल की सटीक व उचित समय पर सन्तुलित स्वचालित सिंचाई हेतु प्रयोग किया जाता है (कंचन एवं अन्य, 2014)। यह तापमान, वायु आर्द्रता, वायु दिशाओं और पत्ती की नमी, जलभराव की स्थिति, क्षेत्र और पर्यावरण की स्थितियों के बारे में वास्तविक समय के ज्ञान जैसे अन्य मापदंडों को समझने हेतु प्रयोग किया जा सकता है (नूर एवं अन्य, 2010)। इसके अलावा उपयोगकर्ता सभी कृषि आदानों जैसे जल व उर्वरक आदि के कुशल प्रबंधन से वांछित उद्देश्य की पूर्ति हेतु किसी भी समय अपनी रणनीतियों को समायोजित कर सकते हैं।

वर्तमान में वास्तविक समय में मृदा नमी स्थिरांक आंकड़ों के निरन्तर अवलोकन हेतु अनेक प्रकार के संवेदकों (सेंसरों) का प्रयोग किया जाता है। संसार में लगभग 57 प्रतिशत उत्पादक कृषि क्षेत्र में संगणक का प्रयोग करते हैं और इनमें से कई उत्पादकों को इंटरनेट और गतिशील सेवाओं तक पहुँच है (केयनी, 2001)। पिछले कुछ दशकों में मृदा नमी स्थिरांक के बिन्दु माप के लिये कई स्वचालित तकनीकियों का विकास और परीक्षण किया गया है। इन तकनीकियों में मुख्य रूप से टेंसिओमीटर, प्रतिरोधक ब्लॉक, आवृत्ति डोमेन रिपलेक्ट्रोमीटर (टीडीआर), टाइम डोमेन रिपलेक्ट्रोमीटर, न्यूट्रॉन जांच प्रौद्योगिकी, सुदूर संवेदन आदि के रूप में उनके कार्यात्मक आवश्यकताओं के आधार पर निम्नलिखित श्रेणियों में वर्गीकृत किया जा सकता है (रहीम एवं अन्य, 2013)।

उपलब्ध तकनीकियों में से सिंचाई प्रणाली के लिए सामान्य तौर पर टेंसिओमीटर, एफडीआर और प्रतिरोधक ब्लॉक संवेदक का उपयोग किया जाता है। हालांकि, टेंसिओमीटर की कई व्यावहारिक सीमाएँ हैं। शुष्क मौसम के दौरान टेंसिओमीटर नियमित रूप से सटीक रीडिंग के लिए जल भरने की आवश्यकता पड़ती है और इसकी सीमा 0 से–80 किलो पास्कल (केपीए) तक होती है। अप्रत्यक्ष रूप से मृदा मैट्रिक क्षमता (एसएमपी) के द्वारा प्रतिरोध ब्लॉक संवेदक मापन के कई लक्षण हैं जो विशेष रूप से वाणिज्यिक कृषि खेतों पर अनुसंधान प्रयोगों के अलावा सिंचाई निर्धारण के लिए आकर्षक बनाते हैं। इसका उपयोग आसान, मितव्ययी एवं न्यूनतम रखरखाव वाला होता है तथा अपेक्षाकृत व्यापक श्रेणी–10 से–200 केपीए (लिब एवं अन्य, 2002) है। प्रतिरोधक ब्लॉक संवेदक (सेंसर) का उपयोग प्रत्यक्ष मानव हाथ द्वारा संवेदित मृदा जल की (रीडिंग की माप) या डेटा लॉगर्स का प्रयोग करके स्वचालित रूप से चालू हो सकता है। मृदा नमी स्थिरांकों के प्रतिरोध ब्लॉक संवेदक (सेंसर) के साथ विद्युत प्रतिरोध को बदलने हेतु अंशाकन समीकरणों की आवश्यकता होती है। मृदा नमी स्थिरांक को मापने में सटीकता एवं संवेदनशीलता के संदर्भ में स्वचालित सिंचाई प्रणाली महत्पूर्ण है (लिबु एवं अन्य, 2003)। यह सेंसर उपयोगकर्ता के लिए पर्यावरण अनुकूल एवं सस्ता होना चाहिए (कर्डेना एवं अन्य, 2012, रेयस एवं अन्य, 2014)।

हालांकि बहुत कम शोधकर्ताओं ने अभी तक कम लागत वाले स्वचालित संवेदकों के विकसित करने के प्रयास किये हैं। उपलब्ध स्वचालित सिंचाई प्रणालियों की समस्याओं के निदान हेतु जिप्सम ब्लॉक मृदा नमी सेंसर का प्रयोग इस अध्ययन में किया गया है। वास्तविक समय पर स्वचालित सिंचाई प्रणाली मॉडल के साथ गतिशील ग्लोबल प्रणाली मॉडयूल के निम्नलिखित दो विशिष्ट उद्देश्य है –

1. वास्तविक समय पर सिंचाई हेतु मृदा नमी संवेदन प्रणाली का विकास।
2. चयनित फसल हेतु संवेदी प्रणाली क्षमता मूल्यांकन।

सामग्री एवं विधियाँ

उपरोक्त उद्देश्यों को प्राप्त करने के लिये भा.कृ.अ.सं. के जल प्रौद्योगिकी केन्द्र में परिशुद्ध कृषि विकास केन्द्र पर अनुसंधान कार्य किया गया तथा शोध संचालन में निम्नलिखित तिधियों एवं सागग्रियों को शामिल किया गया था जैसे;

अनुसंधान स्थान का विवरण

अनुसंधान का स्थान जल प्रौद्योगिकी केन्द्र के पीएफडीसी फार्म था जो समुद्र तल की औसत ऊँचाई स्तर उत्तरी अक्षांश एक 28°37/22//से 28°39/05//और 77°08/45// जव 77°10/24//पश्चिम में 230 मीटर पर उपस्थित है।

जलवायु

दिल्ली की यह विशेषता है कि यहाँ की जलवायु गर्म, सूखी गर्मी तथा ठंडे शीत से उष्ण कटिबंधीय आर्द्र शुष्क है। दिल्ली अर्ध शुष्क कृषि पारिस्थितकीय क्षेत्र के अन्तर्गत आती है। यहाँ का औसत तापक्रम 25 डिग्री सेल्सियस है। मई–जून माह में यहाँ का तापक्रम 45 डिग्री सेल्सियस तक पहुँच जाता है और औसत वार्षिक वर्षा 714 मि.मी. होती है जिसमें से 75 प्रतिशत मानसून अवधि के दौरान जून से सितम्बर तक प्राप्त होती है। दिल्ली की औसत सापेक्ष आर्द्रता 34.1 से 97.9 प्रतिशत तक तथा औसत हवा की गति 0.45 से 3.96 मीटर प्रति सेकेंड के बीच होती है।

अनुसंधान कार्य की योजना

कार्य और समय निर्धारण के साथ संतृप्त विधि से आयोजित करके अनुसंधान कार्य की योजना बनाई गई थी।

वास्तविक समय के लिये मृदा नमी संवेदन प्रणाली का विकास

1. प्लास्टर ऑफ पेरिस का उपयोग करके मृदा नमी संवेदक का निर्माण।
2. खेत की अवस्था में संवेदक का स्थापनः पौधों के जड़ क्षेत्र के पास संवेदक स्थापित किया गया।
3. ड्रिप शीर्ष के साथ एकीकृतः नियंत्रक एवं शीर्ष इकाई के साथ संवेदक को जोड़ा गया।
4. इन गतिविधियों को चार माह की समय–सीमा में पूरा करने के लिए निर्धारित किया गया था। इसमें बहुत ही उच्च इलेक्ट्रोनिक तकनीकी प्रकृति की होने के कारण, वास्तविक समय पर सिंचाई निर्धारण में पर्याप्त समय लिया।

चयनित फसल हेतु संवेदी प्रणाली का प्रदर्शन तथा मूल्यांकन

1. मृदा नमी बनाम प्रतिरोध की स्थिति पर जांच करके मापदंडों का प्रदर्शन।
2. मानक विधियों के साथ विकसित संवेदक की परीक्षा।
3. चयनित फसलों पर विकसित संवेदक का परीक्षण।

संवेदक के निर्माण हेतु कार्यप्रणाली

वास्तविक समय सिंचाई हेतु मृदा नमी संवेदन प्रणाली के विकास में उपयोग की जाने वाली सामग्रियों और प्रणाली का वर्णन करता है। मृदा नमी संवेदन प्रणाली के निर्माण हेतु विभिन्न घटकों का एक संवेदक खरीदा गया था, जिसे प्रयोगात्मक प्रक्षेत्र में स्थापित करके, उसके ऊपर तीन विशिष्ट फसलों पर परीक्षण किया गया तथा जिसमें जिप्सम ब्लॉक संवेदक को मानक विधि के सापेक्ष संशोधित (कैलिब्रेट) किया। मृदा में विभिन्न जल उपलब्धता की स्थिति के आधार पर संवेदक के उत्पादन और मृदा नमी के बीच संबंध उत्पन्न हुए थे तथा संवेदकों द्वारा दिये गये परिणामों को नोट किया गया (सेंसर आउटपुट रिकोर्ड किये गए थे)।

जिप्सम ब्लॉक संवेदक का कार्य सिंद्धात

यह प्रतिरोधक संवेदक है जो एक बाहरी स्रोत से उच्च वैद्युत विभव प्रदान करने पर धारा के प्रतिरोध की गणना के (डिवाइस इलेक्टोड में वोल्टेज) अनुप्रयोग पर कार्य करता है। यह माध्यम मृदा के बीच में इलेक्ट्रोड को रोकने में सहायक है। मृदा में नमी भिन्न–2 होती है जिससे इलेक्ट्रोड के प्रतिरोध में भिन्नता ज्ञात होती है। इस वोल्टेज का प्रयोग मृदा नमी की स्थिति निर्धारण करने में किया जा सकता है।

जिप्सम प्रतिरोधक ब्लॉक का विवरण

निर्मित जिप्सम ब्लॉक एक ठोस विद्युत प्रतिरोध संवेदक,जिप्सम क्रिस्टल के साथ मिश्रित पारगम्य झिल्ली एवं एक छिद्रित स्टैनलेस स्टील है। मृदा नमी की माप ब्लॉक की विद्युत प्रतिरोधकता पर आधारित होती है जो जल स्थिरांक को बढ़ाती है तथा इसके विपरीत घट जाती है। छिद्रयुक्त ब्लॉक से गुजरने वाली विद्युत की मात्रा सामग्री और आंशिक रूप से जल स्थिरांक पर निर्भर होती है। इस संवेदक को मृदा की ऊपरी सतह के अन्दर स्थापित करके मृदा नमी संतुलन तक पहुँचने दिया गया था। मृदा में अप्रत्यक्ष रूप से प्रतिरोध के आधार पर मृदा नमी तनाव को मापने के लिये स्टेनलेस स्टील इलेक्ट्रोड जिप्सम ब्लॉक में लगाए गए थे। जब उपलबध सिंचाई देकर मृदा को गीला किया गया तो मृदा की विद्युत प्रतिरोध कम हो गई तथा ब्लॉक के विद्युत प्रतिरोध में वृद्धि हुई। जिप्सम ब्लॉक संवेदक द्वारा मृदा नमी का मापन दो चरणों में सम्मिलित हैः 1. मृदा मैट्रिक विभव क्षमता के प्रतिरोधक मान का रूपान्तरण और 2. मात्रात्मक मृदा जल स्थिरांक के लिये मृदा मैट्रिक क्षगता का रूपान्तरण। ये संवेदक 10 केपीए से 200 केपीए तक अलग–अलग मृदा नमी तनाव को माप सकते हैं, जो कि सम्पूर्ण सीमा, सिंचाई निर्धारण के लिये आवश्यक है। सभी प्रकार की मृदाओं के लिए उपयुक्त है। यद्यपि, मोटी या गंभीर मृदाओं के लिए, एक बडे छेद (25 से 30 मिमी व्यास) की आवश्यकता हो सकती है, इसलिए, उचित आकार के जिप्सम ब्लॉक जल प्रौद्योगिकी केन्द्र, भा.कृ.अनु.सं. नई दिल्ली की प्रयोगशाला में तैयार किए गए थे। बायोकस (1949) के अनुसार निम्नलिखित मानक सुझाव हैंः–

जिप्सम ब्लॉक संवेदक का निर्माण और विनिर्देश

(क) स्टेनलेस स्टील के तार

(ख) लकडी का बॉक्स (ढ़ांचा)

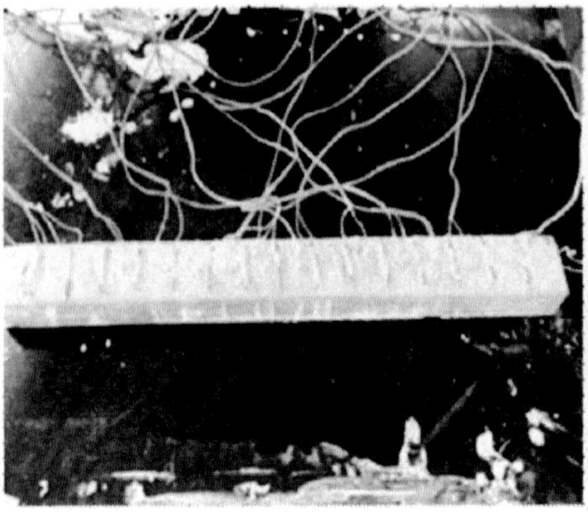

(ग) संवेदक का विनिर्माण

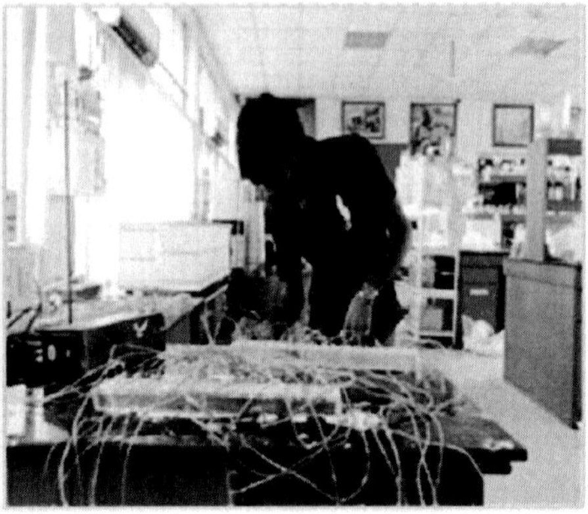

(घ) संवेदकों का परीक्षण

चित्रः 1 (क, ख, ग एवं घ) लकड़ी के बक्सों में जिप्सम ब्लॉक का विनिर्माण।

उपयोग के लिये तैयार जिप्सम ब्लॉक संवेदक

चित्रः 2 जिप्सम ब्लॉक निर्माण के विभिन्न चरण

जिप्सम ब्लॉक संवेदक का निर्माण तथा विशेषता

जिप्सम ब्लॉक संवेदक के निर्माण हेतु एक मोल्ड, जिसका आकार 5 ×4 ×2.5 सें.मी. (15 घन सें.मी.) था, जिसके लिये लकड़ी के बक्से के फ्रेम में 10 मि.मी. मोटाई के प्लाई बोर्ड का उपयोग किया गया था, लिया गया था। दो 22 मेश स्टेनलेस स्टील के स्क्रीन इलेक्ट्रोड जिसका आकार 1.0 25×0.5 सें.मी. था, पीवीसी के साथ 0.1 सें.मी. व्यास वाले एक सिंगल कोर वाले तार से जुड़े थे। लेपित तार और इलेक्ट्रोड एकल प्लाई एल्यूमीनियम को तारों की सहायता से बाहर ले जाया गया। इलेक्ट्रोड 1 सें.मी. अलग तथा ब्लॉक के

बीच में जड़े थे। जिप्सम ब्लॉक तैयार करने के लिए 10 भागों में प्लास्टर ऑफ पेरिस के साथ 8 भागों मे आसुत जल मिश्रित किया गया था। जिप्सम ब्लॉक संवेदक के निर्माण के विभिन्न चरणों को चित्र 1 क, ख, ग एव घ में दर्शाया गया है एवं तैयार संवेदक को चित्रः 2 में प्रदर्शित किया गया है।

जिप्सम ब्लॉकों का अंशाकन

विकसित संवेदक हेतु प्रतिरोध के आधार पर अंशांकन समीकरण का उपयोग किया गया।

छोटे आर के लिए1 Ω :-

P=-20[R+0.018(T-240)-0.55] 1

आर 1 kΩ: और 8 kΩds बीच P= (-30213R-4.093)/(1-0.009733R-0.01205T) 2

बडे आर और 8 kΩ:-P= -2.246-5.239R (1+0.018(T-24))-0.0675R^2 $(1+0.018(T-24))^2$ 3

जहाँ परः

पी – केपीए में मृदा जल क्षमता

आर – kΩ में प्रतिरोध मापन

टी – मृदा तापक्रम सेंल्सियस में

मृदा विश्लेषण और आंकडा संग्रह

खेत में विभिन्न स्थानों के भौतिक एवं रासायनिक गुणों को निर्धारित करने हेतु मृदा नमूनों को लिया गया था। प्रयोगात्मक खेत की बलुई दोमट मृदा थी। खेत में ट्यूब ऑगर का प्रयोग करके 60 सें.मी. तक गहराई से मृदा नमूने लेकर मृदा कण आकार वितरण, स्थूलता घनत्व, क्षेत्र क्षमता, स्थाई मुरझान बिन्दु, मृदा नमी, मृदा मैट्रिक विभव, विद्युत चालकता आदि भौतिक गुणों को निर्धारण करके उनका विश्लेषण किया गया था। विभिन्न मृदा मापदंड़ों के विश्लेषण हेतु प्रणालियाँ सारणीः 1 में तथा मृदा भौतिक गुण सारणीः 2 में दिए गए हैं।

सारणीः 1 मृदा विश्लेषण हेतु विभिन्न विधियां

मापदंड	**विधियाँ / उपकरण**
मृदा गठन	हाइड्रोमीटर
स्थूल घनत्व	गुरुत्व विधि
विद्युत चालकता	स्थिरांक शीर्ष मापदंड
क्षेत्र क्षमता एवं स्थाई मुर्झान बिन्दु	प्रेशर प्लेट एपरेटस

सारणीः 2 अध्ययन क्षेत्र की मृदा की विभिन्न सतहों की भौतिक गुणधार्मिता

मृदा सतह की गहराई (सें.मी.)	**कण का आकार वितरण (%)**			**मृदा गठन श्रेणी घनत्व (ग्रा/घन सें.मी.**	**स्थूलता क्षेत्र क्षमता गुरुत्व आधार पर (%)**		**स्थाई मुर्झान बिन्दु (%)**
	बालू	**दोमट**	**मृत्तिका**				
0.15	67.5	12.5	20	दोमट मृदा	1.32	30.5	9.8
15.30	66.1	13.1	20.8	दोमट मृदा	1.38	30.1	9.3
30.45	65.9	12.8	21.3	दोमट मृदा	1.47	29.8	12.8
45.60	64.9	13.3	21.8	दोमट मृदा	1.48	30.1	16.8

मृदा नमी की विशेषता वक्र

मृदा नमी की विशेषता वक्र का उपयोग प्रेशर प्लेट उपकरण का उपयोग करके प्रयोगात्मक मृदा को निर्धारित करने के लिए किया गया था (रिचर्ड, 1947)। मृदा नमी विशेषताओं को विकसित करने के लिये कुल 24 नमूने एकत्र किए गए थे। प्रत्येक के लिए 0 से 15 केपीए के बीच अलग–अलग प्रतिबलों पर मृदा नमी की मात्रा निर्धारित की गई थी। चित्रः 3 में 0.3, 0.1, 1, 3, 5, 10 और 15 बार के सिरेमिक प्लेटों वाले दबाव कक्ष का उपयोग किया गया था। चित्रः 4 में मृदा नमी अवस्था हेतु प्रयोगात्मक क्षेत्र की बलुई दोमट मृदा का प्रयोग करके दिखाया गया है।

चित्रः 3 में मृदा नमी विशेषता वक्र विकसित करने हेतु प्रेशर प्लेट का उपयोग।

प्रक्षेत्र प्रयोगात्मक परीक्षण

यह खेत दो उपप्रक्षेत्रों में विभाजित किया गया था जो प्रत्येक 10 × 15 मीटर (150 वर्ग मीटर) मापता है। प्रत्येक प्रक्षेत्र को 16 मि.मी. के व्यास में 9 ड्रिप पार्श्वनलियों (लैटरल्स) का उपयोग करके सिंचित किया गया था जिसमें 50 सें.मी. की दूरी पर 1.0 एलएफएच निस्तारण पार्श्व थे। मृदा नमी संवेदक अर्थात् दानेदार मैट्रिक्स संवेदक (5 नम्बर), जिप्सम ब्लॉक संवेदक (5 नम्बर), बारम्बारता डोमेन परावर्तक (एफडीआर) (5 नम्बर), तथा टेंसीओमीटर (5 नम्बर), प्रत्येक प्लाट में 60 सें.मी. की गहराई के अतिरिक्त ट्यूब में स्थापित किये गये थे (चित्रः 3 एवं 4)। इन सेंसर को निर्माता की सिफारिशों और निर्देशों की प्रक्रिया और संचालन के अनुसार निष्पादित किया गया था। दबाव आधारित उपकरण (प्रसेर प्लेट एपारेटस) द्वारा मृदा नमी वैश्विक वक्र को चित्रः 4 में दर्शाया गया है।

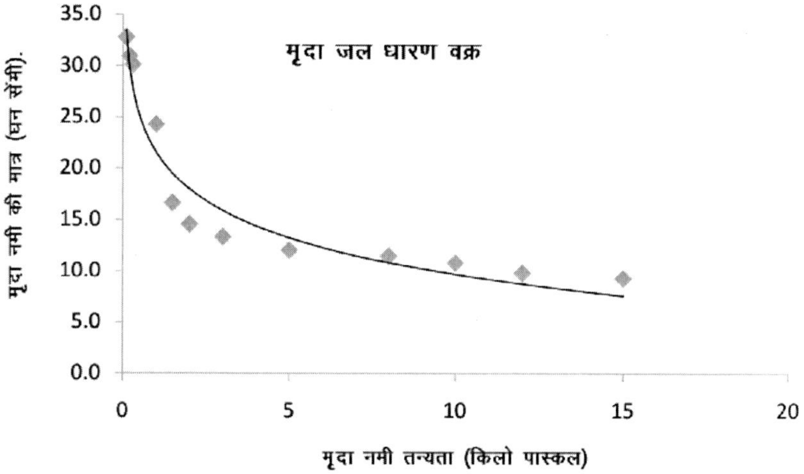

चित्रः 4 मृदा नमी धारण एवं मृदा तन्यता वक्र

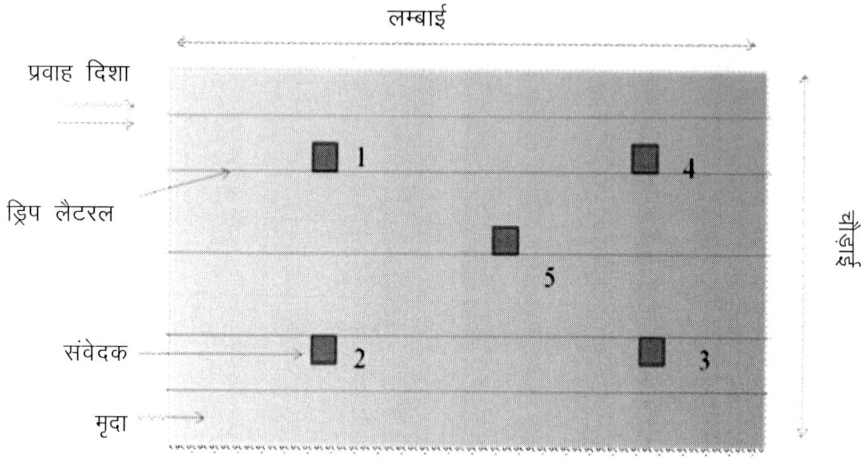

चित्रः 5 खेत में सेंसर का विन्यास और स्थापना।

चयनित फसल हेतु सेंसिंग प्रणाली के प्रदर्शन का मूल्यांकन

वर्तमान अनुसंधान का दूसरा उद्देश्य वास्तविक समय पर सिंचाई निर्धारण हेतु विकसित प्रणाली के प्रदर्शन का मूल्यांकन करना था। इसलिए विकसित सेंसर माइक्रों कंट्रोल और ड्रिप सिंचाई शीर्ष कार्यो से जोड़ा गया था। इस विभाग में स्वचालित सिंचाई प्रणाली के साथ तीन फसलों (टमाटर, बैंगन और प्याज) में विकसित वायरलेस संवेदक और डब्ल्यूयूएसएन के प्रदर्शन मूल्यांकन हेतु अपनाए गए।

खेत में सेंसर की स्थापनाः जिप्सम ब्लॉक सेंसर और टेंसिओमीटर दो उपप्रक्षेत्रों में विभिन्न गहराई 0–15, 15–30, 30–45 और 45 से 60 सें.मी. पर स्थापित किए गए थे, जैसा कि चित्रः 5 तथा 6 में दर्शाया गया है।

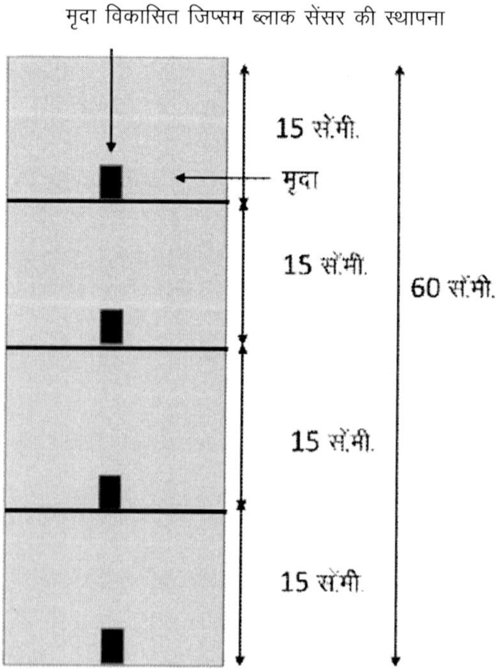

चित्रः 6 विभिन्न गहराई पर विकसित जिप्सम ब्लॉक सेंसर की स्थापना।

संवेदक निर्गत (मृदा नमी स्थिरांक का प्रयोग करके प्रतिरोध मानों में विकसित समीकरण 1 से 3 परिवर्तित किया गया) प्रति दिन 10.00 बजे नोट (रिकॉर्ड) किया गया था और उसी समय में मृदा नमी संवेदक के अंशांकन हेतु गुरुत्वाकर्षण विश्लेषण के लिए मृदा नमूने भी लिये गये थे। टमाटर, प्याज और बैंगन फसलों के पौधों को उपलब्ध मृदा नमी में परिवर्तनशीलता की देखरेख हेतु दो पौधों की पंक्तियों के बीच ड्रिप टेप के साथ मृदा नमी संवेदक लगाए गए थे (मारजकी एवं अन्य, 2011)। मृदा जल के समूह प्रवाह को कम करने के लिए (बडे पैमाने पर मृदा नमी के निर्धारण के लिए नमूने संग्रह के कारण से बनाया गया) नमूना छेद की बनावट, संरचना और घनत्व के मृदा से भर दिया गया।

विकसित संवेदक का चयनित फसलों पर परीक्षण

जिप्सम ब्लॉक संवेदक को किसी भी तनाव मीटर के विपरीत किसी भी संयोजन की आवश्यकता नहीं होती है। यद्यपि, इसके अंशांकन और सही स्थापना के लिए कुछ दिशाओं का पालन किया गया था। जिप्सम ब्लॉक 6 सें.मी. व्यास के पीवीसी पाइपों में डाले गये थे तथा लटका हुआ तारों के साथ प्रोब्स को मापन के लिए प्रयोग किया गया था। खेत में स्थापना से पहले प्रोब को जल में भिगोया गया था। परीक्षण से पहले सुबह 30 मिनट में सिंचाई जल में गीला हो गया, शाम तक सूख गया, रातभर गीला किया गया और टमाटर, प्याज और बैंगन फसलों में अगली सुबह संवेदक की प्रक्रिया और सटीकता में सुधार के लिए गीला रहा।

संवेदक के साथ जीएसएम मॉडयूल के घटकों को एकत्र करना

स्वचालित रूप से ड्रिप सिंचाई प्रणाली को संचालित करने हेतु, जीएसएम मॉडयूल और अन्य सभी सेंसर नेटवर्क के घटकों को अच्छी तरह से व्यवस्थित विधियों से जोड़ा गया था। इसके लिए सभी आईसी इंटरफेस सर्किट को बोर्ड पर एकत्र किया गया था। सभी अवयवों (साडरिंग रॉड को प्रयुक्त करके) डिजाइन के अनुसार जोड कर सर्किट का विकास किया गया था। विकसित सर्किट को 2 अश्व शक्ति की क्षमता वाले मोटर से सिंचाई के लिए जोड़ा गया था। एक 12 वीडीसी रिले का उपयोग जल पंप में 230 वीएसी की सहायता से संचालित किया गया था, जिसे चित्रः 7 में दर्शाया गया है।

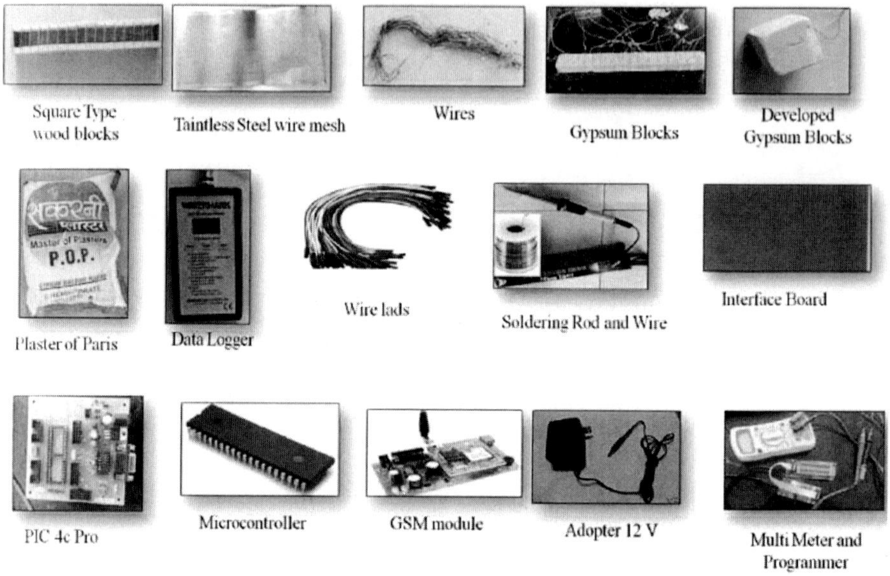

चित्रः 7 स्वचालित सिंचाई प्रणाली में मृदा नमी संवेदक आधारित घटकों का प्रदर्शन।

इस संवेदक आधारित सिंचन प्रणाली की विशेषता यह है कि इसके प्रयोग से किसानों को रात में अथवा खतरे के समय स्वयं खेत में नाकी ट्यूब का पम्प चलाने की कोई आवश्यकता नहीं पड़ती है बल्कि सारा कार्य अपने आप ही सम्पादित हो जाता है। इस कारण यह मशीन सिंचाई के लिए बहुत अच्छी सहायक और सस्ती पड़ेगी और इससे किसानों को बहुत अधिक लाभ प्राप्त हो सकेगा। खेत में विभिन्न गहराईं (30–40 सें.मी) विकसित इलेक्ट्रिक सर्किट को सेंसर से जोड़ा गया था। सर्वप्रथम दो सप्ताह के लिए सूखे में परीक्षण किया गया और गीला स्थिति में सेंसर की संवेदनशीलता हेतु जांच के लिए अतिरिक्त जल से जोड़ा गया।

सिंचाई के क्षेत्र में स्वचालित रूप से निर्धारित करने के लिए मृदा नमी संवेदक को डिजाइन व विकसित किया गया था और टमाटर, बैंगन और प्याज फसलों में परीक्षण किया गया था। जिसमें पाँच जिप्सम ब्लॉक संवेदकों को 0–15, 15–30, 30–45 और 45–60 सें. मी. की गहराई पर रेतली दोमट मृदा के प्रत्येक भूखंड में स्थापित किए गए थे। मृदा नमी रीडिंग प्लांट से दैनिक आधार पर ली गई थी और इन रीडिंग को टेंसियोंमीटर, आवृत्ति डोमेन प्रतिबिंबित और ग्रेवीमेट्रिक पद्धति से तुलना की गई थी। ग्रेवीमेट्रिक पद्धति को विकसित जिप्सम ब्लॉक मृदा नमी सेंसर की तुलना करने के लिए एक मानक के रूप में उपयोग किया गया था। जिप्सम ब्लॉक सेंसर की तुलना में सूखी स्थितियों के लिए कम उत्तरदायी पाया गया था। हालांकि, सीमित कमियों के साथ स्वतः सिंचाई निर्धारण के लिए जिप्सम ब्लॉक सेंसर एक अच्छा उपकरण है। जिप्सम ब्लॉक संवेदक के साथ टेंसिओमीटर

द्वारा प्राप्त परिणामों से की गई थी। खेत में स्थापित जिप्सम ब्लॉक संवेदक के सांख्यिकी महत्व के परीक्षण हेतु टी–टेस्ट का प्रयोग किया गया था। जिप्सम ब्लॉक संवेदक तकनीक ग्रामीण समुदाय द्वारा श्रम और जल को बचाने के लिए प्रयोग किया जा सकता है तथा यह फसलों में जल की आवश्यकताओं का कुशल प्रबंधन करता है। वर्तमान अनुसंधान कार्य के आधार पर जल प्रौद्योगिकी केन्द्र के प्रक्षेत्र पर किय गये परीक्षणों द्वारा निम्न निष्कर्ष निकाला जा सकता है–

1. स्वदेशी मृदा नमी संवेदक (जिप्सम ब्लॉक) का उपयोग करके एक स्वचालित डब्ल्यूएसएन प्रणाली को विभिन्न फसलों में सिंचाई निर्धारण किया जा सकता है।
2. मृदा नमी संवेदक को क्षेत्र में स्थापित करके सुधारित जिप्सम ब्लॉक को तीन फसलों के वास्तविक समय पर सिंचाई निर्धारण के लिए परीक्षण किया गया था।
3. विकसित प्रणाली, बदले मौसम में, फसल जड़ क्षेत्र में मृदा नमी को बनाए रखने में सफल रही।
4. विकसित डब्ल्यूएसएन प्रणाली उपयोगकर्ता के अनुकूल है और सेलफोन के द्वारा दूरदराज के स्थानों से संचालित किया जा सकता है।
5. विकसित जिप्सम ब्लॉक संवेदक शुष्क मृदा में प्रयोग किया जा सकता है।
6. मृदा नमी संवेदक जैसे टेंसिओमीटर, एफडीआर, न्यूट्रॉन जांच और टीडीआर की तुलना में विकसित जिप्सम ब्लॉक संवेदक काफी सस्ता है।
7. स्वचालित डब्ल्यूएसएन प्रणाली में कम बिजली की खपत होती है एवं इसका डिजाइन संसाधन अनुकूल है।
8. भारतीय खेतों में ऑन–फार्म जल प्रबंधन को बदला सकता है।

□□□

अध्याय 14

भारत में भू–जल पुनर्भरण (रिचार्जिंग) की विधियाँ

भू–जल सतत रूप से भारत की कृषि एवं पेयजल सुरक्षा के लिए मजबूत कड़ी के रूप में उभरा है। भू–जल का सिंचाई में 61 प्रतिशत, ग्रामीण जलापूर्ति में 85 प्रतिशत एवं शहरी जलापूर्ति में 45 प्रतिशत योगदान है। अब तक सिंचाई एवं पेयजल आवश्यकताओं की पूर्ति के लिए भू–जल संसाधनों के विकास पर जोर दिया जाता था। इसके परिणामस्वरूप ऐसी स्थिति हो गई है कि इन स्थानों में भी भूमिगत जल स्तर में लगातार गिरावट हो रही है। बारहमासी नदियों से दूरस्थ ऊँचे स्थानों की जल आपूर्ति प्रायः भूमिगत जल भण्डार (एक्कीफर) पर निर्भर है। भूमिगत जल भण्डार जल का रिजर्व बैंक हैं। इसकी क्षति पूर्ति प्रत्येक वर्ष भूजल पुनर्भरण विधियों से करें। ट्यूबवेल के प्रचलन से कुँएं तो सूखे ही कम व मध्यम गहराई (60–80मी.) के ट्यूबवेल भी सूखने लगे हैं। गहरे ट्यूबवेल (200–300 मी) असफल हैं। जल की चाह में मोटे अनुमान के अनुसार 80 प्रतिशत किसान जिन्होंने गहरे ट्यूबवेल खुदवाये हैं, उन्हें भारी आर्थिक हानि उठानी पड़ी है। यह निश्चित् है कि मालवा–निमाड़ व देश के मध्यवर्ती पेनिनशुलर भू–भाग में गहरी परतों में जल नहीं है। इस वास्तविकता को सब समझें, इस समस्या का एक मात्र वैज्ञानिक समाधान है, सतह व कम गहरी परतों में वर्षा जल संग्रह व भूजल पुनर्भरण की विधियों को आवश्यक रूप से अपनाना। प्रति वर्ष जितना जल भूमि से निकाला जाता है, उतना जल वर्षा के मौसम में पुनः भूजल भण्डार में जमा करें अन्यथा वह व्यक्ति भूमिगत जल के उपयोग का हक नहीं रख सकता।

वर्षा जल से कुँओं का पुनर्भरण

1. कुँएं हमारे धन से बने राष्ट्रीय सम्पत्ति हैं।
2. शासकीय–अशासकीय निजी सभी कुँओं की सफाई, गहरीकरण व रख–रखाव करें।
3. कुँओं को अधिक जल देने में सक्षम बनाएँ।
4. वर्षा जल को कुँओं में भरकर संग्रहीत करें।
5. कुँएं शहर, गाँव, खेत की जल व्यवस्था का मुख्य अंग हैं, नये युग में भी उपयोगी हैं।

क्या गहरे ट्यूबवेल अभिशाप या वरदान हैं?

1. गहरे ट्यूबवेल का अनुभव जल की गुणवत्ता के हिसाब से भी अच्छा नहीं है। गहराई का जल क्षारयुक्त, विषाक्त व गरम रहने के कारण भूमि की उर्वरा शक्ति का भी ह्रास हो रहा है। ऐसा अनुभव मध्य भारत, हरियाणा तथा पंजाब के कृषकों का है।
2. जल भण्डार के आंकलन सर्वे के आधार पर क्षेत्रवार नलकूपों की गहराई भी निश्चित करने व फसलों का युक्ति संगत चयन जिसे कम जल की आवश्यकता होती है, की काश्त करने का समय भी आ गया है। इस कार्य को पंचायतों द्वारा प्रमुखता से लिए जाने की आवश्यकता है।
3. जल बजट व जल का लाभप्रद उपयोग की व्यवस्था को मूर्त रूप दिया जाए।

कुँएं में वर्षा जल भरने की विधि

- तीन मीटर लम्बी नाली, 75 सें. मी. चौड़ी व उतनी ही गहरी नाली से बरसात का जल कुँएं तक ले जाकर, उसकी दीवार में छेदकर, 30 सें. मी. व्यास का एक मीटर लम्बा सीमेंट पाईप लगाकर, नाली से जल कुँएं में उतारें।
- पाईप के भीतरी मुहाने पर एक सें.मी. छिद्रवाली जाली लगाकर, उसके सामने 75 से 100 सें.मी. तक 4 से 5 सें.मी. मोटी गिट्टी, बाद में 75 से 100 सें.मी. तक 2 से 3 सें.मी. आकार की गिट्टी और एक मीटर लम्बाई तक बजरी रेत भरें।
- खेत से बहने वाला बरसात का जल सिल्ट ट्रैप टैंक 5 × 4 × 1.5 मी. व फिल्टर से छनकर नाली से होकर कुएं में पाईप से गिरेगा। रेत–गिट्टी में बहकर जाने से जल का कचरा भी बाहर रहता है। इस प्रकार कुँएं का जल स्तर बढ़ेगा। भूमि में जल रिसेगा। आसपास के कुँएं और ट्यूबवेल पुनः जीवित होगें। इस विधि से कुओं में भूजल पुनर्भरण का खर्च 500 से 1000 रु. लगेगा।

केसिंग पाईप से भूजल पुनर्भरण

नलकूप गहरे जलस्रोत से जल ऊपर लाते हैं। गहरे जलस्रोत में वर्षा जल से पुनर्भरण हेतु केसिंग पाईप का उपयोग करें। इस विधि का उपयोग कृषि व औद्योगिक क्षेत्र में करें। इस कार्य हेतु नलकूप के आस–पास 1.25 मी. व्यास का 3–4 गहरा खड्डा खोदकर, केसिंग पाईप में 3 से 4 सें.मी. दूरी पर 8 से 10 मिमी. के छेद चारों ओर बनाएं। उस छिद्रयुक्त केसिंग पाईप पर नारियल रस्सी–रोप (कॉयर) लपेटें, जो फिल्टर का कार्य भी करती है। गोल गड्ढे को नीचे से तीन सम भागों में बाँटें। निचले एक तिहाई भाग में बड़ी गिट्टी 4–5 सें.मी., मध्य भाग में 2 से 3 सें.मी. गिट्टी और ऊपरी भाग में 2 से 4 मि.मी., बजरी रेत से भर दें।

इस "सैन्डबाथ फिल्टर" से होकर, नारियल की रस्सी, से जल छनकर नलकूप में उतरता है। यह विधि गहरे स्रोत के पुर्नभरण में अधिक लाभदायक है। कार्य सम्पन्न करने में 3 से 4 हजार रूपये का खर्च होता है। मध्य भारत के कृषकों ने इसे बड़े पैमाने पर अपनाना आरंभ किया है। जल के प्रति हमारा दृष्टिकोण बदलने की आवश्यकता से हम सब सहमत हैं। वर्षा के रूप में जितना जल प्राप्त होता है, उसके आधार पर वर्षा जल संग्रह व जल बजट बनाकर–यानी जल की आवक व खर्च के मध्य सांमजस्य बिठाने का। इसके साथ में फसलवार युक्ति संगत उपयोग की स्रोतवार योजना बनाई जाए।

भू जल पुनर्भरण तालाब को बनाने का प्रस्ताव

भू जल पुनर्भरण तालाब की रूपरेखा व तालाब को ऐसी जगह बनाया जाय जिससे वर्षा जल स्वतः ही बह कर तालाब तक पहुँचे। भारत सरकार ने भी 22.5 × 20 × 3.5 घन मीटर के तालाबों पर रूपये 10500/ का अनुदान देना निर्धारित किया है। उपरोक्त के परिपेक्ष्य में तालाब का एक नमूना चित्र (ड्राइंग) प्रस्तावित है जिसमें जल संग्रहण के अलावा रिचार्ज पिट की भी व्यवस्था की गयी है। प्रस्तावित ड्राइंग एक नमूना मात्र है, स्थानिक आवश्यकता के अनुसार इसका आकार एवं गहराई निर्धारित की जाय तो उत्तम रहेगा। तथापि 22.5 मी. × 20 मी. × 3.5 मी. के मानक तालाब बनाना अधिक उपयुक्त होगा क्योंकि इसे बनाने हेतु आने वाले खर्चे को सरकार 50 प्रतिशत अनुदान देती है।

तालाब बनाने में सावधानियाँ

भू–जल पुनर्भरण तालाब की स्थिति ऐसी होनी चाहिए जिससे सारे जल ग्रहण क्षेत्र का सम्पूर्ण जल तालाब में एकत्रित हो जाय। तालाब की धारिता को जल ग्रहण क्षेत्र के क्षेत्रफल के आधार पर निर्धारित किया जाता है। तालाब की गहराई 5.0 मी. से अधिक और 3.0 मी. से कम नहीं होनी चाहिए जिससे तालाब का क्षेत्रफल अधिक न बढ़ जाय नहीं तो वाष्पीकरण से अधिक जल का ह्रास संभव है। खुदाई के बाद प्राप्त हुई मिट्टी को तालाब के किनारे पर बाँध बना कर रख दिया जाना चाहिए अथवा किसी उपयोगी कार्य में प्रयुक्त कर लेना चाहिए अन्यथा मृदा क्षरण की गंभीर समस्या हो सकती है। तालाब में अपशिष्ट जल अथवा किसी भी प्रकार के औद्योगिक अपशिष्ट जल को जाने से हर हाल में बचाना चाहिए। यदि किसी भी प्रकार का नाला इस ओर से गुजरे तो उसे मोड़ देना चाहिए।

जल–संचयन (सम्भरण) प्रबंधन की अवधारणा

पर्वतीय क्षेत्रों में छोटे–छोटे तथा अलग–अलग स्थित खेतों के लिए किसी एक स्थान से सिंचाई की सुविधा उपलब्ध कराना सम्भव नहीं है। अतः जगह–जगह पर छोटे–छोटे जलाशय (टैंक) बनाना ही आवश्यक होगा ताकि गुरुत्व बल के द्वारा सिंचाई की जा सके।

टैंक के आकार का निर्धारण किसी स्थान विशेष पर फसलों में सिंचाई की आवश्यकता तथा उपलब्ध जल स्रोत की क्षमता पर निर्भर करेगा। किसान की फसलों की जल आवश्यकता का निर्धारण फसल के प्रकार तथा उसके लिए सिंचाई की मात्रा व संख्या पर निर्भर करता है। अर्थात स्थान विशेष के लिए सिंचाई की आवश्यकता का आंकलन किया जा सकता है। अब उस स्थान पर उपलब्ध खेतों के ऊपरी भाग पर उपलब्ध जल स्रोत की क्षमता का मापन या अनुमान लगाना होगा, ताकि संचित की जाने वाली मात्रा का ज्ञान हो सके। इसके लिए वर्षा के सतही अपवाह या छत से बहते जल के संचय हेतु वर्षा के समय अनुमानित अपवाह की मात्रा में जो भी कम होगा, वही जलाशय की क्षमता होगी। इसके बाद जलाशय के आकार का निर्धारण खेतों के ऊपरी भाग पर लगभग समतल स्थान की उपलब्धता पर निर्भर होता है। जैसे चित्रः में दर्शाया गया है।

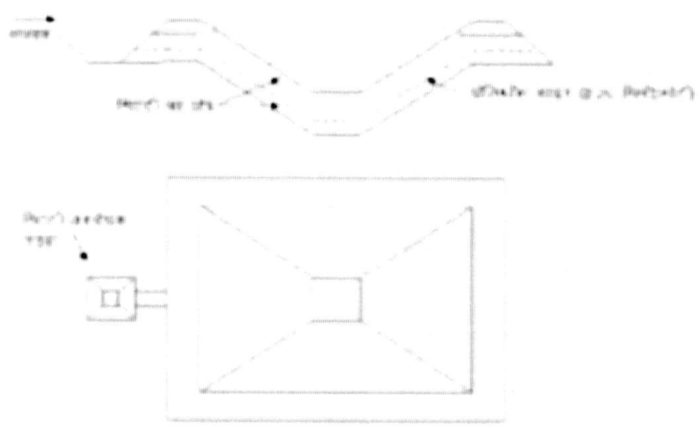

चित्रः 1 एक मॉडल जल संग्रहण कुंड की रूप रेखा

जलाशय का आकार आयताकार या वर्गाकार आधार वाले पिरामिड को काटकर उल्टा रखने जैसा होगा। सामान्यतः आयताकार या वर्गाकार रूप में गड्ढ़ा खोदना पडेगा, जिसकी दीवारों का ढाल लगभग 45 डिग्री के कोण या 1:1 ढाल पर होनी चाहिए क्योंकि इस ढाल पर मिट्टी के कण स्वतः रुक जाते हैं, अर्थात गड्ढ़ा खोदने से पहले गड्ढें की लम्बाई व चौड़ाई का आंकलन करना होगा। पर्वतीय क्षेत्रों में जल संग्रहण गड्ढ़े की गहराई 1 से 1.5 मी. तक ही सीमित रखते हैं। इसके पश्चात् खोदी गयी मिट्टी में भूसा या चीड़ की सूखी पत्तियों को काटकर कीचड़ बनाकर गड्ढे में सब तरफ लगभग 4 इंच मोटी परत लगा देते है। फिर 0.25 मि.मी. मोटी काली पॉलिथीन चादर को गड्ढ़े के आकार के अनुसार काटकर बिछा देते हैं। पॉलिथीन के किनारों को गड्ढ़े के किनारों पर ठीक प्रकार मोड़कर बिछा देते हैं। इसके इसके पश्चात् पॉलिथीन के ऊपर भी कीचड़ की लगभग 6 इंच मोटी पर्त चारों ओर लगा देते हैं जिससे पॉलिथीन को धूप न लग सके। यदि वर्षा का जल सतही अपवाह के रूप में एकत्र किया जाता है तो मुख्य गड्ढ़े से पहले एक छोटा गड्ढ़ा भी बना देते हैं,

जिससे अपवाह के साथ आयी मिट्टी या कूड़ा–करकट मुख्य गड्ढ़े में न जाने पाये। सिंचाई हेतु जल की निकासी लगभग एक इंच व्यास के पाइप से साइफन विधि द्वारा की जानी चाहिए जिससे जल निकलते समय टैंक सुरक्षित रहे।

पॉलिथीन युक्त टैंक की बनावट

टैंक की बनावट, सुरक्षा तथा रखरखाव की दृष्टि से निम्नलिखित सावधानियों को ध्यान में रखना चाहिएः

- टैंक की क्षमता की आंकलन जल की आवश्यकता तथा उपलब्धता के आधार पर ठीक प्रकार होना चाहिए। पॉलिथीन की मोटाई 0.25 मि.मी. से कम न हो तथा उसमें कोई छेद न हो।
- पॉलिथीन के ऊपर नीचे कीचड़ का लेप ठीक प्रकार होना चाहिए।
- पॉलिथीन को कभी भी धूप में खुला न छोड़ें, क्योंकि धूप के कारण पॉलिथीन फटकर टूट जाती हैं। गड्ढ़े में जानवर या मनुष्य को नहीं जाने देना चाहिए।
- जल निकासी हेतु केवल पाइप का उपयोग करें, जिससे साइफन विधि से निचले खेतों में गुरुत्व बल से सिंचाई की जा सके।

इस प्रकार हम देखते हैं कि पर्वतीय क्षेत्रों में भी कृषि की संभावनाएँ अपार हैं, परन्तु इस के साथ ही साथ किसानों के सामने बहुत सारी समस्याएँ भी हैं। प्राकृतिक आपदाओं को यदि हम छोड़ दें तो लगभग अन्य सभी समस्याओं से निपटा जा सकता है और पर्वतीय क्षेत्रों से भी सम्यक उत्पादन प्राप्त किया जा सकता है। कृषि में नित नवीन खोजें हो रही हैं। आवश्यकता है कि हमारे पर्वतीय किसान इन खोजों को अपनी दिनचर्या में शामिल कर के आगे बढ़ने का प्रयास करें, सफलता मिलना अवश्यम्भावी है। जल प्रौद्योगिकी केंद्र में सिंचाई एवं जल प्रबंधन की नवीन प्रविधियों के ऊपर प्रशिक्षण इसी कड़ी में प्रथम प्रयास है जिस से बहुत सारे किसान लाभान्वित हो सकते हैं।

समेकित जलग्रहण क्षेत्र प्रबंधन हेतु जल संग्रहण संरचनाएँ

वर्षा जल संचयन प्राकृतिक जलाशयों, टैंक या उपसतह जलवाही स्तर में सतही जल की पैठ (पहले यह सतही अपवाह के रूप में खो जाता है) में संग्रह और वर्षा जल के भंडारण की एक तकनीक है। वर्षा जल संचयन की एक विधि छत से जल एकत्रीकरण भी है। वर्षा जल संचयन प्राकृतिक जलाशयों या टैंक, या उपसतह जलवाही स्तर में सतही जल जो पहले सतही अपवाह के रूप में खो जाता है, की रोक, भूमिगत जल में घुसपैठ करवा कर भूमि में संग्रह और वर्षा जल के भंडारण की एक तकनीक है। छत से एकत्र जल जो सबसे

अधिक किसी भी सतह (जैसे–टाइल्स, धातु शीट, प्लास्टिक, लेकिन घास या ताड़ के पत्ते नहीं) द्वारा वर्षा जल के प्रवाह को रोकना और उच्च गुणवत्ता वाले पीने के जल और बाकी साल या फिर सूखा के दौर में घर के दालानों या तहखानों में भंडारण के साथ एक घर के सदस्यों और जानवरों की आवश्यकता पूर्ति करने के लिए प्रयोग किया जा सकता है। अन्य उपयोगों आदि उद्यान के लिए पानी, पशुधन और सिंचाई भी शामिल किये जा सकते हैं। सामुदायिक जलाशयों और जोहड़ की संस्कृति से तो हमारे देशवासी पहले से ही पूर्ण रूपेण परिचित हैं, बस आज–कल इस महत्वपूर्ण तकनीकी को पुरानी और अनावश्यक समझा जाने लगा है, जो सर्वथा असत्य और अनुचित है। और इसी कारण हमें जल की थोड़ी भी कमी हताशा में डाल देती है। वर्षा जल संचयन प्रणाली का उपयोग करने के लिए आवश्यक क्रारणों में तीन प्रमुख प्रश्नों के उत्तर निम्न हैं।

क्याः क्या वर्षा जल संचयन द्वारा पानी की आपूर्ति, खाद्य उत्पादन और अंततः खाद्य सुरक्षा में सुधार होगा?

कौनः जल असुरक्षित परिवारों या ग्रामीण क्षेत्रों में किन व्यक्तियों को वर्षा जल संचयन प्रणाली से सबसे ज्यादा लाभ होगा?

कैसे करें: वर्षा जल संचयन की आपूर्ति से जो खाद्य सुरक्षा होती है क्या वर्षा जल संचयन द्वारा अधिसंख्यक लोगों को जो हमेशा जल की खोज में अपना अधिक समय बरबाद करते हैं, उस जल को संरक्षित करने से जो व्यर्थ ही बह जाता है के बाद से, आय सृजन में बहुत या कम योगदान होगा? उपरोक्त सभी प्रश्नों का उत्तर है "हाँ, होगा और जरूर होगा"। यह पहले से ही सिद्ध किया जा चुका है और इसके बहुत प्रतिदर्श देश और विदेशों में उपलब्ध हैं। यदि हम इसका मात्र अवलोकन ही करें तो कुछ हद तक हमें उत्तर मिल भी जाता है।

वर्षा जल संग्रहण तकनीकियों के सामान्य विवरण

वर्षा जल का संचयन आवश्यकता और साधनों के आधार पर विभिन्न प्रकार से किया जा सकता है, जैसा कि पहले भी किया जाता रहा है। इसे भूमिगत रोक बन्धों (चौक डैम) के रूप में जल ग्रहण क्षेत्रों, छतों पर संरचनायें बना कर या फिर भूमि की सतह अथवा भूमि की नीचे (अधोभौमिक) या किसी भी प्रकार से रोका जाने से किया जा सकता है। जार और बर्तन के रूप में जल भन्डारण की सरल तकनीक (जो जापान में प्रचलित है) के साथ–साथ, जलग्रहण क्षेत्र आधारित विभिन्न प्रकार की संरचनाओं को बना कर अथवा इसी प्रकार की कई और अधिक जटिल तकनीकियों का उपयोग करने से वर्षा जल को संग्रहीत किया जा सकता है। इस के उपरांत एकत्रित वर्षा जल भंडार को मितव्ययितापूर्ण विधि से बचा–बचा कर विभिन्न प्रयोगों के लिए उपयोग करने की एक अभिनव तकनीक की आवश्यकता है।

प्राचीन सभ्यताओं द्वारा नियोजित प्रथाओं से पैदा विभिन्न तकनीकियों को आमतौर पर एशिया और अफ्रीका में पाया गया है। यह पता चला है कि इन क्षेत्रों के भीतर स्थित ग्रामीण क्षेत्रों में अभी भी में पेयजल आपूर्ति का एक प्रमुख स्रोत के रूप में कुछ जल संग्रहण संरचनायें प्रयुक्त होती हैं (जैसे राजस्थानी टंका, चित्रः 2) जो कम से कम वर्षाजल को भी त्वरित गति से अपने में समा लेते हैं और बाद में जल की आपूर्ति (सेवा) करते हैं।

चित्रः 2 राजस्थान के मरुस्थल (शुष्क तथा अर्ध शुष्क क्षेत्रों में) टंका नामक जल संग्रहण संरचना (पेय जल सुरक्षित करने का एक राजस्थानी पारम्परिक उदाहरण)

वर्षा जल संचयन निकाय का परिचय

भारत देश के अन्य भागों में तालाबों की एक संस्कृति ही रही है (चित्रः 3) और हम में से लगभग हर व्यक्ति जोहड़ से पूर्व परिचित ही है, तथापि अब विभिन्न कारणों से झीलें, सरोवर, ताल, तलैया और जल स्रोत सूखते जा रहे हैं और जनसंख्या वृद्धि के कारण आवासीय क्षेत्रों में बदलते जा रहे हैं। ग्राम के तालाबों से जहाँ पहले पीने हेतु भी जल प्राप्त किया जाता था, स्नान और विभिन्न रीति रिवाजों को पूरे करने का स्थान यही तालाब थे, परंतु कहाँ वह गांव और वह गलियां? खेत तालाब तो लोगों ने जान बूझ कर पाट दिये जो लगभग साल भर पानी से लबालब भरे ही रहते थे (चित्रः 4)। वर्षा जल संचयन निकाय या प्रणाली आमतौर पर तीन प्रमुख घटकों से निर्मित हैं, अर्थात जलग्रहण क्षेत्र, जल संग्रह संरचना और जल संवाहन प्रणाली।

चित्रः 3 ढलवाँ क्षेत्रों में जल संग्रहण संरचना का एक प्रतिदर्श

चित्रः 4 एक सामुदायिक तालाब (जोहड़) का प्रतिदर्श
(जल संग्रहण संरचना तथा संलग्न ग्राम एवं तालाब के चारों ओर वनस्पतियों की बढ़्वार)

चित्रः 5 खेत तालाब में संरक्षित जल और उसका पुनर्प्रयोग
(जल संग्रहण संरचना तथा संलग्न शाकीय फसल का कर्षण)

शहरी क्षेत्रों में छत के जलग्रहण क्षेत्र द्वारा वर्षा जल का संग्रहण

जल ग्रहण क्षेत्र वह स्थलकृति है जहाँ से प्राप्त होने वाला वर्षा जल निकासी के एक बिन्दु से हो कर गुजरता है। घर की छत भी एक छोटा जलग्रहण क्षेत्र बनाती है। सबसे बुनियादी रूप में इस तकनीक से बारिश का जल छत के किनारे पर स्थित साधारण वाहिकाओं से ले जा कर किसी संरचना में एकत्र किया जा सकता है। इस बुनियादी दृष्टिकोण पर बदलाव से हम समझ सकते हैं कि टैंक या गटर में रखा हुआ वर्षा जल, "जल का संग्रहण है" ये तो जल को नीचे ले जाने वाला पाइप "संवहन प्रणाली है"। छत से एकत्र जल की गुणवत्ता मुख्य जलग्रहण क्षेत्र, एकत्र वर्षा जल राशि और उस की गुणवत्ता पर निर्भर है, साथ ही साथ यह वाहजल के रूप में जलग्रहण क्षेत्र और छत के निर्माण की सामग्री के प्रकार पर भी निर्भर करता है।

भूमि की सतह जलग्रहण क्षेत्र द्वारा वर्षा जल का संग्रहण

भूमि या भूमि की सतह पर स्थित जलग्रहण क्षेत्रों का उपयोग कर वर्षा जल (वर्षा का जल) इकट्ठा करने का काम अपेक्षाकृत कम जटिल विधि है। अपवाह जल को संग्रह करना, एकत्र जल के भंडारण सहित विभिन्न तकनीकों के माध्यम से भूमि की सतह के अपवाह क्षमता में सुधार करना तथा इस जल का विद्वतापूर्ण उपयोग भी इस तकनीकी में शामिल है। छत में आधारित जलग्रहण तकनीकों की तुलना में, भूमि जलग्रहण तकनीक में एक बड़ा सा जलग्रहण क्षेत्र बड़ी मात्रा में जलग्रहण या जल इकट्ठा करने के लिए और अधिक अवसर प्रदान करते हैं। कम लागत (उदाहरण के लिए, मिट्टी) के बांधों के द्वारा बनाई गई छोटी बावड़ियों/खाड़ियों के (बाढ़ प्रवाह सहित) प्रवाह और नदियों छोटे भंडारण जलाशयों में (सतह या भूमिगत पर) को बनाए रखने के द्वारा, इस तकनीक से शुष्क अवधि के दौरान जल की मांग को पूरा कर सकते हैं। साथ ही साथ वातावरण परिवर्तन सहिष्णुता भी प्राप्त कर सकते हैं (चित्रः 6)। जिन स्थानों पर मृदा पारगम्यता अधिक होती है वहाँ जल को भूमि में रिसने हेतु अधिक समय नही लगता परंतु इस का विपरीत भी सत्य है। इस प्रकार अधिक ढलानों पर पानी को रोकने हेतु रोक बन्ध की आवश्यकता पड़ती है। यह देखा गया है कि रोक बन्ध जल को अधिक समय तक रोक कर रखने में सक्षम हैं (चित्र 7 व 8)। इससे जल का भूमि में रिसाव हो कर भू जल पुनर्पूरण होता है। परंतु कहीं–कहीं पर मृदा पारगम्यता इतनी अधिक होती है कि वहां पर जल को भूमि में रिसने हेतु अधिक समय नही लगता और सारा जल जल्दी ही समाप्त हो जाता है जो अभीष्ट नहीं है। ऐसी स्थिति से निबटने के लिये प्लास्टिक द्वारा जल ग्रहण संरचना की तली को सील कर देने से जल का रिसाव बन्द हो जाता है (चित्रः 9 व 10)।

चित्रः 6 अर्ध शुष्क क्षेत्रों में एक खेत तालाब बना कर संरक्षित जल एवं संरक्षित जल के पुनर्प्रयोग की तकनीकी ढलानों पर रोक बन्ध लगा कर जल संचयन।

चित्रः 7 व 8 ढलानों पर रोक बन्ध लगा कर जल संचयन किया जा सकता है (रोक बन्ध का निर्माण)। रोक बन्ध (चेक डैम) द्वारा संरक्षित जल संग्रहण संरचना (तीव्र ढाल वाली सतहों तथा उथली नदियों के पाटों पर रोक बन्ध बना कर सामुदायिक तालाब (जोहड़) का प्रतिदर्ष (जल संग्रहण संरचना तथा तालाब के चारों ओर संलग्न वनस्पतियों की बढ़वार)

चित्रः 9 प्लास्टिक द्वारा आच्छादित एक जल संग्रहण संरचना
(जल के भूमि में सोख लिये जाने से बचाने की एक कारगर तकनीकी)

चित्रः 10 जल संग्रहण संरचना बनाने हेतु खोदा गया गढ्ढा (सीढीदार संरचना ढलान की तीव्रता को कम करके नियंत्रित करती है), पश्चात् 200 माइक्रोन की प्लास्टिक की पलवार बिछा कर सीपेज की रोक थाम करने की तकनीकी)

वर्षा जल संचयन के लाभ

वर्षा जल संचयन प्रौद्योगिकियों को स्थापित और संचालित करने के अनेकों लाभ हैं जैसे, गुणवत्तापूर्ण जल की उपलब्धता सुनिश्चित करना, वाहजल की तीव्रता और मात्रा में कमी करना, मृदा क्षरण में कमी लाना, वातावरण संरक्षण तथा मृदा पोषक तत्वों का ह्रास रोकना, वनस्पतियों के उगने हेतु प्राकृतिक परिवेश प्रदान करना एवं बाढ़ नियंत्रण इत्यादि। जल संग्रहण की अनेको छिपे हुये लाभों की गणना करना कठिन ही नहीं असम्भव भी है। आज स्थानीय लोगों को इस तरह की तकनीकों को आसानी से लागू करने के लिए प्रशिक्षित किये जाने की आवश्यकता अपरिहार्य है। साथ ही साथ निर्माण सामग्री भी आसानी से उपलब्ध है। वर्षा जल संचयन की मुख्य भावना यह है कि यह खपत के बिंदु पर जल उपलब्ध कराने में सुविधाजनक है तथा इस में ऊर्जा की खपत नहीं होती है। जब कि भू जल को निकालने हेतु ऊर्जा की खपत होती है जो कि खर्चीला है। हम क्षेत्रीय या अन्य स्थानीय कारकों को स्थानीय जलवायु परिस्थितियों के अनुसार संशोधित कर सकते हैं हालांकि, वर्षा जल भारत की ग्रामीण जनता/गरीबों के लिए जल की आपूर्ति का एक सतत स्रोत हो सकता है।

वर्षा जल संचयन से हानियाँ

यद्यपि वर्षा जल संग्रहण के लाभ ही अधिक हैं, तथापि यदि इस तकनीकी को सही प्रकार से पालित नहीं किया जा सका तो जल प्रदूषण एवं जल जन्य बीमारियों का खतरा बन सकता है। वर्षा जल संचयन प्रौद्योगिकियों का नुकसान मुख्य रूप से सीमित आपूर्ति और वर्षा की अनिश्चितता के कारण हैं। गहरे तालाबों में बच्चों के डूबने की सम्भावना होती है।

वर्षा जल संचयन के उपयोग की सीमा

पश्चिमी विद्वानों के मतानुसार एशिया में वर्षा जल संचयन का इतिहास 9 वीं या 10 वीं सदी से लिखित रूप से पता लगाया जा सकता है। परन्तु भारतीय मनीषियों का कथन है कि भारत में सभ्यता के आरम्भ से ही घर की दालानों और छतों से तथा दक्षिण भारत और दक्षिण–पूर्व एशिया के ग्रामीण क्षेत्रों में सरल ब्रश बांध निर्माणों से वर्षा का जल छोटे पैमाने पर संग्रह किया जाता रहा है। तालाब के किनारों पर लगाए गये पेड़ तालाबों से वाष्पीकरणीय घाटे को कम करने के लिए सहायता करते हैं।

वर्षा जल संचयन के लिए वार्षिक रखरखाव

वर्षा जल संचयन संरचनाओं की रखरखाव आम तौर पर टैंक और गटर और नीचे पाइप के नियमित निरीक्षण की वार्षिक सफाई तक सीमित है। रखरखाव के कार्यों में आम

तौर पर गंदगी, पत्तियों और अन्य संचित सामग्री को हटाने की आवश्यकता होती है। इस तरह की सालाना सफाई प्रमुख वर्षा के मौसम के शुरू होने से पहले ही पूर्ण कर लेना चाहिए। हालांकि, भंडारण टैंक में दरारें प्रमुख समस्या पैदा कर सकते हैं जिनकी तुरंत मरम्मत की जानी चाहिए। मृदा और रॉक जलग्रहण के मामले में अतिरिक्त देखभाल में शामिल है कि संरक्षण संरचना को लोगों और जानवरों द्वारा नुकसान और संक्रमण से बचने के लिए आवश्यक उपाय किया जाना चाहिये, जिसके लिये ऊँची और मजबूत उचित बाड़ लगाने के लिए प्रयास किये जाना अति आवश्यक हैं।

वर्षा जल संचयन के लिए कौशल और सामुदायिक भागीदारी की आवश्यकता

वर्षा जल संचयन प्रौद्योगिकियों के विकास में विभिन्न स्तरों पर सरकारी और सामुदायिक भागीदारी की महती आवश्यकता है। जल दुर्लभ क्षेत्रों में इस तकनीक के उपयोग के विस्तार में, दोनों सरकारी और घर आधारित पहल से विशेष रूप से सामुदायिक भागीदारी नें एक महत्वपूर्ण भूमिका निभाई है। इस प्रौद्योगिकी को अपनाने हेतु 'टाप डाउन' या ऊपर से नीचे की बजाय 'बोटम उप' यानी 'नीचे से ऊपर' वाले विकासोन्मुख दृष्टिकोण अपनाये जाने की आवश्यकता है।

संग्रहीत जल का मितव्ययिता एवं दक्षतापूर्ण पुनर्प्रयोग

इसी प्रकार संग्रहीत जल के पुनर्प्रयोग में मितव्ययितापूर्ण एवं दक्षतापूर्ण प्राविधियों को अपना कर जैसे सिंचन हेतु टपक सिंचाई, फव्वारा सिंचाई, कम जल मांग वाली फसलों को उगा कर तथा सिंचाई नियमन को वृहद रूप से अपना कर कम जल के प्रयोग से अधिक लाभ उठाने की आवश्यकता है। विकासशील देशों में जल की आपूर्ति प्रदान करने के लिये वर्षा जल संचयन अर्ध–सरकारी और गैर सरकारी संगठनों के सहयोग की अवधारणा द्वारा अधिक तीव्रता एवं अधिक क्षेत्रग्राह्यता/विकास क्षमता से किया जा सकता है। साथ ही साथ सामुदायिक भागीदारी, जो अब हमारे देश में किंचित कम ही परिलक्षित हो रही है का वर्षा जल संग्रहण एवं पुनर्प्रयोग में महत्वपूर्ण योगदान हो सकता है जिसे व्यक्ति और समाज दोनों स्तरों पर फैलाने की महती आवश्यकता अपरिहार्य है। यदि हम ग्राम, जिला और राज्य स्तरों पर इस कार्य को सुचारु रूप से कार्यान्वित कर सकें तो न केवल जल आपूर्ति सुनिश्चित कर सकते हैं बल्कि जलवायु परिवर्तन के प्रति सहिष्णुता को भी इस प्रकार बढ़ा सकते हैं कि किसी भी परिस्थिति में गम्भीर जल संकट का डट कर मुकाबला कर सकते हैं।

जल संग्रहण क्षेत्र किसी क्षेत्र/स्थान में उपलब्ध नदी या नाले के निकास बिंदु के सापेक्ष उस क्षेत्र को दर्शाता है, जहाँ का समग्र जल इकठ्ठा हो कर नदी/नाले के उस बिंदु से प्रवाहित होता है, अर्थात जल ग्रहण के समूचे क्षेत्र का जल प्रवाह एक ही स्थान से होता

है। जल संग्रहण क्षेत्र एक भौगोलिक विवरण के अनुसार चित्रित क्षेत्र है, जो एक खास स्थान और एक स्थानिक को संदर्भित करता है (चित्रः 12)।

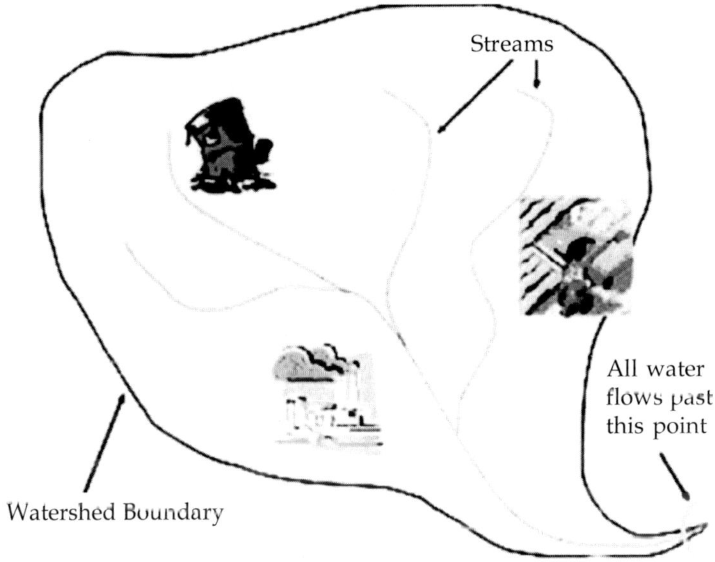

चित्रः 12 जल ग्रहण क्षेत्र अथवा जल विभाजक क्षेत्र

जल ग्रहण क्षेत्र की परिकल्पना प्राकृतिक एकक को राजनैतिक एकक से अलग करती है क्यों की राजनैतिक इकाइयों के विभाजन से जलग्रहण क्षेत्र की इकाइयां सर्वथा भिन्न होती हैं। जल संग्रहण क्षेत्र, उस क्षेत्र में उपलब्ध प्राकृतिक संसाधनों के सम्यक प्रबंधन के लिए उपयोग किया जाने वाला एक स्वतंत्र और सर्वथा अलग जल विज्ञान इकाई/एकक (यूनिट) है जिस के सम्यक प्रबंधन के द्वारा, सभी लाभार्थियों एवं पण धारकों की, न केवल वर्तमान (आज की) आवश्यकताओं की पूर्ति वरन भविष्य में आने वाली पीढ़ियों की आवश्यकताओं की पूर्ति हेतु संसाधन उपलब्धता एवं प्रतिपालित विकास हेतु असीमित संभावना है।

जल संग्रहण क्षेत्र प्रबंधन की संकल्पना

जल संग्रहण क्षेत्र प्रबंधन की संकल्पना द्वारा यह अभिकल्पित और सत्यापित किया गया कि यदि किसी जल संग्रहण क्षेत्र के सभी संसाधनो का समुचित प्रबंधन सुनिश्चित किया जा सके तो पर्यावरण को व्यवस्थित रखते हुए प्रतिपालित विकास के साथ–साथ जल संग्रहण क्षेत्र के सभी लाभार्थियों या पण धारकों को उनके जीवन यापन के सभी मूलभूत सुविधाएँ और साधन प्राप्त हो सकते हैं और यह प्रक्रिया सतत रूप से जारी रह सकती है (चित्रः 13)।

चित्रः 13 जल संग्रहण क्षेत्र प्रबंधन की संकल्पना

जल संग्रहण क्षेत्र प्रबंधन की अवधारणा

जल संग्रहण क्षेत्र प्रबंधन/जल विभाजन प्रबंधन, जल (पानी) और मृदा संसाधन के साथ साथ सभी संसाधनो के सम्यक प्रबंधन, संसाधनों के संरक्षण एवं प्रतिपालित दोहन की एक पूर्व नियोजित प्राविधि है। यह, भूमि और अन्य संसाधन प्रबंधन हेतु मार्गदर्शक और संसाधन के नियोजन की प्रक्रिया है (चित्रः 14)।

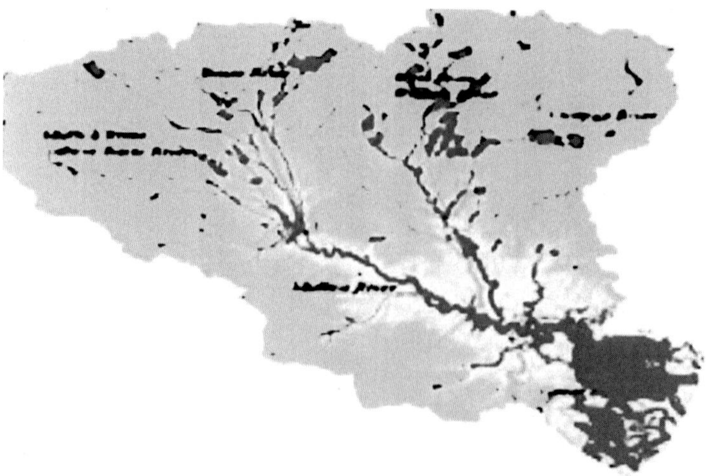

चित्रः 14 जल संग्रहण क्षेत्र का एक डिजिटल मॉडल

समेकित जल संग्रहण क्षेत्र प्रबंधन के दूरगामी उद्देश्य

- हानिकारक अपवाह और गिरावट और मिट्टी और जल की, जिससे संरक्षण को नियंत्रित करने के लिए कार्य करना।
- मिट्टी और जल का प्रबंधन और उपयोगी प्रयोजन के लिए अपवाह जल का उपयोग करने के लिए कार्य करना।
- जल की रक्षा, संरक्षण और अधिक कुशल और निरंतर उत्पादन के लिए भूमि सुधार होगा।
- जल संसाधन बढ़ाने के लिए और जल में होने वाले गुणवत्ता ह्रास को रोकने के लिए कार्य करना।
- मिट्टी का कटाव जांच करने के लिए और वॉटरशेड पर तलछट उपज के प्रभाव को कम करने के लिए कार्य करना।
- बिगड़ती जा रही भूमि के पुनर्वास के लिए कार्य करना।
- डाउन स्ट्रीम क्षेत्रों में बाढ़ कम करने के लिए कार्य करना।
- वर्षा जल की घुसपैठ में वृद्धि करने के लिए कार्य करना।
- भूमि में सुधार और लय, चारा और वन्य जीवन संसाधन के उत्पादन में वृद्धि करने के लिए कार्य करना।
- जहाँ भी संभव हो सके जल ह्रास को कम करना और भू जल पुनर्पूरित करना।
- भूजल पुनर्भरण वृद्धि लागू करने के लिए कार्य करना।

समेकित जल संग्रहण क्षेत्र प्रबंधन के शीघ्रातिशीघ्र प्राप्त किये जा सकने वाले उद्देश्य

- पारिस्थितिकीय संतुलन को पुनर्स्थापित करना।
- अवक्रमित प्राकृतिक संसाधनों जैसे मृदा, वानस्पतिक इत्यादि की पुर्नःस्थापना करना।
- आच्छादान तथा जल को उपयोग योग्य बनाना, उनका संरक्षण करना एवं उन्हें विकसित करना।
- मृदा के कटाव को रोकना।
- प्राकृतिक वनस्पतियों का पुनः उत्पादन।

- वर्षा जल एकत्रण तथा भू–जल के स्तर को बढ़ाना।
- बहुफसलीय पद्धति तथा कृषि आधारित विविध कार्यकलापों को आरंभ करना।
- संधारणीय जीविका को बढ़ावा देना।

समेकित जल संग्रहण क्षेत्र प्रबंधन हेतु मृदा/जल संरक्षण संरचनाएँ

किसी जलग्रहण क्षेत्र में अपरदन के विभिन्न कारक हो सकते हैं, यथा प्राकृतिक (जल, वायु, जीव, भूकम्प, सूखा, बाढ़, ग्लेशियर पिघलना, ज्वालामुखी), मानव जनित (विकास के कार्य) एवं परलौकिक जैसे उल्का पिंडों का गिरना. साधारणतया मानव द्वारा विकास करने के कारण जल और मृदा संसाधन क्षरित होते देखे गए हैं। हम विभिन्न प्रकार की संरचनाओं के द्वारा भू–संक्षारण रोक सकते हैं (चित्रः 15)।

- समोच्च बांध (कंटूर बांध), मार्जिनल बांध (किनारा बाँध) मेंड़बन्दी
- सबमर्जेन्स बाँध (डूब बाँध), चेक डैम, पट्टी दार खेत (चित्रः 16 व 17)
- सीढ़ीदार खेत (वेदिका खेत), आच्छादित जल मार्ग (चित्रः 18)।

चित्रः 15 समोच्च बांध (कंटूर बांध) मार्जिनल बांध (किनारा बाँध)

चित्रः 16 व 17 सबमर्जेन्स बाँध (डूब बाँध) एवं चेक डैम

चित्र: 18 पट्टी दार खेत तथा सीढ़ीदार खेत (वेदिका खेत)

चित्र: 19 आच्छादित जल मार्ग

जल संरक्षण संरचनाएँ

भारत देश में विभिन्न प्रदेशों में विभिन्न प्रकार के जल संचयन प्रविधियां प्रचलित हैं। इन में से कुछ निम्न हैं:

जल संग्रहण/ग्रहण जल कुण्ड, टांका, भंडारा, तालाब, जोहड़, सागर, ताल, तलैया, झील, गढ्ढा, कुँआं (कच्चा/पक्का), भूमि में जल शोषण संरचनाएँ, भू जल पुनर्भरण संरचनाएँ. इसके अतिरिक्त ने बहुत प्रकार से संसाधन संरक्षण किया जा सकता है (चित्र: 20 एवं 21)।

चित्रः 20 पट्‌टीदार खेती द्वारा मृदा संरक्षण

चित्रः 21 (क व ख) चेक डैम, जल संग्रहण/ग्रहण कुण्ड/जल कुण्ड, जलग्रहण क्षेत्र/जलागम/वॉटरशेड

जल संग्रहण संरचना

चित्रः 22 (क व ख) गेबियन या नाला रोक बांध तथा मेंडबन्दी

चित्रः 23 (क, ख व ग) उत्थापित वेदिका कृषि तथा ढालदार मेंड्बन्दी व तीव्र ढलान पर पानी खेती (सिक्किम)

चित्रः 24 (क, ख व ग) विभिन्न प्रकार की संरचनाओं में मृदा व् जल संग्रहण (जगह जगह से बंद नाली व समोच्च खाई)

चित्रः 25 (क, ख) वनीकरण व सामाजिक वानिकी

जलग्रहण क्षेत्रों के प्रबंधन हेतु न केवल जल, वायु, मृदा, जंगल, नदी पर्वत, एवं मनुष्यों सभी का सम्यक प्रबंधन हो सकेगा बल्कि आज की सभी आवश्यकताओं की पूर्ति के साथ ही साथ भविष्य के लिए भी संसाधनों को सुरक्षित रखा जा सकेगा। इस हेतु 13–20 की संरचनाओं के वृहद स्तर पर अपनाना होगा। जिस प्रकार की समस्याएं आयेंगी उस के समाधान भी निकालेंगे, आवश्यकता मात्र इस बात की है कि हम जागरूक रहें और समस्याओं के प्रति सचेत भी रहें। बड़ी समस्याओं से मिल कर निपटा जा सकता है तो छोटी समस्याओं से अलग–अलग।

जीविकोपपार्जन हेतु जल ग्रहण क्षेत्र में किये जाने वाले अन्य क्रियाकलाप

जल ग्रहण क्षेत्र में जीविकोपार्जन हेतु किये जाने वाले अन्य क्रिया कलाप जैसे; औद्यानिकी, पशुपालन, कुक्कुट पालन, भेद बकरी पालन कारीगरी मधुमख्खी पालन, वन्य फसल एकत्रीकरण, जड़ी बूटी एकत्रीकरण और ऐसे बहुत से अन्य क्रिया कलाप भी शामिल हैं।

संसाधनों का एकीकृत व समेकित प्रबंधन तथा जलग्रहण क्षेत्र के पण धारकों का सर्वांगीण विकास ही जल ग्रहण क्षेत्र प्रबन्धन की सफलता की गाथा है। जल ग्रहण क्षेत्र प्रबंधन के द्वारा चतुर्मुखी विकास को लक्ष्य बनाकर आज हम अपने संसाधनों का भरपूर उपयोग तो कर ही सकेंगे भविष्य की पीढ़ियों को भी सुन्दर वातावरण प्रदान कर पाएंगे। मानवता का दिल दहलाने वाली प्राकृतिक आपदाओं से बचत करने और वातावरण परिवर्तन के आगत खतरों को समझ कर उनका भी समाधान हम अपनी इस विधा के द्वारा कर सकते हैं।

❑❑❑

अध्याय 15

उपयुक्त जल उपज एवं भूजल वृद्धि हेतु एक समाधानः कृत्रिम भूजल पुनर्भरण तकनीक

भूजल स्वच्छ जल का प्रमुख स्रोत है जो देश के घरेलू, कृषि और औद्योगिक क्षेत्रों की बढ़ती माँगों की पूर्ति करता है। भूजल संसाधन देश के अधिकांश राज्यों में पेयजल और खाद्य सुरक्षा का एक महत्वपूर्ण स्रोत बन गया है। इस नवीनीकृत (अक्षय) संसाधनों का आधुनिक भारतीय परिदृश्य में असन्तुलित एवं अविवेकपूर्ण विधियों से दोहन किया जा रहा है। देश में कुल वार्षिक पुनर्परिवर्तनीय भूजल संसाधनों का मान 431 बिलियन घन कि.मी. और वार्षिक भूजल का मसौदा मान 243 बिलियन घन मीटर (के.भू.ज.बोर्ड, 2011) आंकलित किया गया है। देश में भूजल संसाधनों के नवीनतम आकलन के अनुसार केन्द्रीय भूजल बोर्ड और संबंधित राज्यों द्वारा 5723 मूल्यांकन प्रशासनिक इकाइयों (प्रखंड/मंडल/क्षेत्रीय जलविभाजकों) में 839 इकाइयां अति–शोषित, 226 इकाइयां क्रांतिक, 550 इकाइयां अर्द्धक्रांतिक, 4078 इकाइयां सुरक्षित एवं 30 इकाइयों को लवणीय रूप में वर्गीकृत किया गया है। भूजल विकास की अवस्था 90 प्रतिशत से अधिक और 100 प्रतिशत वार्षिक पुनर्भरण योग्य संसाधन है, तथा पूर्व मानसून और मानसून के पश्चात् के समय में दीर्घकालिक जल स्तर की प्रवशति में महत्वपूर्ण गिरावट देखी गई (के.भू.ज.बोर्ड, 2016) है।

भारत के संविधान के अनुच्छेद 21 में प्रदूषण मुक्त जल और सुरक्षित पेय जल का अधिकार, ''जीवन के अधिकार'' का भाग है। भूजल स्वच्छ जल का प्रमुख स्रोत है जो देश के घरेलू, कृषि और औद्योगिक क्षेत्रों की बढ़ती मांग की पूर्ति करता है। भूजल संसाधन देश के अधिकांश राज्यों में पेयजल और खाद्य सुरक्षा का एक महत्वपूर्ण स्रोत बन गया है। यह ग्रामीण क्षेत्रों घरेलू उपयोग के लिए 70 प्रतिशत और शहरी एवं औद्योगिकी क्षेत्रों (के.भू.ज. बोर्ड, 2017) के लिए लगभग 50 प्रतिशत जल उपलब्ध कराता है। इस अक्षय संसाधन का उपयोगकर्ताओं द्वारा अनियंत्रित व असंतुलित मात्रा में अविवेकपूर्ण अंधाधुध रूप से दोहन किया जा रहा है। पिछले तीन दशकों में भूजल संरचनाओं की संख्या में एक घातीय वृद्धि देखने को मिली है (जीसीडब्लयू, 2001)। जहाँ एक ओर, भूजल के विभिन्न उपयोगों के लिए कृषि, औद्योगिक और अन्य घरेलू आवश्यकताओं की वापसी को प्रेरित किया है वही दूसरी ओर, तेजी से शहरीकरण और भूमि उपयोग में बदलाव के परिणामस्वरूप प्राकृतिक जलीय पुनर्भरण कम हुआ है। भूजल संबंधित विभिन्न समस्याओं जैसे मात्रा व गुणवत्ता और जल

स्तर में गिरावट आदि उत्पन्न हुई है। इस प्रकार मूल्यवान भूजल संसाधन बढ़ाने के लिए कृत्रिम भूजल पुनर्भरण एक अनिवार्य आवश्यकता है। प्रयुक्त किए जा सकने हेतु उपलब्ध भूजल का मान 214 बिलियन घन मीटर आंकलित किया गया है, जिसमें से 160 बिलियन घन मीटर भूजल पुनर्भरित किया जा सकता है। केन्द्रीय भूजल बोर्ड ने देश में उपलब्ध भूजल के कृत्रिम पुनर्भरण हेतु एक संकल्पनात्मक योजना तैयार की है, जिसमें देश के कुल 32,87,263 वर्ग कि.मी. भौगोलिक क्षेत्र में से 4,48,760 वर्ग कि.मी. क्षेत्र को कृत्रिम पुनर्भरण हेतु उपयुक्त पाया गया है। पुनर्भरण किए जाने हेतु अतिरिक्त वर्षा जल अपवाह की मात्रा 36.4 बिलियन घन मीटर आंकलित की गई (केन्द्रीय भूमि जल बोर्ड, 2011) है।

देश के विभिन्न भागों में भूजल संसाधनों के अत्यधिक निरन्तर शोषण के साथ समायोजन रखने में असमर्थ है तथा भूजल जलाशय की पुनः पूर्ति प्रकृति धीमी है। भूजल की प्राकृतिक आपूर्ति बढ़ाने हेतु, भूजल में कृत्रिम पुनर्भरण एक महत्वपूर्ण तथा कौशल प्रबंधन रणनीति बन गया है (काम्बले व अन्य, 2009)। भूजल पुनर्भरण हेतु प्रत्यक्ष पुनर्भरण, प्रेरित पुनर्भरण, नाली फैलाना, खाई और मेंड विधि, क्यारी विधि/मालाबंड, परकोलेशन टैंक/प्रसारण नाली, खुदे कुँएं/हैंडपंप, पुनर्भरण शाफ्ट तथा इंजेक्शन कुँओं आदि जैसी विधियों का प्रयोग कृत्रिम पुनर्भरण के लिए किया जा सकता है। इनको अपनाने के लिए जलविज्ञान, भूजल विज्ञान और एक क्षेत्र के अन्य कारकों पर निर्भर करता है। इस प्रकार भूजल संकट को सुधारने के लिए दीर्घ अवधि में टिकाऊ होने के कारण जलभरण का कृत्रिम पुनर्भरण का सबसे अच्छा विकल्प है।

भारत में समग्र भूजल का 61 प्रतिशत का विकास तो हुआ है लेकिन भूजल का वितरण बहुत ही अनियमित है। यहाँ पर अधिकतम भूजल उपयोग की स्थिति के तहत दीर्घावधि औसत वार्षिक पुनर्भरण का गतिशील घटक है व उक्त क्षेत्र में जल स्तर अस्थिर है। यह वर्षा, रिसाव, सिंचाई द्वारा प्रतिवर्ष भरी हुई है। स्थिर घटक गतिशील से अधिक है। यह सूखे के दौरान जल स्रोत अश्वासन देता है। राष्ट्रीय भूजल प्रबंधन सुधार परियोजना (एनजीडब्लयूआईपी) ने स्थाई भूजल संसाधन प्रबंधन का समर्थन करने का प्रस्ताव किया है, जिसका वित्तीय परिव्यय रूपये 6000/करोड (2016–17) है।

भूजल का पुनर्भरण

प्राचीन काल से ही भारत में जल संग्रहण की परंपरा रही है। पुराणों में भी इस बात के साक्ष्य उपलब्ध है। स्थानीय परंपराओं और पुरातात्विक अवशेषों से इस बात की पुष्टि होती है। प्रागैतिहासिक युग में भी जल संभरण की अत्यधिक उन्नत व्यवस्थाओं के प्रमाण मिलते हैं। परंपरागत रूप मे बनाए जाने वाले जल संभरण संरचनाओं का उद्देश्य वर्षा के बह जाने वाले जल को एकत्र करना तथा इसे सिंचाई, पीने और अन्य घरेलू कार्मों में प्रयोग करना था। अगर जल खुले में एकत्र किया जाता है तो इसके वाष्प बनकर उड़ जाने और

प्रदूषित हो जाने का खतरा रहता है। कृत्रिम ढंग से भूजल का पुनर्भरण करने की अवधारणा भूमि के नीचे उपलब्ध भू–जल भंडार को संवर्धित करने और इसके क्षरण को रोकने पर आधारित है।

भूजल पुनर्भरण की आवश्यकता

- केन्द्रीय भूमि जल बोर्ड (2012) के अनुसार 2050 तक भूमि की माँग 1180 बिलियन घन मी. तक पहुँच जाएगी।
- 3 में से 1 व्यक्ति के लिए जल उपलब्ध होगा तथा 1/3 जनसंख्या के लिए भोजन नहीं होगा।

देश में द्रुतगति से वार्षिक भूजल निकासी की अपेक्षा अल्पतम वार्षिक अक्षय संसाधन से अधिक होने के कारण और दीर्घकालिक क्रिया कलापों के कारण भूजल स्तरों में तेजी से गिरावट देखने को मिली है या तो मानसून से पूर्व या मानसून के बाद या दोनों। इसके अतिरिक्त 226 इकाइयाँ क्रांतिक है, जो भूजल विकास की अवस्था में 90 प्रतिशत से अधिक और 100 प्रतिशत वार्षिक पुनर्भरण योग्य संसाधन है। देश में भूजल विकास की स्थिति धीमी है और देश के तिभिन्न भागों में भूजल संसाधनों का विकास समान नहीं है। देश के चयनित क्षेत्रों में भूजल के तीव्र विकास के कारण भूजल का अत्यधिक और निरन्तर दोहन (शोषण) हुआ है जिसके परिणामस्वरूप भूजल स्तर में गिरावट (कमी) और तटीय क्षेत्रों में समुद्र जल संसाधनों का अवांछित प्रवेश हुआ है। कृत्रिम पुनर्भरण प्रयास मूल रूप से उचित सिविल भवन निर्माण तकनीकियों के अपनाने से बढ़े है। इस प्रकार की तकनीकी स्रोत भूजल जलाशय से जोड़कर एकीकृत करती है और संबंधित क्षेत्र की जलवायु विज्ञान स्थिति पर निर्भर कती है। भूजल पर सिंचाई की निर्भरता हरित क्रांति के प्रारम्भ से हुई थी, जो खेत उत्पादन को बढ़ावा देने के लिए जल एवं उर्वरक जैसे कृषि साधनों पर निर्भर करता है। सतही जल सिंचाई, असिंचित क्षेत्रों को देने के अतिरिक्त।

कृत्रिम भूजल पुनर्भरण

- कृत्रिम भूजल पुनर्भरण वह प्रक्रिया है जिसके द्वारा अन्तः स्रवण की प्राकृतिक अवस्थाओं में भूजल पुनर्भरण दर बहुत अधिक बढ़ जाता है।
- यह भविष्य की आवश्यकताओं के लिए अतिरिक्त जल को संरक्षित और संग्रहित करता है।
- भविष्य में कमजोर पड़ने के कारण भू–जल की गुणवत्ता में सुधार।
- देश के विभिन्न क्षेत्रों में एनजीओ द्वारा केन्द्रीय और राज्य सरकारों द्वारा व्यक्तिगत रूप से 1970 से भारत में कृत्रिम भू–जल पुनर्भरण पर प्रयोग किये जा रहे हैं।

- केन्द्रीय भूजल बोर्ड ने आठवीं योजना के दौरान कृत्रिम भू–जल पुनर्भरण अध्ययन प्रारम्भ किया (1992–1997)।

कृत्रिम भूजल पुनर्भरण के लाभ

- उपसतह भंडारण बिना लागत के सम्पन्न होता है। यह जल उपलब्धता बढ़ाता है और बाढ़ से बचाव होता है।
- वाष्पीकरण हानियाँ कम और तापमान भिन्नताएँ न्यूनतम होती हैं।
- पारगम्य माध्यम द्वारा पृष्ठीय स्रवण की गुणवत्ता में सुधार।
- जनसंख्या का विस्थापन, दुर्लभ मृदा का ह्रास आदि जैसी कोई प्रतिकूलता प्रभाव नहीं है।
- यह पर्यावरण के अनुकूल है, मृदा का कटाव और बाढ़ को नियंत्रित करता है और गर्मी के महीनों के दौरान भी पर्याप्त नमी प्रदान करता है।
- पुनर्भरण भूजल भूमिगत संग्रहित जल प्राकृतिक और मानव निर्मित कारकों के प्रति अपेक्षाकृत प्रतिरक्षा और पुनर्भरण व बहाव बिन्दु के बीच प्राकृतिक वितरण प्रणाली प्रदान करता है, जल स्तर में वृद्धि के परिणामस्वरूप चूषण और प्रस्राव शीर्ष के कारण ऊर्जा की बचत होती है।

कृत्रिम भूजल पुनर्भरण तकनीक

कृत्रिम भूजल पुनर्भरण तकनीक को निम्नलिखित प्रकार से वर्गीकृत किया जा सकता है–

क) प्रत्यक्ष सतह तकनीक

1. बाढ़
2. बेसिन या अन्तःस्रवण टैंक
3. धारा (स्ट्रीम) वृद्धि
4. खाई और कूंड प्रणाली
5. अधिक सिंचाई

ख) प्रत्यक्ष उपसतह तकनीक

1. इंजेक्शन कुँओं या पुनर्भरण कुँओं
2. पुनर्भरण गड्ढे और शॉफ्ट
3. खुदाई किये पुनर्भरण कुँओं
4. बोर छेद बाढ़
5. प्राकृतिक खुला, गुहा भरने

ग) संयोजन सतह–उपसतह तकनीक

1. बेसिन या अन्तःस्रवण टैंक के साथ पिट शॉफ्ट या कुँओं

घ) अप्रत्यक्ष तकनीक

1. सतह जल स्रोत से प्रेरित पुनर्भरण
2. जलभृत संशोधन

इसके अतिरिक्त, भूजल संरक्षण संरचनाएँ जैसे भूजल बाँध, उप–सतह तटबंध या स्थानीय रूप से बंदरस कहा जाता है, यह उप–सतह प्रवाह अवरुद्ध करने के लिए अधिक प्रचलित है। इसी प्रकार कठोर चट्टान वाले क्षेत्रों में चट्टान निर्माण तकनीक सम्मिलित है जिसमें उच्च तकनीक वाले बोरहोल खंड विस्फोट शामिल है, जिन्हे निर्माण से जोड़ने और पुनर्भरण में वृद्धि के प्रयोग किया जाता है। निर्माण में सीमेंट का उपयोग विशेष रूप से निर्मित बोर के द्वारा महाराष्ट्र में उप–सतह के प्रवाह को और बोर अच्छी प्रकार से संरक्षित करने के लिए किया गया है।

बाढ़/जल प्रसारण

- यह विधि समतल स्थलाकृति (तलरूप) क्षेत्रों के लिए उपयुक्त है।
- जल को एक पतली परत के रूप में फैला देते हैं (चित्रः 1)।
- ऊर्ध्वाधर स्पन्दन की दर उच्च दर प्राप्त की जाती है।
- देश के जलोढ़ क्षेत्र इस विधि के लिए संभावित है।

चित्रः 1 जल प्रस्रवण

अन्तः स्रवण टैंक (तालाब)/बेसिन

- कृत्रिम रूप से निर्मित सतह जल निकाय एक परकोलेशन टैंक को परिभाषित किया जा सकता है जो अत्यधिक पारगम्य भूमि क्षेत्र को संतृप्तता करता है ताकि सतह जल प्रवाह भूजल संग्रह को पुनर्जीवित करने और पुनर्भरण करने के लिए किया जा सके।
- भारत में प्रचलित अधिकांश संरचनाएँ जैसे पुनर्भरण एवं भूजल जलाशय मापन हेतु।
- जलोढ़ और कठोर चट्टान निर्माण संरचनाओं हेतु।
- कठिन चट्टानों के निर्माण में इन संरचनाओं के प्रभावकारिता और व्यवहार्यता अधिक है।
- हिमाचल प्रदेश, जम्मू व कश्मीर, उत्तराखंड, सिक्किम, उत्तर पूर्वी पंजाब, हरियाणा, उत्तर प्रदेश, बिहार, पश्चिमी बंगाल, मध्य प्रदेश, महाराष्ट्र, कर्नाटक, आंध्र प्रदेश एवं केरल आदि राज्यों के लिए उपयुक्त है (चित्रः 2)।

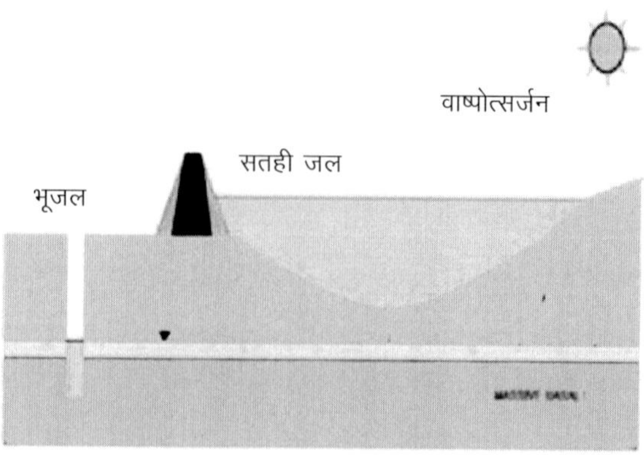

चित्रः 2 अन्तः स्रवण तालाब

चेक बांध/नाला बांध/गैबियन

- छोटे धाराओं में अधिक ढलान के निर्माण।
- कठिन चट्टान और साथ ही जलोढ़ गठन दोनों में व्यवहार्य।
- इन धाराओं में संग्रहित जल अधिकतर धारा तक सीमित है और ऊँचाई आमतौर पर 2 मीटर से कम है (चित्रः 3)।
- धारा में अधिक से अधिक अपधावन बढ़ाने के लिए, इस तरह के चेक बांध का निर्माण किया जा सकता है।
- एक नाल बांध एक लघु अन्तः स्रवण टैंक की तरह काम करता है।
- ये भाबर कंडी और उत्तर प्रदेश, पंजाब और महाराष्ट्र के कुछ क्षेत्रों में लोकप्रिय और व्यवहार्य है।

चित्रः 3 नाला बांध

खोदा हुआ पुनर्भरण कुँआं

- जलोढ और कठोर चट्टान वाले क्षेत्र में 50 मीटर तक उपयुक्त।
- भूजल जलाशय, स्ट्रोम जल, टैंक जल, नदी जल इत्यादि इन संरचनाओं में स्थानांतरित किया जा सकता है ताकि सीधे पुनर्भरण किया जा सके।
- सामान्य खुदाई के कुँएं, बोरवेल और ट्यूबवेल का उपयोग गुरूत्वाकर्षण प्रवाह द्वारा पुनर्भरण के लिए किया जा सकता है (चित्रः 4)।
- मध्य प्रदेश, महाराष्ट्र, कर्नाटक, आंध्र प्रदेश एवं केरल राज्यों के लिए उपयुक्त हैं।

चित्रः 4 खोदा गया पुनर्भरण कुँआं

पुनर्भरण शॉफ्ट/गड्ढ़ा/खाई

- यह सीधे जलभृत पुनर्भरण के लिए सबसे अधिक प्रभावी एवं लागत प्रभावी संरचनाएँ है।
- उन क्षेत्रों में जहां उथल गहराई पर अभेदय परत का सामना करना पड़ता है।
- जहाँ सतह जल में फाइटींग जलभृत जलीय संबंध नहीं होता है।
- पुनर्भरण दर 7–14 एलपीएस के लिए शॉफ्ट का व्यास 2 मीटर से अधिक होना चाहिए (चित्रः 5)।
- ये संरचनाएँ महाराष्ट्र, मध्य प्रदेश, आंध्र प्रदेश, बिहार, गुजरात, हिमाचल प्रदेश एवं जम्मू और कश्मीर आदि राज्यों में आम है।

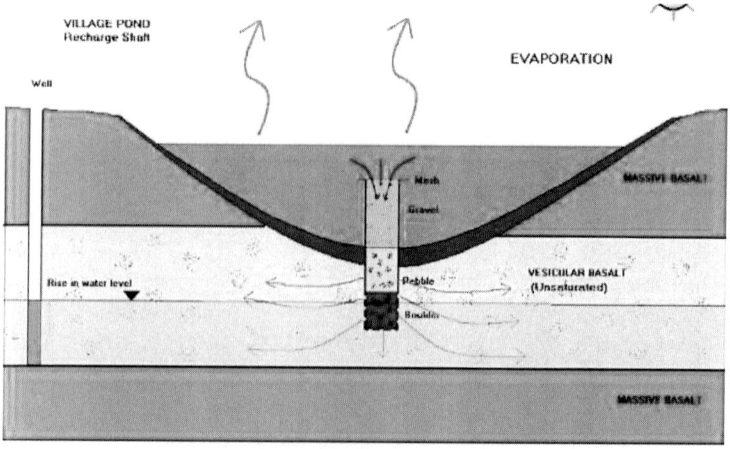

चित्रः 5 पुनर्भरण गडढ़ा

इंजेक्शन कुँआं

जब शहरी क्षेत्रों में भूमि कम होती है तो आमतौर पर इंजेक्शन कुँओं का प्रयोग किया जाता है। कुछ जलीय सामंजस्य में, जल के तापमान कम पारगम्यता की सीमित परतों के कारण प्राकृतिक पुनर्भरण से प्राकृतिक पुनःपूर्ति प्राप्त नहीं होता है और पुनर्भरण के माध्यम से जल के प्रत्यक्ष इंजेक्शन की आवश्यकता होती है (चित्रः 6)।

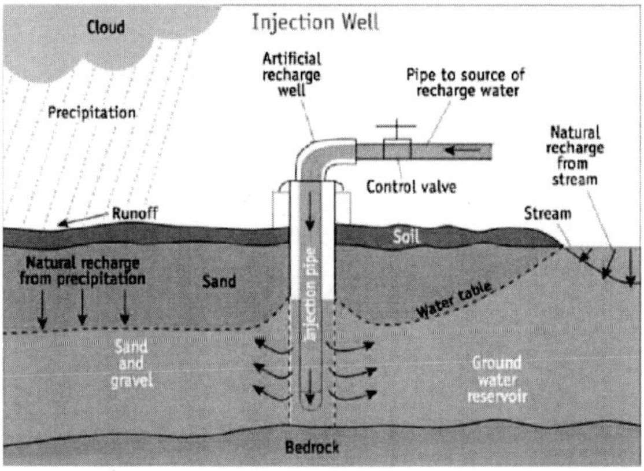

चित्रः 6 इंजेक्शन कुँआं

- सतह जल के उपचार में पंपिंग द्वारा दबाव द्वारा सीमित सतही जल को भूजल भंडारण को बढ़ाने के उद्देश्य से बनाया गया है।
- जलभृत आमतौर पर अधिक लाभदायक होता है।
- तटीय क्षेत्रों के लिए समुद्र जल के प्रवेश को अवरुद्ध करने के लिए तथा साथ ही उन क्षेत्रों में भूमि कटाव की समस्याओं का समाधान हेतु भी उपयुक्त है जहाँ सीमित जल के पंपिंग हेतु दबाव अधिक है।
- पुनर्भरण हेतु जल की निलंबित सामग्री, रासायनिक स्थिरीकरण और जीवाणु नियंत्रण को अलग करने के लिए उपचारित किया जाना चाहिए।

उप–सतह तटबंध/भूमिगत बंधरों

- तटबंध धारा में एक उप–सतह बाधा है जो प्रणाली में प्राकृतिक उप–सतह/भूमि के जल प्रवाह को रोक देता है और आवश्यकता के समय माँग को पूरा करने के लिए भूमि सतह से नीचे जल संग्रहण करता है।
- भूजल बाँध का मुख्य उद्देश्य उप–बेसिन से प्रवाह को अवरुद्ध करना और जलभृत के भीतर भंडारण में वृद्धि करना है (चित्रः 7)।
- उपयुक्त कठिन चट्टानों या जलोढ़ वन क्षेत्र।

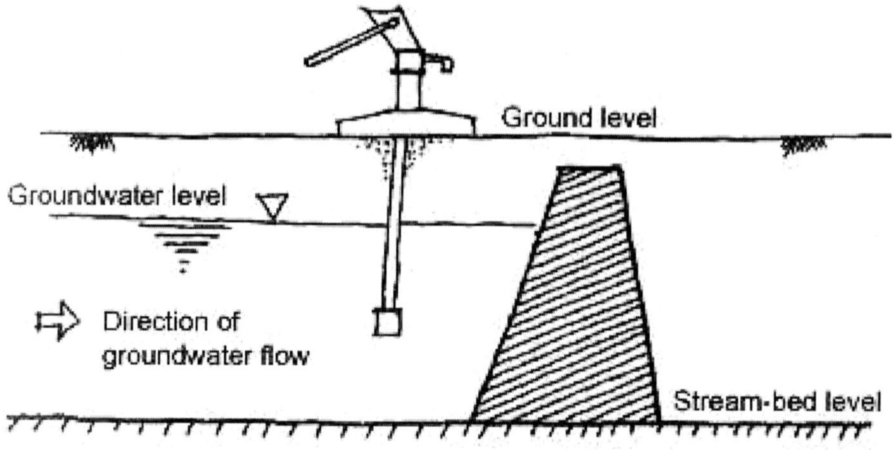

चित्रः 7 उपसतह तटबंध

भवनों की छतों से वर्षा जल संग्रहण

घरों की छतों से वर्षा जल संग्रहण करना आसान है। वर्षा जल को एक रिचार्ज संरचना तक लाना पड़ता है। फिर इस जल से भू–जल पुनर्भरण भी किया जा सकता है।

1. जल प्रौद्योगिकी केन्द्र, भा.कृ.अनु.सं.पूसा, नई दिल्ली

भारतीय कृषि अनुसंधान संस्थान, नई दिल्ली में स्थापित जल प्रौद्योगिकी केन्द्र के भवन से वर्षा जल संग्रहण एवं भू–जल पुनर्भरण का कार्य वर्ष 2007 से अनवरत किया जा रहा है। वैज्ञानिक अनुमान के अनुसार दिल्ली की औसत वर्षा 650 मि.मी. से भवनों की छतों से प्रति 1000 वर्गमीटर क्षेत्रफल से लगभग 55.25 घन मीटर (55250) जल संग्रहण किया जा सकता है (चित्रः 8)।

चित्रः 8 जल प्रौद्योगिकी केन्द्र में भू–जल पुनर्भरण प्रणाली

2. **श्रम शक्ति भवन, नई दिल्ली में कृत्रिम भूजल पुनर्भरण प्रणाली**

श्रम शक्ति भवन का क्षेत्र 11,965 वर्ग किलोमीटर है। वर्तमान में भवन की छत के ऊपर वर्षा जल संग्रह अपशिष्ट के रूप में पुनर्भरण किया जा रहा है जो प्रतिवर्ष लगभग 2900 सी.यू.एम. जल संग्रह करेगी। कुछ वर्षो में जल स्तर की गहराई 2–3 मीटर कम हो गई है। भूजल के लिए चयनित स्थानों पर कृत्रिम पुनर्भरण के द्वारा दो इंजेक्शन कुओं के साथ प्रस्तावित किया जाता है (चित्रः 9)।

चित्रः 9 श्रम शक्ति भवन, दिल्ली

मुख्य विशेषताएँ

- वर्षा जल अपधावनः 3325 घन (क्यूबिक) मीटर।
- क्षेत्रफलः 11, 965 वर्ग किलोमीटर।
- पुनर्भरण संरचनाएँ जैसे, गड्ढ़ा एवं पुनर्भरण कुँएं 3।
- निर्माण का वर्षः 2001।
- औसत पुनर्भरणः 3000 घन मीटर प्रतिवर्ष।
- जल स्तरों में वृद्धि 2007 में: 1.68–3.33 मीटर।
- लागतः 4.10 लाख रुपये

3. राष्ट्रपति के एस्टेट, नई दिल्ली में कृत्रिम भूजल पुनर्भरण प्रणाली

हमारे देश के राष्ट्रपति भवन का क्षेत्रफल 1.20 वर्ग मीटर है। जो दिल्ली रिज की उत्तरी सीमा पर स्थित है। अत्यधिक भूजल विकास के परिणामरूप 6–13 मीटर की सीमा में भूजल में कमी आई है। इस क्षेत्र में 4 मीटर मोटी 0.7 वर्ग कि.मी. जलीय परत विलुप्त हो गई है तथा प्रागंण में कृत्रिम पुनर्भरण दो सूखे खुदाई कुँएं, एक ऊर्ध्वाधर पुनर्भरण शॉफ्ट, इंजेक्शन कुँओं के साथ दो पुनर्भरण ट्रे के माध्यम से किया जा रहा है। भूजल पुनर्भरण के लिए वर्षा अपधावन से वार्षिक 28, 170 सीयूम जल एकत्रित किया जाता है (चित्रः 10)।

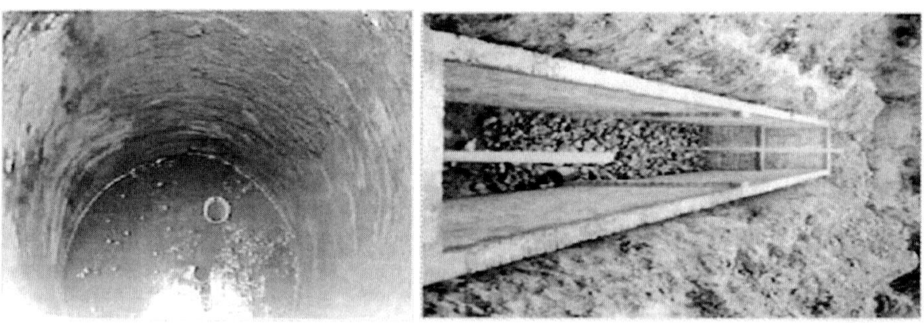

चित्रः 10 राष्ट्रपति के एस्टेट, नई दिल्ली में कृत्रिम भूजल पुनर्भरण प्रणाली

मुख्य विशेषताएं

- परिसर क्षेत्रफलः 1.3 वर्ग किलोमीटर।
- जल का स्रोतः वर्षा जल संग्रह एवं तरण ताल जल।
- औसत वार्षिक वर्षाः 712.2 मि.मी.।
- जल स्तर की गहराईः 6–12 मीटर भूमि से नीचे (बीजीएल)।

- निर्माण का वर्षः 2000
- पुनर्भरण संरचनाएँः दो खुदे कुँएं, एक पुनर्भरण कुँआ, पुनर्भरण के साथ दो गड्ढे।
- वर्ष 2003 के दौरान जल स्तर में वृद्धिः 4 मीटर तक।

4. राजगढ़ जिले (मध्य प्रदेश) में कृत्रिम पुनर्भरण संरचनाएँ (उप–सतह जलभृत)

- जिलाः रायगढ़, मध्य प्रदेश (चित्रः 11)।
- सामान्य वर्षाः 950 मिमी.।
- स्थानः बारवा कला, अज्नर सब्बासीन, रायगढ़ (म.प्र.)।
- संरचना का प्रकारः उप–सतह जलभृत।
- लागतः 2.0 लाख रुपये।
- कार्यान्यवन एजेंसीः सार्वनिक स्वास्थ्य अभियांत्रिकी विभाग, मध्य प्रदेश सरकार।
- भूविज्ञानः जलाशय और बेसाल्ट।
- पूरा होने का समयः 2004–05।
- अध्ययन वर्षः 2009–10।
- वर्णनः आधार प्रवाह के रूप में भूमिगत जल के प्रवाह को अजनार नदी से बाहर निकालने के लिए, बाढ कल्याण गाँव के पास उपसतह जलभृत का निर्माण किया गया।

चित्रः 11 राजगढ़ जिले (मध्य प्रदेश) में कृत्रिम पुनर्भरण संरचनाएँ

प्रभाव

- खुदाई किये गए कुँओं में जल स्तर 0.80–3.80 मीटर तक बढ़ रहा है।
- हस्त चालित नलकूपों में वृद्धि सीमा 6.0–12.0 मीटर देखी गई।
- जनवरी अन्त तक कुँएं सूखे थे, अब अप्रैल तक संचालित थे।
- रबी फसलों का 97–121 हेक्टेयर क्षेत्रफल बढ़ गया है, सिंचाई हेतु कुँओं की संख्या 38 से बढ़कर 102 तक हो गई है।
- भूजल की उपलब्धता में वृद्धि, सिंचाई में वृद्धि, भूजल की गुणवत्ता में सुधार एवं अपधावन से कृत्रिम पुनर्भरण।
- वर्षा के परिवर्तनशीलता के प्रभाव को कम करने हेतु कृत्रिम पुनर्भरण मान्यता मिली है।
- कृत्रिम पुनर्भरण योजनाओं को आईडब्ल्यूआरएम परियोजनाओं और योजना को अभिन्न अंग बनाया जाना चाहिए।
- देश के विभिन्न भागों में भूजल वृद्धि के लिए समुचित नियोजन एवं भूजल योजनाओं का कार्यान्वयन आवश्यक है।

सिंचाई जल की उपलब्धता में प्रतिदिन तेजी से कमी होती जा रही है। ऐसी परिस्थितियों में जल को पुनः उपयोग करना अनिवार्य हो गया है परन्तु साथ ही इस बात का ध्यान रखना अति आवश्यक है कि जल को कृत्रिम पुनर्भरण करने में कोई हानि न हो। पिछले कुछ वर्षो से केन्द्र और राज्स सरकारों, गैर सरकारी संगठनों और स्वयंसेवी संगठनों ने लोगों में सीमित भूजल संसाधनों को लम्बे समय तक प्रयोग करने के महत्व के प्रति जागरूक बनाने में सफलता पाई है। विभिन्न अध्ययन और प्रदर्शनकारी परियोजनाएँ भी चलाई गई जिनसे यह बात सामने आई कि विभिन्न भौगोलिक परिस्थितियों में भूजल संवर्धन के काम में कृत्रिम भरपाई की तकनीकें महत्वपूर्ण भूमिका निभा सकती है। देश के समन्वित जल संसाधन की समग्र प्रक्रिया में भूजल की कृत्रिम भरपाई की आवश्यकता को मान्यता दी जाए।

❑❑❑

अध्याय 16

जल संग्रहण क्षेत्र प्रबंधन (वॉटरशेड मैनेजमेंट)

जल संग्रहण क्षेत्र से तात्पर्य उस क्षेत्रफल से है जिसका जल एक निश्चित बिन्दु पर एकत्र होकर नदी के रूप में प्रवाहित होता है। जल संग्रहण के प्रमुख स्रोत महासागर है तथा वाष्पन की क्रिया एवं वर्षा ही महासागरों से जल संचार का प्रमुख माध्यम है। वर्षा के जल का सतही बहाव द्वारा नदियों से मिलना एवं नदियों का महासागरों से मिलना ही जल–चक्र का सन्तुलन बनाये रखता है। जल ग्रहण क्षेत्र वह क्षेत्र है जहाँ से वर्षा जल बहकर एक निर्धारित नाले से बाहर निकलता हो। जल संग्रहण क्षेत्र (वॉटरशेड) उस पूरे भू–भाग को कहते है जिसके मुहाने से पूरा जल किसी जलाशय में जाता है। किसी जलाशय के वॉटरशेड का केवल क्षेत्रफल ही नही होता बल्कि इसमें गहराई भी होती है। सुधार करने योग्य एक जल संग्रहण क्षेत्र का उपयुक्त क्षेत्रफल लगभग 500 हैक्टेयर होता है (चित्रः 1)।

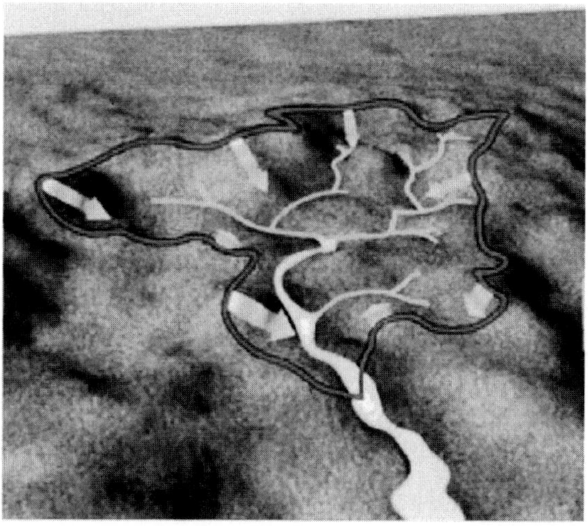

चित्रः 1 जल संग्रहण क्षेत्र

जलसंग्रहण क्षेत्र (वॉटरशेड) का वर्गीकरण

1. मैक्रो वॉटरशेडः 50,000 हेक्टेयर से अधिक
2. सब वॉटरशेड : 10,000–50,000 हेक्टेयर क्षेत्रफल

3. मिली वॉटरशेडः 1,000–10,000 हेक्टेयर क्षेत्रफल
4. माइक्रो वॉटरशेडः 100–1000 हेक्टेयर क्षेत्रफल
5. मिनि वॉटरशेड : 100 हेक्टेयर क्षेत्र से कम

जल संग्रहण क्षेत्र के घटक/अवयव

जल संग्रहण क्षेत्र का आकार एवं स्वरूप जल निकासी सम्बंधी मानदण्ड मृदा की प्रकृति एवं संरचना जल धारक क्षमता तथा भौतिक व रासायनिक गुणों का अध्ययन इसके अतिरिक्त भूमि का उपयोग एवं भूमि का उसकी सम्पूर्ण मात्रा के साथ दोहन करना है।

जल–ग्रहण क्षेत्र में कमी के कारण

- अल्प फसलोत्पादन।
- वनों एवं बाग–बगीचों से कम लाभ।
- घासों का अपेक्षाकृत कम उत्पादन जिससे हरे चारे की कमी।
- बने बाँधों में रेत के बहाव में वृद्धि।
- नदी क्षेत्र में गाद का भर जाना जिससे सदैव बाढ़ का खतरा बना रहना।
- जल की गुणवत्ता एवं मात्रा में कमी।
- बाढ़ग्रस्त क्षेत्रों में राहत कार्यों में अधिक व्यय।

जल संग्रहण क्षेत्र प्रबंधन

उन क्षेत्रों का प्रबंधन जहाँ से बहकर निकलने वाली नदी या नदियों के निकास का केवल एक ही मार्ग हो, जलसंग्रहण प्रबंधन कहलाता है। जल संग्रहण क्षेत्र प्रबंधन का तात्पर्य वर्षा का अतिरिक्त जल जो किसी प्रवाह मार्ग से जितने क्षेत्र का जल इकठ्ठा होकर बहता है उसे एकत्रित करके फसलों में समुचित उपयोग करना होता है। शुष्क भूमियों में फसलोत्पादन के लिए यह एक मात्र सीमाकारक प्राकृतिक घटक है। कृषि वैज्ञानिकों के अनुसार भूमि, जल और वन के समन्वित एवं समुचित प्रबंधन की सहायता से पारिस्थितिकी एवं पर्यावरण को संरक्षित किया जा सकता है। इसी के संबंध में श्री हनुमंत राव कमेटी का गठन किया गया। कमेटी ने भूमि संरक्षण, जल प्रबंधन एवं पर्यावरण विकास कार्यक्रम प्रस्तावित किया। जल संग्रहण क्षेत्र कार्यक्रम का शुभारंभ 1994–95 में हुआ। इसका मुख्य उद्देश्य जल संरक्षण एवं मृदा संरक्षण हेतु वर्षा के जल के बहाव की गति को कम कर, जल में मृदा अपवाद को कम करना तथा वर्षा की बूँदों को भूमि की सतह पर रोककर मृदा

के कटाव के साथ जल को संरक्षित किया जाना है ताकि भूजल–स्तर बढ़ने के साथ–साथ बाद में इसका उपयोग सिंचाई एवं अन्य कार्यों में किया जाए। सरकारी और गैर सरकारी प्रयासों के कारण जलसंग्रहण योजना के प्रभावी क्रियान्वयन के अभाव में केन्द्र सरकार द्वारा 2009–10 में समेकित जलसंग्रहण प्रबंधन कार्यक्रम आरंभ किया गया था। इस कार्यक्रम की सफलता के लिए आम व्यक्ति को जोड़कर सरकारी सहायता से जल संरक्षण एवं प्रबंधन की व्यवस्था की गई।

जल संग्रहण क्षेत्र प्रबंधन के लाभ

1. सस्य सघनता में वृद्धि।
2. पर्यावरणीय सन्तुलन सुनिश्चित होता है।
3. प्रति इकाई क्षेत्र से प्रति इकाई समय एवं प्रति इकाई जल से उत्पादकता में इष्ठतम वृद्धि होती है।
4. प्रतिकूल मौसम की आवश्यकताओं में भी आमदनी को स्थिरता प्रदान होती है।
5. सार्थक जल ग्रहण क्षेत्र प्रबंधन का अर्थ बाढ़ नियंत्रण एवं भूमि कटाव एवं तलछट के जमाव में कमी होना।
6. परस्पर सम्बंन्धित फसल, पशु शेड, मजदूर आदि जटिल अवयवों के द्वारा मिलने से आय में आने वाले वर्षो में निरन्तर वृद्धि होती है।

जल संग्रहण क्षेत्र प्रबंधन में बाधाएँ

1. अशिक्षा इस क्षेत्र की सबसे बड़ी बाधा है।
2. स्थानीय राजनीति इसके मार्ग में बाधा है।
3. जागरूकता का अभाव की जल ग्रहण प्रबंधन में बाधा उत्पन्न करता है।
4. धन का अभाव भी इस हेतु बाधा उत्पन्न करता है।
5. सूचना तकनीकी का अभाव जल ग्रहण प्रबंधन में बाधा उत्पन्न करता है।
6. अकुशलता विकासात्मक ढांचा इसके मार्ग में बाधा है।
7. कठिन भौगोलिक परिवेश जल ग्रहण प्रबंधन में बाधा है।
8. संवेदनशील पर्यावरण का होना भी जल ग्रहण प्रबंधन में बाधा है।
9. सहभागिता का अभाव वॉटरशेड मैनेजमेंट में बाधा बनती है।

जल संग्रहण क्षेत्र प्रबंधन के सिद्धांत

यह एक भूमि प्रबंधन कार्यक्रम है जो किसी निश्चित क्षेत्र को जल से संबंधित विषय के दृष्टिकोण से देखता है। इस कार्यक्रम का उपयोग स्रोत से विसर्जन तक एक नदी के प्रबंधन के लिए किया जा सकता है। जल संग्रहण क्षेत्र प्रबंधन में छोटी जलधाराओं के आधार पर किसी एक वादी के प्रबंध पर भी विचार किया जा सकता है। मानसून के दौरान जल को तेजी से बढ़ने देने के अतिरिक्त नालों में रोक खड़ी करके और रोकबांध बनाकर स्रोत पर जल को बचाना और उसे भूमि में रिसने देना विशेष जल संग्रहण क्षेत्र का एक प्रमुख आयाम है। इससे भूमिगत जलभृतों में फिर से जल जमा होता है और भूमिगत जल की भरपाई होती है। वनों का विनाश जल की कम आपूर्ति का एक प्रमुख कारण है। ऐसे ह्रासग्रस्त क्षेत्रों में वनों का रोपण जल संग्रहण क्षेत्र प्रबंध का एक और महत्वपूर्ण पक्ष है। संक्षेप में जल ग्रहण क्षेत्र प्रबंधन अवयव (जलविभाजक प्रबंध) के सिंद्धान्त निम्नलिखित हैं, जैसे;

1. भूमि का उपयोग उसकी क्षमता के अनुरूप हो।
2. बरसात के समय भूमि को पर्याप्त वानस्पतिक आच्छादन प्रदान करना।
3. उद्भव स्थान पर जल का संरक्षण।
4. अतिरिक्त जल का विकास तथा भविष्य में उपयोग के लिए संचय।
5. वॉटरशेड के लिए उपयुक्त फसल प्रणाली को ज्ञात करना।
6. प्रति इकाई क्षेत्रफल प्रति इकाई समय और प्रति इकाई जल से अधिकतम उत्पादकता प्राप्ति का प्रयास।
7. फसल सघनता और समतुल्य अनुपात को फसलों के बीच फसल लेकर और क्रांतिक फसल लेकर बढाना।
8. पर्यावरण में धारक क्षमता सुरक्षित करना, जिससे मनुष्य, पशु, पौधों, भूमि, जल प्रणाली को लाभ पहुँचे।
9. भण्डारण या यातायात तथा व्यापार के लिए सब्जियों की सुविधाओं का विकास।
10. एक–दूसरे से सम्बन्धित कृषि उपादनों जैसे फसल–पशुपालन वृक्ष श्रमिक संरचना का वर्ष भर अधिक लाभ प्राप्त करना।
11. वैकल्पिक भूमि उपयोग प्रणाली जैसे कृषि वानिकी के द्वारा सीमान्त भूमि तथा जलीय भूमि का सुरक्षित उपयोग।
12. किसान की आय को स्थापित कर देना जिससे मौसम प्रतिकूलता तथा अन्य जोखिम का वे सामना कर सके।

13. गली बनने से बचना तथा उचित स्थानों पर बाँध बनाना।
14. मृदा कटाव का नियंत्रण।
15. अधिकतम वर्षा जल का संरक्षण।
16. फसल गहनता में वृद्धि करना।
17. पारिस्थिति सन्तुलन को बनाए रखना।

जल संग्रहण क्षेत्र प्रबंधन के उद्देश्य

जल संग्रहण क्षेत्र प्रबंधन मुख्य रूप से तीन आधारभूत कारकों मृदा, वनस्पति एवं जल के न्यायोजित प्रबंधन पर आधारित है, जिसके निम्नलिखित उद्देश्य हैं –

- मृदा एवं जल संरक्षण को नियंत्रित करने के लिए कार्य करना।
- मृदा एवं जल का प्रबंधन और उपयोगी प्रयोजन के लिए अपवाह जल का उपयोग करने के लिए कार्य करना।
- जल की रक्षा, संरक्षण और कुशल और निरन्तर उत्पादन के लिए भूमि सुधार करने हेतु दोहन विनियमन तथा कार्यान्वयन।
- बढ़ते भू–क्षरण का नियंत्रण।
- वन क्षेत्रों का संरक्षण व उनमें बढ़ोत्तरी।
- बाढ़ नियंत्रण।
- मानव एवं जीव–जन्तुओं के लिए जल प्रदाय की निश्चितता।
- जल प्रक्षेत्र की सम्पूर्ण स्थिति में सुधार।
- प्रभावकारी एवं टिकाऊ फसलोत्पादन के लिए भूमि संसाधनों का सुरक्षित रखना तथा उनका संरक्षित प्रयोग करना।
- बहते हुए जल से होने वाली हानि अर्थात् मृदा कटाव की रोकथाम।
- निचले क्षेत्रों में बाढ़ से होने वाली हानि को रोकना।
- वर्षा के अतिरिक्त जल का संरक्षण/संचित करके फसलों को सिंचाई व्यवस्था में वृद्धि करके सूखे को कम करना।
- व्यक्तियों के सामाजिक एवं आर्थिक स्थिति में विकास करके कृषि एवं कुटीर उद्योग धन्धों की प्रगति के लिए प्राकृतिक संसाधनों का समुचित उपयोग करना।

- वर्षा के अतिरिक्त जल का समुचित उपयोग तथा प्रबंधन करके भूमिगत जल के स्तर को बढ़ाना।
- मृदा में इंफिल्ट्रेशन को बढ़ाने के लिए।
- जल संसाधन बढ़ाने के लिए और जल में होने वाले गुणवत्ता ह्रास को रोकने के लिए कार्य करना।
- भूजल पुनर्भरण वृद्धि लागू करने के लिए कार्य करना।

जल क्षेत्र प्रबंधन में सम्मिलित कार्य

- भू एवं जल–संरक्षण के उपाय।
- ऊर्जा के वैकल्पिक स्रोतों के उपयोग से वनों पर दबाव में कमी।
- वनीकरण।
- कृषि तकनीकी में सुधार।
- क्षेत्रीय जनता का सामाजिक–आर्थिक स्थिति में सुधार।
- उच्च–उत्पादक पशुओं के विकास द्वारा पशु संख्या में कमी।
- जल के विविध उपयोगों का प्रयास।

❑❑❑

अध्याय 17

भारत में सिंचाई जल संरक्षण हेतु उन्नत कृषि उपकरण

मृदा एवं जल प्रकृति की अमूल्य भेंट है। प्राचीन समय से मिट्टी व जल का उपयोग दैनिक कार्यो में, औद्योगिकीकरण एवं विभिन्न कृषि कार्यों हेतु हो रहा है। कृषि को और उन्नत व प्रगतिशील बनाए रखने के लिए मृदा एवं जल संरक्षण की ओर समुचित ध्यान दिया जाना आवश्यक होता है। यदि मृदा और जल संरक्षण पर समुचित ध्यान न दिया गया तो इसके व्यापक दुष्परिणाम देखने को मिलते हैं। सामान्यतः भूमियाँ बीहड़ या ऊसर में परिवर्तित होने लगती हैं। इसी प्रकार खेतों में जल जमाव के कारण भी फसलों को क्षति पहुँचती है। अक्सर जल के तीव्र बहाव के कारण भूमि का ऊपरी व उपजाऊ भाग बह जाता है। जिससे कृषि को क्षति पहुँचती है। इन्हीं कारणों से भारतीय कृषि में मृदा एवं जल संरक्षण की आवश्यकता है।

भारत, विश्व की 2.4 प्रतिशत भूमि और 4 प्रतिशत कुल संरक्षित जल का उपयोग कर विश्व की कुल जनसंख्या के 18 प्रतिशत तथा 15 प्रतिशत पशुधन का भरण–पोषण करता है। भारत में 80 प्रतिशत छोटे एवं सीमांत किसान हैं, जिनकी जोत का आकार 1.2 हेक्टेयर है। देश की 67 प्रतिशत जनसंख्या गाँवों में निवास करती है, जिसमें से 7 प्रतिशत जनसंख्या हेतु स्वच्छ जल उपलब्ध नहीं है। अंतर्राष्ट्रीय संस्था ''वॉटरएड'' के अनुसार भारत में 6 करोड़ से अधिक जनसंख्या को स्वच्छ जल नहीं मिल रहा है।

हमारे देश में कृषि हेतु भूमि का क्षेत्रफल 140 मिलियन हेक्टेयर है जिसमें वृद्धि नहीं हो रही है बल्कि आवासीय और विकास परियोजनाओं हेतु उत्तम गुणवत्ता की कृषि भूमियों का भू–उपयोग परिवर्तन करके कमी की जा रही है। जबकि जनसंख्या तीव्र गति से बढ़ रही है। जिसके परिणामस्वरूप घटते प्राकृतिक संसाधन (मृदा एवं जल) तथा कम होती खेती हेतु भूमि से उत्पादकता बढ़ाना हमारा प्रमुख लक्ष्य है। इस समस्या के समाधान हेतु उन्नत कृषि यंत्रों द्वारा कम समय में सटीक कृषि कार्य करके, प्रति इकाई क्षेत्रफल से अधिक उत्पादन प्राप्त किया जा सकता है।

मृदा व जल कटाव को रोकने के लिए परिरेखा (कन्टूर बांध), परकोलेशन बांध, सीमेंट प्लग (चेक डैम), ड्रॉप स्पिलवे, बेंच टेरेसेस तथा ग्रास्ड वॉटरवेज का निर्माण किया जाता है

तथा अधिक से अधिक जल के बहाव को (जल संग्रहण क्षेत्र) में रोक किया जाता है। सिंचाई के लिए जो बड़े–बड़े बाँध बनाए गए हैं, उनके जल का समुचित प्रयोग करने के लिये उस क्षेत्र में भूमि का समतलीकरण तथा जल ले जाने तथा उसके निकास हेतु नालियों का प्रबंध किया जाता है। समतलीकरण के लिए कन्टूर बाँध बनाने के लिए, सिंचाई के लिए नाली बनाने के लिए जल निकास के लिए नाली बनाने तथा टाइल जल निकास के लिए विभिन्न प्रकार के कृषि यंत्रों का प्रयोग किया जाता है। जिसके लिये प्रमुख कृषि यंत्रों का विवरण निम्नलिखित है।

सिंचाई के लिए उपयोगी कृषि उपकरण

भारत में सिंचाई हेतु यंत्रीकरण अभी तक मात्र 45 प्रतिशत ही हुआ है। जबकि उचित सिंचाई के लिए तथा जल की बचत के लिए कई प्रकार के उपयोगी यंत्र विकसित किये गए हैं जिनका उपयोग कर किसान आर्थिक लाभ उठा सकते हैं, जैसे;

1. अल्प उत्थापक हस्त चालित पम्प (लो लिफ्ट पम्प)

इसका प्रयोग तालाबों, कुँओं, झीलों से 2.5–3.0 मीटर तक की गहराई से जल उठाने के लिए बहुत अच्छा रहता है। इस पम्प द्वारा लगभग 0.2 हेक्टेयर क्षेत्रफल में सिंचाई की जा सकती है। यह पम्प दो आकार में उपलब्ध हैं। पहला छोटा वाला पम्प जिसका सिलिण्डर व्यास 21.25 सें.मी. तथा दूसरा बड़ा वाला जिसका व्यास 30 सें.मी. है। इस पम्प को चलाने के लिए दो आदमियों की आवश्यकता होती है जो बारी–बारी से चलाते हैं (चित्रः 1)।

चित्रः 1 हस्त चालित पम्प

2. वायु द्वारा चालित विन्ड मिल उपकरण

इस यंत्र को प्राकृतिक शक्ति मिलती है। इसमें एक बहुत ऊँचे लोहे के टावर पर बड़े व्यास का पहिया लगा होता है, जिसकी तली में प्लंजर पम्प होता है। प्लंजर के छड़ का ऊपरी सिरा पंखों से बाहरी तरफ जुड़ा रहता है। पम्प सिलिण्डर या पाइप के नीचे का सिर कुँएं में रहता है। जब तेज हवा चलती है तो पंखा घूमता है जिससे पम्प चलता है और पानी बाहर निकलता है (चित्रः 2)।

चित्रः 2 वायु मिल उपकरण

3. डीजल एवं बिजली से चलने वाले पम्प

आजकल पानी उठाने के लिए डीजल व बिजली चालित पम्पों का प्रयोग बहुत अधिक होता है क्योंकि इनकी कार्यक्षमता अधिक होती है, साथ ही साथ इनमें जल नियंत्रित तथा आवश्यकतानुसार आता है। इन पम्पों से सिंचाई करने में कम समय, श्रम एवं खर्च से अधिक क्षेत्र की सिंचाई की जा सकती है। वर्तमान में जिन स्थानों पर जल तल उच्च है वहाँ पर सिंचाई के लिए विकेन्द्रीय पम्प (सेन्ट्रीफ्यूगल पम्प) का अधिक प्रयोग हो रहा है। इस पंप की प्रारम्भिक लागत कम होती है, इसमें वाल्व का प्रयोग नहीं होता है। इस पम्प में इम्पैलर या पंखा, खुला इम्पैलर, अर्ध खुला इम्पैलर, बन्द इम्पैलर, अवरोध इम्पैलर, केसिंग, शॉफ्ट, स्टफिंग बॉक्स, शॉफ्ट बियरिंग, कॅपलिंग, आधार शिला, सैंक्शन पाइप, फुट

वॉल्व, डिलीवरी पाइप गेट वाल्व चेक वाल्व आदि मुख्य भाग होते हैं। इस प्रकार के पम्प का प्रयोग जल को एक स्रोत से उठाकर किसी अन्य वांछित स्थान पर पहुँचाने में होता है। इसका जल प्रस्राव लगभग 1,00,000 लीटर प्रति घंटा होता है तथा इससे एक दिन में 1.5 हेक्टेयर भूमि की सिंचाई कर सकते हैं।डीजल व बिजली से चलने वाले पम्पों में कई सुधार किये गये हैं। इंजन/मोटर की शक्ति के अनुसार पम्प का चुनाव कर इन पम्पों की कार्य क्षमता अधिक बढ़ा सकते हैं।

4. सबमर्सिबल या जलप्लावनीय पंप

इस उपकरण में पम्प तथा मोटर एसेम्बली दो मुख्य भाग होते हैं, जिनको एक डिस्चार्ज कॉलम के अन्दर डिस्चार्ज हैड और जलरोधी विद्युत मोटर के साथ लगाते हैं। इसके अतिरिक्त इस पंप में पंम्पिंग यूनिट, डिस्चार्ज हैड, डिस्चार्ज कॉलम, विद्युत मोटर, सूखी मोटर, भीगी मोटर आदि मुख्य भाग होते हैं (चित्रः 3)।

चित्रः 3 सबमर्सिबल पम्प

इस प्रकार के पम्प मे इम्पैलर जल के अन्दर एक उर्ध्वाधर शॉफ्ट पर लगे होते हैं और इसमें टरबाइन पम्प को मोटर के साथ ही जोड़ दिया जाता है। यह उन स्थानों के लिए अधिक उपयोगी पाया गया है जहाँ पर भू-जल का तल काफी नीचे चला गया है।

5. उन्नत फुटवाल्व

इन फुटवालों में पुराने फुटवाल्व की अपेक्षा जल अंदर आने के लिये वाल्व का क्षेत्रफल 1.5 गुना तथा सैक्शन 3 से 4 गुना रखते हैं इससे 10 से 15 प्रतिशत बिजली की बचत होती है।

6. छिड़काव/बौछारी/फव्वारा (स्प्रिंकलर) सिंचाई यंत्र

इस विधि में फसलों के अनुसार उचित दूरी पर स्प्रिंकलर लगाने के बाद पम्प चलाया जाता है। जिससे बौछार के रूप में गिरता है और स्प्रिंकलर में लगी नोजल जल को वर्षा की फुहार की तरह पौधों पर फेंकती है (चित्रः 4)। स्प्रिंकलर हमेशा घूमता रहता है जिससे उसके आस–पास की फसलों की सिंचाई की जा सकती है। इसका उपयोग उबड़–खाबड़ भूमियों एवं कम वर्षा, कम सिंचाई तथा बलुई भूमियों में किया जाता है। इसके द्वारा कम समय में अधिक क्षेत्रफल की सिंचाई की जा सकती है। इससे जल, श्रम व समय की बचत होती है। इस सिंचाई यंत्र पर विभिन्न सरकारें मूल्य का 90 प्रतिशत या अधिकतम 13,500/– रूपये प्रति हेक्टेयर का अनुदान भी देती हैं।

चित्रः 4 छिड़काव सिंचाई विधि का दृश्य

फव्वारा या छिड़काव सिंचाई में जल का दबाव 2–2.5 कि.ग्रा. प्रति वर्ग सें.मी. होता है तथा इस प्रणाली में जल का बहाव (डिस्चार्ज) 1000 लीटर प्रति घन्टे प्रति नोजल होता है। 5 नोजल वाले सेट से एक घण्टे में लगभग 4000–5000 लीटर जल छिड़का जा सकता है। इस विधि से एक एकड़ क्षेत्रफल की सिंचाई 3–4 घण्टे में की जा सकती है।

स्प्रिंकलर सिंचाई पद्धति के मुख्य अवयव

पंम्पिंग सेट या जल उठाने वाला यंत्र, उर्वरक टैंक, प्रेशर मेज, फव्वारा नोजल, बाइ पास वाल्व, छलनी प्रणाली, कन्ट्रोल वाल्व पाइप लाइन, छिड़काव यंत्र आदि सारणी 1 में दिये गये हैं।

फव्वारा सिंचाई प्रणाली के प्रकार

स्प्रिंकलर सिंचाई (इर्रीगेशन) प्रणाली का वर्गीकरण मुख्यतः दो भागों में किया गया है जो जल छिड़काव के कार्य विधि पर आधारित है:

1. घूमता हुआ फव्वारा

   सैंट्रल पिवट, रोटेटिंग बूम टाइप, साइड रोल लेटरल टाइप

2. छिद्र युक्त पाइप प्रणाली

स्थानान्तरण पर आधारित फव्वारा सिंचाई प्रणाली का वर्गीकरण निम्न प्रकार से किया जा सकता है। पूर्ण रूप से स्थानान्तरित किये जाने योग्य प्रणाली, आंशिक रूप से स्थानान्तरित किये जाने योग्य प्रणाली, पूर्ण स्थाई प्रणाली, आंशिक स्थाई प्रणाली। इस प्रकार छिड़काव की दर के आधार पर भी स्प्रिंकलर का काम किया जा सकता है (सारणीः 1)।

सारणी 1. छिड़काव क्षमता पर आधारित फव्वारों का वर्गीकरण

फव्वारा प्रकार	**छिड़काव की (प्रेसिपटेशन) दर (मि.मी. प्रति घंटा)**
न्यून क्षमता फव्वारा	13 मि.मी. प्रति घंटा से कम
मध्यम क्षमता फव्वारा	13–25 प्रति घंटा
उच्च क्षमता फव्वारा	25 मि.मी प्रति घंटा से अधिक

7. बूँद–बूँद (ड्रिप) सिंचाई उपकरण

यह सिंचाई की एक ऐसी विधि है, जिसमें प्लास्टिक के पाइपों द्वारा पौधों के जड़ क्षेत्र के नजदीक टोंटियों की सहायता से बूँद–बूँद करके जल दिया जाता है, जिससे जल की प्रत्येक बूँद पौधों के उपयोग में आ सके (चित्रः 5)। इस विधि में 1.2 से 2.0 सें.मी. मोटाई की लम्बवत (लैटरल) पाइपों के साथ पौधों के जड़ क्षेत्र के पास, जल निकलने की इमीटर या ड्रिपर लगे होते हैं। इसमें मुख्य पाइप के समानतर उपमुख्य पाइप बिछाते हैं एवं उसी में ड्रिपर लगा देते हैं। जल के लिए एक प्लास्टिक या सीमेंट का बना मुख्य टैंक होता है जिससे प्लास्टिक का मुख्य पाइप जुड़ा होता है और इसी में जल खींचने की मोटर लगी होती है जो जल को ड्रिप लाइन में दबाव से पहुँचाती है। ड्रिप सिंचाई में जल का सामान्य दबाव 1–1.5 कि.ग्रा. प्रति वर्ग सें.मी. होता है। इस विधि में जल इमीटर के द्वारा प्राप्त होता है। ड्रिपर एवं इमीटर के द्वारा जल के प्रवाह की दर 2–4 लीटर प्रति घण्टा होती है। ड्रिप नालियों व लेटरल्स में रुकावट की समस्या को दूर करने के लिए 1–2 माह के अन्तराल पर तनु हाईड्रोक्लोरिक अम्ल को नालियों में प्रवाहित करना चाहिए, क्योंकि सिंचाई जल में लवणों की अधिकता में ड्रिप नालियों व लेटरल्स के ड्रिपर बंद हो जाते हैं।

यह विधि उन क्षेत्रों के लिए वरदान सिद्ध हो रही है, जहाँ जल का अभाव व मृदा में लवणों की समस्या है। यह विधि उद्यानों, बगीचों व फल वृक्षों के लिए सर्वोत्तम है। सिंचाई पद्धति में 1–4 लीटर/ड्रिपर/घन्टे डिस्चार्ज रेट होता है। इस में जल की आपूर्ति निरन्तर या अन्तराल पर की जा सकती है। इस विधि में 40 से 80 प्रतिशत तक जल की बचत होती है तथा जल उपयोग क्षमता 90 से 95 प्रतिशत तक बढ़ जाती है। बागवानी फसलों में क्षेत्र तथा ड्रिप सिंचाई यंत्र के अभिविन्यास (लेआउट) के अनुसार सरकार द्वारा मूल्य का 90 प्रतिशत अनुदान प्राप्त होता है।

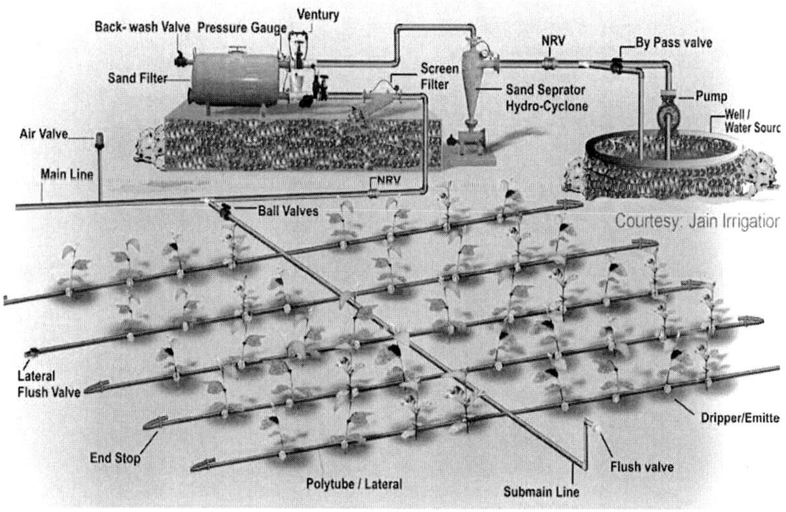

चित्रः 5 टपक सिंचाई विधि

ड्रिप सिंचाई के अवयव

- जल उठाने के लिए पम्प (हेड यूनिट)।
- ऊँचाई पर जल की टंकी।
- केन्द्रीय जल वितरण प्रणाली–जल की मात्रा तथा दबाव को नियंत्रित करने के लिए मुख्य जलापूर्ति लाइन से जुड़ी रहती है।
- उर्वरक के प्रयोग के लिए केन्द्रीय वितरण प्रणाली से जुड़ी टंकी।
- फिल्टरः जल में घुले हुए अवांछित पदार्थ को छानने के लिए प्रयोग करते हैं।
- जलापूर्ति के लिए पी.वी.सी. पाइप।
- सहायक एवं पार्श्व पाइप लाइनः ये मुख्य लाइन से समान्तर रुप से एक–दूसरे से जुड़ी रहती है।

- प्लास्टिक के ड्रिपरः नियत मात्रा में जल देने के लिए पौधों की पंक्तियों में एक समान दूरी पर पार्श्व लाइन में लगाया जाता है।

ड्रिप सिंचाई पद्धति के प्रकार

1. सतही ड्रिप सिंचाई पद्धति

इस प्रणाली में पार्श्व पाइप लाइन एवं जल उत्सर्जक भूतल पर लगाये जाते हैं। यह प्रणाली काफी लोकप्रिय तथा इस प्रणाली को स्थापित करने, देखरेख करने, उत्सर्जक (ड्रिपर) की सफाई करने अथवा उसे बदलने में सुविधा रहती है।

2. अधोसतही ड्रिप सिंचाई पद्धति

इस विधि में पार्श्व पाइप तथा ड्रिपर दोनों ही भूमि के भीतर दबा दिये जाते है। इस विधि में फसलों में की जाने वाली सस्य क्रियाओं में कोई परेशानी नहीं होती है।

3. सूक्ष्म फव्वारा ड्रिप सिंचाई पद्धति

इस पद्धति में सहायक पार्श्व तथा ड्रिपर भूतल पर स्थित होते हैं। परन्तु इनसे सिंचाई जल बाहरी फव्वार अथवा फव्वार के रूप में मृदा पर पड़ता है। इस विधि का प्रयोग कम दूरी पर बोई गई फसलों में किया जाता है।

4. स्पन्द ड्रिप सिंचाई पद्धति

इस पद्धति में लगातार स्पन्द के रूप में दिया जाता है अर्थात् ऐसी व्यवस्था होती है जो यंत्र में सामंजन करके 5–10 या 15 मिनट के अन्तराल पर जल दिया जाता है।

ड्रिप सिंचाई पद्धति का विन्यास (ले आउट)–के लिए निम्न बातें आवश्यक होती हैं, जैसे;

1. भूमि की स्थलाकृति जानकारी के लिए सामान्य सर्वेक्षण।
2. सिंचाई के लिए उपलब्ध जल की मात्रा, जल स्रोत तथा उपलब्ध जल दबाव का आंकलन।
3. उगाई जा रही फसल की किस्म, अवस्था दूरी तथा जलमाँग।
4. मृदा में वाष्पोत्सर्जन की दर।
5. जलवायु सम्बन्धी सूचना।

6. मृदा की किस्म पारगम्यता तथा इनफिल्ट्रेशन की दर।
7. सिंचाई जल की किस्म।
8. पौधों को जल की दैंनिक आवश्यकता।

सौर वॉटर पंपिंग प्रणाली

सौर वॉटर पंपिंग प्रणाली का उपयोग एस.पी.वी. तकनीक का उपयोग करते हुए सिंचाई तथा पीने के लिए जल निकालने में किया जाता है। सामान्य पंपिंग हैड सिंचाई के लिए 715 मीटर और पेयजल आपूर्ति के लिए 1050 मीटर पर होते है। यह संभव है कि इससे बड़े हैड के साथ भी वॉटर पंपिंग की जाए, खास तौर पेयजल आपूर्ति के लिए। वॉटर पंपिंग पीवी तकनीक के महत्वपूर्ण अनुप्रयोग में से एक है। एक प्रारूपिक एस.पी.वी. वॉटर पंपिंग प्रणाली में एक डीसी या एसी, सतह पर लगाया गया या सबमर्सिबल या तैरने वाला पंप लगा होता है जो एसपीवी एरे की बिजली पर चलता है। यह एरे एक उपयुक्त संरचना पर रखी होती है तथा इसे छाया रहित खुले स्थान पर मॉड्यूल को दक्षिण दिशा में स्थानीय अक्षांश के अनुसार झुका कर रखा जाता है।

चित्रः 6 भारतीय कृषि में सौर चालित सिंचाई उपकरण

आमतौर पर सौर वॉटर पंप 2–5 हॉर्सपावर के होते है, वैसे कहीं–कहीं ज्यादा क्षमता वाले पंप का भी प्रयोग होता है। धान एवं गन्ना के अलावा कई प्रकार की फसलों में एक हॉर्स पावर की मोटर पर चलने वाले एक एसपीवी पंप से लगभग 11.5 हेक्टेयर मृदा की सिंचाई की जा सकती है।

9. ट्रैक्टर चालित जीरो–टिलेज ड्रिल

जीरो–टिलेज तकनीक का खेती में लागत कम करने फसलों की बुवाई समय पर करने तथा प्राकृतिक संसाधनों के संरक्षण में अनोखी विधि है। इससे गेहूँ की बुवाई बहुपयोगी

एवं लाभकारी साबित हुई है। आजकल किसान जीरो टिलेज से धान, बाजरा, कपास, मक्का, अरहर, एवं सरसों के खेतों में सीधे गेहूँ, मूँग, चना तथा सरसों की बुवाई करने लगे हैं, परन्तु यह मशीन विशेष रूप से गेहूँ की बुवाई के लिए डिजाइन की गई थी। इस तकनीक द्वारा अगेती एवं पछेती दोनों तरह की बुवाई कर सकते हैं। अच्छी पैदावार के लिए बीज एवं उर्वरक की मात्रा पारंपरिक विधि के बराबर ही रखनी चाहिए। सामान्यतः धान, मक्का, कपास, व अरहर की पछेती किस्मों की कटाई के उपरान्त खेत में गेहूँ की फसल के लिए खेत तैयार करने का समय नहीं मिल पाता है और किसान के पास खेत को खाली छोड़ने के अलावा कोई उपाय नहीं रहता है। जीरो–टिलेज ड्रिल (चित्रः 7) से बुवाई करके किसान इस समस्या का समाधान कर सकते हैं। इस मशीन द्वारा पूर्व फसलों की कटाई करने के उपरान्त उसी खेत की बिना जुताई किये गेहूँ की बुवाई कर सकते हैं। यह मशीन साधारण बुवाई मशीन की तरह ही होती है उसी तरह ही कार्य करती है, इसमें केवल अन्तर फरो–ओपनर का होता है जो नुकीले चाकू की तरह होते है जिनमें बीज बिना कोई कठिनाई के उचित गहराई पर पहुँच जाता है। इस मशीन में सन्तुलित एवं उचित मात्रा में बीज गिराने के लिए फ्लूटेड रोलर लगाए गए है तथा उर्वरक डालने के लिए खाचेंदार ऊर्ध्वाधर रोलर्स लगाए गए हैं। उर्वरक की मात्रा को उर्वरक के बक्से में किये छिद्रों के आकार को कम या अधिक करके निर्धारित किया जाता है।

चित्रः 7 ट्रैक्टर चालित नो टिल सीड कम फर्टी–ड्रिल

उर्वरक व बीज गिराने की इकाइयों को चलाने के लिए शक्ति, सामने की तरफ दिये गये पहिए से चैन और गरारी के द्वारा दी जाती है। बीज की गहराई को कम या अधिक करने के लिए मशीन के दोनों तरफ पहिये लगे होते हैं। यह मशीन 35 या उससे अधिक अश्व–शक्ति वाले ट्रैक्टर द्वारा चलाई जा सकती है। यह मशीन 9/11 कूंडों में बुवाई के

लिए उपलब्ध है। कूंड खोलने वाले भाग (फरो–ओपनर) 'शू' के आकार के होते है। कूंड से कूंड की दूरी कम या अधिक करने का प्रावधान होता है। प्रायः इस मशीन का आकार लगभग 1800 मि.मी. लम्बाई, 600 मि.मी. चौडाई, 1100 मि.मी. ऊँचाई तथा भार 250 कि. ग्रा. होता है। इस तकनीक के प्रयोग से एक ओर गेहूँ की उत्पादन लागत में कमी आती है तो वहीं दूसरी तरफ पर्यावरण हितैषी भी है। अतः इस तकनीक को किसानों में और अधिक लोकप्रिय बनाने की आवश्यकता है।

जीरो–टिलेज ड्रिल द्वारा गेहूँ की बुवाई से लाभ

1. इस मशीन से गेहूँ की बुवाई करने पर खेत तैयार करने पर होने वाले खर्च में 2500 से 3000 रुपये प्रति हेक्टेयर की दर से बचत कर सकते हैं।
2. इस मशीन से 1.5 हेक्टेयर प्रति घन्टे से बुवाई की जा सकती है।
3. देरी से बुवाई की अवस्था में इस मशीन से बुवाई संभव है।
4. जीरो–टिलेज ड्रिल के प्रयोग से 75–85 प्रतिशत ईधन, ऊर्जा एवं समय की बचत होती है।
5. सामान्य बुवाई की अपेक्षा गेहूँ के बीजों का अँकुरण 2–3 दिन पहले ही हो जाता है तथा जुताई न होने के कारण खरपतवारों के बीज मिट्टी में निचली सतह में पड़े रहने के कारण मंडूसी का प्रकोप कम होता है।
6. इस विधि से 15 से 20 प्रतिशत जल की बचत होती है।
7. समय से गेहूँ की बुवाई होने से 20 से 25 प्रतिशत ज्यादा पैदावार मिलती है।
8. मृदा एवं पर्यावरण प्रदूषण में कमी आती है।
9. पिछली फसल के अवशेष भूमि में मिलकर या सड़कर मृदा गुणवत्ता में वृद्धि करते हैं।
10. बुवाई में गेहूँ का कम बीज गिरता है।

बेड प्लान्टर (मेंडों पर बुवाई यंत्र)

यह ट्रैक्टर चालित यंत्र भारतीय गेहूँ व जौ अनुसंधान संस्थान (पुराना नाम–डी.डब्ल्यु. आर.) करनाल, हरियाणा द्वारा मेंड़ों पर गेहूँ की बुवाई के लिए विकसित किया गया है। यह यंत्र सिंचित क्षेत्रों के लिए धान, सोयाबीन, कपास व मक्का आदि के बाद गेहूँ की बुवाई हेतु उपयुक्त है। उत्तर–पश्चिमी भारत में प्रचलित फर्टी–सीडड्रिल द्वारा समतल भूमि में बुवाई करने की अपेक्षा इस विधि द्वारा बुवाई करने पर उपज में 5 से 10 प्रतिशत बीज,

उर्वरकों एवं सिंचाई जल की कम खपत होती है तथा फसल गिरने की कम संभावना होती है। यह यंत्र अच्छी जुती हुई भूमि पर एक बार में ही मेंड़ बनाकर उन पर बीज की बुवाई और मेंड़ों को सही आकार में रखने का कार्य करता है। यह यंत्र दो मेंड़ों पर 6 लाइनों में बुवाई करता है। उभरी हुई क्यारियों की चौडाई को 56 से 70 सें.मी. के बीच समायोजित किया जा सकता है। इसको 35 से 45 अश्व–शक्ति के ट्रैक्टर द्वारा चलाया जा सकता है। इसकी कार्य क्षमता 0.2 हेक्टेयर प्रति घन्टा है (चित्रः 11)। इस यंत्र में उभरी हुई मेंड़ बनानें के लिए रिजर लगे होते है। बीज को नियमित तथा निर्धारित मात्रा में गिराने के लिए फ्लुटेड रोलर लगे होते हैं। उर्वरक को कप के आकार वाले रोटर द्वारा गिराया जाता है। मेंड़ों को समतल तथा आकार देने के लिए एक बड़ा शेपर यंत्र के पीछे लगा होता है। मेंड़ों की बीच की नालियों से सिंचाई की जाती है तथा बरसात में जल निकासी का लाभ भी इन्ही नालियों से होता है।

चित्र 11: ट्रैक्टर चालित बेड प्लान्टर

इस पद्धति में बुवाई के लिए मृदा का भुरभुरा होना आवश्यक है तथा अच्छे जमाव के लिए पर्याप्त नमी होनी चाहिए। गेहूँ के तुरन्त बाद पुरानी मेंड़ों को पुनः प्रयोग करके खरीफ फसलों जैसे मूँग, मक्का, कपास, सोयाबीन, अरहर आदि फसलें उगाई जा सकती है। इस विधि से दलहन व तिलहन की 15 से 20 प्रतिशत अधिक उपज मिलती है तथा रबी मौसम की फसलों में फेलेरिस माइनर खरपतवार का मेंड के ऊपर कम जमाव होता है।

भारत में दिनों–दिन बढ़ती जल समस्या के निदान हेतु ड्रिप और स्प्रिंकलर सिंचाई प्रणालियों का प्रचार–प्रसार सम्पूर्ण सिंचित क्षेत्र में हो सके, तो जल की मांग में बहुत कमी

आ सकती है। गुणवत्तापूर्ण कृषि उत्पादों के लिए उन्नत कृषि तकनीकियों के प्रचार–प्रसार और उपयोग की महती आवश्यकता है। यदि प्रधानमंत्री कृषि सिंचाई योजना के उद्देश्यों को पूरा करना है तो उन्नत और दक्षतापूर्ण तकनीकियों के साथ उन्नत सिंचाई जल बचत के कृषि उपकरणों को शीघ्रपूर्ति वृहद स्तर पर अपनाया जाना अपरिहार्य है।

❑❑❑

अध्याय 18

भारत में जल संचयन एवं प्रबंधन

जल प्रकृति द्वारा मनुष्य को प्रदत्त एक अनुपम और बहुमूल्य उपहार है। मनुष्य ही नहीं इस पृथ्वी पर जितने भी प्राणी हैं उनमें जल किसी न किसी रूप में विद्यमान है। जल व्यक्ति की मूलभूत आवश्यकताओं में से एक है। जल के बिना कोई भी विकास कार्य नहीं किया जा सकता है। सामाजिक–आर्थिक विकास की प्रक्रिया में पर्यावरण का सन्तुलन बनाए रखने में जल सबसे महत्वपूर्ण है। यद्यपि पृथ्वी पर जल की उपलब्धता लगभग तीन चौथाई है तथापि पृथ्वी पर उपलब्ध समस्त जल व्यवहार योग्य नहीं है। स्वच्छ जल की उपलब्धता पृथ्वी पर उपलब्ध समस्त जल का मात्र 0.03 प्रतिशत ही है और उसमें भी बहुत सारा जल तो भूगर्भीय और ग्लेशियरों/हिमनदों का जल है जो हमारे व्यवहार हेतु अनुपलब्ध है।

विभिन्न पोषक तत्व जल में ही घुल कर पौधों व प्राणियों को प्राप्त होते हैं और तब कहीं जा कर उनका पोषण हो पाता है। कृषि में जल की महत्ता इस कारण और भी बढ़ जाती है कि बिना जल के कुछ भी उत्पादित कर पाना संभव नहीं है। आज समग्र संसार में जल की कमी दिखाई देती है जिसका निर्धारण जल की उपलब्धता में सभी व्यक्तियों की संख्या का भाग दे कर प्रतिव्यक्ति वार्षिक जल उपलब्धता का आंकलन कर के की जाती है। जैसे–जैसे जनसंख्या बढ़ रही है उसकी अन्य आवश्यकताएं भी बढ़ रही हैं परन्तु प्रति व्यक्ति जल उपलब्धता लगातर घट रही है। जहाँ सन् 1950 में भारत में प्रति व्यक्ति जल उपलब्धता धन मी. प्रति वर्ष थी वहीं सन् 2011 में प्रति व्यक्ति जल उपलब्धता घट कर 1539 धन मी. प्रतिवर्ष हो गई थी। इसी प्रकार खाद्यान्न उत्पादन हेतु सिंचाई जल उपलब्धता में भी लगतार कमी आती जा रही है। जल एक बहुमूल्य प्राकृतिक संसाधन है, परन्तु इस की मात्रा सीमित है इस लिए इस के बहुत विवेकपूर्ण उपयोग को सुनिश्चित करने के लिए स्थानिक स्थितियों और आवश्यकताओं के अनुरूप गंभीर बहुपक्षीय तकनीकियाँ अपनाये जाने की आवश्यकता है।

खेत का जल खेत में गाँव का जल गाँव में

खेत तालाब, जल संचयन या संग्रहण हेतु जल ग्रहण क्षेत्र के सबसे निचले परन्तु अपेक्षाकृत समतल स्थान पर (मृदा की सतह पर अथवा सतह के नीचें) जल संग्रह करने हेतु बनाये जाते हैं और बाद में इस संग्रहीत जल का उपयोग जीवन रक्षक सिंचन हेतु व विभिन्न कार्यो के लिए भी किया जा सकता है।

खेत तालाब तटबंध प्रकार का या खोदा हुआ हो सकता है। तटबंध प्रकार का तालाब उन स्थानों, जहाँ जल निकासी चैनलों पर कुछ गड्ढ़े हों, के लिए उत्तम होता है। इस प्रकार के तालाब में गड्ढों से मिट्टी के अवसाद को हटा दिया जाता है और उससे बरसात के जल का संचय करने के लिए एक तटबंध बना दिया जाता है। खुदे हुए तालाब का निर्माण खेत में उस जगह किया जाता है जहाँ तालाब क्षेत्र को प्राकृतिक बहाव से अधिकतम अपवाह प्राप्त हो सके। इस प्रकार के तालाब में आगम (इनलेट) एवं जल निकास (आउटलेट) संरचनाओं के साथ चारों तरफ तटबंध का निर्माण किया जाता है।

तालाबों के प्रकार

प्राचीन काल से ही जल संग्रह करने हेतु ताल, तलैया, पोखर, पुकर, ईरी, जोहड़, सागर, पोखकर, महासागर या महासमुद्र और ऐसे ही अनेकों नामों से विभिन्न प्रकार की जल संग्रहण संरचनाएँ हमारे देश के लगभग सभी प्रांतों में उपलब्ध थीं, जिनमें कुछ प्राकृतिक और कुछ मानव निर्मित थीं। जब तक भू–जल का पंपों व सबमर्सिबल पंपों द्वारा अधिकाधिक दोहन नहीं किया जाता था। तब तक लगभग सारे साल भर इन्हीं जल संग्रहण संरचनाओं अथवा कुँओं के द्वारा हमारे देश की जनता को स्वयं के लिए और उसके मवेशियों को पीने और अन्य सभी प्रकार के उपयोगों हेतु जल उपलब्ध रहता था। कालान्तर में भू–जल के अधिकाधिक दोहन के परिणाम स्वरूप इन जल संग्रहण संरचनाओं के जल स्तरों में तीव्रता से गिरावट आनी प्रारम्भ हुई और तब इन में सिंचाई शुरू होते ही जल का स्तर घटने लगा और फिर जैसे–जैसे भू–जल स्तर घटता गया, सतही संरचनाओं में जल की उपलब्धता की अवधि घटती गई परन्तु आवश्यकता के कारण इस समस्या के वृहद अवलोकन और शोध के परिणाम–स्वरूप संग्रहण संरचनाओं के महत्व तथा पुनः जल संग्रहण संरचनाओं की तरफ हम सभी का ध्यान गया है। अब न केवल इन की अधिकाधिक संख्या में निर्माण प्रारम्भ किया जा रहा है, वरन् पुराने तालाबों का जीर्णोद्धार भी प्रारम्भ किया जा रहा है। यह एक बड़ी ही स्वागत योग्य और उत्तम बात है। सिंचाई के क्षेत्र में किये जा रहे नवीन प्रयोगों और सिंचाई की उन्नत विधियों के अन्तर्गत भू–जल के अंधाधुंध दोहन में कुछ कमी दृष्टिगत् हो रही है जिसे भविष्य में और अधिक सुधारने की संभावना है। ऐसी अवस्था में सतही जल संग्रहण संरचनाओं में जल उपलब्धता की अवधि में भी वृद्धि के साफ संकेत हैं। प्रक्षेत्र पर निम्न प्रकार के भंडारण तालाब पाए जाते हैं–

1. उपरिभौमिक (सतही) तालाब

सतही जल जो अपधावन के रूप में बहता है, को रोककर इस तरह के जलाशय बनाये जाते हैं। इनकी जलधारण क्षमता, प्रक्षेत्र पर सिंचाई आदि की आवश्यकता को ध्यान में रखकर निश्चित करते हैं। इन जलाशयों में दो जल निकास मार्ग रखे जाते हैं, एक जल

निकास मार्ग जो आपत्तिकाल में जलाशय की बाढ़ के जल से रक्षा के लिए तथा दूसरा जल निकास मार्ग जलाशय के किनारों की वनस्पतियों की सुरक्षा के लिए बनाया जाता है।

2. उत्खनिज तालाब (डग–आउट पौंड)

जिन क्षेत्रों में मृदा ढ़ाल 4 प्रतिशत से कम होता है वहाँ पर इस प्रकार के तालाब बनाये जाते हैं। इन तालाबों की जल–धारण क्षमता भूमि में जल स्तर की गहराई और ढ़ाल की ओर तालाब के किनारों का स्थायित्व आदि पर निर्भर करती है तथा इन तालाबों की गहराई 0.75–1.25 मीटर तक होती है। तालाबों के खनन का कार्य मशीनों द्वारा तीव्र गति से होता है परन्तु भारत के लोगों को रोजगार देने हेतु मनरेगा परियोजना में एक निश्चित धनत्व की खुदाई करने के लिए एक निर्धारित भुगतान किया जाता है।

3. उप–निकास या सरिता तालाब

इस प्रकार के तालाब किसी जल स्रोत या सरिता बहाव के निकट बनाते हैं। जल स्रोत या सरिता से खुली अथवा बंद नालियों में जल इन तालाबों तक पहुँचाते हैं। अवसादन को नियंत्रित करते हुए तालाब में जल की पूर्ति करते हैं।

4. स्रोत या निवेशिका संभरित तालाब

इस प्रकार के तालाबों का निर्माण दो प्रकार से किया जाता है। प्रथम तालाब जो किसी जल स्रोत के नीचे मृदा काटकर स्कूप बेसिन के रूप में बनाये जाते हैं। दूसरे प्रकार के तालाब किसी घाटी के आड़ी दिशा में रोक बांध (चेक डेम) बनाकर तैयार करते हैं। इन तालाबों का जल स्तर जलस्रोत के निकास मार्ग से सदैव नीचा रखा जाता है।

सतही जल संग्रहण संरचनाओं या उन्नत तालाबों का जल न केवल फसलों तथा पशु–पक्षियों के काम आ सकता है बल्कि इसके बहुआयामी उपयोग भी संभव हैं। जिन स्थानों में सतही जल संरचनाओं में साल के लगभग 8 माह तक जल उपलब्ध रहता है। इन संरचनाओं को एकीकृत मत्स्य पालन हेतु प्रयुक्त किया जा सकता है, जिससे न केवल उपलब्ध जल से जल उत्पादकता में आशातीत (द्विगुणित/त्रिगुणित) वृद्धि की जा सकती है, वरन जल जनित व्याधियों में भी कमी की जा सकती है। प्रस्तुत आलेख में ऐसे ही एक परीक्षण द्वारा प्राप्त परिणामों पर विस्तार से चर्चा की गई है।

तालाबों का निर्माण एवं उनका प्रयोग

वर्षा के समय जल को एकत्रित करने के लिए गड्ढ़ा खोदकर अथवा रोक बाँध बना कर जल को एक स्थान पर एकत्रित करने वाली रचना तालाब कहलाती है। तालाब की

मिट्टी को उसके चारों ओर मेंड़ के रूप में फैलाने से छोटे बांध की तरह की संरचना का निर्माण हो जाता है। बरसात के जल बहाव क्षेत्र में बांध बनाकर इस जल को रोका जाता है और छोटे तालाब के रूप में एकत्र कर लिया जाता है। ये जोहड़ प्राचीन समय में सामान्यतः सिंचाई के लिये बनाए जाते थे, परन्तु इनके कारण भू–जल स्तर का संरक्षण होता था, और उसके कारण पेयजल की उपलब्धता सरल होती थी। साथ ही पीने के अलावा स्नान, कपड़े धोने, प्रक्षेत्र पर आग बुझाने के लिए, पशुओं के लिए जल की पूर्ति हेतु, पशुओं को नहलाने, मछली पालन एवं प्रक्षेत्र की सिंचाई जैसे कार्यो के लिए तालाब के जल का ही प्रयोग होता था, जिससे पेयजल के अन्य स्रोतों पर दबाव कम पड़ता था तथा पेयजल का भी संरक्षण होता था। परन्तु दुर्भाग्यवश आज तालाब की प्राचीन व्यवस्था समाप्त हो रही है, जिसके कारण पेयजल के स्रोतों पर दबाव बढ़ रहा है और उसकी किल्लत होने लगी है। तालाब का उपयोग प्राचीन काल से होता आया है लेकिन मध्यकाल आते–आते लोगों ने तालाब को भुला दिया था।

यद्यपि तालाबों के निर्माण में चिरकाल से विभिन्न प्रकार के सक्षम व्यक्तियों (राजा से लेकर रंक तक सभी ने) ने अपने अपने योगदान किये हैं, तथापि आजकल अन्ना हजारे (रालेगांव सीधी), राजेन्द्र सिंह (अलवर), पी.आर. मिश्रा (सुखोमाजरी), चिमनभाई पटेल (गुजरात) इत्यादि का नाम जल के संरक्षण से जुड़े होने के कारण प्रसिद्ध है। मैग्सेसे पुरस्कार से सम्मानित श्री राजेन्द्र सिंह जी ने 1985 में अलवर (राजस्थान) से तालाबों के पुर्नजीवन का कार्य प्रारम्भ किया था। भारत में तमिलनाडु, आन्ध्र प्रदेश, कर्नाटक, उड़ीसा तथा उत्तर प्रदेश आदि राज्यों में वर्षा के अतिरिक्त जल को बाँध बनाकर तालाबों में एकत्रित कर लेते थे और फिर इस पानी का प्रयोग सिंचाई के लिए करते थे। भारत में सिंचित क्षेत्र की लगभग 15 प्रतिशत सिंचाई तालाबों द्वारा की जाती है। जब स्थल के ऊपरी भाग में स्थित तालाब भर जाता था तो जलमार्ग द्वारा निचले तालाबों में जल को स्थानान्तरित किया जाता था। विभिन्न प्रांतों में विभिन्न प्रकार से जल संग्रहण, जल संचयन परिवहन और जल उपयोग की विभिन्न विधियाँ प्रचलित थीं।

प्रक्षेत्र तालाब/जलाशय का निर्माण और जीर्णोद्धार

पर्वतीय क्षेत्रों में प्रक्षेत्र (फार्म) तालाब का निर्माण जल प्रवाह मार्ग रोककर, बाँध बनाकर अथवा जल प्रवाह में खाई खोदकर बनाए जाते हैं। परन्तु देश के मैदानी भागों में समतल स्थलाकृति वाली भूमियों में तालाब बनाने का मुख्य उद्देश्य यह रहता है कि उक्त स्थान पर होने वाली वर्षा जल की अधिकतर मात्रा का संचयन हो सके और इस जल का उपयोग फसलों में सूखे के समय किया जा सके। परन्तु इन तालाबों से भी 20 प्रतिशत जल विभिन्न क्रियाओं द्वारा नष्ट हो जाता है। इस जल की हानि को रोकने के लिए तालाब के चारों ओर एवं तलहटी पर अंतः स्रवण अवरोधी पदार्थों का प्रयोग करना चाहिए। इसी प्रकार के वाष्पीकरण को रोकने के लिए वाष्पीकरण अवरोधी पदार्थो का प्रयोग किया जाता है। इस

विधि द्वारा संचित वर्षा के अतिरिक्त जल को पुनः खेतों तक पहुँचाने की क्रिया को वर्षा जल का पुनर्चक्रण कहते हैं।

तालाब निर्माण के लिए स्थान का चयन

तालाब निर्माण के लिए स्थान का चयन करते समय निम्न बातों का ध्यान रखना आवश्यक है जैसे;

- तालाब बनाने का स्थान प्राकृतिक रूप से गहरा होना चाहिए।
- चयनित स्थान की जल धारण क्षमता अधिक होनी चाहिए।
- चयनित स्थान में दी जाने वाली खाद एवं उर्वरक का अवशोषण नहीं होना चाहिए।
- मिट्टी न तो अधिक अम्लीय हो और न क्षारीय (पी.एच.मान 6 से 8 के बीच हो)।
- जहाँ हर मौसम में पहुँचाने का मार्ग उपलब्ध हो।
- जिसके पास कोई सदाबहार जल स्रोत हो।
- जिसकी मिट्टी बाँध बनाने के लिए उपयुक्त हो।

जल संरक्षण के लिए तालाब

जल के संरक्षण का प्रमुख प्रयास था तालाबों का निर्माण। बड़े–बड़े राजा–महाराजा और जमींदार तालाब खुदवाया करते थे और इसके लिए प्रसिद्ध भी हो जाते थे। तालाब और बाँध में एक छोटा सा अन्तर है। तालाब प्राकृतिक जल स्रोत है और बाँध कृत्रिम। भूमि का वह निचला भाग जहाँ वर्षा जल एकत्र हो जाता है, तालाब बन जाता है, जबकि बांध में वर्षा के बहते जल को मिट्टी की दीवारें बनाकर बहने से रोका जाता है। ढलाव वाले प्रक्षेत्रों में ऐसा करना आवश्यक हो जाता है। उदाहरण के लिए बुंदेलखंड क्षेत्र के टीकमगढ़ में ऐसे तालाबों की बहुतायत है जबकि उदयपुर में बाँध के रूप में कृत्रिम झीलें विख्यात हैं।

तालाब व जोहड़ में संग्रहीत जल का संरक्षण

तालाबों से जल का ह्रास वाष्पोत्सर्जन एवं अन्तःस्यन्दन के कारण हो सकता है। परीक्षणों से ज्ञात हुआ है कि मात्र अन्तःस्यन्दन के कारण ही लगभग 20–30 प्रतिशत संग्रहीत जल बेकार चला जाता है। वाष्पोत्सर्जन में यह हानि तो लगभग 46 प्रतिशत तक आंकी गयी है।

तालाब व जोहड़ में प्लास्टिक की लाइनिंग द्वारा अन्तःस्रवण की रोकथाम

प्लास्टिक की पतली झिल्लियों के प्रयोग द्वारा अन्तःस्रवण की रोकथाम अति आवश्यक है। खास तौर पर उन इलाकों में जहाँ पर मिट्टी की बनावट ऐसी है की जल की अन्तःस्रवण दर अत्यधिक होती है। इस के लिए 250 से 500 माइक्रोन की प्लास्टिक चादर का आच्छादन कर के जल की लगभग 25–30 प्रतिषत तक बचत की जा सकती है। प्लास्टिक द्वारा एक तालाब की सतह के आच्छादन करने की प्रक्रिया को चित्रः 1 में दर्शाया गया है।

चित्रः 1 तालाब में प्लास्टिक चादर द्वारा जल संरक्षण

पुराने तालाबों का उचित रख–रखाव

पुराने तालाबों में गाद जमा होने से उनकी क्षमता कम हो जाती है, साथ ही जिस क्षेत्र से जल बहकर तालाब में आता था, वह छिन्न–भिन्न हो जाता है, इसलिए जल तालाब तक नहीं पहुँच पाता है। तालाबों के पुनरुत्थान के लिए दो बातें अति आवष्यक हैं;

- मिट्टी खनन कर क्षमता बढ़ाना।
- तालाब के जलग्रहण क्षेत्र में जल को तालाब की ओर केन्द्रित करना, ताकि वर्षा काल के दौरान तालाब की क्षमतानुसार जल भंडारण हो सके।

तालाब व जोहड़ का संरक्षण

जलग्रहण क्षेत्र में अतिक्रमण न होने दें। यदि अतिक्रमण हो तो सफाई कर दें। जब भी संभव हो तालाब व जोहड़ को गहरा करते रहें, ताकि जल की अधिक मात्रा संग्रहित

कर सकें। जिन तालाबों का जल पीने के काम आता हो उनकी पशुओं एवं अन्य संक्रमणकर्ताओं से रक्षा करें। तालाब व जोहड़ के निकट शौच न करें। बरसात के मौसम के बाद में जल को जीवाणु परीक्षण करवाएं।

तालाबों के प्रति सामाजिक सोच में बदलाव

समाज में तालाब बनाने का कार्य सैकड़ो वर्षों से आम प्रचलन में रहा है। लेकिन तालाबों को सामान्य तौर पर सामुदायिक आवश्यकताओं की पूर्ति करने के विकल्प के रूप में ही बनाया जाता रहा है। उसे ट्युबवेल की तरह किसानों की सिंचाई की आवश्यकताओं की पूर्ति करने वाले स्रोत के रूप में नहीं देखा गया है। यह भी धारणा बदलती रही है कि सिंचाई के लिए तालाब बनाने हेतु लाभ का निवेश नहीं हो सकता है और शायद इसलिए कुछ सरकारों ने अनुदान आधारित तालाब योजना शुरू की है।

खेत तालाब योजना

भारत सरकार ने भू–जल स्तर सुधारने और सिंचाई जल की उपलब्धता बढ़ाने के लिए किसानों के लिए योजना शुरू की है। खेत तालाब योजना के द्वारा किसानों को लाभ पहुँचाने जैसे सराहनीय कार्य के साथ ही जल संसाधन की दिशा में भी वर्तमान सरकार द्वारा कार्य किया जा रहा है। किसान स्वेच्छा से तालाब के तीन मॉडलों में से एक का चयन कर सकता है। सभी वर्गो के किसानों को लागत का 50 प्रतिशत अनुदान दिया जाता है, जिसकी अधिकतम सीमा 16 हजार 350 रूपये है। खेत, तालाब, वर्षा का जल रोककर उसे सिंचाई में उपयोग के लिए ये काफी कारगर सिद्ध हुए हैं। पहले वर्षा का जल बेकार बह जाता था। इस वर्ष सरकार ने अपने बजट प्रावधानों में 10 लाख खेत तालाब बनाने का लक्ष्य पूरे देश में रखा है।

लोक सहभागिता के द्वारा पारंपरिक जल संग्रहण संरचनाओं का जीर्णोद्धार

हमारे देश के विभिन्न भागों में भिन्न–भिन्न प्रकार की जल संग्रहण संरचनाएँ पायी जाती हैं। कुछ छोटी कुछ मझोली और कुछ बहुत बड़ी–बड़ी संरचनाएँ। पहले राजा महाराजा ऐसी संरचनाएँ बनवाते थे। जिससे बहुत से लोगों को रोजगार भी मिलता था। बाद में सामुदायिक रूप से ऐसे जलाशयों को बनाने की परम्परा शुरू हुई। आज पुनः आवश्यकता है कि बड़ी बड़ी जल संग्रहण संरचनाओं का पुनर्जीवीकरण किया जाय।

तालाब बनाने से लाभ

यह समय सिद्ध है कि तालाब वर्षा जल को रोककर भू–जल पुनर्भरण अथवा पुनःपूर्ति करने की महत्वपूर्ण संरचनाएँ हैं। तालाबों का गाद से भर जाना अथवा उन्हें बन्द कर देने

से भू–जल पुनर्भरण की प्रक्रिया बाधित हो चली है तथा ट्युबवैलों द्वारा अधिकतम भू–जल दोहन से भू–जल स्तर निम्नतम हो चला है जो अत्यधिक चिंता का विषय है।

तालाबों के बनाने से निम्न लाभ होंगे;

1. पूरे गाँव के जल स्तर में सुधार होगा।
2. तालाब के चारों ओर लगे पेड़ों पर चिड़ियों का बसेरा होगा, जो हानिकारक कीटों को खाकर नष्ट करेगी।
3. गाँव का पर्यावरण सुधरेगा।
4. सुबह–शाम घूमने व व्यायाम करने का स्थल बनेगा।
5. तालाब से सिंचाई करने में खर्च कम आयेगा।
6. जब बहुत से तालाब बन जायेंगे तो भू–जल के स्तर में आशातीत सुधार होगा।
7. एक उत्तम जल संग्रहण और उसके आस–पास की सुरक्षा तथा मनमोहक वातावरण का सृजन हो।
8. तालाब में समेकित कृषि प्रणाली के तहत मछली पालन और बत्तख पालन कर सकते हैं। साथ ही इसमें मखाना और सिंघाड़ा भी उगाया जा सकता है।
9. वर्षा का जल नष्ट नहीं होता बल्कि इसका सदुपयोग भी हो जाता है। इससे भू–जल स्तर में भी सुधार होता है।

खेतों में तालाब बनवाने हेतु सरकारी अनुदान सहायता

सरकार ने भू–जलस्तर सुधारने और सिंचाई जल की उपलब्धता बढ़ाने के लिए किसानों के लिए खेत तालाब योजना शुरू की है। इसके अन्तर्गत किसानों को अपने खेतों में तालाब बनवाने पर वित्तीय सहायता उपलब्ध कराई जाती है। इससे कई लाभ हैं, वर्षा का जल खेतों में न रुक कर इस तालाब में एकत्र हो जाता है और बाद में आवश्यकता पड़ने पर किसान सिंचाई में इसका प्रयोग कर लेते हैं। यानि वर्षा के जल का अपव्यय नहीं होता, बल्कि इसका सदुपयोग ही हो जाता है। इससे भू–जलस्तर में सुधार होता है। किसान इस तालाब में समेकित कृषि प्रणाली के तहत मछली पालन और बत्तख पालन कर सकते हैं। साथ ही इसमें मखाना और सिंघाड़ा भी उगाया जा सकता है। यह योजना किसानों के लिए शुरू की गई है। इसके तहत छोटे किसानों (जिसके पास 2.5 एकड़ से कम भूमि है), सीमांत किसानों (जिसके पास 5 एकड़ से कम भूमि है) एवं अनुसूचित जाति अनुसूचित जनजाति के किसानों (भूमि की सीमा नहीं) को पात्र माना गया है। योजना के अन्तर्गत दो प्रकार के तालाब खुदवाए जा सकते हैं। बड़े तालाब पर सरकार की ओर से 1.5 लाख रूपये और

छोटे तालाब के लिए 45 हजार रूपये की सहायता राशि (अनुदान) प्रदान की जाती हैं। इसमें काम करने वाले श्रमिकों को मनरेगा के अनुसार तय पारिश्रमिक दिया जाता है। इस योजना का लाभ लेने के लिए किसान; सहायक निदेशक कृषि या संबंधित खंड विकास अधिकारी के पास अपना नाम पंजीकृत करवा सकते हैं।

जल, मानव मात्र को प्रकृति द्वारा दिया गया एक अनुपम उपहार है। वर्तमान परिदृश्य में देश की तीव्र गति से बढ़ती जनसंख्या हेतु जल की माँग के कारण आने वाले वर्षो में जल एक दुर्लभ प्राकृतिक संसाधन हो जाएगा तथा उन्नत जल संरक्षण तरीकों पर निर्भरता अति आवश्यक होगी। ऐसे में टिकाऊ फसलोत्पादन के लिए खेती में जल संरक्षण, उपयोग, निर्माण तथा जल का पुनर्चक्रण करने के लिए खेत तालाब की महत्वपूर्ण भूमिका होगी। इस दृष्टिकोण से यह विवरण खेत तालाब को ग्रामीण एवं शहरी खेती में बड़े पैमाने पर अपनाने की आवश्यकता पर विचार करने की दिशा में अच्छी भूमिका निभायेगा। खेत तालाबों से हरे–भरे जंगल का पुनर्जीवीकरण भी सम्भव है। खेत तालाब पर्यावरण परिवर्तन के विरुद्ध सुरक्षा कवच भी है जो भारतीय सभ्यता व संस्कृति मे सदियो से रचे बसे हुए हैं। विगत वर्षो में तालाबों की संस्कृति को भूलने के कारण देश का एक बड़ा भाग तक की कमी और कहीं–कहीं तो अनावश्यक सूखे से उत्पन्न परेशानियों से लड़ रहा था। अब इस संस्कृति के पुनर्नवीनीकरण द्वारा भविष्य में जलवायु परिवर्तन से उत्पन्न परिस्थितियों में भी जल संकट से बचा जा सकता है।

❑❑❑

अध्याय 19

भारत में वर्षा जल संग्रहण की प्रौद्योगिकियाँ

वर्षा काल में उपलब्ध वर्षा या अपवाह जल का संकलन, परिवहन, निर्धारित स्थान/संरचनाओं में संग्रह तथा विभिन्न आवश्यकताओं की पूर्ति हेतु मितव्ययितापूर्ण प्रयोग को वर्षा जल संग्रहण तकनीक कहते हैं। जब वर्षा ऋतु में अधिक वर्षा होती है तो अतिरिक्त जल जो भूमि पर बहने लगता है, उसे एकत्रित करना वर्षा जल संग्रहण (रेन वॉटर हारवेस्टिंग) तथा एकत्रित जल को वाष्पीकरण एवं लीचिंग की हानियों से बचाकर फसलोत्पादन के उपयोग में लेना, अपवाह कृषि (रनऑफ फार्मिंग) कहलाता है। इस प्रकार से एकत्रित जल का उपयोग सूखे मौसम में तब किया जाता है जबकि फसलों को सिंचाई की आवश्यकता होती है। इसके लिए प्लास्टिक, पॉलिथीन की चादर, सोडियम कार्बोनेट सोडियम क्लोराइड का प्रयोग करते हैं।

चित्रः 1 वर्षा जल संरक्षण पर संदेश

जल संग्रहण का उद्देश्य

जिन क्षेत्रों में सफल फसलोत्पादन के लिए वर्षा की मात्रा आवश्यकता से भी कम होती है वहाँ पर जल संग्रह की विधियाँ प्रयोग में लाई जाती हैं। जल संग्रह की विधियों को निम्न तीन रूपों में वर्गीकृत किया गया हैं।

1. छोटे–छोटे जल संभरण में प्रक्षेत्र के बाहर के क्षेत्र से जल अपवाह होने वाले पानी को एकत्रित करना।
2. बाढ़ के समय जल को एकत्रित करके फसलों को उगाने के लिए उसका प्रयोग करना।
3. प्रक्षेत्र के अन्दर ही जल संग्रह करके उसका प्रयोग जीवन रक्षक सिंचाई के रूप में करना।

वर्षा जल संचयन मुख्य रूप से दो विधियों पर आधारित है पहली विधि में धरातल पर वर्षा जल को रोककर संचयित किया जाता है। यह परंपरगत विधि है जिसके अंतर्गत भूमिगत कुँएं, तालाब आदि का प्रयोग किया जाता है। दूसरी विधि में भूमिगत जल का रिचार्ज करने की तकनीक सम्मिलित है, जो रेन वाटर हार्वेस्टिंग की नई अवधारणा है। इस तकनीक में खाईयां खोदना, कुँएं खोदना, रिचार्ज कुँएं बनाना आदि सम्मिलित है। रिचार्ज कुँओं को गहराई में स्थित जल संभरण केंद्रों तक वर्षा जल का रिसाव को पहुँचाने हेतु प्रयुक्त किया जाता है। इससे जल अच्छी तरह से फिल्टर हो जाता है।

वर्षा जल संग्रहण के लिए उपयुक्त स्थान

वर्षा जल संग्रहण निम्नलिखित स्थानों के लिए सर्वथा उपयुक्त होता है, जैसेः

- कम भूजल वाले स्थान।
- दूषित अथवा प्रदूषित भूजल वाले स्थान।
- विषम जल वाले स्थान।
- सूखा प्रभावित स्थान।
- प्रदूषित जल वाले स्थान।
- कम जनसंख्या घनत्व वाले स्थान।
- अधिक खनिज व खारा जल वाले स्थान।
- महंगे जल व विद्युत वाले स्थान।

वर्षा जल संग्रहण की आवश्यकता

- हमारी माँग की पूर्ति के लिए अपर्याप्त सतही जल की कमी को पूरा करने हेतु।
- गिरते भूमि जल स्तर को रोकने हेतु।

- वर्षा जल द्वारा उपसतही भूमि में अन्तःस्यन्दन को बढ़ाने हेतु।
- जल मिश्रण द्वारा भूमि जल की गुणवत्ता को बढ़ाने हेतु।
- कृषि पैदावार बढ़ाने हेतु।
- क्षेत्र की पारिस्थितिकी को सुधारने हेतु।

वर्षा जल संग्रहण के लाभ

- उपसतही जलाशय में पुनर्भरण की लागत सतही जलाशयों से कम होती है।
- जलभृत वितरण प्रणाली के रूप में भी कार्य करता है।
- बाढ़ के खतरे को कम करता है।
- भूमि जलस्तर में वृद्धि होती है।
- सूखे के खतरे को कम करता है।
- मृदा कटाव कम करता है।

वर्षा जल संरक्षण के उद्देश्य

यथा सिंचन, भूजल पुनर्भरण, बाढ़ नियंत्रण, जल विद्युत उत्पादन, पेयजल, औद्योगिकी, मनोरजन या धार्मिक कृत्यों के प्रतिपादन हेतु।

विभिन्न प्रकार की पारंपरिक वर्षा जल संग्रहण संरचनाएँ

ताल, तलैया, पोखर, पुकर, ईरी, जोहड़, सागर, पोखकर, महासागर या महासंमद आदि (चित्रः 2)।

चित्रः 2 ग्रामीण तालाबों में वर्षा जल संग्रह

वर्षा जल संभरण संरचनाओं के घटक

जलागम क्षेत्र, मृदा अवक्षेपण/संकलन संरचना, जलागम द्वार, जल संग्रहण क्षेत्र, दक्षतापूर्ण जल वितरण और उपयोग प्रणाली, साधारण तथा आकस्मिक जल निस्तारण द्वार।

विभिन्न प्रकार के तालाब

1. उपरिभौमिक (सतही) तालाब 2. उत्खनिज तालाब 3. उप–निकास या सरिता तालाब 4. स्रोत या निवेशिका संभरित तालाब 5. प्रक्षेत्र तालाब/जलाशय।

क) स्वस्थानिक वर्षा जल संरक्षण (खेत का पानी खेत में)

हल्की ढ़लान वाले क्षेत्रों में वर्षा जल को खेत में ही रोकने के लिए कन्टूर बंड या समोच्च बाँध बनाए जाते हैं। इसके लिए एक जैसी ऊँचाई पर मिट्टी से बाँध की रचना की जाती है, जो दूर से एक लम्बी मेंड के रूप में दिखाई देती है। इसे थोड़ी–थोड़ी दूर पर बनाया जाता है, जिससे जल के बहाव को तेजी ना मिल सके। यह स्थानीय–स्तर पर वर्षाजल संचय की एक कुशल प्रणाली है। पहाड़ी क्षेत्रों में अक्सर वर्षाजल एक नाली या गली के रूप में बहता दिखाई देता है। इसे रोकने के लिए स्थानीय पत्थर, मिट्टी या झाड़ियों से एक प्रभावी रोक बनाई जाती है, इसे 'गलीप्लग' कहते हैं। जल के साथ मिट्टी के बहाव पर भी रोक लगती है। इसी मिलती–जुलती संरचना चेक डैम की होती है। इन्हें कम ढलान वाली छोटी जलधाराओं पर बनाया जाता है और बाँध की ऊँचाई आमतौर पर दो मीटर से कम रखी जाती है, ताकि अधिक जल बंध के ऊपर से निकल के आगे पहुँच जाए। मिट्टी से भरी बोरियों को एक के ऊपर एक रखकर भी चेक डैम बनाए जा सकते हैं। एक के बाद एक लगातार कई चेक डैम बनाकर जल को रोका जा सकता है और इससे भूजल का स्तर ऊपर करने में सहायता मिलती है। इसी तरह की एक उन्नत संरचना को 'गेवियन संरचना' कहा जाता है। इसमें लोहे के तार की जाली में ईट–पत्थर भरकर बंध बनाया जाता है। बंध की ऊँचाई लगभग आधे मीटर से कम रखी जाती है और इसे आमतौर पर 10 मीटर से कम चौड़ी जलधाराओं पर बनाया जाता है।

वर्षा जल को खेत में रोककर भूमि की जड़ क्षेत्र में संतृप्त करवाने से निम्न वर्षा क्षेत्रों में भी सफलतापूवर्क खेती की जा सकती है। उत्थापित वेदिका 90:45 सें.मी. आकार प्रणाली में बाजरा + मक्का + सोयाबीन में समतल वेदिका की अपेक्षा 1.5 गुना पैदावार हुई। बाजरा + लोबिया + ग्वार को 45 सें.मी. × 45 सें.मी. × 15 सें.मी. बेसिनों की अन्तःफसल ने जो 75 सें.मी. दूर थी, ने 25 से 28 क्विंटल प्रति हेक्टेयर बाजरा + 22 से 24 क्विंटल प्रति हेक्टेयर लोबिया ग्वार का उत्पादन वर्षा पोषित अवस्थाओं में प्राप्त हुआ।

ख) प्रक्षेत्र पर वर्षा जल संग्रहण (गाँव का पानी गाँव में)

खेत से उत्पन्न अपवाह को गाँव के पोखरों या तालाबों में संग्रहित करने से गाँव का जल गाँव में ही रह जाएगा। जिससे पेयजल (मानव व पशुओं) की मात्रा तथा उपलब्धता वृद्धि होगी एवं भू–जल स्तर में उत्पन्न हो सकेगा। मेवात के बीवां जल संग्रहण क्षेत्र में किये गए अध्ययन में यह सिद्ध किया जा चुका है कि निम्न वार्षिक वर्षा (480 मि.मी) से संग्रहीत जल के प्रयोग से विभिन्न फसल चक्रों यथा; गेहूँ + टमाटर + ज्वार, गेहूँ + टमाटर+ बाजरा, सरसों + टमाटर + ज्वार, सरसों + टमाटर + बाजरा इत्यादि फसलों को जीवन रक्षक सिंचाई प्रदान किया जा सकी (चित्रः 3)।

चित्रः 3 गाँव का जल गाँव में ही प्रयोग

ग) छत के जल का एकत्रीकरण

जल संरक्षण की अन्य प्रचलित विधि मकान की छतों से गिरने वाले वर्षा जल का संग्रह है। इसके अन्तर्गत छत से गिरने वाले वर्षा जल को विशेष रूप से बनाए गए जलाशयों में एकत्र किया जाता है। बाद में छनाई की सरल विधियों द्वारा इस जल को साफ कर इसका उपयोग विभिन्न कार्यों हेतु किया जाता है। वर्षा जल संरक्षण वर्षा जल संग्रहण अथवा एकत्रीकरण की इस प्रणाली में घरों की छतों पर पड़ने वाले वर्षा जल को गैलवेनाईज्ड आयरन, एल्यूमिनियम मिट्टी की टाइलें अथवा कंक्रीट की छत की सहायता से जल एकत्रीकरण के लिए बनी टंकियों अथवा भूजल पुनर्भरण संरचना से जोड़ दिया जाता है। इस प्रकार एकत्रित जल का प्रयोग सामान्य घरेलू उपयोग के अतिरिक्त भूजल स्तर बढ़ाने में किया जाता है। अध्ययनों से यह पता चला है कि मकान की छत पर गिरने वाले वर्षा जल से हर वर्ष लगभग हजारों लीटर जल भूमिगत जलाशयों में भरा जा सकता है (चित्रः 4)।

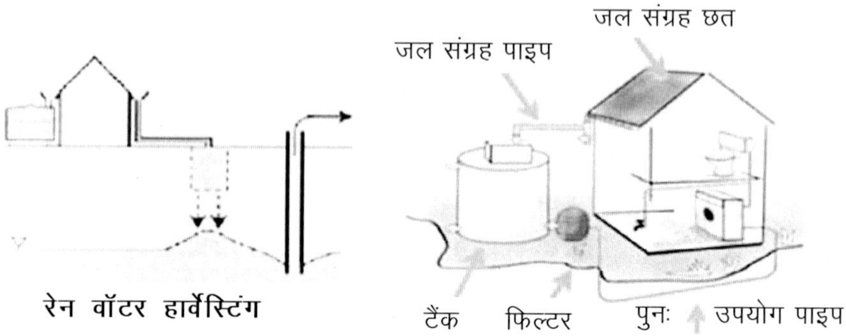

चित्रः 4 छतों पर से वर्षा जल एकत्रीकरण

वर्षा के इस जल का संरक्षण ग्रामीण क्षेत्रों के लिए उपयोगी हो सकता है। आजकल ग्रामीण क्षेत्रों में अनेक पक्के मकान एवं स्कूल, पंचायत आदि भवन बनाए जा रहे हैं। इनकी छत पर अधिक जल एकत्र होता है, जो बहुत ही शुद्ध होता है। वर्षा के इस जल को पाइप द्वारा छानकर सीधे नलकूप से जोड़ा जा सकता है।

घ) खेती में वर्षा जल संग्रहण की विधियाँ

1. शुष्क क्षेत्रों में वर्षा जल संग्रहण

इस क्षेत्र में वार्षिक वर्षा 400 मि.मी. से कम वर्षा होती है। इसके अन्तर्गत कानपुर, जालंधर एवं अहमदाबाद को मिलाने वाले त्रिभुज में स्थित राजस्थान मरुस्थल आता है (सारणी 1)। इसका क्षेत्रफल 0.67 लाख वर्ग कि.मी है। शुष्क क्षेत्रों में जल प्रबंधन का उद्देश्य यह है कि फसल के पकने तक के लिए पर्याप्त नमी मिल सके तथा सस्य विधियाँ ऐसी हों सामान्य गहराई तक जो जल उपलब्ध हो उसका सदुपयोग करके पेड़–पौधे उग सकें। शुष्क क्षेत्रों में वर्षा जल संरक्षण प्रविधियाँ निम्नवत् हैं:

1.1 सतही बहाव आधारित खेती

जल बहाव क्षेत्र को छोटे–छोटे जल संग्रह क्षेत्र में विभाजित कर लिया जाता है जिनका क्षेत्रफल 1–3 हेक्टेयर होता है। इन्हें ऊपर पहाडों की ओर बनाया जाता है ताकि जल बहकर आसानी से नीचे आ जाये। खेत को जाने वाली नालियों का पक्का कर दिया जाता है जिससे ऊपर के खेतों का अधिक जल नीचे खेतों में चला जाय।

1.2 जल प्रसारण

शुष्क प्रदेशों में सीमित वर्षा तथा तूफान आदि आते रहते हैं। जल गली बनाकर जल्दी से बह जाता है तथा कालान्तर में समुद्र में पहुँच जाता है। कभी–कभी बाढ़ भी आ जाती

है। जिसका जल धीरे–धीरे बह ही जाता है, इससे बहुत बड़े क्षेत्र पर भूमि कटाव भी होता है। इन क्षेत्रों में जल को फैला देना बहुत आसान है। बाढ़ का जल भी पास के मैदानी क्षेत्रों में फैला दिया जाता है। जल का फैलाव नाली आदि बनाकर या छोटे बाँध बनाकर किया जाता है। पेड़ों की बाड़ भी लगाई जाती है जो पानी की प्राकृतिक दिशा बदलकर फैलाव में सहायता करती है।

1.3 सूक्ष्मकार जल संग्रह क्षेत्र

यदि पेड़ के किनारे जल संग्रह की व्यवस्था कर दी जाये तो सूखे की स्थिति में भी पौधा जीवित रहता है। इजराल स्थित नेगेव मरुस्थल में 16 वर्ग मी. के सूक्ष्म जल संग्रह क्षेत्र बनाये जाते हैं। इसके किनारे 15–20 सें.मी. ऊँचाई के सूखे पेड़ लगा दिये जाते हैं। संग्रह क्षेत्र के सबसे निचले भाग में एक गड्ढा बनाया जाता है जिसकी गहराई 40 सें.मी. होती हैं इसमें पेड़ लगा दिये जाते हैं। यह बेसिन पेड़ के लिए जल एकत्र करती है।

सारणी 1: भारत में शुष्क एवं अर्द्धशुष्क क्षेत्रों का वर्गीकरण

क्षेत्र	शुष्क क्षेत्र	अर्द्ध–शुष्क क्षेत्र		उप–शुष्क क्षेत्र
		शुष्क	उपार्द्र	
भौगोलिक आच्छादित क्षेत्र	19 प्रतिशत	12 प्रतिशत	25.9 प्रतिशत	21.1 प्रतिशत
औसत वार्षिक वर्षा	500 मि.मी. से कम	500–700 मि.मी.	700–1100 मि.मी.	1100–1600 मि.मी.
फसल अवधि	75 दिनों से कम	75–100 दिन	120 दिन	150 दिन

ब) अर्द्ध–शुष्क क्षेत्रों में जल संग्रहण की तकनीक

इस क्षेत्र में वार्षिक वर्षा 650–750 मि.मी. से कम होती है। यह क्षेत्र पश्चिमी घाट पर्वत के पूर्व का क्षेत्र है जो 0.3 लाख वर्ग कि.मी. में फैला है, इसके अतिरिक्त 06 छोटे विस्तार क्षेत्र हैं जैसे (1) तलिनाडु में कोयमबटूर तथा तिरुनेवेल्ली (2) गुजरात में सौराष्ट्र (3) पश्चिमी बंगाल में पुरुलिया (4) ओडिशा में कालाहांडी (5) बिहार में पलामू एवं उत्तर प्रदेश में मिर्जापुर जिसका क्षेत्र 0.1 लाख वर्ग कि.मी है। इन क्षेत्रों में जल संग्रहण हेतु निम्न प्रौद्योगिकियाँ प्रचलित हैं।

1.1 कुँएं खोदना

खेती में अधिक व्यास के कुँएं हाथ से खोद दिये जाते हैं, जिनमें जल भूमि के नीचे से एकत्र होता रहता है। इसे उठाकर सिंचाई की जाती है। परन्तु इन क्षेत्रों में जल की गुणवत्ता घुलनशील लवणों के कारण सामान्यतः खराब होती है।

1.2 तालाब

जंगली तथा पहाड़ियों का जल मैदानी तालाबों में एकत्र होता है। तालाब प्रणाली में एक संग्रह क्षेत्र, भण्डारण की टंकी, टंकी का बाँध, जल बन्द करने तथा खोलने का द्वार जल निकलने का साधन तथा समावेश क्षेत्र होते हैं। संग्रह क्षेत्र का बहता हुआ जल टैंक में एकत्र किया जाता है। यह कार्य मैदानी क्षेत्र में बाँध बनाकर किया जाता है। वर्तमान समय में दक्षिण भारत में बड़े–बड़े जल संग्रह टैंक हैं, समय के साथ इनमें गाद (सिल्ट) एकत्रित होने से जल का रिसाव भी कम हो जाता है। इस कारण समय–समय पर इन टैंकों की सफाई और गाद निकालना आवश्यक है।

1.3 प्रक्षेत्र तालाब / जलाशय का निर्माण और जीर्णोद्धार

फार्म तालाब का निर्माण पर्वतीय क्षेत्रों में जल प्रवाह मार्ग रोककर, बाँध बनाकर अथवा जल प्रवाह में खाई खोदकर बनाए जाते हैं। परन्तु मैदानी भागों में समतल स्थलाकृति वाली भूमियों में तालाब बनाने का मुख्य उद्देश्य उक्त स्थान पर होने वाली वर्षा की मात्रा का जल संचित हो सके और इस जल का उपयोग फसलों में सूखे के समय किया जा सके, परन्तु इन तालाबों से भी 20 प्रतिशत जल विभिन्न क्रियाओं द्वारा नष्ट हो जाता है। इस जल की हानि को रोकने के लिए तालाब के चारो ओर एवं तलहटी पर अंतःस्रवण अवरोधी पदार्थों का प्रयोग करना चाहिए। इसी प्रकार के वाष्पीकरण को रोकने के लिए वाष्पीकरण अवरोधी पदार्थो का प्रयोग किया जाता है। इस विधि द्वारा संचित वर्षा के अतिरिक्त जल को पुनः खेतों तक पहुँचाने की क्रिया का वर्षा जल का पुनःचक्रण है।

1.4 अतःस्रवण तालाब या परकोलेशन टैंक

छोटी नदियों या बड़ी गली के बहाव को रोक करके जल, तालाब में एकत्र किया जाता है। तालाब का यह जल मिट्टी में अतःस्रवण के कारण उस क्षेत्र का जल स्तर बढ़ा देता है जिससे कुँओं में जल का स्तर बढ़ जाता है। यद्यपि अतःस्रवण टैंक में जल स्तर कम हो जाता है। यह जल सिंचाई के लिए काम आता है। इस संरचना को ऐसे स्थान पर बनाया जाना चाहिए जहाँ पर भूमि में जल को सोखने की क्षमता अधिक हो एवं तालाब के निचले क्षेत्र में खेतों में पर्याप्त मात्रा में कुँआं या नलकूप उपलब्ध हो।

1.5 लाइनों के बीच से जल संग्रह

जहाँ वर्षा अधिक होती है, जल भराव की संभावना वहाँ अधिक रहती है और फसल को हानि पहुँचती है। यदि नाली में धान और मेंड़ पर मक्का बोई जाये तो दोनों फसलों की उपज बढ़ती है। खेत का अधिक जल नालियों में भर जाता है और यह जल संग्रह धान के लिए लाभदायक है।

1.6 चौड़ी क्यारियाँ एवं फार्म जलाशय

समतल प्रक्षेत्रों में 1.05 मी. चौड़ाई की प्रत्येक क्यारी के बाद नाली बनाई जाती है जिसकी चौड़ाई 0.45 मी. होती है इन्हें अंग्रेजी में 'ब्राड बेड एण्ड फरोज' कहते हैं। काली मिट्टी में सूखी बुवाई के बाद इस विधि से पानी देना लाभदायक है, बरसात का अधिक जल नालियों से बहकर खेत के तालाब में एकत्रित हो जाता है। उपरोक्त प्रक्रियाओं का समाकलित उद्देश्य यह होता है कि अपधावन जल को जगह–जगह रोक दिया जाय तथा वर्षा की अधिकाधिक मात्रा खेत में ही शोषित हो जाये तथा प्रयुक्त पलवार अथवा फसल अवशेष के कारण उसका वाष्पीकरण द्वारा कम से कम हानि हो। इस प्रकार हम पाते हैं कि भारत देश के विभिन्न मौसमी क्षेत्रों एवं प्रदेशों में स्थलाकृति, वर्षा, फसल चक्र इत्यादि की विविधता के अतिरिक्त यदि किसी भी एक या कई प्राविधियों का आवश्यकतानुसार प्रयोग किया जा सकता है, चाहे शुष्क या अर्द्ध शुष्क क्षेत्र हो या फिर नम क्षेत्र हो सफलतापूर्वक फसल उत्पादन किया जा सकता है। यदि किसान अपने जल को रोक कर रख सकें तो किसी भी प्रकार का सूखा या वर्षा के अतिक्रम से होने तक उस स्थान से न केवल त्वरित बचाव हो सकता है बल्कि दीर्घकालिक प्रयासों के द्वारा जल अल्पता से होने वाली विभिन्न प्रकार की हानियों से पूर्ण सुरक्षा प्राप्त की जा सकती है। इस हेतु हमारा यही सुझाव है कि कृषक बंधुओं को अपने–अपने प्रक्षेत्रों पर जल संचय की देन कोई प्रविधि अपना लेना ही उचित होगा जिससे कि फसल उत्पादन में किसी भी हानि से बचे रहें।

उन्नत कृषि के लिए जल की आवश्यकता होती है, परन्तु वर्तमान में दिनों–दिन भू–जल स्तर नीचे गिर रहा है, जो एक चिन्ता का विषय बनता जा रहा है, सिंचाई के लिए नहरों द्वारा भी समुचित मात्रा में जल की पूर्ति नहीं की जा रही है। अतः वर्षा जल संग्रहण (रेन वॉटर हार्वेस्टिंग) तकनीक को अपनाया जाना चाहिए, जिससे भू–जल ऊपर उठता है। अब समय आ गया है कि हम वर्षा का जल अधिक से अधिक बचाने की कोशिश करें। वर्षा की एक–एक बूँद कीमती है। इन्हें सहेजना बहुत ही आवश्यक है। यदि अभी नहीं सहेजा गया तो संभव है कि जल केवल आँखों में ही बच पाएगा।

❑❑❑

अध्याय 20

भारतीय कृषि में बाढ़/अतिवृष्टि की समस्या एवं निवारण

बाढ़ एक ऐसी प्राकृतिक आपदा है, जिसने सभ्यताओं को निगलने का काम किया है। यह जल प्रलय के रूप में आती है और व्यापक तबाही मचाती है। बाढ़ की स्थिति तब निर्मित होती है, जब अतिवृष्टि के कारण भूमि की अवशोषण (जल सोखने) की क्षमता खत्म हो जाती है और नदियों का जल स्तर बढ़ने लगता है, जिसके परिणामस्वरूप निचले क्षेत्र जलमग्न हो जाते हैं। कभी बाँधों से जल छोड़े जाने, तो कभी बादलों के फटने से भी बाढ़ जाती है और व्यापक तबाही मचाती है। यह एक ऐसी आपदा है, जो प्रायः हर वर्ष भारत के विभिन्न राज्यों में विभिन्न स्थानों पर आती है और जान–माल का व्यापक नुकसान करती है। बाढ़ के कारण सबसे अधिक नुकसान खेती को होता है। एक ओर उपजाऊ मृदा बह जाती है तो दूसरी ओर उपजाऊ मृदा के ऊपर बलुई मृदा की परत भी जम जाती है। इसके अतिरिक्त खेत में तैयार फसल क्षतिग्रस्त हो जाती है साथ ही खेत में अधिक नमी के कारण कई बार उत्पादन प्रभावित होता है (चित्रः 1)।

चित्रः 1 बाढ़ से प्रभावित क्षेत्र

भारत में बाढ़ प्रभावित होने वाले कुल क्षेत्र का आधे से अधिक भाग तीन राज्यों–बिहार, उत्तर प्रदेश एवं पश्चिमी बंगाल में आता है। भारत विश्व का दूसरा सबसे बड़ा बाढ़ प्रभावित क्षेत्र है। इसके अतिरिक्त देश के कई राज्यों/केन्द्रशासित राज्यों में, जैसे, असम, बिहार, ओडिशा, उत्तर प्रदेश और पं. बंगाल में बाढ़ का असर सबसे अधिक पड़ता है। नुकसान के विषय में सबसे अधिक प्रभावित बिहार है। आंध्र प्रदेश, गुजरात, हरियाणा, पंजाब, राजस्थान, तमिलनाडु और अन्य पूर्वोत्तर राज्यों में भी बाढ़ का प्रकोप होता ही रहता है। भारत में बाढ़ की आशंका वाले क्षेत्रों को केन्द्रीय जल आयोग ने चार श्रेणियों में वर्गीकृत किया है जैसे, ब्रह्मपुत्र नदी क्षेत्र, उत्तर–पश्चिमी नदी क्षेत्र, गंगा नदी क्षेत्र एवं दक्षिण नदी क्षेत्र। आपदा प्रबंधन के स्तर पर हम बाढ़ से बचने का कोई स्थायी समाधान नहीं खोज पाए हैं। भारत में हर वर्ष जून से सितम्बर तक 4 महीने मानसून का (वर्षा ऋतु) समय होता है। इस अवधि के दौरान भारत में औसत 75 प्रतिशत वार्षिक वर्षा होने की संभावना रहती है। इसलिए देश के कई राज्यों में बाढ़ का प्रकोप देखा जाना कोई असामान्य बात नहीं है। देश के अन्दर 1955, 1971, 1973, 1977, 1978, 1980, 1984, 1988, 1998, 2001 तथा 2004 के मानसून में बाढ़ के कारण गंभीर नुकसान हुआ था। भारत हमेशा से बाढ़ों के लिए संवेदनशील रहा है और प्रतिवर्ष बंगाल की खाड़ी में 5 से 6 उष्णकटिबंधीय चक्रवात आते हैं। इसी कारण प्रतिवर्ष लाखों लोग अपने घरों से बेघर हो जाते है एवं फसलों तथा अन्य संपत्तियों को भारी क्षति होती है (चित्रः 2)।

बाढ़ दृश्य

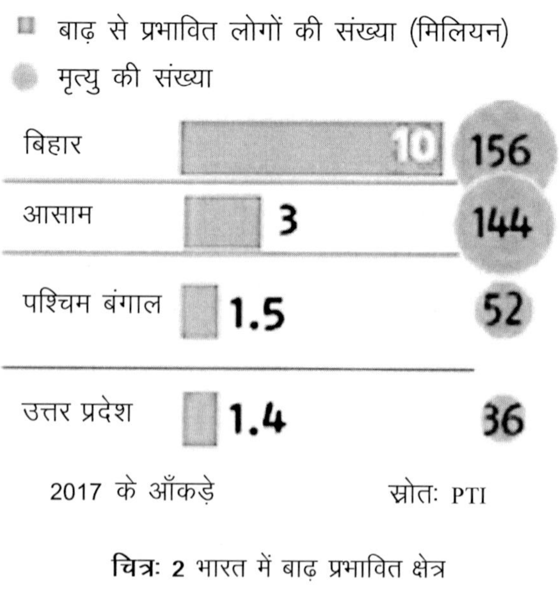

2017 के आँकड़े स्रोतः PTI

चित्रः 2 भारत में बाढ़ प्रभावित क्षेत्र

भारत के 3290 लाख हेक्टेयर भौगोलिक क्षेत्र में से 400 लाख हेक्टेयर (12.15 प्रतिशत) बाढ़ की आशंका वाला क्षेत्र है, जिसमें से 8 लाख हेक्टेयर भूमि प्रति वर्ष बाढ़ से संवेदनशील है। गृह मंत्रालय की एक प्रतिवेदन के अनुसार 35 राज्यों और केन्द्र–शासित प्रदेशों में से 23 प्रदेश बाढ़ की दृष्टि से अति–संवेदनशील हैं। इनमें से 320 लाख हेक्टेयर को बाढ़ से पर्याप्त सुरक्षा सुविधा उपलब्ध कराई जा सकती है। बाढ़ के नुकसान की आशंका को कम करने के लिये केन्द्रीय जल आयोग द्वारा नदी थालों की अंतःस्थिति पर आधारित एक राष्ट्रव्यापी बाढ़ पूर्वानुमान और चेतावनी प्रणाली स्थापित की गई है। बाढ़ के पूर्वानुमान की जानकारी 175 केन्द्रों द्वारा जारी की जाती है जिसमें 147 नदी स्तर के पूर्वानुमान केन्द्र है, और 28 प्रमुख बाँधों और बैराजों से संबंधित वृद्धि और जलाशयों में जल की मात्रा से संबंधित अनुमान केन्द्र सरकार, राज्य सरकार और जिला प्रशासन, मीडिया तथा अन्य उपयोगकर्त्ताओं तक पहुँचाया जाता है। बाढ़ प्रबंधन राज्य सरकारों के अधिकतम क्षेत्र में आता है लेकिन केन्द्र सरकार, गंभीर परिस्थितियों बाढ़ प्रभावी राज्यों को केन्द्रीय सहायता उपलब्ध कराती है (चित्रः 3)।

अत्यधिक एवं तीव्र वेग से वर्षा होने पर जल के भूमि के अन्दर प्रवेश की गति धीमी होती है जिसके परिणामस्वरूप जल भूमि की ऊपरी सतह पर बहने लगता है जिसे अपवाह (रनऑफ) कहते हैं। वर्षा होने के कारण नदियों के प्रवाह मार्ग में अधिक जल समा नहीं पाता, जल का बाहर की ओर फैलना आरम्भ हो जाता है तथा बाढ़ आ जाती है। बाढ़ के कारण खेतों, सड़को, रेलमार्गों, लाइनों एवं बस्तियों में जल फैल जाता है। बाढ़ से खड़ी फसल डूब जाती है, सड़के, बाँध, पुल एवं रेल लाइनें टूट जाती हैं। भयंकर बाढ़ से मनुष्यों एवं पशुओं का जीवन संकटमय हो जाता है तथा अनेक प्रकार की बीमारियों (हैजा, आंत्रशोध, हेपेटाईटिस व दूषित जल जनित अन्य बीमारियों) का प्रकोप हो जाता है।

बाढ़ से कुछ लाभ भी हैं। हर वर्ष बाढ़ खेतों में उपजाऊ मिट्टी लाकर जमा करती है जो फसलों के लिए बहुत लाभदायक है। निर्वनीकरण, दोषपूर्ण भूमि उपयोग, बाढ़ के मैदानों में अनियोजित बस्तियाँ, विकास कार्यो द्वारा प्राकृतिक अपवाह में बाधा तथा अत्यधिक सिंचाई के कारण जल–स्तर में वृद्धि आदि मानवीय प्रत्यक्ष या अप्रत्यक्ष रूप से बाढ़ के संकट में वृद्धि करते हैं। बाढ़ के कारण दीमक तथ चूहों और अन्य कीड़ों–मकोड़ों की जनसंख्या में कमी आती है।

बाढ़ के कारण

1. कहीं–कहीं वर्षा या तो होती नहीं या फिर होती है तो तेज मूसलाधार रूप से।
2. नदियों के ऊपरी भागों में भारी वर्षा का होना तथा अतिरिक्त जल तेज प्रवाह से बहना।

3. नदियों के उद्‌गम तथा पर्वतीय भागों में अनियमित रूप से वृक्षों का नष्ट किया जाना, जिससे वर्षा का जल भूमि में रिक्त हुए बिना तेजी से ढालों की ओर बहकर बाढ़ की स्थिति उत्पन्न कर देता है।
4. नदियों के तल पर मिट्‌टी व अन्य अवसादों को जमते रहना।
5. जल के बहने देने की अनुकूल व्यवस्था का न होना।
6. नदियों के किनारे की भूमि पर मानव का असीमित अतिक्रमण जिससे वर्षा का जल नदियाँ वहन नहीं कर पाती है और वह जल किनारों को तोड़कर बाढ़ लाने में सहायक होता है।
7. ऐसे निचले क्षेत्रों को काम में लाना जो पहले नदियों के अतिरिक्त जल को ग्रहण करके उनकी बाढ़ों की भीषणता को कम करती हैं।
8. तटवर्ती भू–भागों में चक्रवर्ती एवं भीषण तूफानों के कारण समुद्रिक जल स्थल के भागों पर बाढ़ लाने में सहायक होता है।
9. हरे–भरे पेड़ों का विनाश।
10. तापमान में वृद्धि।

भारत में बाढ़ प्रभावित क्षेत्र

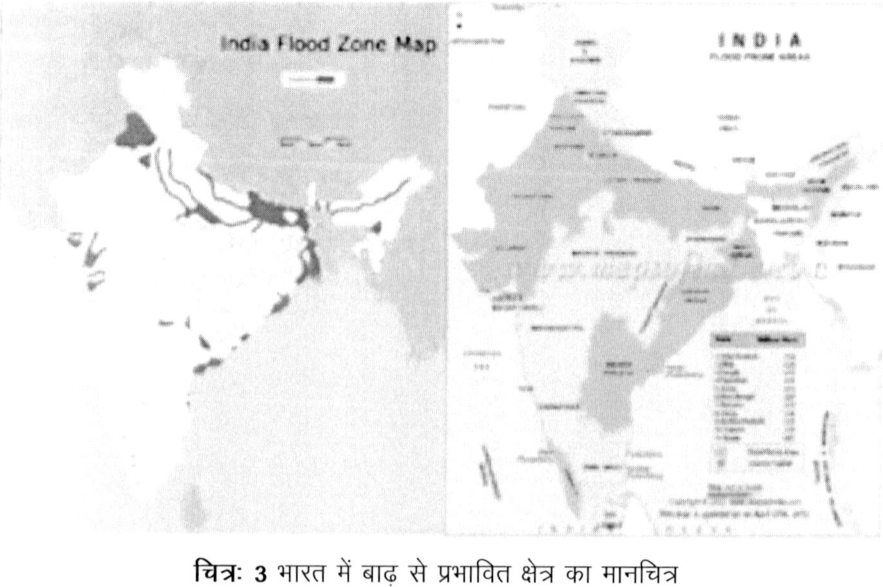

चित्रः 3 भारत में बाढ़ से प्रभावित क्षेत्र का मानचित्र

भारत के बाढ़ प्रभावित क्षेत्र

बाढ़ों से प्रभावित क्षेत्रों की दृष्टि से भारत को 5 क्षेत्रों में बाँटा जा सकता है–

1. पूर्वी खंड

यह पश्चिम में घाघरा नदी से लेकर पूर्व में ब्रह्मपुत्र नदी तक फैला है। यहाँ घाघरा, गण्डक, सोन, गंगा, कोसी, तीस्ता व ब्रह्मपुत्र नदियों में भंयकर बाढ़ें आती हैं। कोसी व ब्रह्मपुत्र की बाढ़ें भारी नुकसान पहुँचाती हैं। इन नदियों से पूर्वी उत्तर प्रदेश, बिहार, पश्चिमी बंगाल की उत्तरी भाग, असम और अरुणाचल प्रदेश में भयंकर बाढ़ें आती हैं। यह नदियाँ बड़ी मात्रा में जल एवं भारी चिकनी मिट्‌टी बहाकर लाती हैं। जो समतल धरातल तथा निचली भू–भागों को जलमग्न कर देती है।

2. उत्तरी खण्ड

इसके अंतर्गत जम्मू–कश्मीर, हिमाचल प्रदेश, पंजाब, हरियाणा तथा पश्चिमी उत्तर प्रदेश के भू–भाग सम्मिलित है। यहाँ पर व्यास, रावी, सतलज, यमुना, गंगा व उसकी सहायक नदियों में वर्षा ऋतु में जब बाढ़ आती हैं तो विनाश का दृश्य उपस्थित हो जाता है।

3. मध्यवर्ती खण्ड

इसका विस्तार गुजरात, मध्य प्रदेश व राजस्थान में बिखरे रूप में मिलता है। यहाँ चम्बल, बनास, साबरमती, नर्मदा प्रमुख नदियाँ है, जो वर्षा ऋतु में बाढ़ों से प्रभावित रहती हैं। गुजरात में कच्छ का प्रदेश समुद्री जल के प्रभाव से ग्रसित रहता है।

4. दक्षिणी खण्ड

यह खंड महाराष्ट्र, कर्नाटक, आन्ध्र प्रदेश, तमिलनाडु राज्यों पर विस्तृत है। यहाँ वर्षा की मात्रा कम होने से नदियों में जल अधिक नहीं होता है तथा गाद (मिट्‌टी) की मात्रा भी कम होती है। इनके भागों में कोई परिवर्तन भी नहीं पाया जाता है। अतः बाढ़ें सामान्यतः प्रतिवर्ष न आ कर लम्बे अन्तराल पर आती है, लेकिन जब आती है तो फसलों तथा जन–धन की भारी हानि होती है। पिछले 2 वर्षों में दक्षिण भारत में मानसून काफी अधिक सक्रिय रहा है। चेन्नई में लगभग दो साल से लगातार बाढ़ की समस्या विकराल रूप धारण कर लेती है।

5. मध्य–पूर्वी खण्ड

यहाँ पर छत्तीसगढ़, ओडिशा राज्यों में महानदी, वैतरणी व ब्राह्मणी नदियाँ अधिक जल बहाकर लाती हैं जिनके तेजी से न बहने के कारण मुहानों पर तेज बाढ़ें अक्सर आ जाती है।

बाढ़ प्रबंधन के उपाय

बाढ़ प्रबंधन तीन स्तरों (पूर्वानुमान, संरचनागत व गैर संरचनागत) पर होता है। बाढ़ प्रबंधन का सबसे प्रभावी उपाय बाढ़ का पूर्वानुमान करके उसके बारे में शीघ्र चेतावनी देना है। बाढ़ पूर्वानुमान में पहला चरण वर्षा होने, उसकी गहनता, अवधि और वितरण के बारे में भविष्यवाणी करना है। इस प्रयोजन के लिए वर्षा की मात्रा के बारे में पूर्वानुमान अनिवार्य होता है। बाढ़ प्रबंधन के संरचनागत उपायों के अंतर्गत जलाशयों, बाढ़ तटबन्धों, बाँधों में निकासी चैनलों का निर्माण, भूमि–कटाव निरोधक कार्य, चैनल सुधार कार्य, बेसिन अवरोधन आदि उपाय किए जाते हैं। बाढ़ प्रबंधन के गैर–संरचनागत उपायों के अंतर्गत निम्न उपाय इस प्रकार है–

- बाढ़ क्षेत्र अंचल बनाना।
- बाढ़ की संभावना वाले स्थानों की पहचान और उसका आंकलन करना, ताकि बाढ़ के नुकसान की मात्रा और विस्तार पर नियंत्रण के लिए ऐसे क्षेत्रों को विकास के अंतर्गत लाया जा सके।
- बाढ़ की संभावना वाले क्षेत्रों के निर्धारण के लिए उपयुक्त पैमाने के साथ मानचित्र तैयार करना, जिसका प्रयोग पिछली घटनाओं के आंकडों के साथ किया जा सके।
- ऐसे मानचित्रों जिसमें विभिन्न स्थानों के जलस्तर से लेकर सर्वोच्च जलस्तर तक के क्षेत्र प्रदर्शित किए गए हों, बनाने चाहिए।

बाढ़ नियंत्रण के उपाय

बाढ़ नियंत्रण के लिए तीन विकल्पों का तुलनात्मक अध्ययन किया जाना चाहिए। पहले विकल्प में नदियों के पर्यावरणीय प्रवाह को यथावत बनाये रखा जाना चाहिए। दूसरा विकल्प ऊँचे और स्थायी बाँध बनाने की वर्तमान नीति का है और तीसरा विकल्प प्राकृतिक आपदा एवं बाढ़ से प्रभावित लोगों को सुविधा उपलब्ध करानी चाहिए। इसमें ऊँचे सुरक्षित स्थानों का निर्माण, सुरक्षित संचार एवं पीने के लिए जल इत्यादि की व्यवस्था शामिल है, जिससे लोग बाढ़ के साथ भी जीवन यापन कर सकें। धरती के ऊपर बड़े बाँधों से अति गतिशील बाढ़ का प्रकोप बढ़ने लगा है। इसे रोकने के लिए जल के अविरल प्रवाह को बनाए

रखना होगा। मैदानों में वनरोपण को प्रोत्साहित किया जाना चाहिए, क्योंकि पेड़ न केवल वर्षा के जल को अवशोषित करते हैं बल्कि उसके नदियों की तरफ होने वाले बहाव में भी अवरोध उत्पन्न करते हैं। बाढ़ के मैदानों पर निर्माण कार्य पूर्णतः प्रतिबंधित कर देना चाहिए। क्योंकि बाढ़ के मैदान बहुत उपजाऊ होते है और इसलिए उनका प्रयोग कृषि जैसी आर्थिक गतिविधि के लिए किया जाना चाहिए, जो किसी भी आपदा से पहले उनको अवगत करा सकें। समय रहते एक कुशल बाढ़ प्रबंधन प्रणाली विकसित करनी चाहिए ताकि प्रतिवर्ष होने वाली भारी जान–माल की क्षति को रोका जा सके।

बाढ़ से प्रभावित भारतीय कृषि क्षेत्रों में उन्नत कृषि के उपाय

1. नालों की सफाई और गाद निकालना

वर्षा से पहले नालियों की सफाई, खुदाई और जल की रुकावट बने कारणों को दूर करना चाहिए।

2. मत्स्यपालन

बडे स्तरों पर तालाबों में जल इकठठा करके मछलियों की खेती की जा सकती है।

3. एग्रोफोरेस्ट्री

कृषि वानिकी (एग्रो फोरेस्ट्री) की खेती में कृषि वृक्ष लगाये जाते हैं। एग्रो फोरेस्ट्री में वृक्षों की खेती के साथ–साथ खेती बाड़ी भी की जा सकती है। इसमें सफेदा, पापलर, बांस, जामुन और अन्य बहुत से वन्य लकड़ी वाले वृक्ष कतारों में लगाकर उनकी कतारों में खेती की जा सकती है। बाढ़ की स्थिति में यदि खेती फसल का नुकसान होता है तो वृक्षों से आय जरूर हो जाती है।

4. बागवानी और औद्यानिक फसलों की खेती

किन्नों, अमरुद, आडू, लोकाट, पपीता, और खजूर आदि की खेती की जा सकती है ऐसे फल ही लगाए जाएँ जो ऊँचे हो ताकि जल की मार से बच सकें। इनकी कतारों के बीच कृषि फसलों की बुवाई की जा सकती है।

5. फसल की खेती समय में परिवर्तन

बाढ़ का मुख्य समय करीब जुलाई माह होता है इस माह को मुख्य रखकर ऐसी फसलें बोयें जो जुलाई माह से पहले–पहले पक जाए और काटी जा सकें जैसे मूँग, साटी मक्का, उर्द, पशुओं का चारा आदि ऐसी फसले हैं। आलू बो कर बाद में गेहूँ बोया जा सकता है।

6. **धान की पछेती पौध लगाना**

   पी.ए.यू. के अनुसार धान की पौध 55–60 दिन की आयु की भी लगाई जा सकती है जिससे उत्पादन पर कोई फर्क नहीं पड़ता। इसी तरह 15–20 जुलाई के बाद पहले धान की किस्में जैसे पी.आर.–115 भी खेती में लगाई जा सकती है।

7. बाढ़ सम्बन्धी पूर्व चेतावनी की व्यवस्था करना, जल निचले स्थानों में जल भर जाता है, वहां पम्पों द्वारा जल निकालना चाहिए।

8. बाढ़ प्रभावित क्षेत्रों में ऐसी फसलें उगानी चाहिए जो जल के अन्दर जीवित रह सकें।

9. बाढ़ प्रभावित क्षेत्रों में ऐसी फसलें उगानी चाहिए जो बहाव के साथ जल्दी न बहें।

10. प्रभावित क्षेत्रों में बाँधों का निर्माण किया जाये।

भारत में लगभग सभी प्राकृतिक आपदाओं में बाढ़ सर्वाधिक बार और स्थानों पर घटित होने वाली आपदा है। बाढ़ प्रकृति का अभिशाप है। बाढ़ की पीड़ा को वही समझ सकता है, जिसने इसे झेला हो। बाढ़, बस्तियाँ उजाड़ देती है। गाँव के गाँव बहा ले जाती है। असंख्य लोगों की मौत हो जाती है, एवं आम जन–जीवन ठप हो जाता है। संचार व परिवहन व्यवस्था ध्वस्त हो जाती है। राजस्व की भी भारी क्षति होती है।

यदि हम बाढ़ प्रबंधन की एक ठोस प्रणाली विकसित करें तथा आपदा प्रबंधन के ढांचे को मजबूत बनाएं तो हर वर्ष होने वाले नुकसान से बचा जा सकता है। उक्त उपायों के अतिरिक्त हमें प्रकृति के कोप से बचने के लिए पर्यावरण संरक्षण और प्रकृति संरक्षण की तरफ विशेष रूप से ध्यान देना होगा। उन मानवीय गतिविधियों को रोकना होगा जो प्रकृति का क्षरण कर बाढ़ जैसी विनाश लीलाओं को आमंत्रित करती हैं। बाढ़ जैसी विभीषिकाओं से बचने के लिए हमें यह याद रखना होगा कि प्रकृति भी हमारी रक्षा तभी करती है, जब हम प्रकृति की रक्षा करते हैं।

❑❑❑

अध्याय 21

भारत में अनावृष्टि या सूखा की समस्या एवं निवारण

भारत के कुल भौगोलिक क्षेत्रफल (329 मि.है.) में से लगभग 1/6 भाग सूखा है। सूखा क्षेत्र के अंतर्गत देश में शुद्ध कर्षित भूमि 14.1 करोड़ हेक्टेयर है। इस प्रकार शुद्ध कर्षित भूमि के 60 प्रतिशत क्षेत्रफल पर फैले सूखा ग्रस्त क्षेत्र से देश के कुल खाद्यान्न का 40 प्रतिशत भाग पैदा होता है। वर्षा की कमी तथा अनियमितता के कारण फसलें बहुधा सूख जाती हैं अथवा रबी की फसलों को बढ़ने की सुविधा नहीं मिलती। बहुत कम वर्षा होने पर फसल को पर्याप्त जल भी उपलब्ध नहीं होता जिससे उपज पर बुरा प्रभाव पड़ता है। सूखा ऐसी स्थिति को कहा जाता है जब लम्बे समय तक कम वर्षा, अत्यधिक वाष्पीकरण और जलाशयों तथा भूमिगत जल के अत्यधिक प्रयोग से भूतल पर जल की कमी हो जाए। सिंचाई विभाग ने उन क्षेत्रों को सूखाग्रस्त माना है जहाँ वर्षा 10 सें.मी. से कम होती है और इसमें भी 75 प्रतिशत वर्षा अनेक वर्षों तक प्राप्त नहीं होती तथा जहाँ कृषि क्षेत्र के 30 प्रतिशत से भी कम भाग पर सिंचाई की सुविधाएं पायी जाती है। भारत में अनावृष्टि से प्रभावित क्षेत्र 10 लाख वर्ग कि.मी. से कुछ अधिक है। संक्षेप में सूखा एक ऐसा समय है जो वर्षा रहित होता है एवं भूमिगत जल स्तर भी अधिक नीचे पहुँच जाता है। मौसम वैज्ञानिकों के अनुसार सूखा वर्षा रहित काल होता है (चित्रः 1)।

चित्रः 1 बिन पानी सब सून

सूखा किसी भौगोलिक प्रदेश में उत्पन्न उस असामान्य मौसमी दशा को कहते हैं, जिसमें वर्षा की सम्भावना तो रही हो लेकिन वर्षा नहीं हुई हो। भारतीय मौसम विभाग के अनुसार सूखा उस दशा को कहते हैं जब किसी भौगोलिक क्षेत्र में सामान्य वर्षा से वास्तविक

वर्षा 75 प्रतिशत कम होती है। इस आधार पर सूखे को दो श्रेणियों में वर्गीकृत किया गया है–प्रचण्ड सूखा एवं सामान्य सूखा। जब वर्षा का अभाव सामान्य वर्षा के 50 प्रतिशत से अधिक हो तो उसे प्रचण्ड सूखा कहा जाता है और जब वर्षा का अभाव सामान्य से 25–50 प्रतिशत के बीच होता है तो उसे सामान्य सूखा कहते हैं। सामान्य रूप से सूखे की स्थिति तब उत्पन्न होती है जब वर्षा सामान्य से 25–50 प्रतिशत कम होती है। यदि वर्षा की कमी की मात्रा 50 प्रतिशत से भी अधिक होती है तो सूखा भयंकर रूप धारण कर लेता है और इसका फसलों एवं जन–जीवन पर बुरा प्रभाव पड़ता है। भारत में सूखे की समस्या कई कारणों से आ सकती है। इसमें मुख्य हैं, दक्षिण–पश्चिमी मानसून की देरी से शुरू होना, मानसून में लम्बी अवधि का अंतराल, मानसून का समय–पूर्व समाप्त होना तथा देश के विभिन्न भागों म मानसूनी वर्षा का असमान वितरण। भारत के सूखा प्रभावित राज्यों में आंध्र प्रदेश, गुजरात, हरियाणा, कर्नाटक, मध्य प्रदेश, महाराष्ट्र, राजस्थान और तमिलनाडु सम्मिलित है (सारणीः 1)।

सूखे की स्थिति में तत्कालिक सहायता में सुरक्षित पेयजल वितरण, दवाईयाँ, मनुष्यों व पशुओं को सुरक्षित स्थान पर पहुँचाना इत्यादि सम्मिलित है। सूखे से निपटने के लिए दीर्घकालिक योजनाओं में विभिन्न कदम उठाए जा सकते हैं जैसे–भूमिगत जल के भंडारण का पता लगाना, जल आधिक्य क्षेत्रों से अल्पजल क्षेत्रों में शुद्ध जल को पहुँचाना, नदियों को जोड़ने के लिए द्रोणियों की पहचान तथा भूमिगत जल भंडारण की संभावना का पता लगाने के लिए सुदूर संवेदन और उपग्रहों से प्राप्त चित्रों का प्रयोग करना चाहिए। सूखा प्रतिरोधी फसलों के बारे में प्रचार–प्रसार सूखे से लड़ने के लिए एक दीर्घकालिक उपाय है। वर्षा जल संचयन सूखे का प्रभाव कम करने में महत्वपूर्ण भूमिका निभा सकता है।

सारणी 1: भारत में सूखे के वर्षों में देश का प्रभावित क्षेत्रफल

वर्ष	प्रभावित क्षेत्रफल (मि.वर्ग मीटर)	देश में प्रभावित क्षेत्रफल का प्रतिशत	श्रेणी
1876	0.49	15.8	34
1877	2.03	64.7	2
1883	1.03	32.8	13
1884	0.70	22.2	26
1885	0.48	15.4	35
1891	1.15	36.7	9
1896	0.68	21.7	27
1899	1.99	63.4	3
1901	0.89	28.5	20

क्रमशः

सारणी 1

1902	0.54	17.1	33
1904	0.98	31.1	16
1905	1.09	34.7	10
1907	0.85	27.2	22
1911	0.97	30.8	17
1913	0.70	22.3	25
1915	0.63	20.2	30
1918	2.16	68.7	1
1920	1.22	38.8	8
1925	0.80	25.5	24
1928	0.67	21.4	28
1936	0.86	27.6	21
1941	1.01	32.3	15
1951	1.04	33.2	11
1952	0.81	25.8	23
1965	1.35	42.9	6
1966	1.01	32.3	14
1968	0.45	20.6	29
1969	0.62	19.9	31
1971	0.42	13.3	36
1972	1.39	44.4	5
1974	0.92	29.3	19
1979	1.24	39.1	7
1982	1.04	33.1	12
1985	0.95	30.1	18
1986	0.60	19.0	32
1987	1.55	49.2	4
2002	उप.नहीं	उप.नहीं	उप.नहीं
2009	उप.नहीं	उप.नहीं	उप.नहीं

स्रोतः उर्वरक सांख्यिकी 2015–15, भारतीय उर्वरक संगठन, नई दिल्ली

उप : उपलब्ध

भारत में सूखा क्षेत्रों का वर्गीकरण

सामान्यतः अनिश्चित व कम वर्षा के क्षेत्रों में वर्षा की विचलनशीलता अधिक होती है और यही क्षेत्र सूखा या सूखाग्रस्त क्षेत्रों के अंतर्गत आते हैं। सिंचाई आयोग के द्वारा वर्षा की मात्रा व उसकी विचलनशीलता के आधर पर सूखा प्रभावित क्षेत्रों को दो भागें में बांटा गया है जैसेः

अ) शुष्क क्षेत्र

इस क्षेत्र में वार्षिक वर्षा 400 मि.मी. या 50 सें.मी. से कम वर्षा होती है (सारणी 2) एवं वर्षा की विचलनशीलता 25 प्रतिशत से अधिक होती है। इन क्षेत्रों के अन्तर्गत कानपुर, जालंधर एवं अहमदाबाद की मिलाने वाले त्रिभुज में स्थित राजस्थान मरुस्थल आता है, इसका क्षेत्रफल 0.67 लाख वर्ग कि.मी है (चित्रः 2)। शुष्क क्षेत्रों में जल प्रबंधन का उद्देश्य यह है कि फसल के पकने तक के लिए पर्याप्त नमी मिल सके तथा सस्य विधियां ऐसी हों जिससे सामान्य गहराई तक जो भी जल उपलब्ध हो उसका सदुपयोग करके पेड़–पौधे उग सकें।

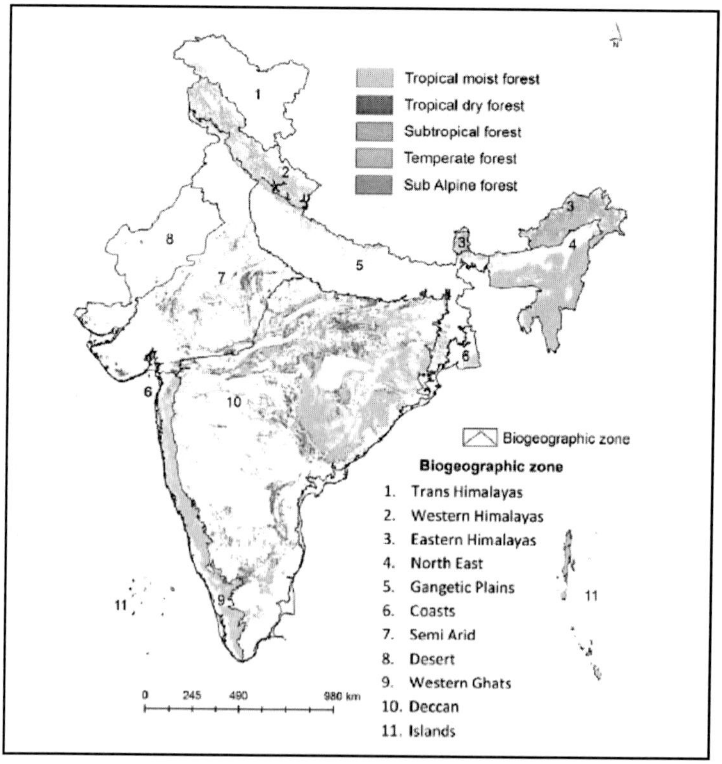

चित्रः 2 भारत में शुष्क क्षेत्रों का वितरण

ब) अर्द्ध–शुष्क क्षेत्र

इस क्षेत्र में वार्षिक वर्षा 650–750 मि.मी. या 75 सें.मी.से कम होती है। यह क्षेत्र पश्चिमी घाट पर्वत के पूर्व का क्षेत्र है जो 0.3 लाख वर्ग कि.मी. क्षेत्र में फैला है, इसके अतिरिक्त 06 छोटे विस्तार क्षेत्र हैं जैसे, (1) तमिलनाडू में कोयमबटूर तथा तिरुनेवेल्ली (2) गुजरात में सौराष्ट्र (3) पश्चिमी बंगाल में पुरुलिया (4) ओडिशा में कालांहाडी (5) बिहार में पलामू एवं उत्तर प्रदेश में मिर्जापुर जिसका क्षेत्र 0.1 लाख वर्ग कि.मी है। ये क्षेत्र द्वितीय हरितक्रांति के संभावित क्षेत्र है। यहाँ शुष्क–कृषि प्रणाली, मृदा व जल प्रबंधन, ड्रिप व स्प्रिंकलर सिंचाई, सामाजिक वानिकी, भूमि उत्पादकता बढ़ाने के विविध प्रयास, वैकल्पिक अर्थ–व्यवस्था के रूप में पशुपालन का विकास आदि कार्यक्रम, सूखाग्रस्त कार्यक्रम के द्वारा चलाए जा रहे हैं (साारणीः 2)।

साारणी 2: भारत में शुष्क एवं अर्द्धशुष्क क्षेत्रों का वर्गीकरण

क्षेत्र	शुष्क क्षेत्र	अर्द्ध–शुष्क क्षेत्र		उप–शुष्क क्षेत्र
		शुष्क	उपार्द्र	
भौगोलिक आच्छादित क्षेत्र	19 प्रतिशत	12 प्रतिशत	25.9 प्रतिशत	21.1 प्रतिशत
औसत वार्षिक वर्षा	500 मि.मी. से कम	500–700 मि.मी.	700–1100 मि.मी.	1100–1600 मि.मी.
फसल अवधि	75 दिनों से कम	75–100 दिन	120 दिन	150 दिन

शुष्क व अर्द्ध–शुष्क क्षेत्रों की प्रमुख समस्याएँ

1. कम वर्षा व अधिक वाष्पोत्सर्जन एवं वाष्पीकरण के कारण फसलों को विभिन्न अवस्थाओं पर सूखे से जूझना पड़ता है।
2. अधिक तापमान व मृदा के रेतीले व वनस्पति विहीन होने से जैविक पदार्थ की न्यूनता तथा मृदा की कम उर्वरता।
3. वायु व जल कटाव द्वारा भूमि की ऊपरी परत का कटाव होने से उपजाऊ मृदा का क्षरण।
4. अधिकतर भू–भाग में मृदा लवणीयता तथा क्षरीयता की समस्या।
5. अधिकांशतः असमतल भूमि ढ़लान के कारण तेज जल बहाव।
6. अधिकतर किसानों की जोत का आकार कम होना।

सूखा का वर्गीकरण

सूखे की दशा एवं स्थिति को कई दृष्टिकोण के आधार विभक्त किया गया है–

1. **मौसम विज्ञान संबंधी सूखाः** जब किसी बड़े क्षेत्र में अपेक्षा से 75 प्रतिशत कम वर्षा प्राप्त होती है, तब उक्त स्थिति उत्पन्न होती है।
2. **कृषि सूखाः** इसे भूमि–आर्द्रता सूखा भी कहा जाता है। इसमें मिट्टी में आर्द्रता की कमी के कारण फसलें मुरझा जाती हैं, इसे कृषि सूखा कहा जाता है।
3. **जल विज्ञान संबंधी सूखाः** यह स्थिति तब पैदा होती है जब विभिन्न जल संग्रहण, जलाशय, जलभूत और झीलों इत्यादि का स्तर वृष्टि द्वारा की जाने वाली जलापूर्ति के बाद भी नीचे गिर जाए।
4. **पारिस्थितिक सूखाः** जब प्राकृतिक पारिस्थितिक तंत्र में जल की कमी से उत्पादकता में कमी हो जाती है और परिणामस्वरूप पारिस्थितिक तंत्र में तनाव आ जाता है तथा यह क्षतिग्रस्त हो जाता है, तो पारिस्थितिक सूखा कहलाता है।

सूखे का भारतीय कृषि पर प्रभाव

सूखा एक भयावह प्राकृतिक आपदा है, जिसके व्यापक परिणाम अनेक स्तरों पर देखने को मिलते हैं। इसके सामाजिक व आर्थिक प्रभाव तो सामने आते ही हैं, भौतिक व पर्यावरण प्रभाव भी देखने को मिलता है। सूखा पड़ने से स्वास्थ्य, गरीबी, कुपोषण एवं भुखमरी जैसी समस्याओं में वृद्धि हो जाती है। सामाजिक सुरक्षा में भी कमी घटने लगती है। खाद्यान्न तथा अन्य वस्तुओं की कीमतों में वृद्धि से लोगों की क्रयशक्ति में कमी आने लगती है। सूखे के कारण दीर्घकालिक रूप से सर्वाधिक प्रभावित पर्यावरण ही होता है जिसके कारण वन्य जीवों के आवासों का ह्रास तथा जीवों के लिए जल एवं भोजन में कमी होने लगती है। वानस्पतिक आवरण घटने लगता है तथा पादप प्रजातियाँ विलुप्त होने लगती है। जल की कमी के अभाव में कृषि उत्पादकता में कमी, पशुओं के लिए चारागाह भूमि की कमी, नियत फसलों की कमी, वनोत्पादन में कमी तथा मत्स्य उत्पादन में भी कमी आ जाती है। इसके अतिरिक्त फसलों में बीमारियों के प्रकोप एवं जीव–जन्तुओं द्वारा फसलों को हानि होने लगती है। सूखा प्रभावित क्षेत्रों में भूमि के अन्दर नमी के समाप्त हो जाने से भू–जल स्तर घट जाता है और सतही जल स्रोत भी समाप्त हो जाते हैं। अतः ऐसे क्षेत्रों में वृक्षारोपण में भी समस्या आती है। सूखे का फसलोत्पादन पर निम्न प्रभाव पड़ता है, उदाहरणार्थ;

सूखा प्रभावित क्षेत्रों में फसलों का विकास

जब पौधे द्वारा जल ग्रहण से वाष्पीकरण अधिक हो जाता है तो नमी का आघात पौधे पर होता है ऐसा भूमि से जल की अधिक हानि या पौधों के द्वारा कम जल ग्रहण के

कारण होता है या दानों से। सिंचाई और वर्षा के कारण जल की कमी प्रारम्भ में बहुत थोडे समय के लिए होती है। जल पर्याप्त होने पर भी अधिक वाष्पीकरण से इसकी कमी होती है। ऐसा प्रायः दोपहर को होता है जिसे प्रारम्भिक विल्टिंग या मध्याह न्यूनता कहते है। दिन बीतने के साथ जल की मांग बढ़ने पर पौधा अधिक जल ग्रहण करता है। अतः जल की कमी लम्बी अवधि तक होती है पौधों के स्टोमेटा सुबह शाम थोड़ी देर के लिए खुलते है और दिन शेष अवधि में बन्द रहते हैं।

भूमि तथा पौधों पर सूखे का प्रभाव

सूखे का भूमि एवं पौधों पर प्रतिकूल प्रभाव पड़ता है। वर्षा के जल के अभाव में पौधा वृद्धि नही कर सकता। जब भूमि में जल की कमी हो जाती है तो वहाँ बीजों के अँकुरण से लेकर पकने तक की अवधि में वृद्धि पर बुरा प्रभाव पड़ता है। ऐसी दशा में अँकुरण कम होता है और बहुत ही कम पौधे जीवित रह पाते हैं। जल के अभाव में पौधों की शारीरिक क्रियाएं प्रभावित होती है। पौधे जल की कमी से बौने रह जाते हैं। सूखे की स्थिति में पौधों में प्रकाश–संश्लेषण की क्रिया प्रभावित होती है। इससे पौधों के भोजन में कमी आ जाती है। पौधे अपना भोजन घोल के रूप में लेते है। जल की कमी से पौधों का भोजन घोल रूप में नहीं बदलता। जल पौधों में उत्स्वेदन की क्रिया के लिए भी आवश्यक है जिससे पौधों का ताप नियंत्रित रहता है। जल के द्वारा ही पौधों की कोशिकाएं फूली हुई रहती हैं। जल पौधों के शरीर का एक आवश्यक अवयव भी है। लगभग 90 प्रतिशत भाग पौधों का जल से बना होता है। सूखे की दशा में ये क्रियाएँ मन्द पड़ जाती है और बहुत कम उपज प्राप्त होती है। जल की कमी से मृदा में नमी कम हो जाती है और मृदा से पोषक तत्वों की हानि बढ़ जाती है।

सूखे द्वारा भूमि में जलस्तर नीचे चला जाता है। ऐसी दशा में जब अधिक दिनों तक वर्षा नहीं होती अथवा बहुत कम होती है तब मृदा के मरूस्थल जैसी बनने की सम्भावनाएँ अधिक होने लगती है। यदि सूखे का स्वरूप सामान्य होता है तो उसके कुप्रभाव भी सीमित होते है किन्तु सूखे के असामान्य होने पर यह अकाल का रूप धारण कर लेता है। अकाल से मानव, पशु, वनस्पति तथा अन्य संसाधनों की अत्यधिक हानि होती है। सूखा के प्रभाव से कृषि उत्पादन ही प्रभावित नहीं होता बल्कि पेय जल का भारी संकट भी उत्पन्न हो जाता है। सूखे को नमी उपलब्ध न होने के कारण कृषि विनाश का काल माना जाता है। सूखे की दशा में कुछ बीज या फसलें ही थोडी उपज देती हैं जो सूखा को सहन करने की क्षमता रखती हैं।

सूखा प्रबंधन

सूखा तथा इसके दुष्प्रभावों से बचने के लिए हमें 'सूखा प्रबंध' पर विशेष रूप से ध्यान केन्द्रित करना पड़ेगा। भारत जैसे कृषि प्रधान देश के लिए तो यह अति आवश्यक

है कि हम सूखा प्रबंधन की एक ठोस प्रणाली विकसित करें, क्योंकि हमारी अर्थव्यवस्था का दारामेदार सर्वाधिक उन्नत कृषि पर रहता है।

पर्यावरण असन्तुलन के कारण सूखे की विकटता को देखते हुए हमें समानान्तर एक ऐसी व्यवस्था विकसित करनी ही होगी, जिससे मानसून पर हमारी निर्भरता कम हो और हम सूखे से अप्रभावित बने रहें अथवा उस तरह से प्रभावित न हों, जिस तरह से होते आ रहे हैं। मानसून की अनिश्चिता के कारण भारतीय किसान सदैव असुरक्षा की भावना से ग्रस्त रहता है। हमें इस स्थिति को बदलना होगा और इसके लिए सूखा प्रबंधन की एक ठोस और प्रभावी प्रणाली का विकास करना होगा, ताकि सूखा पड़ने पर उसके दुष्प्रभावों से बचा जा सके। कुछ सूखे की स्थिति में प्रभावी बिन्दु निम्नलिखित है, जैसेः

क) जल संरक्षण के उपाय

सूखे से बचने के लिए हमें जल के महत्व को समझना होगा तथा जल की एक–एक बूँद को सहेजने का प्रयास करना होगा। अब वैज्ञानिक वर्षा जल के अधिकाधिक संग्रहण तथा वाष्पोत्सर्जन की दर को कम करने में जुटे हैं। इसके लिए विभिन्न प्रकार की जल संग्रहण पद्धतियों तथा वलयाकार खड्ढ़ा, खाई एवं मेंड, तश्तरीनुमा थाले, गहरी जुताई के अतिरिक्त बड़ी–बड़ी मेंडे बनाकर एवं बल्ब आदि के द्वारा वर्षा जल को अत्यधिक मात्रा में संग्रहित एवं संरक्षित रखने के प्रयास किए जा रहे हैं तथा जल संरक्षण की विधियों का योजनाबद्ध विधियों से जनभागीदारी के साथ क्रियान्वयन वैकल्पिक कृषि को बढ़ावा देना प्रमुख है।

ख) गैर परम्परागत खेती

सूखा प्रभावित क्षेत्रों में वर्षा की अनियमिता के कारण किसानों में हमेशा अनिश्चितता की स्थिति बनी रहती है। ऐसे क्षेत्रों में गैर परम्परागत फसलों जैसे; सोनामुखी, तुम्बा व जोजोबा आदि की खेती के द्वारा किसान न केवल वर्षा की अनियमितता से होने वाले नुकसान से बच सकते हैं बल्कि उन्हें इससे एक अच्छी आमदनी भी मिल सकती है।

ग) प्राकृतिक वनस्पतियाँ

रेगिस्तानी क्षेत्रों में पायी जाने वाली प्राकृतिक वनस्पतियां इन क्षेत्रों के लोगों के द्वारा वर्षों से उपयोग में लायी जा रही हैं, जैसे; खेजड़ी, केर, बेर, फोग, आडूसा, जाल, बारकों, बबूल, जंगल जलेबी आदि। इन वनस्पतियों को उगाकर न केवल हरियाली लायी जा सकती है बल्कि सूखे के प्रभाव को भी कम किया जा सकता है।

घ) नदियों की देखरेख

नदियों को जोड़ने की बात चल रही है, लेकिन उससे भी आवश्यक है नदियों की देखरेख। अगर नदियों में सदा जल उपलब्ध रखा जाय तो मानसून की अनिश्चितता की आशंका की संभावना को कम किया जा सकता है। नदियों की देखरेख होगी तो भूजल स्तर भी ऊपर आयेगा।

च) नहर निर्माण

विकसित देशों में नहरों और सिंचाई सुविधाओं का जाल बिछा हुआ है, जिसके चलते वहाँ वर्ष भर खेती होती होती है, किसानों को आसमान की ओर देखना नहीं पड़ता। भारत में नहरों का निर्माण तो हो रहा है लेकिन बहुत धीमी गति से।

छ) कृषि निवेश में वृद्धि

अन्य देशों की अपेक्षा भारत में कृषि में सरकारी निवेश घटता जा रहा है। अतः सरकार को कृषि में निवेश को बढ़ाना चाहिए।

शुष्क व अर्द्ध शुष्क क्षेत्रों में फसलोत्पादन बढ़ाने की उन्नत प्रौद्योगिकियाँ

क) वर्षा जल का संचयन

- ढलान वाले क्षेत्रों में जल अधिग्रहण क्षेत्र का विकास करना, जिससे मृदा में वर्षा जल संचय करने तथा भू–जल स्तर बढ़ाने में भी सहायता मिलती है।
- अधिक ढालू खेती में कम दूरी पर कम ऊँचाई की मेंड बनाकर जल के बहाव को कम किया जा सकता है।
- खेत से जो जल बहकर जाए उसे रोककर कुँएं में डालने से कुँएं के जलस्तर में वृद्धि की जा सकती है।
- सूखे क्षेत्रों में बाजरा, ज्वार, मक्का आदि अनाज वाली फसलों की पंक्तियों के बीच में मूँग, उड़द, मूँगफली, सोयाबीन आदि फसलों को उगाना चाहिए (चित्रः 3)।
- खेत के निचले क्षेत्रों में तालाब व टैंक का निर्माण करके वर्षा जल को एकत्रित करना और उसका फसल की संवेदनशील अवस्थाओं पर सिंचाई के लिए प्रयोग करना चाहिए।
- भू–समतलीकरण, वृक्षारोपण, मेंडबंन्दी व ढलान के विपरीत जुताई व बुवाई करके वर्षा के जल को बहकर नहीं जाने देना चाहिए और साथ ही जल से होने वाले मृदा कटाव को रोकना चाहिए।

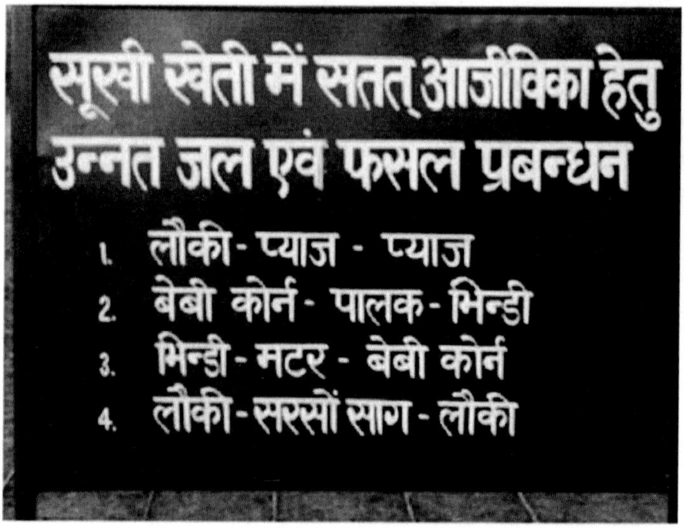

चित्रः 3 सूखी खेती में उचित फसल चक्र

- संरक्षित कृषि व पलवार के प्रयोग को बढ़ाना।
- भूमि में अधिक जल अवशोषित करने वाली गहरी जुताई, मेंड बनाना व ढलान के विपरीत बुवाई आदि विधियों को अपनाना।

ख) मृदा नमी संरक्षण

- उचित समय पर खरपतवार नियंत्रण करें।
- गर्मी में गहरी जुताई करें व वर्षा उपरान्त जुताई करके पाटा लगाकर मृदा नमी संरक्षण करना चाहिए।
- वाष्पीकरण रोकने के लिए पलवार का प्रयोग करें।
- पत्तियों को मुरझाने से बचाने के लिए पोटेशियम का पर्णीय छिड़काव (0.5 प्रतिशत) तथा पुरानी पत्तियों को निकाल दें।
- उचित पौधों की संख्या बनाए रखें। यदि घने हो तो मृदा में नमी को देखते हुए कुछ पौधों को उखाड़ दें।
- मृदा जलधारण क्षमता, मृदा उर्वरता व कार्बनिक पदार्थ बढ़ाने के लिए 5 से 10 टन प्रति हेक्टेयर गोबर की खाद, कम्पोस्ट की 5–8 टन/है., वर्मी कम्पोस्ट 3 से 6 टन/है. एवं फसल अवशेषों का प्रयोग करें।
- जीवन रक्षक सिंचाई आदि करना।

- मृदा नमी संरक्षण के लिए पालीमर्स का प्रयोग करें जैसेः हाइड्रोजेल (2.5–5.0 कि. ग्रा./है.)
- वाष्पोत्सर्जनरोधी रसायनों जैसे केओलिन (6 प्रतिशत) व साइकोसेल (0.03 प्रतिशत) का फसल की उचित अवस्था पर छिड़काव करें।

ग) सूखे से बचने के उपाय

- सूखे क्षेत्रों में छोटे–छोटे जलाशय बनाकर जल को संरक्षित करना चाहिए।
- वृक्षारोपण को आन्दोलन के रूप में अपनाना चाहिए।
- पेड़ों की कटाई पर प्रतिबंध लगाना चाहिए।
- नदियों में छोटे–छोटे बाँध बनाकर जल को रोकना चाहिए।
- भूमिगत जल का दोहन कम करना चाहिए।
- सूखा क्षेत्रों में नहरे निकालनी चाहिए।
- किसानों की फसलों और पशुओं के लिए बीमा योजना चलानी चाहिए।
- सरकार को सूखा क्षेत्रों के लिए राहत की घोषणाएँ करके उनको क्रियान्वित करना चाहिए।

घ) सूखे से फसलों की सुरक्षा

- जिन क्षेत्रों में कम वर्षा होती है वहाँ ऐसी फसलों की खेती करनी चाहिए जिसमें जल की कम आवश्यकता होती है, जैसे; ज्वार, बाजरा, चना, सरसों एवं मूँगफली आदि (चित्रः 3)।
- ऐसे क्षेत्रों में कम जल चाहने वाली तथा कम समय में पकने वाली फसलें उगानी चाहिए और शुष्क खेती की विधि को प्रयोग में लानी चाहिए। शुष्क खेती विधि के द्वारा ऐसे यंत्रों का प्रयोग किया जाता है जिससे भूमि में जल की अधिक से अधिक मात्रा बनी रहती है।
- ऐसे क्षेत्रों में गर्मियों में जुताई अधिक की जाती है जिससे थोड़ी वर्षा होने पर भी भूमि में अधिक से अधिक नमी बनी रहती है।
- ऐसे क्षेत्रों में खरीफ की फसल के बाद नमी को संरक्षित रखने के लिए जुताई के बाद पाटा अवश्य लगा देना चाहिए।
- ऐसे क्षेत्रों में खरपतवारों को नियंत्रित रखना चाहिए तथा मिश्रित खेती ही उगानी चाहिए।
- खेतों की मेड़ें ठीक प्रकार से बनानी चाहिए जिससे वर्षा का जल खेत से बाहर न जा सके।

सूखे से निपटने की रणनीति

आर्थिक सर्वेक्षण 2015–16 में कृषि में बदलाव की बात करते हुए संकर और उच्च उपज बीज, प्रौद्योगिकी और मशीनीकरण पर अनुसंधान में अधिक निवेश कर सूक्ष्म सिंचाई के द्वारा जल का कुशल उपयोग करने का प्रस्ताव किया गया है। जलवायु परिवर्तन के खतरों को देखते हुए उत्पादकता बढ़ाने और खाद्य सुरक्षा सुनिश्चित करने के लिए जलवायु स्मार्ट कृषि प्रौद्योगिकियों में अनुसंधान पर निवेश की आवश्यकता पर ध्यान दिया गया है। कृषि क्षेत्र में अधिक जलमांग वाली फसलों के स्थान पर कम जलमांग वाली फसलों पर जोर दिया जा रहा है। सामुदायिक जल प्रबंधन, पारम्परिक टैंक प्रणाली और मृदा में नमी बढ़ाने के लिए सुधार के द्वारा जल की उपलब्धता कायम रखने की कोशिश चल रही है। यह प्रयास ग्रामीण क्षेत्रों में सूखे के प्रभाव को कम करने के लिए महत्वपूर्ण है, क्योंकि भूजल भंडारण मूल स्थान पर मृदा को वास्तविक जलाशयों में परिवर्तित कर देता है, जो जलवायु के खतरों से असाधारण बचाव करता है।

सूखा राहत राशि और सूखा राहत कोष का सदुपयोग

केन्द्र सरकार की ओर से सूखा राहत योजना के अन्तर्गत भी किसानों को बचाने का प्रयास किया जा रहा है। इसके अन्तर्गत सूखा प्रभावित क्षेत्रों में राज्य सरकार के राजस्व विभाग की ओर से सर्वे कराया जाता है। सर्वे के आधार पर किसानों को राहत राशि उपलब्ध कराई जाती है। इसके अतिरिक्त फसलीय बीमा का पैसा अलग से दिया जाता है।

सूखा, पर्यावरण असंतुलन के कारण पैदा हुई जलवायु परिवर्तन के कारण उत्पन्न हुई प्राकृतिक आपदा है। सूखा वस्तुतः मानव द्वारा प्रकृति के मूल स्वरूप को परिवर्तित करने का परिणाम है क्योंकि वनोन्मूलन, भू–जल का अतिदोहन, जल संभरण को महत्व न देना, बड़े–बड़े जलाशयों को पाटकर खेती के काम में लाना इत्यादि कारणों से जल स्रोतों की गुणवत्ता में ह्रास हुआ है। हमें सूखे की त्रासदी से बचने के लिए कुछ अल्पकालिक एवं कुछ दीर्घकालिक योजनाएँ बनाकर कार्य करने की आवश्यकता है। अल्कालिक योजनाओं में मानव एवं पशुधन के लिए जल, भोजन, स्वास्थ्य एवं आर्थिक गतिविधियाँ हैं। दीर्घकालिक योजना के लिए जनमानस को सूखे से लड़ने के लिए तैयार करना, जल संरक्षण की विधियों को योजनाबद्ध ढंग से जनभागीदारी के साथ क्रियान्वयन तथा वैकल्पिक कृषि को बढ़ावा देना प्रमुख है। इसके साथ–साथ सूखे के दौरान तथा बाद में राहत कार्य संचालित करना भी सूखा प्रबंधन के अंतर्गत ही आता है।

❑❑❑

अध्याय 22

भारत में जल प्रदूषण की समस्यायें एवं समाधान

जल, सौर मण्डल में सर्वाधिक महत्वपूर्ण तत्व है; क्योंकि एक ओर यदि यह जीवों के लिए आवश्यक तत्व है, तो दूसरी ओर यह जीव मण्डल के पोषक तत्वों के संचरण तथा चक्रण में भी सहायक है। जल मण्डल के समस्त जल का एक प्रतिशत ही जल विभिन्न स्रोतों जैसे; सरिता जल, झील जल, भूमिगत जल, वायुमण्डलीय जल आदि के रूप में स्थित है। औद्योगिकीकरण, नगरीकरण एवं तीव्र गति से मानव जनसंख्या वृद्धि के कारण जल की माँग निरन्तर बढ़ती जा रही है। मानव, जन्तु एवं वनस्पतियों के विभिन्न क्रिया–कलापों से जल में विभिन्न प्रकार के कार्बनिक, अकार्बनिक एवं गैसे घुल जाती है। जल में इन पदार्थों की प्रतिक्रिया से अथवा अनावश्यक परिवर्तनों से जल प्रदूषित हो जाता है। जिसका प्रभाव जल की भौतिक, रासायनिक एवं जैविक/सूक्ष्म जैविक विशेषताओं पर पड़ता है।

आज के युग में जल प्रदूषण की समस्या एक विश्वव्यापी समस्या बन गई है। वर्तमान में यह समस्या न केवल औद्योगिक क्षेत्रों, नगरों एवं महानगरों तक सीमित है बल्कि इसका प्रसार गांवों एवं शहरों तक हो गया है। भारत की अधिकांश बड़ी नदियाँ जैसे; गंगा, यमुना, साबरमती, दामोदर, ओसीबार, गोमती, मूसी, माही, हिन्डन एवं वर्धा आदि के तटों पर स्थित बड़े नगरों, तथा तटों के पास स्थापित औद्योगिक प्रतिष्ठानों एवं कारखानों से निस्तृत मल जल के प्रवाह के कारण नदियाँ प्रदूषित हो रही हैं (चित्रः 1)।

चित्रः 1 (क) जल प्रदूषण हेतु सम्भावित नाला प्रदूषण (ख) प्रदूषित होता हुआ एक जल स्रोत जल भंडारण

भारत में 303.6 मिलियन क्यूबिक फीट जल प्रतिवर्ष एशियाई नदियों को हिमालय के ग्लेशियर्स से प्रवाहित हो रहा है। देश में सिंचाई कार्यों के लिए 70 प्रतिशत जल भूमिगत जल स्रोतों से प्राप्त होता है और घरेलू कार्यों के लिए 80 प्रतिशत जल की आपूर्ति भूमिगत जल स्रोतों से की जाती है। लेकिन यह भूमिगत जल भी अब प्रदूषित होता जा रहा है। औद्योगिकीकरण व जल प्रदूषण के कारण हमारी नदियां व जलस्रोत प्रदूषित होते जा रहे हैं और इस कारण जल संकट उत्पन्न हो रहा है। दूसरी ओर बढ़ती जनसंख्या और औद्योगिकीकरण जल की खपत बढ़ा रही है। भूमिगत जल का अधिकांश प्रदूषण कृषिजन्य है। कृषि उत्पादकता बढ़ाने के लिए विभिन्न प्रकार के रासायनिक उर्वरकों, शाकनीशी और कीटनाशकों के व्यापक प्रयोग ने खेती को इस स्थिति में पहुँचा दिया है कि उनसे होकर रिसने वाला वर्षा का जल एवं जहरीले रसायन नदियों में प्रवेश कर जाते हैं और जल प्रदूषण करते हैं। जब नाइट्रेट, फॉस्फोरस तथा पोटाश जैसे रसायन पेय जल में मिल जाते हैं तो इससे मानव व पशु, समान रूप से प्रभावित होते हैं। ग्रामीण व नगरीय कचरे, कच्चे सेप्टिक टैंक आदि से भी भूमिगत जल प्रदूषित रहा है। भूजल के गिरते स्तर के अध्ययनों के अनुसार देश में 14 बड़ी, 55 लघु और कई सौ छोटी नदियों में मल–जल और औद्योगिक कचरा लाखों लीटर जल के साथ छोड़े जाते हैं।

जल प्रदूषण की परिभाषाएँ (विश्व स्वास्थ्य संगठन के अनुसार)

1. प्राकृतिक या अन्य स्रोतों से उत्पन्न अवांछित बाहरी पदार्थो के कारण जल प्रदूषित हो जाता है तथा यह विषाक्तता एवं सामान्य स्तर से कम ऑक्सीजन के कारण जीवों के लिए हानिकारक हो जाता है तथा संक्रमण रोगों को फैलाने में सहायक होता है।
2. जब कभी कार्बनिक एवं अकार्बनिक पदार्थों के किसी विधि द्वारा हुए मिश्रण से जल के भौतिक, रासायनिक एवं जैविक गुणों पर प्रभाव पड़ता है और जल विशिष्ट जैविक उपयोग के लिए अनुपयुक्त हो जाता है तो उसे जल प्रदूषण कहते हैं।

जल प्रदूषण के कारण

1. **प्राकृतिक कारणः** इसके अंतर्गत भूस्खलन, ज्वालामुखी उद्‌दगार, मृदा अपरदन, पौधे और जन्तुओं के विघटन सम्मिलित किये जाते हैं।
2. **मानव जनित कारणः** इसके अंतर्गत नगरीकरण, औद्योगिकरण, कृषि एवं सामाजिक (जिसमें सांस्कृतिक एवं धार्मिक) उत्सव भी सम्मिलित है। नगरीय क्षेत्रों में मलजल, कूड़ा–कचरा, कारखानों से निस्तृत गंगा जल, स्वचालित वाहनों से उत्सर्जित कण, कृषि में रासायनिक उर्वरकों, कीटनाशक दवाओं का प्रयोग जल को प्रदूषित करते हैं। जल वर्षा के समय यह पदार्थ धरातलीय बाही जल के माध्यम से झीलों, तालाबों और नदियों में पहुंचते हैं। यही नहीं भूमि के माध्यम से ये पदार्थ रिसकर नीचे पहुँचते हैं और भूमिगत जल को प्रदूषित करते हैं।

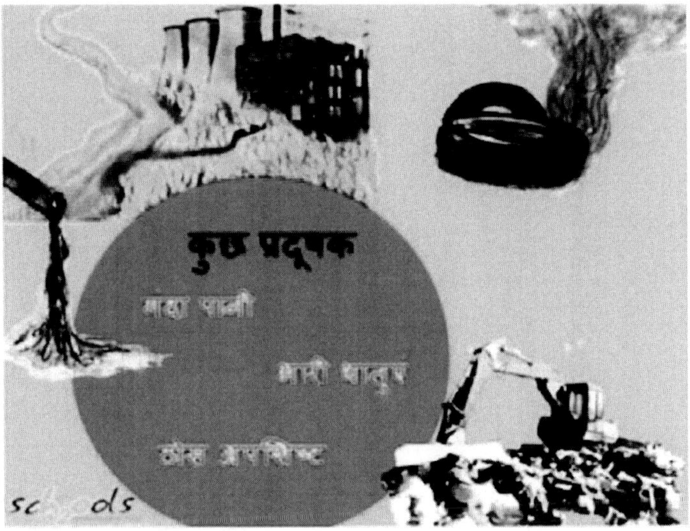

चित्रः 2 जल प्रदूषण के कारक जल प्रदूषकों के प्रकार

जल प्रदूषकों के प्रकारों को निम्नलिखित प्रकार से बाँट सकते हैः

1. **औद्योगिक प्रदूषकः** इसके अंतर्गत औद्योगिकीय अपशिष्ट, रासायनिक प्रदूषण जैसे, क्लोराइड, सल्फाइड, नाइट्रस, धात्विक पदार्थ, जैसे; सीसा, पारा, जस्ता, रेडियोएक्टिव अपशिष्ट आदि सम्मिलित किये जाते हैं (चित्रः 3)।

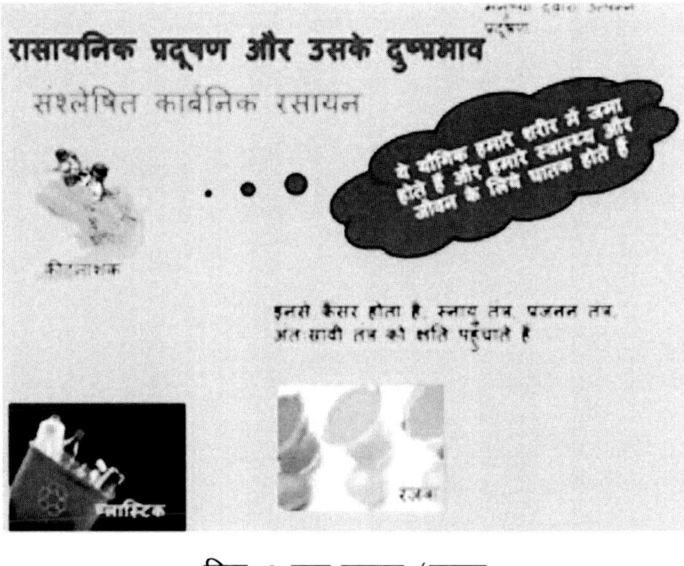

चित्रः 3 जल प्रदूषक / कारक

2. **नगरीय प्रदूषक**: इसके अंतर्गत नगरों में स्चालित वाहनों से विभिन्न जीवाश्म ईंधनों के दहन से उत्सर्जित सल्फर और नाइट्रेट आदि वर्षा के माध्यम से जल में घुलकर जल को प्रदूषित करते हैं।

3. **कृषि जन्य प्रदूषक**: इसके अंतर्गत रासायनिक उर्वरकों, कीटनाशी, रोगनाशी, कृत्रिम रसायन, खरपतवार और पौधों के अपशिष्ट भाग आते हैं, जो जल को प्रदूषित करते हैं।

4. **प्राकृतिक प्रदूषक**: इसके अंतर्गत ज्वालामुखी राख एवं धूल, कटाव से उत्पन्न मलवा, विघटित एवं वियोजित जैविक पदार्थों के कारण जल प्रदूषित होता है।

सारणी 1: जल में पाए जाने वाले तत्वों उच्चतम निर्धारित सीमा (मि.ग्रा.)

पी.एच.	**8.5—6.5**
सल्फेट	200
क्लोराइड्स	250
फ्लोराइड्स	1.5
सल्फेट	400
नाइट्रेट	45
सोडियम	200
आयरन	0.3
जिंक	5
लोहा	0.10
तांबा	0.05
मैंगनीज	0.1
साइनाइड	0.05
आर्सेनिक	0.05
सीसा	0.05
कैडमियम	0.01
पारा	0.001
फिलोनिक पदार्थ	0.001
कॉपर	1.5

स्रोत: डब्ल्यूएचओ की रिपार्ट के अनुसार, किया गया निर्धारण।

जल प्रदूषण का वर्गीकरण

जल प्रदूषण को निम्नलिखित वर्गो में विभाजित किया जाता है –

1. **धरातलीय जल प्रदूषणः** इसके अंतर्गत नदी का जल, झील का जल, तालाब का जल सम्मिलित किए जाते हैं। नदियों में जल प्राप्ति के दो स्रोत है, वर्षा एवं हिम के पिघलने से। नदियों के जल को प्रदूषित करने वाले कारक निम्न हैः जैसे औद्योगिक क्षेत्र व प्रतिष्ठान, नगरीय क्षेत्र, कृषि क्षेत्र एवं मानवीय क्रिया–कलाप।

2. **सागरीय जल प्रदूषणः** सागरीय जल का प्रदूषण मुख्यतः सागर तटवती भागों में नगरीय एवं औद्योगिक अपशिष्ट पदार्थो के विसर्जन के कारण होता है। सागरीय जल में औद्योगिक अपशिष्ट, नगरीय मल जल तथा विषाक्त रसायनों के जमा होने से अनेक सागरीय जीवों पर प्रतिकूल प्रभाव पड़ता है।

3. **भूमिगत जल प्रदूषणः** भूमिगत जल का प्रदूषण कृषि प्रदूषकों जैसे पोटाश, फॉस्फोरस, नाइट्रेट, विभिन्न प्रकार के कीटनाशक रसायन के निक्षालन एवं सतह के नीचे गमन, औद्योगिक क्षेत्रों के अपशिष्ट पदार्थों के डम्पिंग, ग्रामीण एव नगरीय कचरे, प्रदूषित तालाबों, बावड़ियों आदि से होता है।

जल प्रदूषण के स्रोत

जल का प्रदूषण प्रायः मानव के क्रिया–कलापों द्वारा होता है। प्रमुख जल प्रदूषित करने वाले स्रोत निम्नलिखित हैं –

1. **घरेलू अपमार्जकः** घर, बर्तन, कपड़े, फर्नीचर इत्यादि की सफाई के लिए प्रयोग में लाये जाने वाले अपमार्जक तथा मच्छर, मक्खी, खटमल, काकरोच, चूहा, दीमक इत्यादि के नष्ट करने के लिए प्रयोग किए जाने वाले कीटनाशक नालियों के द्वारा बहकर विभिन्न जल स्रोतों में पहुँच जाते हैं, जिससे जल प्रदूषित हो जाता है (चित्रः 4)।

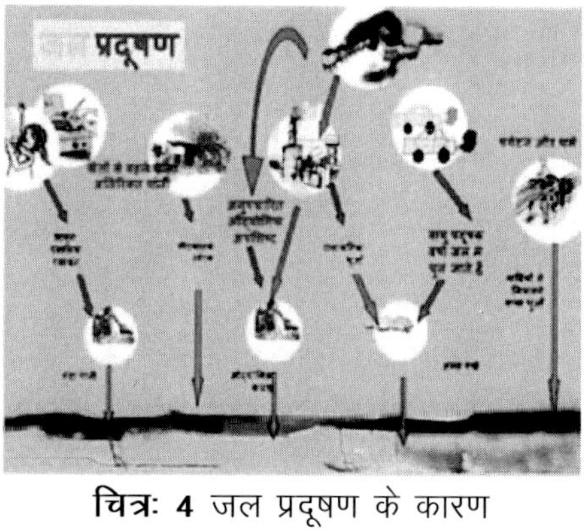

चित्रः 4 जल प्रदूषण के कारण

2. **वाहित मलः** नदियों के किनारे स्थित नगरों का वाहितमल जलाशयों में पहुँचकर उसके जल को प्रदूषित कर देता है। वाहित मल के प्रमुख स्रोतों में घरेलू गन्दा जल, नगरों का मल–मूत्र, सड़ा–गला पदार्थ, कूड़ा–करकट, पशुओं का गोबर, कचरा इत्यादि मुख्य है।

3. **औद्योगिक अवशिष्टः** विभिन्न प्रकार के औद्योगिक केन्द्रों या नगरों में अनेक प्रकार की औद्योगिक उत्पादों की इकाइयों से जो जल अपशिष्ट पदार्थ निकलता है, उसे झीलों, नदियों इत्यादि में बहा दिये जाने से उसका जल प्रदूषित हो जाता है। जल प्रदूषित करने में नगरों एवं महासागरों की वस्त्र मिलें, जूट मिलें, चीनी मिलें, रसायन उद्योग, चमड़ा उद्योग, उर्वरक कारखाने, डेरी उद्योग, रबर एवं प्लास्टिक उद्योग, तेल एवं आटा मिलें, मोटर वर्कशॉप, विद्युत संयंत्र इत्यादि प्रमुख हैं।

4. **कृषि बहिस्रावः** सघन कृषि के अंतर्गत विभिन्न प्रकार के रासायनिक उर्वरक, कीटनाशी तथा कवकनाशी का अत्यधिक प्रयोग किया जाने लगा है जो बहते हुए जल के साथ बहकर जल स्रोतों में चले जाते हैं।

5. **कचरा निस्तारणः** विभिन्न औद्योगिक संस्थानों, सार्वजनिक स्थानों, घरों एवं अन्य स्रोतों से निकला कचरा विभिन्न रसायनों से युक्त होता है। यह कचरा जल के साथ नलियों, नालों आदि से बहकर नदियों, झीलों, तालाबों अन्य जल स्रोतों में पहुँचता है जिससे जल स्रोतों का जल प्रदूषित हो जाता है।

6. **मुर्दों का जल प्रवाहः** जले, अधजले या बिना जले शवों को नालों, तालाबों, नदियों आदि में डाल दिया जाता है। इससे जल दुर्गन्धयुक्त तथा स्वास्थ्य के लिए अत्यंत हानिकारक हो जाता है। अस्थि विसर्जन की क्रिया भी जल प्रदूषण का स्रोत होती है।

7. **खनन क्रिया–कलापः** वे नदियाँ जो खनन क्षेत्रों से होकर बहती हैं, विभिन्न प्रकार के खनिज पदार्थों से प्रदूषित हो जाती है। कोयले में उपस्थित आयरन, पायराइट जल में सल्फर तत्व के प्रदूषण के लिए उत्तरदायी होता है।

8. **तापीय प्रदूषणः** अनेक प्रकार के उत्पादक संयंत्रों में एवं विभिन्न रिक्टरों के अतितापन निवारण के लिए नदी, तालाबों के जल का प्रयोग किया जाता है। शीतलन के पश्चात् प्राप्त तप्त जल पुनः जलस्रोतों में छोड़ दिया जाता है।

9. **तैलीय प्रदूषणः** नदियों एवं सागरों में चलने वाले जलयानों द्वारा अपशिष्ट तेल का विसर्जन, तेलवाहक जलयानों की खराबी, तेलवाहक जलयानों में तेल चढ़ाते या उतारते समय समुद्र के किनारे खोदे गये तेल कुओं से तेल च्ववन इत्यादि प्रमुख है (चित्रः 5)।

10. **अणु–विस्फोटः** विकासशील देशों द्वारा समुद्रीय जल में अणु विस्फोट परीक्षण में समुद्रीय जल का प्रदूषण होता है। विस्फोटक पदार्थों के जल में फैल जाने पर अनेक समुद्रीय जीव–जन्तुओं का जीवन संकट में पड़ जाता है।

11. **रेडियो सक्रिय पदार्थः** ऊर्जा प्राप्ति के इस प्रक्रम में अत्यधिक जल कि आवश्यकता होती है, जिससे ये पदार्थ जल में घुलकर उसे प्रदूषित कर देते है।

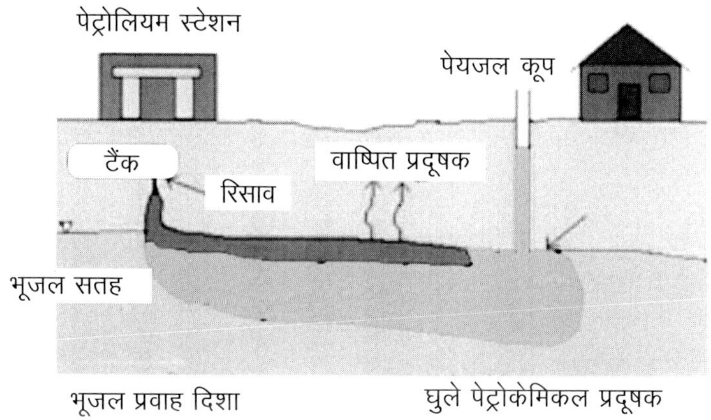

चित्रः 5 तैलीय प्रदूषण

जल प्रदूषण नियंत्रण के उपाय

1. जल स्रोतों में स्नान, जल क्रीड़ा, कपड़ा धोना एवं साबुन का प्रयोग वर्जित कर देना चाहिए।
2. नदियों, तालाबों, कुँओं, झरनों, झीलों में प्रदूषित जल को मिलने से रोकना चाहिए।
3. पालतू एवं जंगली पशुओं को जल में घुसने, नहाने से रोकना चाहिए।
4. किसी प्रकार के कूड़ा–करकट, अपशिष्ट मल–मूत्र इत्यादि को जल स्रोतों में नहीं मिलने देना चाहिए।
5. गाँवों एवं शहरों से निकलने वाले प्रदूषित जल एवं वाहित मल आदि को जल स्रोतों में नहीं मिलाना चाहिए।
6. औद्योगिक संस्थानों, मिल, फैक्ट्री, कल कारखानों को जल स्रोतों के समीप स्थापित नहीं करना चाहिए।
7. खेती में अधिक विषैले पीड़कनाशियों के प्रयोग को बंद कर देना चाहिए।
8. प्रदूषित तालाबों, कुँओं आदि की समय–समय पर सफाई करते रहना चाहिए।

9. मच्छरों के अंड़ों व लार्वा आदि को समाप्त करने के लिए तालाबों में मछली पालन करना चाहिए।
10. औद्योगिक इकाइयों को प्रदूषण नियंत्रण उपकरणों का प्रयोग करना चाहिए तथा उपचारित जल को ही नदियों में प्रवाहित करना चाहिए।
11. तालाबों एवं गड्ढों के प्रदूषण जल को स्वच्छ बनाने के लिए शैवाल उपयोगी होते हैं।
12. सभी नगरों में सीवर की सुविधा होनी चाहिए।
13. जल प्रदूषण फैलाने वाले संस्थानों, औद्योगिक इकाईयों एवं व्यक्तियों को दण्डित करना चाहिए।
14. जनसाधारण को जल प्रदूषण की समस्या एवं कुप्रभावों से विभिन्न प्रसार माध्यमों द्वारा अवगत कराना चाहिए।

पारंपरिक जल स्रोतों का शुद्धिकरण

वैज्ञानिकों की ओर से दी गई चेतावनी और भविष्य की स्थिति को देखते हुए केन्द्र एवं राज्य सरकार की ओर से भी पारंपरिक जल स्रोतों को बढ़ावा देने के साथ ही उन्हें शुद्ध बनाने की कोशिश की जा रही है। गाँवों में स्थित तालाबों की खुदाई के लिए भरपूर पैसा खर्च किया जा रहा है। पंचायती राज अधिनियम के द्वारा ग्राम पंचायतों को यह अधिकार दिया गया है कि वे गाँवों में स्थित तालाब एवं पोखरों की खुदाई कराएँ। साथ ही पुराने कुओं की मरम्मत के लिए भी उन्हें निर्देश दिया गया है। गाँवों में कुँओं की मरम्मत तो हो जाएगी और तालाब–पोखरे भी खुद जाएंगे, लेकिन उन्हें स्वच्छ रखने की जिम्मेदारी ग्रामीणों की होगी। जब तक ग्रामीण इस दिशा में पहल नहीं करेंगे तब तक ग्रामीण पेयजल एवं स्वच्छता का मिशन अधूरा रहेगा।

जल की गुणवत्ता में सामुदायिक भागीदारी

जल में प्रदूषण न हो इसके लिए सामुदायिक स्तर पर उपाय करने चाहिए। हैंडपम्प से जल निकास के लिए पुख्ता नालियाँ बनाएँ एवं उसके पास गन्दगी न होने दे। खुले कुँएं के जल को ब्लीचिंग पाउडर डालकर नियमित रूप से जीवाणु रहित कर जल को काम में लें। जलसंग्रह की टंकी के आसपास स्वच्छ वातावरण रखें। जल में जीवाणु को समाप्त करने के लिए 15 लीटर में 2 क्लोरीन की गोलियाँ (500 मि.ग्रा.) या हर 1000 लीटर जल में 3 ग्राम ब्लीचिंग पाउडर का घोल बनाकर डाले एवं आधे घंटे बाद उपयोग में लें। सारणी 1 में जल में पाए जाने वाले तत्वों से उच्चतम सीमा का निर्धारण किया गया है।

पेयजल को शुद्ध करने के प्रमुख उपाय

1. परंपरागत तकनीक से शुद्ध जल

पीने के जल को परंपरागत विधि से शुद्ध करके जलजनित बीमारियों कों कुछ हद तक कम किया जा सकता है। पीने के जल को स्वच्छ कपड़े से छान लेना चाहिए अथवा फिल्टर का प्रयोग करना चाहिए। कुँएं के जल को कीटाणु रहित करने के लिए उचित मात्रा में ब्लीचिंग पाउडर का उपयोग प्रभावी रहता है। वैसे समय–समय पर लाल दवा डालते रहना चाहिए। जल को उबाल लें। फिर ठंडा कर अच्छी तरह हिलाकर वायु संयुक्त करने के उपरान्त इसका प्रयोग करना चाहिए। इसी प्रकार पीने के जल को धूप में, प्रकाश में रखना चाहिए। चारकोल, बालू युक्त बर्तन से छानकर भी जल शुद्ध किया जा सकता है।

2. जल को उबालना

जल को साफ और पीने योग्य बनाने के लिए अब अनेक विधियाँ उपलब्ध है, पर जल को साफ करने का परंपरागत ढंग, उसे उबालना है। जल को पूरी तरह से स्वच्छ और कीटाणुरहित बनाने के लिए कम से कम उसे 20 मिनट उबालना चाहिए और उसे साफ कंटेनर में रखना चाहिए, जिसका मुँह संकरा हो ताकि उसमें किसी प्रकार की गंदगी न जाए।

3. कैंडल वॉटर फिल्टर

जल का साफ करने के लिए समय–समय पर कैंडल बदलने की आवश्यकता होती है, ताकि जल बेहतर साफ हो सके। सिरैमिक से बने कैंडल्स जल से बैक्टीरिया हटाते हैं। हालांकि, यह जल में घुले हुए रसायन पर काम नहीं करता।

4. मल्टीस्टेज शुद्धिकरण

इसमें जल कई चरणों में साफ होता है। पहले प्री–फिल्टर प्यूरीफिकेशन होता है, उसके बाद एक्टीवेटेड कार्बन प्यूरीफिकेशन किया जाता है, फिर जल से हानिकारक बैक्टीरिया समाप्त किए जाते है और अंत में जल की गुणवत्ता को बनाये रखने के लिए उसका स्वाद उत्तम किया जाता है।

5. क्लोरीनेशन

क्लोरीनेशन से जल साफ होने के साथ उसके रंग और गंध में भी कुछ बदलाव आ जाता है। विभिन्न नगरों एवं सरकारी उपक्रमों में जलापूर्ति के दौरान यह प्रक्रिया अपनाई जा रही है। यह जल में उपलब्ध हानिकारक बैक्टीरिया से बचाता है। इसका प्रयोग सही मात्रा में करना चाहिए क्योंकि अधिक क्लोरीन से स्वाद के साथ हमारे सवास्थ्य पर भी असर पड़ता है।

6. हैलोजन टैबलेट

फौरन/तत्काल समय जल साफ करने के लिए हैलोजन टैबलेट का प्रयोग किया जाता है। जल में इसे कितनी मात्रा में डाला जाए, यह जल की मात्रा और हैलोजन टैबलेट के ब्रांड के ऊपर निर्भर करता है। इसकी गोलियाँ जल में पूरी तरह घुल जाती हैं।

7. आर.ओ.एम. (रिवर्स ऑस्मोसिस) सिस्टम

आर.ओ. ऐसी वॉटर प्योरिफिकेशन तकनीक है जिसमें प्रेशर डाल कर जल को साफ किया जाता है। आर.ओ. सिस्टम द्वारा साफ जल में बैक्टीरिया होने की आशंका बहुत कम हो जाती है। आरओ सिस्टम 220–240 पीपीएम युक्त जल को स्वच्छ करके 25 पीपीएम तक ले आता है। यह जल को गंदगी, धूल, बैक्टीरिया आदि से मुक्त कर शुद्ध व मीठा बनाता है। आर.ओ. का प्रयोग उन क्षेत्रों में करना चाहिए जहाँ जल में टीडीएस अधिक (टोटल डिसॉल्ब्ड सॉल्ट) हो यानी जल खारा हो। जिन क्षेत्रों का जल मीठा है वहाँ आर.ओ. की जगह यूवी का प्रयोग उत्तम है।

8. यूवी (अल्ट्रावॉयलेट) रेडिएशन सिस्टम

यह जल से काई, कार्बनिक कणों, घुलनशील सॉलिड, बैक्टीरिया, विषाणु और भारी तत्वों को बाहर करता है। यह सिस्टम 3–4 प्यूरीफिकेशन चरणों में आते हैं जिनमें सेडीमेंट फिल्टर यानी प्री फिल्टर प्रक्रिया और सक्रिय कार्बन कार्टिरेज प्रमुख है। यह जल में घुले क्लोरीन और आर्सेनिक को साफ नहीं कर सकता। इसका प्रयोग उन क्षेत्रों में ही किया जाना चाहिए जहाँ पर ग्राउड वॉटर पहले से ही मीठा हो और सिर्फ बैक्टीरिया को समाप्त किए जाने की आवश्यकता हो।

जल प्रदूषण रोकथाम के उपाय

जल प्रदूषण को निम्न स्तर पर रखने के लिए निम्नलिखित उपाय किए जा सकते हैं:

1. **नगरीय जल का शोधन तथा समुचित प्रयोग**

   भारत में अधिकांश नगरों का जल–मल बिना शोधन के ही नदियों, झीलों तथा तालाबों में प्रवाहित कर दिया जाता है जिससे पेयजल प्रदूषित हो जाता है। नगरपालिकाओं को यह जल शोधित करके ही जलाशयों में प्रवाहित करना चाहिए। प्रत्येक नगर में जलशोधन की व्यवस्था होनी ही चाहिए।

चित्रः 6 पूसा संस्थान में खेती हेतु घरेलू अपशिष्ट जल का उपचार व एकत्रीकरण

यदि घरेलू अपशिष्ट जल उद्यान कृषि के लिए प्रयोग किया जाए तो जल प्रदूषण की समस्या का समाधान के साथ-साथ जल का सदुपयोग भी हो जाएगा। इसी प्रकार यदि सीवेज के भूमि के साथ मिला दिया जाए तो भूमि की उपजाऊ शक्ति बढ़ जाएगी। परन्तु ध्यान रहे जल में विभिन्न प्रकार के जीवाणु/रोगाणु न मिलने पायें।

2. उद्योगों से निस्तृत गंदे जल का शोधन

उद्योगों से निकलने वाले जल में अनेक प्रकार के रसायन तथा अन्य प्रदूषणकारी पदार्थ मिले होते हैं। ये निक्षालन प्रक्रिया द्वारा भूतल के अंदर जाकर पेयजल को दूषित करते हैं। नगरों में जल–मल के शोधन की भांति उद्योगों के प्रदूषित जल को साफ करने की भी व्यवस्था होनी चाहिए। **विषाक्त रसायनों का उत्पादन करने वाले उद्योगों के लिए प्रदूषण शोधन संयंत्र की व्यवस्था करना अनिवार्य होना चाहिए।**

3. कृषि व्यवस्था में सुधार

जल प्रदूषण से बचने के लिए कृषि व्यवस्था में सुधार भी आवश्यक है हरित क्रांति के बाद कृषि उत्पादकता बढ़ाने के लिए बड़े पैमाने पर रसायनिक उर्वरक व कीटनाशी का प्रयोग किया गया है। इसस बड़े पैमाने पर जल प्रदूषण तथा पारिस्थितिकी असन्तुलन दृष्टिगोचर हुआ है। रासायनिक उर्वरकों तथा कीटनाशी के स्थान पर जैव उर्वरकों का अधिक उपयोग इस दिशा में सही कदम बढ़ने होंगे।

4. प्रदूषित तालाबों, कुओं इत्यादि की समय–समय पर सफाई करते रहना चाहिए।
5. मच्छरों, उनके अंण्डों एवं लार्वा इत्यादि को समाप्त करने के लिए तालाबों में मछलियां पालन करना चाहिए, क्योंकि व इन्हें खा जाती हैं।
6. अधिकतर विषैले पीड़कनाषियों के प्रयोग पर प्रतिबंध लगा देना चाहिए। इन सबका प्रयोग खेतों में बहुत सीमित रूप में करना चाहिए।
7. विभिन्न प्रकार के अतिरिक्त एवं जंगली पषुओं को जल में घुमने, नहाने से रोकना चाहिए इससे सूक्ष्म जीवाणुओं, रोगाणुओं प्रदूषकों के फैलने की संभावना होती है।
8. जहाँ तक संभव हो नदियों, तालाबों, कुओं, झीलों में प्रदूषित जल को मिलने से रोकना चाहिए। इसके लिए बाँध एवं दीवार बनाई जा सकती हैं। परन्तु प्रदूर्षित जल को बिना उचित और सम्पूर्ण रूप से शोधित किये किसी भी जल स्रोत में मिलने भी नहीं दिया जाना चाहिए।
9. जहाँ तक सम्भव हो सके किसी भी प्रकार के कूड़ा–करकट मल–मूत्र इत्यादि जल स्रोतों में नहीं मिलने देना चाहिए।
10. शैवाल तालाबों एवं गडढ़ों के प्रदूषित जल को स्वच्छ बनाने में उपयोगी होते है, अतः इन्हे तालाबों में विकसित होने देना चाहिए। परन्तु कुछ शैवाल विषैले होते हैं इसलिए यह निश्चित करना आवश्यक है कि किस प्रकार का शैवाल उपयोगी है।
11. जनसाधरण को जल प्रदूषण की समस्याओं एवं कुप्रभावों से रेडियों, टेलीविजन एवं समाचार पत्रों द्वारा अवगत करना चाहिए।
12. सबसे पहले जनता को जल की मात्रा एवं गुणवत्ता के बारे में जागरूक बनाना चाहिए।
13. विभिन्न क्रियाकलापों के द्वारा शुद्ध जल की गुणवत्ता में कितनी कमी आ जाती है उस के बारे में ज्ञानवर्धन किया जाना चाहिए।
14. तत्पश्चात् यह शिक्षा सश्री को दी जानी चाहिए कि जल का कमतर या अल्पतयम उपयोग कैसे सुनिश्चित किया जाये।
15. यदि जल की गुणवत्ता में ह्रास न आने दिया जाये तो यह सर्वोत्तम विधि है अर्थात जल की गुणवत्ता का परीक्षण हर संभव तरीके से करना चाहिए।
16. जल के प्रयोग में कमी तथा जल की गुणवत्ता बनाये रखने के लिए हमारे देश के सभी धर्मों में विभिन्न प्रकार से शिक्षाएँ दी गई है, जैसे. जल में थूकना, मूत्र विसर्जन तथा मल विसर्जन धार्मिक रूप से वर्जित हैं और पाप की श्रेणी में आते हैं। ऐसी शिक्षा को पुनः बालकपन से ही बच्चों को देना चाहिए ताकि वे बचपन से ही जल के बारे में जागरूक रहें।

❑❑❑

अध्याय 23

भारत में जल संरक्षण के सरकारी प्रयास

भारतीय संविधान के अनुसार जल आपूर्ति, सिंचाई और नहरें, नाली व्यवस्था, जल भंड़ारण, राज्य सरकारों के कार्य क्षेत्र में आते हैं। इस दिशा में केन्द्र सरकार की एक महत्वपूर्ण भूमिका यह है कि इन राज्य सरकारों में अधिकतम समन्वय सुनिश्चित किया जाए और सहमति के द्वारा अंतर्राज्यीय नदियों के विषय सुलझाकर राज्य सरकारों द्वारा सहयोग सुनिश्चित किया जाए। जल संसाधनों के विकास की गति तेज करने के उद्देश्य से जल सम्बन्धी विषय पर जल संसाधन मंत्रालय कई महत्वपूर्ण कार्यक्रम और योजनाएं कार्यान्वित कर रहा है जिसमें त्वरित सिंचाई कार्यक्रम, कमान क्षेत्र विकास कार्यक्रम एवं जल संसाधन कार्यक्रम, बाढ़ प्रबंधन, जल निकायों आदि के पुनरुद्धार, नवीनीकरण और मरम्मत की योजनाएँ तथा कुँएं खोदकर भूजल की भरपाई करने की एक योजना भी शुरू की गई है। जल संसाधन मंत्रालय ने वर्षा जल संग्रहण के प्रोत्साहन की भी योजनाएँ बनाई हैं, तथा जल संसाधनों को प्रदूषण मुक्त करने के लिए व जल संकट को दूर करने के उद्देश्य से गंगा कार्ययोजना (1985 से), यमुना कार्ययोजना (1995 से), राष्ट्रीय झील संरक्षण कार्ययोजना आदि चलाई जा रही हैं, इसके अतिरिक्त देश में जल संकट के समाधान हेतु किए सरकारी प्रयास निम्नलिखित हैं–

कमान क्षेत्र विकास कार्यक्रम

केन्द्र द्वारा प्रायोजित कमान क्षेत्र विकास कार्यक्रम पाँचवी योजना के प्रारम्भिक वर्ष 1974–75 में प्रारम्भ किया गया था। इस कार्यक्रम का उद्देश्य देश की चुनी हुई बड़ी और मझोली परियोजनाओं की सिंचाई क्षमता का तेजी से उन्नत उपयोग सुनिश्चित करना था। मोटे तौर पर इस कार्यक्रम के अंतर्गत खेतों में नालियों तथा अतिरिक्त जल के निकास के लिए नाले बनाने का काम, भूमि का उचित आकार के भूखण्डों में विभाजन, खेतों के लिए सड़कें बनाना, चकबन्दी की व्यवस्था करना, जोतों की सीमा का पुनर्निर्धारण, बारी–बारी जल देने की वाराबंदी प्रणाली लागू करना, मण्डियों एवं गोदामों का निर्माण तथा कृषि संबंधी कार्यों के लिए भूमिगत जल के विकास के कार्यों को सम्मिलित किया जाता है। वर्ष 1974 में 60 बड़ी और मध्य परियोजनाओं के साथ इस कार्यक्रम की शुरुआत हुई थी। मार्च 2004 के अंत तक इसमें 310 परियोजनाएँ शामिल की जा चुकी थीं। जिनमें 284.5 लाख

हेक्टेयर खेती योग्य कमान क्षेत्र में सिंचाई क्षमता के उपयोग में सुधार लाया जा रहा था। ये क्षेत्र 28 राज्यों और 2 केन्द्रशासित राज्यों में फैले हैं। 1 अप्रैल, 2004 से कमान क्षेत्र विकास कार्यक्रम को पुर्नगठित करके कमान क्षेत्र विकास तथा जल प्रबंधन कार्यक्रम नाम दिया गया है।

नदी बेसिन विकास कार्यक्रम

नदी–बेसिन सम्पूर्ण नदी अपवाह क्षेत्र के लिए बनाई जाने वाली परियोजना होती है। उदाहरण के लिए यदि कावेरी नदी–बेसिन के लिए योजना बनाई जाए तो केरल और कनार्टक के पर्वतीय भागों में जलविद्युत, कर्नाटक के पठारी भागों में पशुपालन एवं तमिलनाडु व पुडूच्चेरी के मैदानी भागों में कृषि का विकास किया जा सकता है।

राष्ट्रीय जल नीति 1987

सर्वप्रथम वर्ष 1987 में एक राष्ट्रीय जल नीति स्वीकार की गई। इस नीति के अंतर्गत जल स्रोतों के न्यायोचित दोहन एवं समान वितरण के साथ जल संरक्षण की विभिन्न योजनाएँ चलाई गईं।

राष्ट्रीय जल नीति 2002

राष्ट्रीय जल संसाधन परिषद द्वारा 1 अप्रैल 2002 को राष्ट्रीय जल नीति, 2002 को स्वीकृति प्रदान की गई। इस नीति में जल संरक्षण के परंपरागत विधियों और माँग के प्रबंधन को महत्वपूर्ण तत्व के रूप में स्वीकार किया गया। साथ ही साथ इसमें पर्याप्त संस्थागत प्रबंधन के द्वारा जल पर्यावरण पक्ष एवं उसकी मात्रा एवं गुणवत्ता के पहलुओं का भी समन्वय किया गया। राष्ट्रीय जल नीति, 2002 में नदी, जल एवं नदी भूमि संबंधित अतिरिक्त विवादों के समाधान के लिए नदी बेसिन संगठन गठित करने पर भी बल दिया गया।

राष्ट्रीय जल बोर्ड

राष्ट्रीय जल नीति के कार्यान्वयन की प्रगति की समीक्षा करने और इसकी जानकारी समय–समय पर राष्ट्रीय जल संसाधन मंत्रालय के सचिव को अध्यक्षता में भारत सरकार ने सितम्बर 1990 में राष्ट्रीय जल बोर्ड का गठन किया।

राष्ट्रीय नदी संरक्षण निदेशालय

राष्ट्रीय नदी संरक्षण निदेशालय, राज्य सरकारों को सहायता देकर राष्ट्रीय नदी संरक्षण योजना एवं राष्ट्रीय झील संरक्षण योजना के द्वारा नदी एवं झील कार्ययोजनाओं के

क्रियान्वयन में लगा हुआ है। राष्ट्रीय नदी संरक्षण निदेशालय का मुख्य उद्देश्य प्रदूषण को रोकने के उपायों के माध्यम से नदियों के जल की गुणवत्ता में सुधार लाना है क्योंकि ये नदियां हमारे देश में जल का मुख्य स्रोत हैं, अतः जल की गुणवत्ता में सुधार लाकर ही इसे प्रयोग करने व पीने योग्य बनाया जा सकता है व जल संकट से बचा जा सकता है। अब तक 35 नदियों को इस कार्यक्रम के द्वारा शामिल किया जा चुका है।

भू–जल के कृत्रिम पुनर्भरण की सलाहकार परिषद

सरकार ने वर्ष 2006 में जल मंत्री की अध्यक्षता में भूजल के कृत्रिम पुनर्भरण की सलाहकार परिषद का गठन किया। इस परिषद का मुख्य कार्य सभी हितधारियों में भू–जल के कृत्रिम पुनर्भरण के विचार को लोकप्रिय बनाना है।

गहरे कुँओं के द्वारा भूजल के कृत्रिम पुनर्भरण की योजना

भूजल के कृत्रिम पुनर्भरण की सलाहकार परिषद के अनुसरण में ही यह योजना आंध्र प्रदेश, गुजरात, कर्नाटक, मध्य प्रदेश, महाराष्ट्र, राजस्थान और तमिलनाडु में चलाई जा रही है। इस योजना के अंतर्गत राज्यों में 1,180 अतिशोषित, संकटग्रस्त और अर्द्धसंकटग्रस्त प्रखंडों वाले 16 जिले सम्मिलित किए गए हैं।

भूमि जल संवर्धन पुरस्कार और राष्ट्रीय जल पुरस्कार

जल संसाधन मंत्रालय ने वर्ष 2007 में 18 भूमि जल संवर्धन पुरस्कार शुरू किए है, जिसमें एक राष्ट्रीय जल पुरस्कार भी है। इन पुरस्कारों को प्रदान करने का एक मात्र उद्देश्य लोगों को वर्षा जल संचय और कृत्रिम भूजल पुनर्भरण के द्वारा भूमि जल संवर्धन के लिए प्रेरित करना है।

मिशन क्लीन गंगा

गंगा नदी को बचाने के लिए वर्ष 2009 में राष्ट्रीय गंगा नदी बेसिन प्राधिकरण का गठन किया गया था। इसकी पहली बैठक में गंगा नदी को प्रदूषण से बचाने के लिए ''मिशन क्लीन गंगा'' नामक महत्वाकांक्षी परियोजना आरंभ करने का निर्णय लिया गया है। इस मिशन का मुख्य लक्ष्य सीवेज जल का शोधन करना और औद्योगिक कचरे को गंगा में मिलने से रोकना है ताकि निकट भविष्य में जल संकट से बचा जा सके।

जल संचयन एवं संवर्धन परियोजना

उत्तर प्रदेश सरकार द्वारा शुरू की गई यह परियोजना मुख्य रूप से जल संकट की समस्या का समाधान करने हेतु प्रारम्भ की गई है। इस परियोजना के अंतर्गत झीलों व

तालाबों को गांवों में सिंचाई के मुख्य साधन के रूप में विकसित किया जाएगा। इस परियोजना के लिए राष्ट्रीय ग्रामीण रोजगार योजना के द्वारा धन जुटाने का कार्य किया जा रहा है।

राष्ट्रीय जल नीति, 2012

भारत में जल संसाधन परिषद की छठी बैठक में 28 दिसम्बर 2013 को केन्द्र व राज्य सरकारों ने मिलकर जल नीति 2012 को मंजूरी दी थी। इसके पूर्व 2002 में जल नीति बनी थी। नई नीति में पहली बार जलवायु के खतरे एवं जल सुरक्षा की चर्चा करते हुए अगले 3–4 दशकों के लिए व्यापक दृष्टिकोण का खाका बनाया गया है। इसमें माँग अनुरूप जल उपलब्धता बनाये रखने व जल भंडारण, कृषि के लिए जल उपलब्धता पर बल दिया गया है। इस नीति के तहत सभी राज्यों में जल नियामक प्राधिकरण के गठन के प्रावधान सहित सरकारी भवनों पर वर्षा जल संरक्षण और स्थानीय जलापूर्ति पर जोर दिया गया है।

खेत तालाब योजना

खेत तालाब योजना के द्वारा किसानों को लाभ पहुँचाने के साथ ही जल संरक्षण की दिशा में भी कार्य किया जा रहा है। किसान स्वेच्छा से तालाब के 3 मॉडलों में से एक का चयन कर सकता है। सभी वर्गों के किसानों को लागत का 50 प्रतिशत अनुदान दिया जाता है, जिसकी अधिकतम सीमा 16 हजार 350 रुपये है। खेत, तालाब, वर्षा का जल रोककर उसे सिंचाई में उपयोग के लिए अधिक उपयोगी सिद्ध हुआ है। पहले वर्षा का जल बेकार बह जाता था। एक तालाब से अधिक बड़े क्षेत्र में जल की सुविधा हो जाती है।

नमामि गंगे परियोजना

प्रदूषण की मार से छटपटा रही राष्ट्रीय नदी गंगा को स्वच्छ एवं संरक्षित करने के उद्‌देश्य से नमामि गंगे परियोजना के रूप में एक अभिनव पहल की गई है। 13 मई 2015 को प्रधानमंत्री नरेन्द्र मोदी की अध्यक्षता में संपन्न केन्द्रीय मंत्रीमंडल की बैठक में केन्द्र सरकार के महत्वाकांक्षी फ्लैगशिप कार्यक्रम 'नमामि गंगे' को स्वीकृति प्रदान की गई थी। इस एकीकृत गंगा संरक्षण मिशन का उद्‌देश्य गंगा नदी को स्वच्छ और संरक्षित करने संबंधी प्रयासों को व्यापक रूप से समेकित करना है। यह कार्यक्रम राष्ट्रीय गंगा नदी बेसिन प्राधिकरण के तहत क्रियान्वित होगा। नमामि गंगे कार्यक्रम से सामाजिक–आर्थिक लाभ होंगे। इसके फलस्वरूप नदी पर निर्भर वृहद जनसंख्या के स्वास्थ्य लाभ के साथ आजीविका स्तर में सुधार और रोजगार सृजन की भी प्रत्याशा है।

प्रधानमंत्री कृषि सिंचाई योजना

प्रधानमंत्री कृषि सिंचाई योजना का लक्ष्य सिंचित क्षेत्र का क्षेत्रफल बढ़ाकर हर खेत को पानी पहुँचाना और जल के प्रयोग की कुशलता में वृद्धि करते हुए प्रति बूँद अधिक फसल प्राप्त करना है। इस लक्ष्य को स्रोत निर्माण, वितरण, प्रबंधन, कार्यान्वयन और विस्तार गतिविधियों पर समग्रता के साथ ध्यान केन्द्रित कर प्राप्त किया जाना है। यह योजना जल संसाधन, नदी विकास और गंगा संरक्षण मंत्रालय के त्वरित सिंचाई लाभ कार्यक्रम, भूमि संसाधन विभाग के समेकित जलागम प्रबंधन कार्यक्रम तथा कृषि और सहकारिता विभाग के खेत जल प्रबंधन कार्यक्रम जैसे कार्यक्रमों को मिलाकर तैयार की गई है। इस योजना को कृषि, जल संसाधन और ग्रामीण विकास मंत्रालय लागू करेंगे। कृषि मंत्रालय ड्रिप, स्प्रिंकलर, पाइवोट और रेनगन जैसे जल प्रवाह और जल के अधिक कुशल प्रयोग के उपकरणों को बढ़ावा देगा। जल संसाधन, नदी विकास और गंगा संरक्षण मंत्रालय को जल के वितरण की प्रणालियों के विकास समेत सुनिश्चित सिंचाई स्रोतों, विपथन नहरों, फील्ड चैनलों तथा जल विपथन (लिफ्ट) सिंचाई से संबंधित विभिन्न कदम उठाने है। ग्रामीण विकास मंत्रालय को मुख्यतः वर्षा जल संरक्षण तथा खेतों में पोखर, वॉटर हार्वेस्टिंग संरचनाओं, छोटे रोक बांधों और परिरेख बांधों के निर्माण से संबंधित काम करना है। इस योजना में केन्द्र 75 प्रतिशत अनुदान देगा और 25 प्रतिशत खर्च राज्यों के जिम्मे होगा। पूर्वोत्तर क्षेत्र और पर्वतीय राज्यों में केन्द्र का अनुदान 90 प्रतिशत तक होगा।

प्रारम्भः 1 जुलाई, 2015

लक्ष्यः उचित प्रौद्योगिकियों एवं पद्धतियों के माध्यम से जल का दक्ष उपयोग एवं क्षेत्रीय स्तर पर सिंचाई में निवेश में एकरूपता लाना।

भारतीय किसानों की आय 2022 तक दोगुनी करने हेतु प्रधानमंत्री की सात सूत्री कार्ययोजना का पहला सूत्र प्रति बूँद अधिक फसल के उद्देश्य को लेकर बड़े पैमाने पर निवेश के साथ सिंचाई पर ध्यान देना है। प्रधानमंत्री कृषि सिंचाई योजना का फोकस चार बिंदुओं पर है–

- संवर्द्धित सिंचाई लाभ कार्यक्रम।
- हर खेत को पानी।
- प्रति बूंद अधिक फसल।
- जल संभरण विकास।

अगर इस योजना के द्वारा सिंचाई सुविधाओं को हर किसान तक पहुँचा दिया जाएगा तो बड़े पैमाने पर एक फसली भूमि में दो फसले लेना संभव है और उसके चलते किसानों की आय और कृषि उत्पादन में बड़ा लाभ संभव है।

देश में राष्ट्रीय जल मिशन के तहत भी इसके 5 प्रमुख उद्देश्य निर्धारित किए गए हैं –

- जलवायु परिवर्तन के जलीय स्रोतों पर पड़ने वाले प्रभाव का आकलन। जलीय आंकड़ों का डेटाबेस तैयार करना।
- जल संरक्षण के लिए व्यक्ति, राज्य को प्रोत्साहित करना।
- जल का अत्यधिक दोहन करने वाले क्षेत्रों की पहचान करना।
- जल के उपयोग की क्षमता को वर्तमान के 40 प्रतिशत से बढ़ाकर 60 प्रतिशत करना।
- बेसिन लेवल पर एकीकृत जलीय स्रोत प्रबंधन को प्रोत्साहन देना।

❑❑❑

अध्याय 24

भारत में जल संबंधित समस्याओं पर कार्यकारणी सरकारी संस्थाएँ

1. केन्द्रीय भूमि जल बोर्ड, जल संसाधन मंत्रालय, भारत सरकार, भूजल भवन, एन.एच.—चतुर्थ, फरीदाबाद—121001

वर्ष 1954 में गठित समन्वेशी नलकूप संगठन ने पुनः नामकरण के पश्चात 3 अक्टूबर, 1970 को केन्द्रीय भूमि जल बोर्ड (सीजीडब्ल्यूबी) अस्तित्व में आया। यह बहु संकाय वैज्ञानिक संगठन है। जिसमें भूजलवैज्ञानिक, भूभौतिज्ञ, रसायन, जलविज्ञानी, जल मौसम विज्ञानी एवं अभियंता शामिल है। केन्द्रीय भूमि जल बोर्ड एक राष्ट्रीय शीर्ष संगठन है, जो भूमिगत जल संसाधनों के वैज्ञानिक प्रबंधन, अनुसंधान तथा विकास के सम्बद्ध विषयों पर कार्यवाही करता है। इसका मुख्यालय फरीदाबाद, हरियाणा में है। वेबसाइटः cgwb.gov.in

अधिदेश

प्रौद्योगिकी का विकास एवं प्रचार—प्रसार करना तथा आर्थिक एवं पारिस्थतिकी कुशलता और औचित्य के सिद्धांतों के आधार पर भारत के भूजल संसाधन के अन्वेषण, आंकलन, संवर्धन, प्रदूषण से सुरक्षा तथा वितरण सहित इसके वैज्ञानिक एवं सतत विकास और प्रबंधन के लिए राष्ट्रीय नीतियों की निगरानी एवं कार्यान्वयन करना।

भविष्य दृष्टि

देश के भूजल संसाधनों का सतत विकास एवं प्रबंधन।

मिशन (उपेपवद)

- देश के भूजल संसाधनों के प्रभावी उपयोग को सक्षम बनाने और उनकी निगरानी के लिए सभी हितधारकों की सक्रिय सहभागिता के साथ भूजल नीतियों, कार्यक्रमों एवं पद्धतियों का विकास की निगरानी करना।

- भू–जल उपयोग की क्षमता में निरन्तर वृद्धि के लिए वैज्ञानिक प्रणालियों एवं पद्धतियों का उपयोग करना
- जानकारी, सूचना, कौशल एवं ज्ञान का प्रचार–प्रसार करना, जिससे भूजल के क्षेत्र में क्षमता निर्माण और जागरूकता वृद्धि में सहायता मिलेगी।

उद्देश्य

- जलभृत प्रबंधन योजना विकसित करने के उद्देश्य से जलभृत प्रणालियों के रूपरेखण एवं विन्यास के लिये जलभृत्ता मैपिंग।
- काल श्रेणी आंकड़ा बेस के सृजन के लिये भूजल प्रवृत्ति की आवधिक दीर्घवधि मौनिटरिंग।
- प्रशिक्षण, सूचना के प्रचार–प्रसार, शिक्षा एवं जागरूकता के माध्यम से भूजल विकास एवं प्रबंधन के सभी पहलुओं में क्षमता का निर्माण।
- कृत्रिम पुनर्भरण एवं वर्षा जल संचयन के माध्यम से भूजल की स्थायित्वता में वृद्धि करना।
- राज्य सरकारी संगठनों के समन्वय से भूजल विकास एवं भूजल संसाधनों के सतत् प्रबंधन का नियमन।
- भूजल गुणवत्ता सुधार के क्षेत्र में अनुसंधान एवं विकास कार्यक्रमों को बढ़ावा देना।
- भूजल से संबंधित मामलों में रक्षा एवं सरकारी संगठनों को तकनीकी सहायता।

2. भा.कृ.अनु.प.–सीबा–केन्द्रीय खारा जलजीव पालन अनुसंधान संस्थान, 75 संथोरम हाई रोड, राजा अण्णामलैपुरम, चैन्नई–600028

केन्द्रीय खारा जलजीव पालन अनुसंधान संस्थान–सीबा की स्थापना अप्रैल 1987 में भा.कृ.अनु.प. के द्वारा खारा जलजीव पालन एवं जलकृषि के विकास के लिए किया गया।

संस्थान के लक्ष्य

1. खारा जल में पंख मछली तथा झींगा के लिए लाभप्रद व्यावहारित पर टिकाऊ तकनीक के संवर्धन हेतु अनुसंधान करना।
2. एक प्रणालीबद्ध डाटाबेस के साथ खारा जल मात्स्यिकी संसाधन सूचना की एक रिपाजिट्र के रूप में कार्य करना।

3. प्रशिक्षण तथा शिक्षा कार्यक्रमों के माध्यम से प्रौद्योगिकी हस्तांतरण करना।
4. परामर्श सेवाएँ प्रदान करना।

3. केन्द्रीय जल आयोग

के.ज.अ. जल के क्षेत्र में भारत का एक प्रमुख तकनीकी संगठन है और वर्तमान में यह जल संसाधन, नदी विकास और गंगा संरक्षण मंत्रालय, भारत सरकार के एक संबद्ध कार्यालय के रूप में कार्य कर रहा है। आयोग को बाढ़ नियंत्रण, सिंचाई, नौवहन, पेयजल आपूर्ति और जल विद्युत विकास के प्रयोजनार्थ देश भर में जल संसाधनों के नियंत्रण, संरक्षण और प्रयोग हेतु स्कीमों को राज्य सरकारों के परामर्श से शुरू करने/समन्वित करने, उनके समन्वय और आगे बढ़ाने का सामान्य दायित्व सौंपा गया है। यह आयोग आवश्यकतानुसार ऐसी किसी भी स्कीम की जांच, निर्माण और कार्यान्वयन भी करता है (चित्रः 1)।

के.ज.आ. के प्रमुख 'अध्यक्ष, के.ज.आ.' हैं, जो भारत सरकार के पदेन सचिव के समकक्ष पद है। आयोग के कार्यों को तीन स्कंधों नामतः अभिकल्प एवं अनुसंधान (डी एंड आर) स्कंध, जल आयोजना परियोजना (डब्ल्यूपी एंड पी) स्कंध, नदी प्रबंध (आरएम) स्कंध में बांटा गया है। प्रत्येक स्कंध का प्रभार पूर्णकालिक सदस्य, जो भारत सरकार के पदेन अपर सचिव के समकक्ष अधिकारी हैं, को दिया गया है और ये संगठन अपने-अपने कार्य क्षेत्रों में आने वाले कार्यों तथा कर्तव्य के निपटान के लिए उत्तरदायी हैं।

चित्रः 1 केन्द्रीय जल आयोग

के.ज.आ. के मानव संसाधन प्रबंध अथवा विकास, वित्तीय प्रबंधन, प्रशिक्षण और प्रशासनिक मामलों को निपटाने के लिए मुख्य अभियंता की अध्यक्षता में एक पृथक रूप से मानव संसाधन प्रबंध इकाई बनाई गई है। पुणे में स्थित राष्ट्रीय जल अकादमी को सेवारत

केन्द्रीय और राज्य इंजीनियर्स को प्रशिक्षण प्रदान करने का दायित्व सौंपा गया है और यह सीधे तौर से अध्यक्ष के मार्गदर्शन में कार्य करती है। कुल मिलाकर नई दिल्ली के मुख्यालय में 19 संगठन स्थित हैं और 13 संगठन भारत के विभिन्न स्थानों पर फैले हुए हैं।

मिशनः अत्यधिक प्रौद्योगिकी और क्षमता तथा सभी पणधारकों को समन्वित करते हुए भारत के जल संसाधनो के समेकित और सतत् विकास और प्रबंधन को बढ़ावा देना।

4. भा.कृ.अनु.प.–भारतीय मृदा एवं जल संरक्षण संस्थान, देहरादून (उत्तराखण्ड)

इस संस्थान की स्थापना 1 अप्रैल 1974 को की गई थी।

अधिदेश

1. देश के विभिन्न कृषि पारिथतिक क्षेत्रों में भू–क्षरण के प्रबंधन और प्राथमिक उत्पाद व्यवस्था में अवक्रमित भूमि के पुनर्वास के लिए अनुसंधान।
2. मृदा एवं जल संरक्षण के क्षेत्र में स्थान विशिष्ट प्रौद्योगिकियों के विकास के लिए अनुसंधान संजाल का समन्वय।
3. मृदा एवं जल संरक्षण और वॉटरशेड प्रबंधन में अनुसंधान की विधियों और अद्यतन प्रौद्योगिकी में प्रशिक्षण।

5. भा.कृ.अनु.प.–भारतीय जल प्रबंधन संस्थान, भुवनेश्वर (ओडिशा)

इस संस्थान की स्थापना 12 मई 1988 को हुई थी। पूर्व में इसका नाम जल प्रौद्योगिकी केन्द्र, निदेशालय था। जिसका लक्ष्य पूर्वी क्षेत्रों में जल प्रबंधन पर अनुसंधान और विकास की आवश्यकता को पूरा करना था।

ICAR-IIWM

अधिदेश

टिकाऊ उत्पादकता के लिए खेती में स्थान विशिष्ट प्रौद्योगिकी हेतु जल संसाधनों के कुशल प्रबंधन के लिए अनुसंधान समन्वय तथा कृषि जल प्रबंधन में प्रशिक्षण देना।

विजन

बेहतर कृषि उत्पादकता और आजीविका के लिए जल प्रबंधन प्रौद्योगिकियों का सतत् विकास

मिशन

स्थायी विकास को प्राप्त करने के लिए संस्थागत संबंधों में बुनियादी ढांचागत समर्थन और क्षमता निर्माण के साथ जल प्रबंधन के विषय पर रणनीतिक अनुसंधान।

6. भा.कृ.अनु.प.—जल प्रौद्योगिकी केन्द्र—भा.कृ.अनु.सं., नई दिल्ली

जल प्रौद्योगिकी केन्द्र की स्थापना 1969 में कैलिफोर्निया विश्वविद्यालय, डेविस, भा. कृ.अनु.प. तथा फोर्ड फाउंडेशन की आंशिक वित्तीय सहायता से हुई थी। इस केन्द्र में जल संसाधनों के क्षेत्र में अनुसंधान शिक्षा प्रसार एवं प्रशिक्षण की एक अंतरविषय सुविधा है। यह केन्द्र एक अनूठे संगठन के रूप में उभरा है जिसमें फार्म स्तर पर जल प्रबंधन पर केन्द्रित व्यापक क्रिया कलाप संचालित किए जाते हैं। बड़े पैमाने पर सिंचाई कमानों और जल संभरों की समस्याओं के हल ढूँढ़े जाते हैं। यह केन्द्र जल प्रबंधन से संबंधित विभिन्न पहलुओं पर राज्य और राष्ट्रीय स्तर के विभिन्न किसानों को, नीति निर्माताओं और प्रशासकों को मार्गदर्शन प्रदान करता है। केन्द्र में कृषि से संबंधित जल पर विभिन्न पणधारकों (स्टोकहोल्डर्स) को परामर्शदायी सेवाएं उपलब्ध कराई जाती हैं। अखिल भारतीय समेकित कृषि जल निकासी पर अनुसंधान परियोजना भी इसी केन्द्र में स्थित है। अपने आरंभिक वर्षो में इस केन्द्र का मुख्य बल जल प्रबंधन के लिए खेत आधारित प्रौद्योगिकियों को विकसित करने पर था। वर्ष 1974 में कमान क्षेत्र विकास कार्यक्रम के आरम्भ होने पर अनुसंधान में विस्तार हुआ और इसमें जल वितरण के लिए वैज्ञानिक दिशानिर्देशों के विकास तथा सिंचाई परियोजना क्षेत्रों के प्रबंधन जैसे विषयों को भी सम्मिलित किया गया। बड़ी सिंचाई परियोजनाओं में जल प्रबंधन से प्रथम अनुभव विभिन्न सिंचाई कमान क्षेत्रों में चलाए गए, अनुसंधान एवं आउटरीच कार्यक्रमों के माध्यम से प्राप्त किया गया। फलदायक एवं पारम्परिक लाभ से संबंधित ज्ञान व अनुभवों से सोन, नागार्जुन सागर, शारदा सहायक और माही कमान क्षेत्रों के साथ बांटा गया और इसके अतिरिक्त इन अनुभवों को बढ़ी संख्या में किसानों, खेती सहकारिताओं, रोपण से संबंधित प्राधिकारियों, नदी घाटी तथा अन्य संगठनों के साथ भी बांटा गया।

यह देश का प्रथम ऐसा केन्द्र है जिसमें कमान क्षेत्र विकास प्राधिकरणों तथा सिंचाई विभागों, केन्द्रीय जल आयोग, राज्य कृषि विश्वविद्यालयों एवं देश के विभिन्न राज्यों के मृदा संरक्षण विभागों के वरिष्ठ मध्यम स्तर के एवं कनिष्ठ स्तर के प्रशासनिक एवं तकनीकी कार्मिकों को प्रशिक्षण प्रदान करने का उत्तरदायित्व सौपा गया हैं, और साथ ही यहाँ पर जल प्रबंधन के अंतर विषयी विभिन्न पहलुओं पर विदेशों से प्रायोजित प्रत्याशियों को भी तीन दिन से 6 माह की अवधि तक नवीन युक्तियों से संबंधित विभिन्न प्रकार के प्रशिक्षण प्रदान किए जाते है। इस केन्द्र को भारत सरकार के कृषि एवं किसान मंत्रालय के कृषि एवं सहकारिता विभाग के विस्तार निदेशालय द्वारा जल प्रबंधन में उत्कृष्टता के केन्द्र के रूप में मान्यता प्रदान की गई है। भा.कृ.अनु.सं. की विद्वत परिषद ने 1996 में यहाँ जल एवं प्रौद्योगिकी पर स्नातकोत्तर पाठ्यक्रम की शुरुआत की। इस केन्द्र के अधिदेश निम्नलिखित है –

- ऐसे फसल जल प्रबंधन के सभी पहलुओं पर अखिल भारतीय स्तर पर मौलिक व व्यावहारिक अनुसंधान करना जिससे सिंचित व बारानी में अधिकतम फसलोत्पादन के लिए जल एवं भूमि संसाधन के कारगर उपयोग की विधियाँ विकसित की जा सकें।
- राज्य कृषि विश्व–विद्यालयों, केन्द्रीय व राज्य विभागों तथा अन्य संगठनों के शिक्षण अनुसंधान एवं प्रसार कार्य से जुड़े व्यवसायविदों के लिए विभिन्न स्तरों और स्थानों पर जल प्रबंधन के सभी पहलुओं पर अनुदेश उपलब्ध करना।
- विभिन्न संगठनों तथा जल प्रबंधन अनुसंधान शिक्षण तथा प्रसार के लिए कार्यरत विभिन्न संस्थानों व एजेंसियों और कृषि विश्वविद्यालयों के साथ सम्पर्क व सहयोग करना।
- उपयुक्त प्रकाशनों के माध्यम से तथा संगोष्ठियाँ, सिम्पोजियम, सम्मेलनों व कार्यशालाओं का समय–समय पर आयोजन करके फसल जल प्रबंधन तथा उससे जुड़े विषयों अनुसंधान तकनीकों व अनुसंधान निष्कर्षों की स्थिति पर सूचना के पारस्परिक आदान–प्रदान की सुविधा प्रदान करना।
- भारतीय कृषि अनुसंधान परिषद के विभिन्न संस्थानों, राज्य कृषि विश्वविद्यालयों, सिंचाई विभागों, कृषि वितरण एवं अन्य संबंधित एजेंसियों के कर्मियों की व्यावसायिक क्षमता को सुधारने में उनकी सहायता करना।

7. केन्द्रीय जल एवं विद्युत अनुसंधान शाला, पुणे

यह संस्थान, जल संसाधन मंत्रालय का एक अधीनस्थ कार्यालय है जिसकी स्थापना 1916 में हुई थी। जो आज जलीय और संबंधित अनुसंधान के क्षेत्र में प्रमुख अनुसंधान एवं

विकास संगठन है। यह संस्थान, नदी, तटीय, जल भंडारण व वाहक जलीय संरचनाओं के अभिकल्पों के इष्टमीकरण हेतु विशिष्ट अनुसंधान एवं विकास अध्ययनों को योजनाबद्ध विधियों से करता है।

अनुसंधान के मुख्य क्षेत्र: नदी अभियांत्रिकी, नदी तथा जलाशय प्रणाली प्रतिमानन, जलाशय तथा संबंधित संरचनाएँ, तटीय तथा तट दूर इंजीनियरी आदि है।

8. राष्ट्रीय जल विकास अभिकरण, 18–20, सामुदायिक केन्द्र, साकेत, नई दिल्ली

राष्ट्रीय परिप्रेक्ष्य योजना के प्रस्तावों की संभाव्यता का अध्ययन करने के लिये भारत सरकार के संकल्प द्वारा जुलाई, 1982 में जल संसाधन मंत्रालय के अधीन स्वायत्त सोसाइटी के रूप में राष्ट्रीय विकास अभिकरण की स्थापना की गई। इसको पूर्ण वित्तीय निवेश भारत सरकार द्वारा प्राप्त होता है। राष्ट्रीय जल विकास अभिकरण समग्र राष्ट्रीय हित में विभिन्न उपयोगों के लिए जल संसाधनों के इष्टतम उपयोग तथा वैज्ञानिक विकास के लिए इतने बड़े पैमाने पर अध्ययन करने वाला अपनी तरह का पहला संगठन है। समय–समय पर संशोधित राष्ट्रीय जल विकास अभिकरण के कार्य है –

- तत्कालीन सिंचाई मंत्रालय (अब जल संसाधन, जल और गंगा संरक्षण मंत्रालय) और केन्द्रीय जल आयोग द्वारा तैयार प्रायद्वीपीय नदी विकास और हिमालय नदी विकास घटकों के प्रस्ताव जो जल संसाधन विकास हेतु राष्ट्रीय परिप्रेक्ष्य योजना का भाग है, की व्यवहार्यता के लिए संभव जलाशय स्थलों तथा परस्पर जोड़ने वाले सम्पर्को के संबंध में व्यापक सर्वेक्षण और अन्वेषण करना।
- विभिन्न प्रायद्वीपीय नदी प्रणालियों तथा हिमालय नदी प्रणालियों में जल की मात्रा जिसे बेसिन/राज्यों की समुचित आवश्यकता को पूरा कर लेने के बाद निकट भविष्य में अन्य बेसिन/राज्यों में अंतरित किया जा सकता है, के संबंध में व्यापक अध्ययन करना।
- प्रायद्वीपीय नदी विकास और हिमालयी नदी विकास से जुड़ी योजना के विभिन्न घटकों की व्यवहार्यता रिपोर्ट तैयार करना।
- **वेबसाइट:** www.nwda.gov.in

9. सिंचाई अनुसंधान संस्थान, रुड़की, हरिद्वार (उत्तराखंड)

वर्ष 1928 में उत्तर प्रदेश सिंचाई विभाग के तत्वावधान में एक छोटी अनुसंधान इकाई के रूप में अनुसंधान और विकास कार्य करने के लिए सिंचाई अनुसंधान संस्थान,

आईआरआई की स्थापना की गई थी और 1945 में गतिविधियों का विस्तार किया गया था। रुड़की की अनुसंधान इकाई 1954 में एक पूर्ण विकसित संस्थान बन गया और अब यह भारत में कई जलविद्युत और जल संस्थान परियोजनाओं के लिए अनुसंधान और विकास गतिविधियों में व्यस्त है। वर्तमान में सिंचाई अनुसंधान संस्थान, रुड़की, जल संसाधन, जल विद्युत एवं अन्य संरचनाओं पर योजना एवं क्रियान्वयन से संबन्धित कार्य कर रहा है। विभाग द्वारा मुख्य निम्नलिखित कार्य किये जा रहे है

- निर्माणाधीन नहरों, लिफ्ट नहरों और नलकूपों से किसानों को सिंचाई की सुविधा उपलब्ध कराना।
- लोगों की सम्पत्ति एवं कृषि भूमि कटाव से सुरक्षा।
- जल संसाधन एवं जलविद्युत संरचनाओं से संबंधित अनुसंधान कार्य।
- जल संसाधन एवं जलविद्युत परियोजनाओं के लिए हाइड्रो–मैकेनिकल निर्माण कार्य।
- सभी अभियंत्रण विभागों के अभियंताओं को प्रशिक्षण उपलब्ध कराना।
- बुनियादी ढांचा परियोजनाओं का निर्माण।

❑❑❑

अध्याय 25

जल संरक्षण पर 21 सर्वश्रेष्ठ नारेः सहभागितापूर्ण सार्वजनिक जल संरक्षण अभियान

जल हमारे ग्रह पृथ्वी पर एक आवश्यक संसाधन है। इसके बिना जीवन की कल्पना भी नहीं की जा सकती है। यही कारण है कि खगोलविद् पृथ्वी या किसी अन्य ग्रह पर जीवन की खोज करते समय पहले इस बात की जाँच करते हैं कि ग्रह पर जल उपलब्ध है कि नहीं। 'जल है तो जीवन है', हम यह बात बचपन से ही सुनते आ रहे हैं लेकिन बहुत कम ही लोग ऐसे होते हैं जो इस बात को समझ पाते हैं कि जल हमारे जीवन के लिए कितना महत्वपूर्ण है। जल के महत्वपूर्ण स्थान का तब पता चलता है जब जल की बहुत कमी होती है। जल जो न होता तो संसार समाप्त हो जाता, जैसी उक्तियों के द्वारा हम जल के महत्त्व को ही स्वीकारते हैं। लोगों को जल संरक्षण के प्रति जागरूक करने के लिए सम्पूर्ण विश्व में प्रतिवर्ष 22 मार्च को जल दिवस भी मनाया जाता है। इसका मुख्य उद्देश्य लोगों को जल संरक्षण हेतु जागरूक करना होता है। हमें जल की कीमत को पहचान कर जल को संरक्षित करना चाहिए और जल का कम उपयोग करना चाहिए (चित्रः 1)।

चित्र 1: जल बचत पर नारे.

भारत के लिए जल का कितना महत्व है, यह हम इसी बात से जान सकते हैं कि हमारी भाषा में जल के कितने अधिक मुहावरे हैं। अगर हम इसी तरह विकास के कारण अपने जल संसाधनों को नष्ट करते रहे तो वह दिन दूर नही, जब सारा जल हमारी आँखों के सामने बह जाएगा और हम कुछ नहीं कर पाएंगे। भारतीय परिदृश्य में ऐसा नहीं है कि जल की समस्या से हम जीत नहीं सकते। अगर सही ढंग से जल का संरक्षण किया जाए और जितना हो सके, जल को नष्ट करने से रोका जाए तो समस्या का समाधान बेहद आसान हो जाएगा। लेकिन इसके लिए आवश्यकता है, जागरूकता की। एक ऐसी जागरूकता की, जिसमें छोटे से छोटे बच्चे से लेकर बड़े–बूढ़े भी जल को बचाना अपना धर्म समझें। प्रकृति के खजाने से हम जितना जल लेते हैं, उसे वापस भी हमें ही लौटाना है। हम स्वयं जल का निर्माण नहीं कर सकते, अतः प्राकृतिक संसाधनों को दूषित न होने दें और जल को व्यर्थ व गवाएँ, यह प्रण लेना बहुत आवश्यक है। जल संरक्षण पर प्रमुख नारे निम्नलिखित है, जैसे;

क्रमांक	हिन्दी में नारा	चित्र	Slogans
1.	पानी की रक्षा है देश की सुरक्षा।		Pani ki Raksha hai Desh ki Raksha.
2.	पानी है जीवन की आस पानी को बचाने का करो प्रयास 		Pani hai jeevan ki aas, Pani ko bachane ka karo pryash.
3.	पानी बिना जग है सूना पानी बचाओगे जब आप दोगुना।	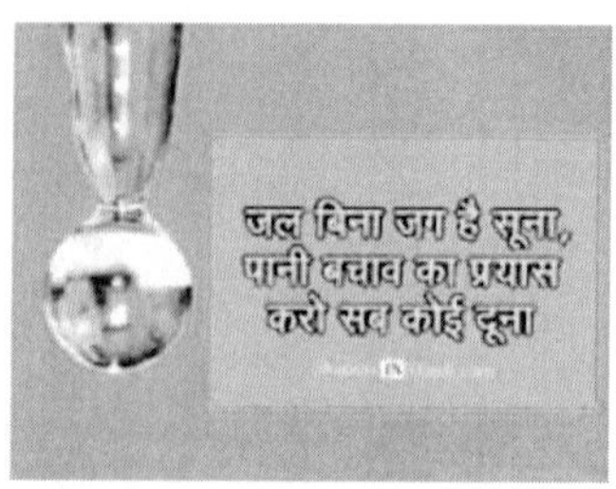	Pani bina jag hai suna, pani bachaoge jab aap doguna.
4.	बिना पानी जीवन बदहाली, पानी से हरियाली।	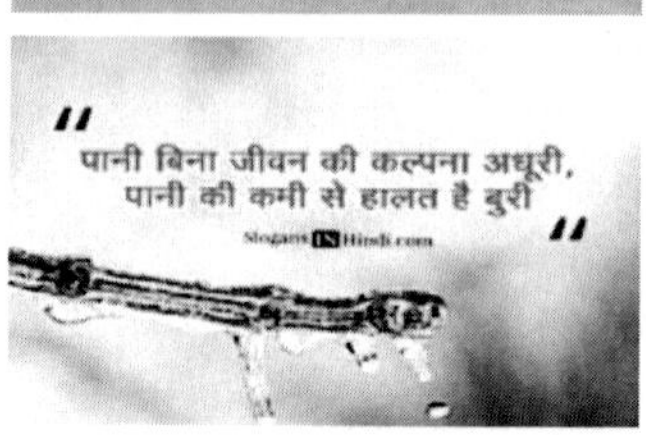	Bina pani jeevan badhali, Pani se hai Hariyali.

5. बूँद–बूँद से भरती गागर, गागरों से बनता है महासागर।

Bund - Bund se bharti hai Gagar, gagro se banta hai mahasagar.

6. पानी = जीवन, संरक्षण = भविष्य

Water = Life, Conservation = Future

7. जल है असली सोना, इसे नहीं है कभी खोना।

Jal hai asli Sona, Ise nahi hai kabhi khona.

8. भविष्य को सुरक्षित बनाना है तो जल बचाएँ।

Bhavishy ko Surkshit banana hai To jal bachaye.

9. जल है तो हम है और जल है तो कल है।

Jal hai to hum hai aur Jal hai to Kal hai.

10. जल बचाएं और अपना कल बचाएं।

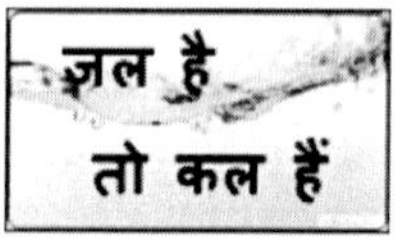

Jal bachaye aur Kal Bachaye.

11. पानी को बचाकर रखिये, जीने का सलीका सीखिए।

Pani ko bachakar Rakhiye, Jine ka Salikha Seekhiye.

12. पानी सबकी प्यास बुझाता, किसान इससे फसल उगाता।

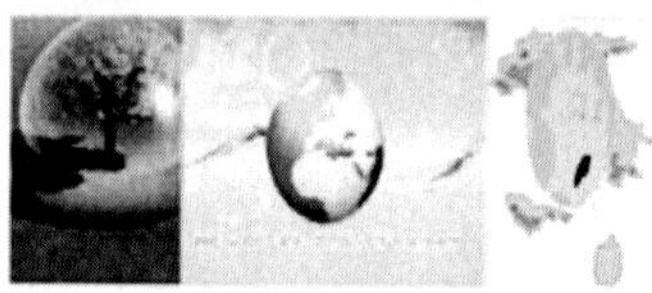

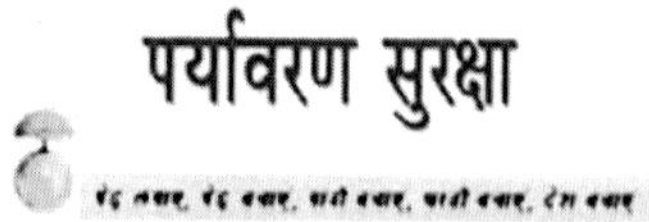

Pani sabki pyas bujhata, Kisaan isse Fasal ugata.

13. पानी का सदुपयोग करो, इसका ना दुरुपयोग करो।

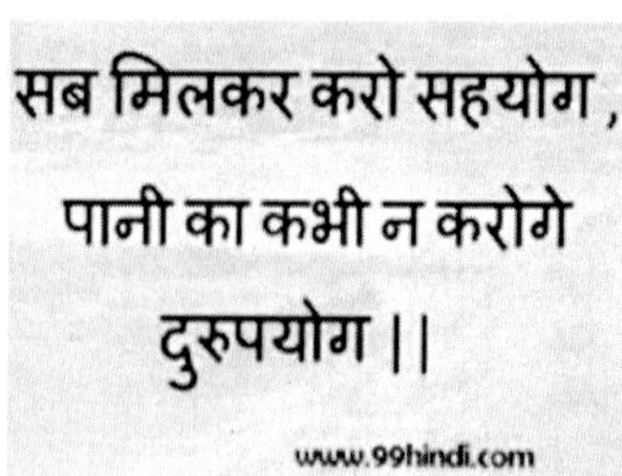

Pani Ka Sadupyog, Iska na Durupyog karo.

14. आप प्यासे रह जाओगे, अगर पानी नहीं बचाओगे।

Aap Pyase rah jaoge, Agar pani nahi bachaoge

15. पानी का हमेशा करो मान, तभी बनेगा देश महान।

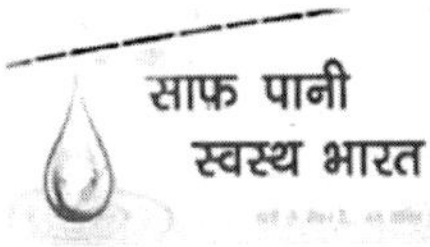

Pani ka hamesha karo maan, Tabhi banega desh mahan.

16. पानी को बचाओगे, अपने जीवन को बचाओगे।

Pani ko bachaoge, apne jivan ko bachaoge

17. जल बचाने का करो जतन, जीवन का है अमूल्य रत्न

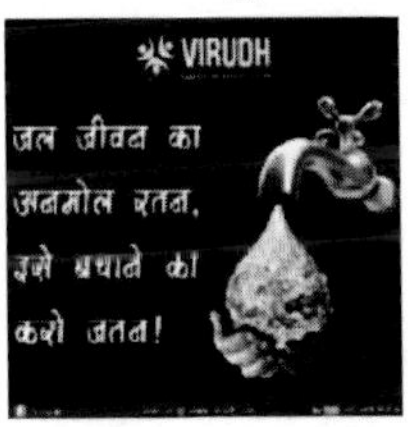

Jal bachane ka karo jatan, jeevan ka hai amuly ratn.

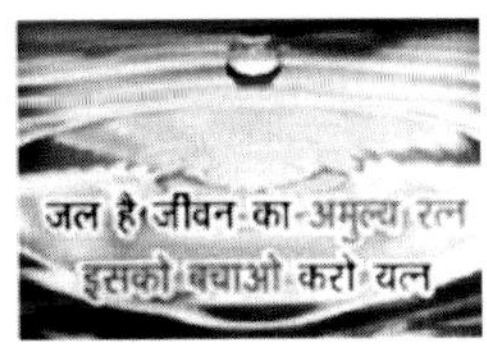

18. स्वस्थ रहना है तो योग करो, पानी का सदुपयोग करो।

Svsth rahna hai to yoga karo, Pani ka sadupyog karo.

19. जब पानी को बचाएगा तभी समझदार कहलायेगा।

Jab pani ko bachayega tabhi samjhdar kahlayega.

20.	जब जल रहेगा तभी तो हमारा कल रहेगा। 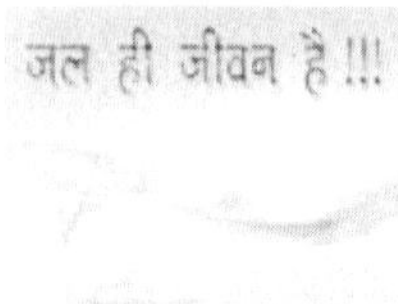	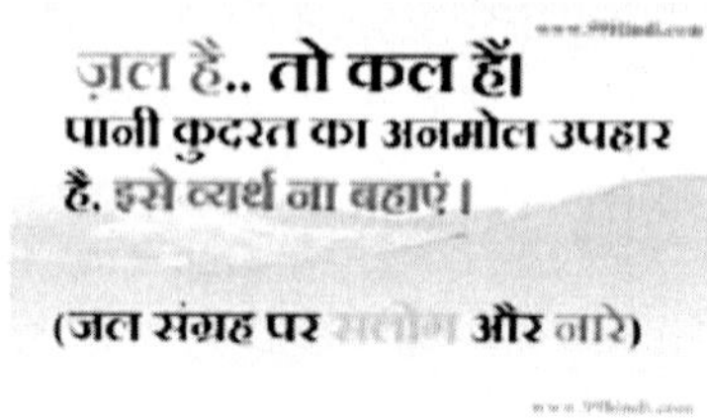	Jab Jal Rahega Tabhi to Hamara Kal Rahega.
21.	हर बच्चा बुड्ढा और जवान पानी को बचाकर बने महान।	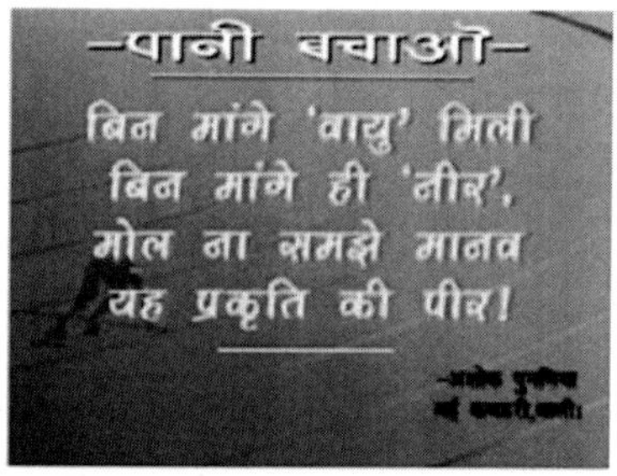	Har bachah, Buddha aur javan, Pani ko bachakar bane Mahan.

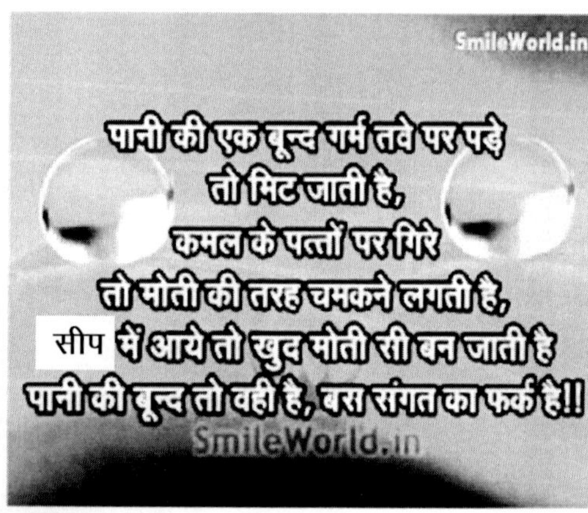

पानी पीने का सही वक्त

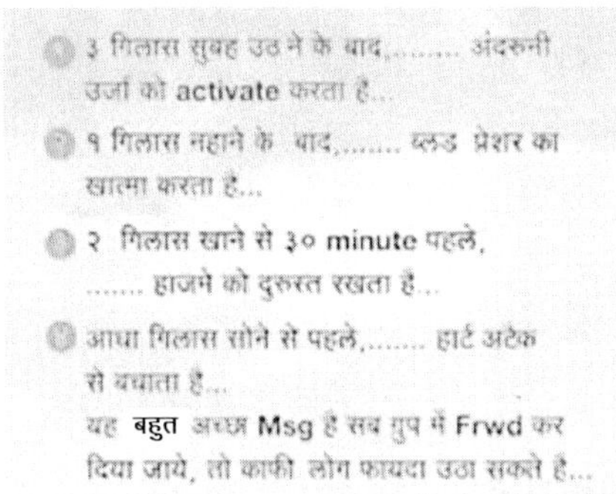
३ गिलास सुबह उठने के बाद,........ अंदरुनी उर्जा को activate करता है...
१ गिलास नहाने के बाद,....... ब्लड प्रेशर का खात्मा करता है...
२ गिलास खाने से ३० minute पहले, ... हाजमे को दुरुस्त रखता है...
आधा गिलास सोने से पहले,........ हार्ट अटैक से बचाता है...
यह बहुत अच्छा Msg है सब ग्रुप में Frwd कर दिया जाये, तो काफी लोग फायदा उठा सकते है...

पानी का नहीं कोई सानी

जल ही जीवन है
जल धरती का अमृत है
SlogansINHindi.com

पानी बिना आदमी का सूना है जीवन
जल अनमोल है जल ही है जीवन
SlogansINHindi.com

जल ही जीवन है

Save Water
जल ही जीवन है

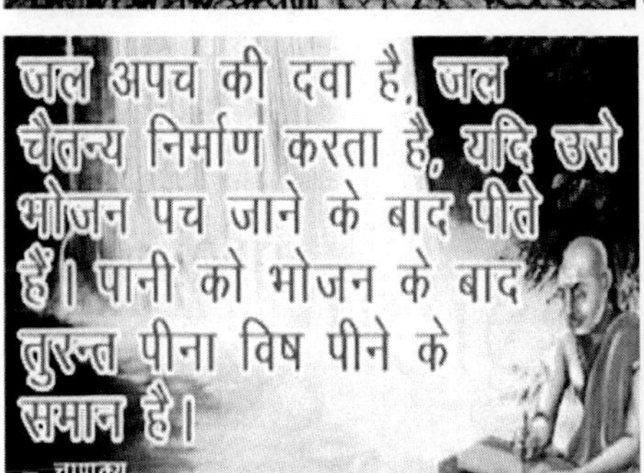
जल अपच की दवा है, जल चैतन्य निर्माण करता है, यदि उसे भोजन पच जाने के बाद पीते हैं। पानी को भोजन के बाद तुरन्त पीना विष पीने के समान है।
– चाणक्य

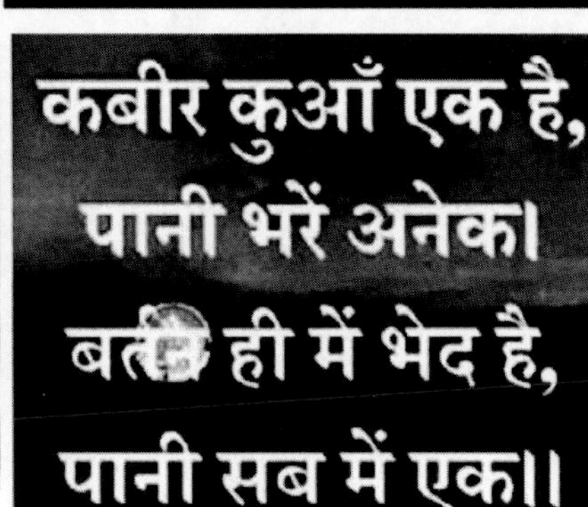
कबीर कुआँ एक है,
पानी भरें अनेक।
ही में भेद है,
पानी सब में एक।।

रहिमन पानी राखिये बिन पानी सब सून।

पानी गये ना ऊबरे मोती मानुष चून।

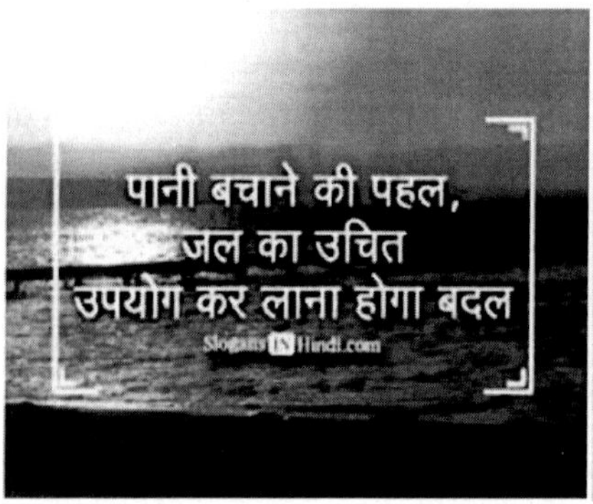

पानी है अमूल्य,
पानी बचाने मे
आपका सहयोग होगा बहुमूल्य ||
SlogansINHindi.com

SmileWorld
जल को बचाएं
कल अपना सजाए!
सब को ये बताएं
पानी न व्यर्थ बहायें!

बादलों से नल के लिए
वर्षा का पानी पकडो
अपने पानी की समस्याओं को हल करो

जब तक जीव है जगत में
तब तक जग में पानी
जब तक वायु शुद्ध रहती है
सीधी मिट्टी रानी
Water is the driving
force of all nature
THINK GREEN

विश्व जल दिवस
दुनिया की 16% आबादी भारत में रहती है, जबकि पीने का पानी सिर्फ 4% है। शायद ही आपको मालूम हो कि एक सेकेंड में नल से टपकने वाली बूंद से सालभर में 27 हजार गैलन पानी बर्बाद हो जाता है।
bhaskar.com

२२ मार्च
विश्व जल दिवस

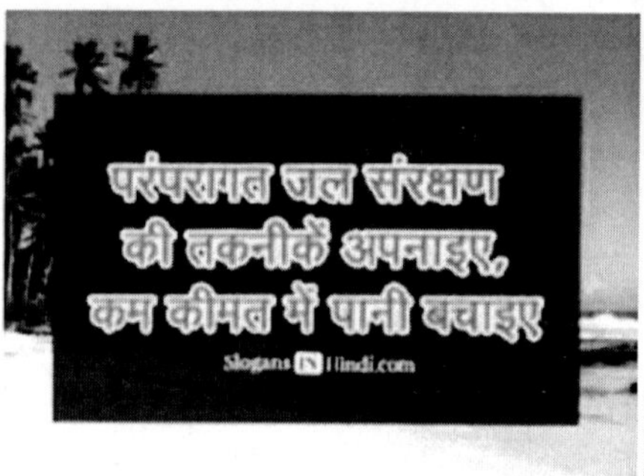

आज पानी बचाओ,वरना कल आप नही बच पाओगे

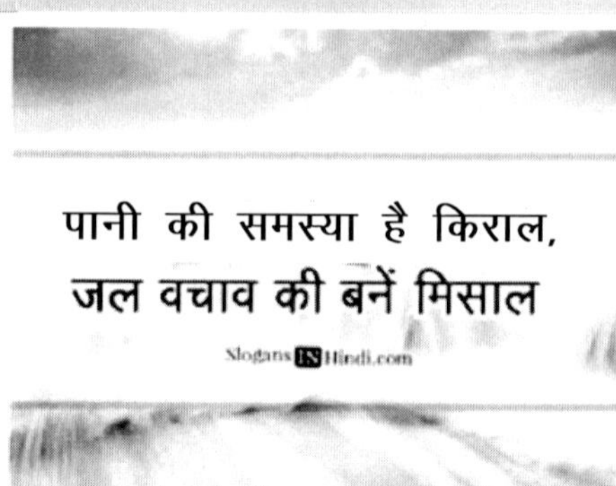

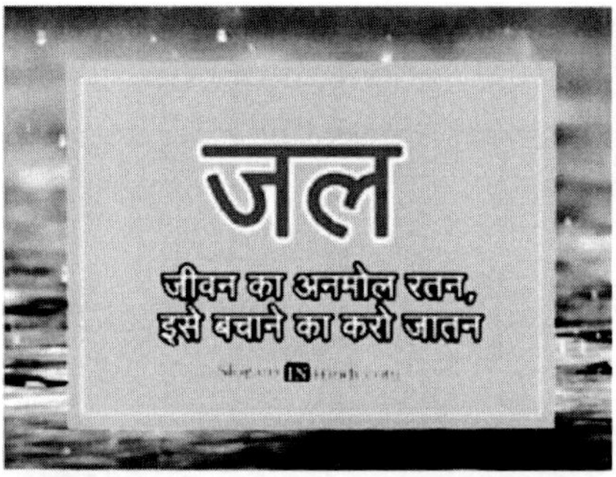
जल
जीवन का अनमोल रतन,
इसे बचाने का करो जतन

Save Water
Save Life
Nayichetana.com

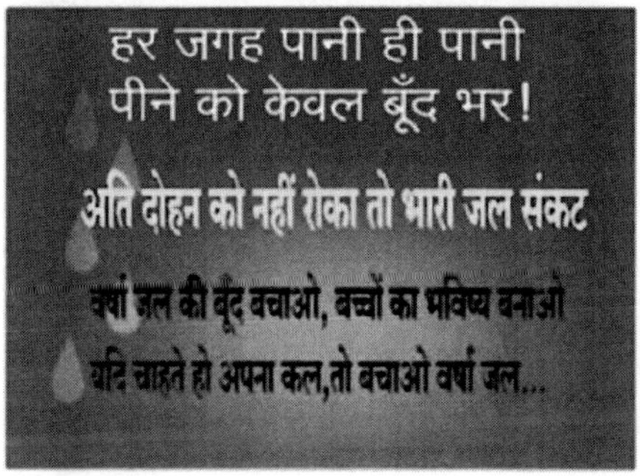
हर जगह पानी ही पानी
पीने को केवल बूँद भर!
अति दोहन को नहीं रोका तो भारी जल संकट
वर्षा जल की बूँद बचाओ, बच्चों का भविष्य बनाओ
यदि चाहते हो अपना कल,तो बचाओ वर्षा जल...

पानी बचाओ
सूखी,नाले सूखे,सूखे झील-तालाब!
ना चेते हम तो फिर पानी होगा ख्वाब!!

पानी
की बर्बादी रोकिए,
पानी बिना क्या होगा जरा सोचिए ||
SlogansINHindi.com

आज
कल
जल
ही
जीवन
है।
हम अपने भविष्य को सुरक्षित करे, जल बचाये, जीवन बचाये ।

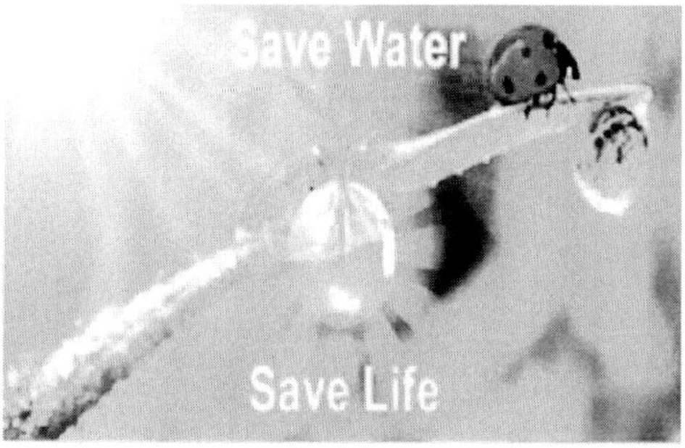
Save Water
Save Life

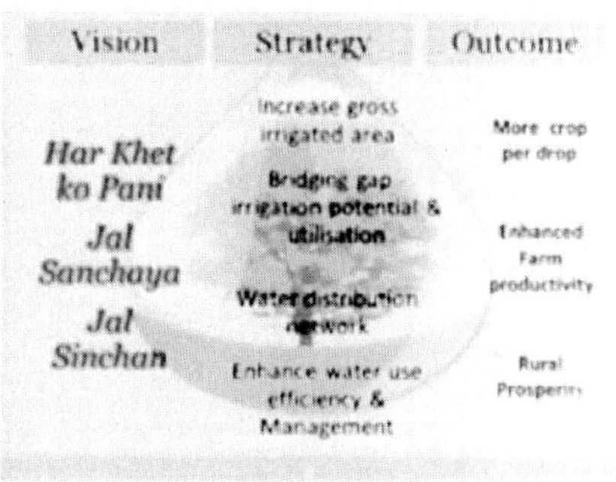
Vision
Strategy
Outcome
Har Khet ko Pani
Jal Sanchaya
Jal Sinchan
Increase gross irrigated area
Bridging gap irrigation potential & utilisation
Water distribution network
Enhance water use efficiency & Management
More crop per drop
Enhanced Farm productivity
Rural Prosperity

पहले साल में
3529 गांव

पाणी जीवन आहे.
त्याचा काटकसरीने वापर करु या.

नका वाया घालवू पाणी,
इंधन, बचत करू देशाचे धन.

जल है।
तो कल है।
पृथ्वी के सतह पर दो–तिहाई
जल है, लेकिन 0.002% ही
ताजा जल है पृथ्वी पर।
ताजा जल
अपशिष्ट
ना करें।

जल विद्युत बचत अभियान
जल से जीवन, जीवन ही जल, समझें जब यह तभी बचे जल
जन जन हमें जगाना होगा, जल सब तरह बचाना होगा।
माता भूमि पिता है पानी, यही कह रही है गुरवानी
हम सब मिल संकल्प करेंगे, पानी कभी न नष्ट करेंगे।

आओ सब मिल कर कसम खाएं,
बूँद-बूँद पानी को बचाएं।

WATER
RESOURCES

Save Water
at least For your
Kids
2010
2015

क्रान्ति अभियान

जल बचत - जल संचय

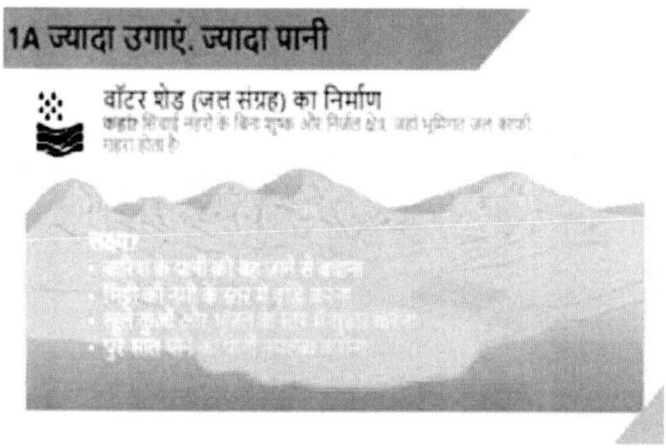
1A ज्यादा उगाएं. ज्यादा पानी
वॉटर शेड (जल संग्रह) का निर्माण

जल ही जीवन है
इसे सहेजना
हमारा कर्तव्य है

पानी बचाए,
वो आपको बचाएगा
SlogansINHindi.com

जल संरक्षण की आवश्यकता का कारण यह है कि जल और वायु जीवन का आधार है। हमें प्रकृति की ओर से यह बहुमूल्य उपहार मिला है जिसका हमें सदुपयोग करना चाहिए तथा इसका अपव्यय नहीं होने देना चाहिए। जन सामान्य में जल संरक्षण की जागरुकता को बढ़ाने हेतु उपरोक्त स्लोगनों को समझकर अपनाने चाहिए।

जल की एक–एक बूँद कीमती है बेशुमार,

इसको बचाने के लिए प्रयत्न करो बार–बार ।।1।।

जल का व्यर्थ बहना अच्छा नहीं होता,

दरिया को गन्दा करना अच्छा नहीं होता।।2।।

जीवन के लिए जैसे प्राण वायु जरूरी है,

जीने के लिए वैसे ही जल बहुत जरूरी ।।3।।

कुदरत की इस नियामत को संरक्षित करके रखिए,

जब भी करे जल का सेवन,

परमात्मा के प्रति कृतज्ञता रखिए ।।4।।

❑❑❑

अध्याय 26

शुष्क व अर्द्ध–शुष्क क्षेत्रों के लिए जल प्रबंधन प्रौद्योगिकी

किसानों की शुष्क व अर्द्ध–शुष्क क्षेत्रों की प्रणालियों में कम जल उपलब्धता में जल दक्षता एवं उत्पादकता बढ़ाने के लिए अनुमोदित कृषि क्रियाएं निम्नलिखित है –

- नवीनतम सिंचाई विधियों जैसे ड्रिप व स्प्रिंकलर सिंचाई विधि से सामान्य एवं खासकर अधिक मूल्य वाली फसलों में अधिक जल उपयोग क्षमता, कम जल का प्रयोग और अधिक उपज के साथ–साथ कृषि आय में भी उल्लेखनीय वृद्धि होती है।
- ड्रिप व स्प्रिंकलर सिंचाई विधि उद्यान, कृषि उद्यानिकी एवं कृषि वानिकी में उच्च जलक्षमता, गुणवत्तापूर्ण उत्पादन एवं अधिक लाभ के लिए अच्छी जल प्रबंधन प्रौद्योगिकियाँ हैं।
- जल प्रबंधन के लिए उपयुक्त फसल क्रांतिक अवस्थाओं पर सिंचाई देनी चाहिए। अगर गेहूँ के लिए एक ही सिंचाई जल की उपलब्धता हो तो क्राउन जड़ की शुरुआती अवस्था पर सिंचाई अवश्य करें। अगर दो सिंचाई के लिए जल उपलब्धता हो तो सी.आर.आई. व फूल अवस्था पर सिंचाई करें। इसी प्रकार तीन सिंचाईयों की उपलब्धता में सी.आर.आई., फूल अवस्था एवं पौधों में छिड़काव की अवस्था में सिंचाई करें।

बारानी खेती में जल प्रबंधन

हमारे देश में बारानी खेती के अंतर्गत 78 मिलियन हेक्टेयर क्षेत्रफल है, जोकि शुद्ध बोये गये कर्षित क्षेत्रफल (141 मिलियन हेक्टेयर) का लगभग 40 प्रतिशत है तथा भारत की 40 प्रतिशत मानव एवं 60 प्रतिशत पशु संख्या इन क्षेत्रों पर निर्भर है। भारत मे बारानी खेती के अन्तर्गत विभिन्न फसलों का विवरण सारणी 1 में प्रदर्शित है। शुष्क खेती कम जल द्वारा अधिक उत्पादन प्राप्त करने की निम्न सस्य विधियाँ है, जैसे;

- बारानी क्षेत्रों में मानसून से पूर्व ही खेत तैयारी कर लें एवं वर्षा होने पर कम से कम जुताई के साथ बुवाई कर देनी चाहिए।

- बारानी क्षेत्रों में कम जल माँग वाली फसले जैसे; ज्वार, बाजरा, मक्का, मूँग, उड़द, मोठ, लोबिया, तिल, अरहर आदि को ही उगाएं।
- बारानी क्षेत्रों में सामान्य से 20 से 25 प्रतिशत अधिक बीज दर का उपयोग करें, परन्तु प्रति हेक्टेयर पौधों की संख्या सिंचित क्षेत्रों से कम रखें।
- बारानी क्षेत्रों में मक्का एवं ज्वार की बुवाई के लिए 15 से 25 जून, बाजरा के लिए जुलाई का प्रथम पखवाड़ा तथा दाल वाली फसलों जैसे; मूँग, उड़द, मोठ, लोबिया आदि के लिए सम्पूर्ण जुलाई, उपयुक्त उपयुक्त है।
- बारानी क्षेत्रों में खरपतवार नियंत्रण के लिए अन्तरा कृषि क्रियाएं जैसे; धूल पलवार, पॉलीथीन पलवार, फसल अवशेष पलवार एवं जुताई का प्रयोग करना चाहिए, क्योंकि अन्तःफसलें (इंटरक्रोपिंग) खरपतवारों के नियंत्रण के साथ नमी संरक्षण भी करता है।

सिंचाई जल प्रबंधन में बाधाएँ/कठिनाइयाँ

निम्न गुणवत्ता वाला सिंचाई जल

जल एक अति महत्वपूर्ण प्राकृतिक संसाधन है। खेती का मूल जल एवं मृदा है। खेती में सिंचाई जल बहुत महंगा साधन है जिससे लागतः उपज अनुपात असंतुलित होता जा रहा है। कुछ क्षेत्रों का जल देखने व पीने में सही लगता है परन्तु वास्तविकता में मृदा व फसलों की सेहत के लिए हानिकारक हो सकता है। ऐसे जल का फसलोत्पादन में लम्बे समय तक लगातार प्रयोग करते रहने के कारण पहले तो धीरे–धीरे उपज में कमी आनी शुरू हो जाती है तथा बाद में भूमि अनुपजाऊ हो जाती है। खारे या नमकीन जल से सिंचाई करने पर मृदा के भौतिक, रासायनिक व जैविक गुणों पर प्रतिकूल प्रभाव पड़ता है। इस प्रकार खारे व निम्न गुणवत्ता जल का प्रयोग करते रहने से खेती योग्य भूमि की उर्वरा शक्ति निरन्तर घटती जा रही है। लम्बे समय तक लवणीय जल से सिंचाई करने पर बीजों के अँकुरण में कमी आ जाती है। पौधों की शुरुआती अवस्था में बढ़वार कम होती है और पौधे छोटे रह जाते हैं। अतः निम्न गुणवत्ता वाला जल मृदा उर्वरता के लिए हानिकारक है। निम्न गुणवत्ता वाले जल जैसे; लवणीय जल, क्षारीय जल, अपशिष्ट जल, कृषि निष्कासित जल आदि है।

सतही व भूमिगत जल का अत्यधिक दोहन

सिंचित क्षेत्रों में सतही व भूमिगत जल के अनुचित व अत्यधिक दोहन के कारण जलस्तर निरन्तर नीचे गिरता जा रहा है, जिसका भूमि के उपजाऊपन व फसलों की उत्पादकता पर प्रतिकूल प्रभाव पड़ रहा है। फसलों में अंधाधुंध सिंचाई व सिंचाई बढ़ाने से न केवल जल का अपव्यय होता है बल्कि उत्पादन लागत भी बढ़ती है। वर्तमान परिवेश

में सघन फसल प्रणाली व मशीनीकरण के कारण से भूजल पर दबाव इतना बढ़ गया है कि भूमिगत जलस्तर दिनोंदिन नीचे गिरता जा रहा है। खेती में पारंपरिक सिंचाई प्रणाली उपयोग में लाई जा रही है जिसमें खेती में सिंचाई जल लबालब भर दिया जाता है। इससे अत्यधिक जल इधर–उधर बहकर या मृदा में रिसकर नष्ट हो जाता है जिसका अंततः मृदा उर्वरता व उत्पादकता पर प्रतिकूल प्रभाव पड़ रहा है।

दोषपूर्ण सिंचाई प्रणाली

हमारे देश में घटती मृदा उर्वरता चिंता का विषय बनी हुई है। इसके लिए सिंचाई की दोषपूर्ण प्रणाली प्रत्यक्ष या अप्रत्यक्ष रूप से जिम्मेदार है। आज किसान भाई देश के कई भागों में सिंचाई जल का प्रयोग बिना सूझबूझ के कर रहे हैं। परिणामस्वरूप खेती में उत्पादन लागत तो बढ़ती ही जा रही है साथ ही उर्वरता पर भी प्रतिकूल प्रभाव पड़ रहा है। सिंचाई जल के अविवेकपूर्ण व अनियंत्रित प्रयोग से जल ठहराव, मृदा लवणीयता, पोषक तत्वों का ह्रास, मृदा की घटती उर्वराशक्ति व मृदा कटाव जैसी समस्याएँ उत्पन्न हो रही हैं। खेत के जिन भागों में सिंचाई जल अधिक समय तक भरा रहता है, उस भाग की भौतिक दशा खराब हो जाती है।

प्रति बूंद जल से अधिकतम फसलोत्पादन लेने हेतु उपाय

सिंचाई एवं जल संरक्षण थीम के अन्तर्गत जब हम जल की बचत व उचित सिंचाई प्रबंधन की बात करें तो, जिससे हमारी खेती को टिकाऊ, आयवर्धक व्यावसायिक एवं समृद्ध बनाने के साथ–साथ 'पर ड्रॉप मोर क्रॉप' का नारा प्रधानमंत्री सिंचाई योजना के अन्तर्गत दिया गया है। प्रति बूँद जल से अधिकतम उत्पादन के लिए निम्नलिखित कारकों को ध्यान में रखना चाहिए जिससे कम जल द्वारा अधिक उत्पादन प्राप्त किया जा सके, जैसे;

- सिंचाई की नालियाँ कम चौड़ी व गहरी होनी चाहिए तथा पक्की बना देनी चाहिए।
- सिंचाई की नालियों में उचित ढाल रखना चाहिए।
- खेतों को समतल कर देना चाहिए।
- खेतों से वाष्पीकरण द्वारा जल की हानि को निराई–गुड़ाई, कृत्रिम आच्छादन व ऐसी फसले खेतों में उगाकर जो अधिक आच्छादन प्रदान करती है के द्वारा पूरा करना चाहिए।
- खेतों की मेड़बंदी मजबूत करनी चाहिए, जिससे खेतों के अन्दर अपधावन न होने पाये।
- खेतों में जीवांश पदार्थ व चिकनी मिट्टी मिलानी चाहिए।

- फसलों की ऐसी जातियों का प्रयोग करना चाहिए जिनकी जड़ों की वृद्धि अधिक होती है।
- खेतों को खरपतवारों से मुक्त रखना चाहिए।
- खेतों में लवणों को समाप्त कर देना चाहिए।
- सिंचाई की नालियां जहाँ तक सम्भव हो छोटी बनानी चाहिए।
- सिंचाई की ऐसी विधि प्रयोग करनी चाहिए, जिसमें कम जल से अधिक क्षेत्रफल सिंचित हो सके।
- अधो सतह सिंचाई विधि/भूमिगत सिंचाई विधि, टपक या बौछारी सिंचाई विधि अपनाकर जल उपयोग क्षमता बढ़ाई जा सकती है।
- खेतों में सिंचाई जल लगाते समय लापरवाही नही करनी चाहिए।
- सिंचाई देर तक और आवश्यकता से अधिक नहीं करनी चाहिए।
- दिये गये जल की गहराई फसल के अनुसार रखनी चाहिए।
- खेतों में समय पर खरपतवार नियंत्रण करते रहें।

यदि हमें मौसम के पूर्वानुमान से न्यूनतम तापमान, हवा की गति तथा बादलों की स्थिति की जानकारी मिल जाये तो हम सही समय पर फसलों में उचित जल प्रबंधन करके, फसलों को विभिन्न मौसमी कारकों द्वारा होने वाले नुकसान से बचा सकते हैं। अंततः फसलों में उचित जल प्रबंधन द्वारा आर्थिक स्थिति को मजबूत किया जा सकता है। इस प्रकार हम कृषि में विभिन्न फसलों के कर्षण हेतु भिन्न–भिन्न प्रकार की तकनीकियों के अनुप्रयोगों द्वारा न केवल जल की अतिशय बचत कर सकते हैं बल्कि फसलों की जल माँग आधारित सिंचाई करके फसलों की जल उत्पादकता वृद्धि भी सुनिश्चित कर सकते हैं यद्यपि जल का तथा जल उपयोग में हम कम प्रयोग करें तो जल को खेती मेंड तक उत्थापित व प्रचर्क्रित करके सिंचाई जल में कमी लाकर लागत–लाभ अनुपात भी बढ़ा सकते हैं। इसके साथ–साथ बचाये हुए जल को भविष्य के लिए संसाधन अथवा उसी जल के प्रयोग से अधिक क्षेत्रफल का सिंचन कुछ भी किया जा सकता है। देश में उपलब्ध जल के सम्यक प्रयोगों से हमारे देश का समग्र कर्षित क्षेत्रफल पर सिंचित सिंचाई योजना के उद्देश्यों से समग्र प्राप्ति शीघ्र प्राप्ति भी सुनिश्चित हो सकेगी ऐसा मेरा दृढ़ विश्वास है।

❑❑❑

अध्याय 27

सिंचाई जल प्रबंधन से जुड़े कुछ महत्तपूर्ण प्रश्नोत्तर

- इंटरनेशनल इरिगेशन मैनेजमेंट इंस्टीट्यूट स्थित है–श्रीलंका में।
- इंडियन इंस्टीट्यूट ऑफ वाटर मैनैजमेंट रिसर्च स्थित है–भुवनेश्वर में।
- इंडियन इंस्टीट्यूट ऑफ सोयल एण्ड वॉटर कंजर्वेशन स्थित है–देहरादून में।
- नैशनल रेनफिड एरिया प्राधिकरण स्थित है–नई दिल्ली में।
- केन्द्रीय खारा जल जीव पालन अनुसंधान संस्थान, चेन्नई।
- केन्द्रीय ताजा जल जीव पालन अनुसंधान संस्थान, भुवनेश्वर (ओडिशा)।
- राष्ट्रीय मछली कोल्ड जल अनुसंधान केन्द्र, भीमताल, नैनीताल (उत्तराखण्ड)।
- वॉटर मैन भारतीय किसे कहते हैं–**श्री राजेन्द्र सिंह।**
- साधारण जल का क्वथनांक **100^0 Cor 212^0F** और गलनांक 0^0C होता है।
- जल को ठंडा किया जा सकता है–अधिकतम 273^0 K
- जल का सर्वाधिक घनत्व होता है : **4^0 C**
- पहाड़ की अधिक ऊँचाई पर जल उबलने लगता है: 71^0 **C**
- जल से बर्फ जमने में आयतन में वृद्धि होती है: 9 प्रतिशत।
- जल की विशिष्ट ऊष्मा होती है: 1.0 कैलोरी प्रति ग्राम।
- जल के वाष्पीकरण की गुप्त ऊष्मा होती है: 540 कैलोरी/ग्राम।
- बर्फ की गुप्त उष्मा होती है: 80 कैलोरी/ग्राम।
- भारत में खारे पानी की झील है–चिल्का झील ओडिशा में।
- जल में घुलनशील विटामिन हैं–बी एवं सी।
- जल में उगने वाले पौधे कहलाते है–हाइड्रोफाइट्स।

- जल कृषि का वैज्ञानिक नाम है–हाइड्रोपोनिक्स।
- बिना मृदा के जल में उगाये जाने पौधों की खेती को कहते हैं–हाइड्रोपोनिक्स।
- भारत में प्रति व्यक्ति जल उपलब्धता कितनी है: **1650 घन मीटर।**
- भारत में 2011 जनगणना के अनुसार जल की प्रति व्यक्ति उपलब्धता है: **1545** क्यूबिक मीटर।
- भारत में औसत वार्षिक वर्षा होती है: **1130** मिली लीटर।
- असंतृप्त जल बहाव में प्रयुक्त बल है: मैट्रिक बल।
- भारत में सिंचाई पोटेंशियल अनुमानित है: **139.9** मिलियन हेक्टेयर
- डर्सी लॉ प्रयुक्त होता है–समूह जल बहाव में संतृप्त अवस्था।
- सर्वाधिक जल उपयोग क्षमता के लिए सिंचाई विधि है–टपक सिंचाई में।
- सामान्य जल का SARएवं RSCमान है<10 and <2.5।
- लवणीय जल का मान होता है >4EC, <10 SAR, <2.5 RSC।
- लवणीय जल में उगने वाले पौधों को कहते हैं–हेलोफाइट।
- सिंचाई आवश्यकता (IR)=WR-(ER+S)।
- फसलों में सिंचाई माँग ज्ञात करने की विधियाँ हैं–वाष्पोत्सर्जन अनुपात, गहराई अन्तराल उपज विधि, प्रक्षेत्र प्रयोग विधि, उपभौमिक उपयोग में प्रयुक्त जल विधि, ड्रम कल्चर विधि, जल संतुलित विधि।
- वायु, जल एवं पादप प्रणाली में कुल ऊर्जा को कहते हैं–वॉटर पोटेंशियल।
- वाटर पोटेंशिल मापते हैं–**प्रेशर चैम्बर** द्वारा।
- उबड़–खाबड़ भूमि के लिए उपयुक्त सिंचाई है–स्प्रिंकलर विधि।
- लवणीय व कम जल से सिंचाई हेतु उपयुक्त सिंचाई विधि है–टपक विधि।
- टपक सिंचाई का विकास हुआ था–**इजराइल** देश में।
- टपक सिंचाई का विकास किया था–**सिम्चाबलास** वैज्ञानिक ने **1960** ई.में, (एआरएस–2014)
- सिंचाई निर्धारण का विकास किया था–**पेनमैन** ने।

- भारत में बोये गये क्षेत्रफल पर सिंचाई सुविधा उपलब्ध हैः 45 प्रतिशत।
- भारत में भूमिगत जल की सिंचाई क्षमता हैः **60** प्रतिशत।
- भारत की नहर सिंचाई है : **38** से **40** प्रतिशत।
- लाइसीमीटर द्वारा मापते हैं–इवेपोट्रांसपीरेशन
- पी.एफ.शब्द का प्रतिपादन किया था–स्कोफिल्ड ने 1935 में।
- पी.एफ. द्वारा मापते है–मृदा नमी।
- एक पी.एफ. के बराबर होता हैः 10 सें. मी. जल।
- एक इकाई शुष्क पदार्थ पैदा करने के लिए पौधों द्वारा जितना जल इवेपोट्राँस्पीरेशन क्रिया में प्रयुक्त होता है, कहलाता है–वाष्पोत्सर्जन अनुपात।
- मृदु जल है–जो जल साबुन के साथ आसानी से झाग उत्पन्न करता है।
- कठोर जल है–जो जल साबुन के साथ प्रयोग में कठिनाई से झाग देता है।
- कठोर जल में मिले होते हैं–मैग्नीशियम और कैल्सियम के बाइकार्बोनेट,सल्फेट एवं नाइट्रेट आदि।
- पीने के जल को शुद्ध करते हैं–क्लोरीन।
- आसुत जल (डिस्टिल्ड वॉटर) है–जल को उबालकर उसकी वाष्प को ठंडा करके संगृहित जल।
- कृत्रिम वर्षा की जाती है–आकाश में सिल्वर आयोडाइड का धुंआ छोडकर।
- अम्लीय वर्षा का संगठन है–नाइट्रस ऑक्साइड एवं सल्फर डाई ऑक्साइड।
- जल की वायुमण्डल, जलमण्डल एवं स्थलमण्डल में एक चक्रीय गति को कहते हैं–जल चक्र।
- मृदा नमी ज्ञात करने की विधियाँ है–**जिप्सम ब्लॉक, न्युट्रान मीटर, प्रेशर मेम्ब्रेन, पेन–इवेपर्पीमीटर, टेंसीओमीटर।**
- किसी फसल में कितना जल खर्च हो रहा इसका पता लगाते हैं–पेन वाष्पनमापी से।
- मृदा नमी ज्ञात करने के अपरोक्ष रूप से पता लगाया जाता है–टेंशियोमीटर द्वारा।
- टेंशिओमीटर की सीमा होती है–0.85 बार।
- टेंशिओमीटर उपयुक्त होती है–बलुई मृदा के लिए।

- सूखी मृदा में नमी ज्ञात करने के लिए उपयुक्त है–जिप्सम ब्लॉक।
- विद्युत चालकता के आधार पर मृदा नमी ज्ञात करते हैं–जिप्सम ब्लॉक द्वारा।
- जिप्सम ब्लॉक को कहते हैं–बायोपस।
- जिप्सम ब्लॉक की खोज की थी–**बोयूकस एवं मिस्क**
- जिप्सम ब्लॉक से मापते है–**भूमि का प्रतिरोध।**
- जिप्सम ब्लाक उपयुक्त नहीं होता है–**लवणीय मृदाओं में**
- प्रयोगशाला में मृदा नमी ज्ञात करते हैं–प्रेशर प्लेट द्वारा।
- पी.ई.टी. की खोजी थी–थौंथवेट।
- बड़े क्षेत्र में उगाई गई पूर्व विकसित फसल, जिसमें देने के लिए जल का अभाव नहीं है उससे किसी एक इकाई समय में होने वाले वाष्पोत्स्वेदन से जल की हानि की मात्रा को कहते हैं–सम्भावी वाष्पोत्स्वेदन (पीईटी–पोटेंशियल एवेपो–ट्रॉंसपीरेशन)।
- फसल द्वारा ई.टी. तथा पी.ई.टी. के बीच अनुपात को कहते हैं–फसल गुणाँक (Kc)
- ET(crop)को PET के बीच संबंध होता है ET(crop) = Kc×PET, Kc = ET (Crop)/PET
- भारत में प्रतिवर्ष अधिक PET प्राप्त होता है–राजस्थान के जैसलमर में।
- जब वर्षा मात्रा PET से कम होती है उस अवस्था को कहते हैं–सूखा।
- ताइवान विधि से जल प्रबन्ध करते है–धान में।
- टाइफून विधि से जल प्रबन्ध करते हैं–गन्ने में।
- डब्ल्यूएचओ के अनुसार मि.ग्रा. प्रति लीटर जल में हानिकारक फ्लोराइड की मात्रा हैः **1.5**।
- जल में उपलब्ध हानिकारक पदार्थ हैं– पारा, तांबा, सीसा, कैडमियम, बेरियम, फ्लोराइड्स, सल्फाइड्स एवं नाइट्राइड्स।
- भारतीय मानक ब्यूरो ने पीने के जल के प्रति एक लीटर में आर्सेनिक की मात्रा उपयुक्त माना हैः **0.05** मिलीग्राम तक।
- डब्ल्यूएचओ ने पीने के जल के प्रति एक लीटर में आर्सेनिक की मात्रा को उपयुक्त माना हैः **0.01** मि.ग्राम तक।
- जल में जीवाणु का नाश करने के लिये 15 ली. जल में क्लोरीन की दो गोलियां डालते हैं।

- जल को पूरी तरह स्वच्छ और कीटाणुरहित बनाने के लिए उबालते हैं—बीस मिनट।
- 4 से कम पी.एच. के पेयजल का स्वाद होता है—खट्टा एवं कड़वा।
- पेयजल का पी.एच. होता हैः 6.5 से 8.5
- 8.5 से अधिक पी.एच. पेयजल का स्वाद होता है—क्षारीय।
- पेयजल में 1.0 मि.ग्रा. प्रति लीटर से अधिक फ्लोराइड घुलने से रोग हैं—दांतों एवं हड्डियों का।
- भारत में कुल स्वच्छ जल की मात्रा हैः 19 अरब घनमीटर।
- भारत में प्रति व्यक्ति प्रति वर्ष जल उपलब्धता हैः **2000** घनमीटर।
- वर्तमान में जल उपयोग क्षमता हैः 540 प्रतिशत।
- भारत में 75—80 प्रतिशत वर्षा होती हैः दक्षिण—पश्चिमी मानसून द्वारा।
- भारत में प्रति वर्ष वर्षा जल हैः 4000 अरब घनमीटर।
- भारत में औसतन वार्षिक वर्षा होती हैः 1170 मि.मी.।
- जब एक दिन में 2.5 मि.मी. से अधिक वर्षा होती है तो उसे कहते हैं—रैनी डे।
- भारत में औसत रैनी डे होते हैंः 130 दिन।
- भारत में नदियों का जल अप्रवाह हैः 1869 घन कि.मी.।
- भारत सरकार ने देश में भू—जल के दोहन पर पाबंदी लगा दी हैः 43 ब्लॉकों में।
- भारत सरकार ने वर्ष **2007** को मनाया है—जल वर्ष के रूप में।
- मृदा संगठन जल उपलब्ध होता हैः 25 प्रतिशत।
- जल के परंपरागत स्रोत हैं—तालाब, कुँआं, जोहड़ रपट, चंदेल टैंक, बुंदेल टैंक, कुण्ड, बावड़ी, झालरा।
- जल स्तर की गहराई किस यंत्र के द्वारा मापी जाती है—**पीजोमीटर**
- फसल उत्पादन के कारकों में जल व उर्वरक के बीच संबंध होता है—सिनेरजिस्टिक (Synergistic)
- जल में गैसों की घुलनशीलता की गणना की जाती है—हेनरी लॉ से ।
- सिंचाई की कूंड विधि में—केवल कुंड के **3/4** वे हिस्से को गीला करना चाहिए।

- सिंचाई के 36 से 48 घंटे के बाद जो जल की मात्रा जमीन की गुरुत्वाकर्षण के विरूद्ध मृदा द्वारा रोक ली जाती है, उसे कहते है–क्षेत्र क्षमता।
- क्षेत्र क्षमता के समय मृदा में नमी होती हैः 100 प्रतिशत
- क्षेत्र क्षमता पर पी.एफ. मान होता हैः **2.54**
- स्थाई मुरझान बिंदु पर पी.एफ. मान होता हैः **4.2**
- क्षेत्र क्षमता पर जल का तनाव होता हैः 0.033 मेगा पास्कल।
- मृदा में क्षेत्र क्षमता एवं स्थाई मुरझान बिन्दु के बीच धारित जल की मात्रा को कहते हैं–**उपलब्ध जल।**
- उपलब्ध जल की पी.एफ.मान हैः **2.52–4.2**
- केशिका जल का पी.एफ मान हैः **4.2–6.0**
- स्थाई मुरझान बिंदु (पी.डब्ल्यू.पी.) की खोज की थी–वैज्ञानिक **ब्रागस एवं शेंटज**ने
- स्थाई मुरझान बिन्दु की सीमा हैं–एक से दो पी.पी.एम.।
- जब सिंचाई करने पर भी पौधे की मुरझान समाप्त न हो, भूमि में नमी की इस अवस्था को कहते है–स्थाई मुरझान बिन्दु।
- जल से लवण अलग करने की सबसे साधारण विधि है–विपरीत परासरण।
- जल के स्थाई कठोरपन/ठोसपन का कारण होता है–क्लोराइड्स और सल्फेट।
- गर्म जल बीजोपचार किसके नियंत्रण के लिए लाभकारी है–अनावृत्त कंड।
- इन सिटू मृदा जल मापने के लिये सबसे उपयुक्त उपकरण कौन सा है–टीडीआर।
- पत्तियों में जल विभव नापा जाता है–प्रेशर चैंबर द्वारा।
- जल तनाव की स्थिति में उत्पन्न होता है–**एब्सिसिक एसिड**
- किसी भी फसल में पहला और अन्तिम जल लगाने के बीच के समय को कहा जाता है–बेस
- फसल में सिंचाई के क्षेत्रफल व दी गई जल की मात्रा के अनुपात को कहते हैं–ड्यूटी।
- फसल की सिंचाई हेतु दिये गए कुल जल का आयतन तथा सिंचित भूमि के क्षेत्रफल के अनुपात को ड्यूटी कहते हैं।

- इकाई जल की सिंचाई क्षमता कहलाती है–डयूटी
- फसल के क्षेत्रफल और सिंचाई मात्रा (बेस समय) के बीच संबंध प्रदर्शित करती है–डयूटी।
- फसल के पूरे बेस समय में दिये गये जल की कुल गहराई कहलाती है–डेल्टा।
- डेल्टा का सूत्र हैः डेल्टा = सिंचाई की कुल संख्या × सिंचाई की गहराई।
- टपक सिंचाई की परिवर्तित विधि है–टाइफून।
- टाइफून सिंचाई विधि अपनाई जाती है–गन्ने की फसल में महाराष्ट्र में।
- सब सर्फेस सिंचाई विधि में गहरी नालियों को दूरी पर लगाते हैः 15–30 मीटर की।
- माइक्रोजेट इरिगेशन में एक जेट से जल दबाव से निकलता हैः 1 बार।
- सर्ज सिंचाई विधि है–जल को रुक–रुक कर इस प्रकार छोड़ना जिससे गुरुत्वाकर्षण बल के बहाव को बंद या चालू एक निश्चित अवधि के बाद किया जा सकें।
- सर्ज सिंचाई विधि आधारित है–ऑन एंड ऑफ मोड प्रक्रिया पर।
- मृदा जल विभव 'स्टेटर एवं टेलर' ने प्रतिपादित किया था।
- जल क्षरण के प्रकारः 1.बौछार (Splash), 2.परत (Sheet), 3. रिल (Rill)/ धारीदार क्षरण, 4. अवनालिका (Gully): की गहराई 9.0 मीटर से अधिक एवं छोटी अवनालिका की गहराई 3.0 मीटर से कम होती है। 5. बीहड़ या खादर क्षरण (Ravine), 6. भू–विस्थापन क्षरण (Landslides Erosion): जब ढ़ाल 20 प्रतिशत से अधिक होता है।
- एक उपयुक्त जल प्रवाह क्षेत्र का क्षेत्रफल होता हैः 500 हेक्टेयर।
- किसी फसल द्वारा कितना जल व्यर्थ हो रहा है, इसका अनुमान पेन वाष्पनमापी यंत्र द्वारा लगाया जाता है।
- एक वायुमण्डलीय दाब कितने सें.मी. जल ऊँचाई के बराबर होता हैः 1036 सें.मी।
- जल प्रवाह को मापने की इकाई क्यूसेक होती है, 1 क्यूसेक बराबर 28.3 लीटर जल।
- सिंचाई जल मापने की इकाईयाँः **1.** 1 क्युसेक बराबर 28.3 लीटर जल, **2.** 1 क्युमेक बराबर 1000 लीटर जल, **3.** 1 हेक्टेयर मि.मी. बराबर 10,000 लीटर जल, **4.1 हेक्टेयर सें.मी. बराबर एक लाख लीटर जल, 5.** 1 हेक्टेयर मीटर बराबर 10,000,000 लीटर जल, **6.** 1 बार बराबर 1023 सें.मी. जल ऊँचाई।

- 0.2–0.5 प्रतिशत ढलान एवं 1–2 लीटर/सेकण्ड धारा प्रवाह के लिये सर्वोत्तम विधि है–कूंड सिंचाई विधि।
- छिड़काव सिंचाई में जल का डिस्चार्ज 1000 लीटर प्रति घंटे प्रति नोजल होता है।
- छिड़काव सिंचाई में जल का दबाव 2–2.5 कि.ग्रा. प्रति वर्ग सें.मी. होता है।
- टपक सिंचाई में जल का डिस्चार्ज 2–4 लीटर प्रति घंटा प्रति नोजल होता है।
- ड्रिप सिंचाई में जल का दबाव 1–1.25 कि.ग्रा. प्रति वर्ग सें.मी. होता है।
- मिनी वॉटरशेडः 100 हेक्टेयर से कम।
- माइक्रो वॉटरशेडः 100–1000 हेक्टेयर तक।
- मिली वॉटरशेडः 1000–10,000 हेक्टेयर तक।
- सब वॉटरशेडः 10,000–50,000 हेक्टेयर तक।
- मैक्रो वॉटरशेडः 50,000 हेक्टेयर तक।
- सिंचाई परियोजनाओं का वर्गीकरणः **1.**मेजर इर्रीगेशन प्रोजेक्ट–10,000 हे. लागत 50 करोड से अधिक, **2.** मीडियम इर्रीगेशन प्रोजेक्ट–2000–10,000 हे.तक 25 से 5 करोड़ **3.** माइनर इर्रीगेशन प्रोजेक्ट 2000 हे. से कम 25 लाख से कम लागत।
- फील्ड केपेसिटी का जल का तनाव **0.033 मेगा पास्कल** होता है।
- फील्ड कैपेसिटी की सीमा है– 60 बार
- सेचुरेटिड सोयल में जल के बहाव का वर्णन '**पोइसविले लॉ एवं डारसी लॉ**' नियम से किया जाता है।
- नागार्जुना सागर '**तेलंगाना प्रदेश**' में स्थित है।
- ताप्ती पर **उकाई** जलाशय है।
- कोशिका के जल विभव का **दाब विभव और परासरणी विभव** घटक है।
- जल के असंतृप्त बहाव में **मैट्रिक विभव** प्रवणता प्रेरक बल है।
- लम्बवत् दिशा में जल का संतृप्त बहाव **डार्सी** द्वारा दिया गया।
- पादप प्राप्य जल मृदा में **1/3 से 15** बार विभव के बीच पाया जाता है।
- पी.एच. मीटर **पोटेशियोंमीटर** सिद्धांत पर कार्य करता है।

- रिमोट सेंसिंग सिस्टम को **निष्क्रिय सेंसर** कहते हैं।
- जल के **नेगेटिव पोटेशियल** को मापने के उपकरण को टेंशियोमीटर कहते हैं।
- जल स्तम्भ की से.मी. में ऊँचाई के लघुगणक को **पी.एफ.** कहते हैं।
- मृदा में–1/3 से–15 बार तक की सीमा में पाया जाने वाला जल है–केपीलरी जल।
- पौधे जल अवशोषित करते हैं–केशिका जल।
- सामान्य पौधों में जल रहता हैः 80 से 90 प्रतिशत ।
- मृदा से पौधों को जल उपलब्ध है : –1/3 से –15 वायुमण्डल दबाव पर।
- फसल में सिंचाई के क्षेत्रफल व दी गई जल की मात्रा के अनुपात को कहते हैं–ड्यूटी।
- किसी भी फसल के लिए आवश्यक जल की कुल गहराई को कहते हैं–डेल्टा।
- मृदा के गुरुत्वाकर्षण के कारण जल का मृदा में नीचे रिसना कहलाता है–सीपेज।
- मृदा में नीचे की और जल संचलन को कहते हैं–परकोलेशन।
- काली मृदा की जल धारण क्षमता है–अधिक।
- मृदा में उपस्थित जल की मात्रा कहलाती है–होलार्ड।
- वातावरण में वाष्पित जल की उपस्थित मात्रा को कहते है–आर्द्रता।
- जल भराव भूमियों से गैस निकलती है–मीथेन।
- लीपा सिंचाई विधि से सम्बधित है–स्प्रिंकलर विधि।
- 2–3 प्रतिशत ढलान वाली भूमियों में सिंचाई की जाती है–बेसिन सिंचाई।
- एक हेक्टेयर सें. मी. सिंचाई के बराबर हैः 1,00000 लीटर (एक लाख ली.)।
- जल कटाव का विकराल रूप है–अवनालिका।
- सर्वाधिक जल उपयोग क्षमता हैं–कैम पौधों की।
- सर्वाधिक जल धारण क्षमता होती है–क्ले में।
- मृदा के रन्ध्रकांश में पाये जाने वाले जल को कहते हैं–केशिका जल।
- पौधे के काम आने वाले जल को कहते हैं–केशिका जल।
- पौधों मिलने वाला जल मृदा में धारित हैः 1/3 से 15 वायुमंडलीय दबाव पर।

- फसलों द्वारा वाष्पोत्सर्जन के माध्यम से उपयोग किये गये जल तथा उपज के अनुपात को कहते है–फसल जल उपयोग क्षमता।
- वाटरशैड एक है–हाइड्रोलोजिकल यूनिट।
- pF का सम्बन्ध होता है–सिंचाई की मात्रा से।
- एक pFवैल्यु बराबर होती है: **10** सें.मी. जल के।
- फील्ड कैपिसिटी की pF वैल्यु होती है: **2.54**
- स्थाई मुरझान बिन्दु की pF वैल्यु होती है: **4.2**
- आर्द्रताग्राही गुणाँक की pF वैल्यु होती है: 6.0
- ओवन शुष्क मृदा की pF वैल्यु होती है: 7.0
- बिन्दुस्राव (Guttation) की क्रिया होती है–जलरन्ध्रो (हाइडेथोडस) द्वारा।
- बिन्दुस्राव क्रिया किन पौधों में होती है: जई एवं जौ में।
- बिन्दुस्राव के क्या कारण है: मृदा की अधिक नमी, जल के अधिक अवशोषण तथा मूल दाब।
- पौधों में पत्तियों के किनारे पर सुबह के समय द्रव बिन्दु के रूप में दिखाई देता है इसे क्या कहते है: बिन्दुस्राव।
- वाष्पोत्सर्जन को मापा जाता है: पोटोमीटर द्वारा।
- ताइवान विधि से जल प्रबन्ध करते है–धान में।
- टाइफून विधि से जल प्रबन्ध करते हैं–गन्ने के अंतर्गत महाराष्ट्र में।
- पौधों में जल एवं पोंषक तत्वों का स्थानान्तरण होता है–जाइलम द्वारा।
- सिंचाई जल की मात्रा का मापन किया जाता है–पार्शल फ्लुम औरिफिस एवं वियर द्वारा।
- पिजोमीटर काम में आता है–जल की गहराई मापने के लिए।
- वाटर हार्वेस्टिंग है–वर्षा के फालतू जल को खेतों पर तालाबो में संचित करना और बाद में खेती में प्रयोग करना।
- रेनगेज प्रयोग किया जाता है–वर्षा मापने के लिए।
- प्रभावी वर्षा एवं संग्रहित नमी के अलावा जो जल चाहिए उसे कहते हैं–सिंचाई माँग।

- जल गुणवत्ता की जाँच निम्न आधार पर की जाती है–कुल क्षार की सांद्रता, विनिमय सोडियम अवशोषण अनुपात, सोडियम कार्बोनेट का अवशोषण।
- सिंचाई जल में लवणों की मात्रा हानिप्रद होती है: 0.1 प्रतिशत से अधिक।
- हवेली प्रणाली का अर्थ है–खेत में जल भराव करके खरपतवार नियंत्रण करना।
- सिंचाई की सहायता से खेती करने को कहते हैं–सिंचित कृषि।
- सर्वाधिक सिंचित प्रदेश है–पंजाब।
- ढ़ालुओं पर उत्तम सिंचाई विधि है–स्प्रिंकलर।
- स्प्रिंकलर सिंचाई विधि उपयुक्त है–बलुई मृदा के लिए।
- श्री विधि से धान उगाने में जल की बचत होती है: 30 प्रतिशत।
- भारत में सिंचाई का मुख्य स्रोत है–नदियां।
- सर्वाधिक नलकूपों द्वारा सिंचित प्रदेश है–यू.पी.
- पौधों की जड़ें जल का अवशोषण करती है–रूट हेयर द्वारा।
- सिंचाई जल के साथ उर्वरक प्रयोग को कहते है–**फर्टीगेशन**
- सिंचाई जल के साथ हर्बीसाइड प्रयोग को कहते हैं–**हर्बीगेशन।**
- वर्षा की समान बिंदुओं को कहते हैं–Isohytes
- CPE मान है 0.5 तथा सिंचाई की गहराई 6 सें.मी. हो तो IW/CPEका मान होगा: 12 से.मी.।
- IW/CPE ratio=1.2 है तथा 6सें.मी. सिंचाई हेतु CPE ज्ञात करो 6/1.2 ×100=6000/12=500cm=50mm
- धान में सिंचाई के लिए क्रांतिक अवस्था है–टिलरिंग एवं पुष्पन अवस्था।
- गेहूँ में सिंचाई के लिए क्रांतिक अवस्था है–सी.आर.आई. अवस्था।
- यदि गेहूँ में दो सिंचाई उपलब्ध हो तो देना चाहिए–सी.आर.आई. एवं पुष्पन अवस्था पर।
- मृदा सतह के वाष्पन एवं पौधों द्वारा वाष्पोत्सर्जन तथा उनकी चयापचयी क्रियाओं में जल की खर्च मात्रा को कहते हैं–जल उपभौगिक उपयोग।
- वर्षा का वह अंश जो पौधों के उपभौमिक उपयोग के लिए उपलब्ध होता है, उसे कहते हैं–प्रभावकारी वर्षा।

- वर्षा की वह मात्रा जो रनऑफ एवं परकोलेशन के उपरान्त शेष रह जाती है तथा पौधों के काम आती है उसे कहते हैं–प्रभावी वर्षा।
- वह विज्ञान जिसमें धरातल के ऊपर तथा धरातल के नीचे जल के पाये जाने और उसकी गति के बारे में अध्ययन करते हैं, उसे कहते हैं–जलीय चक्र।
- वह विज्ञान जिसके अन्तर्गत नदियों, झीलों, कुँओं, सरिताओं एवं बफीले जल का अध्ययन किया जाता हैं, उसे कहते हैं–हाइड्रोलोजी।
- जल की वह मात्रा जो एक हेक्टेयर क्षेत्रफल में एक सेन्टीमीटर ऊँची रहे, उसे कहते हैं–हेक्टेयर सेन्टीमीटर।
- भूमि व वर्षा जल का संवर्धन कर निर्जीव कुँओं, नलकूपों को जीवित करते हुए भूमि जल स्तर में वृद्धि कर भूमि से चिर–निरन्तर फसल उत्पादन लेना कहलाता है–एकीकृत जल संरक्षण।
- फार्म प्रबंधन कृषि से जुड़े हुए अन्य व्यवसाय जैसे पशुपालन, मुर्गीपालन, फसल उत्पादन सभी के लिए पर्याप्त जल उपलब्ध हो उसे कहते हैं–सिंचित कृषि।
- प्रति इकाई जल की मात्रा बढ़ाने से फसल की वृद्धि दर को कहते हैं–सिंचाई अनुक्रिया।
- सिंचाई के रुप में प्रयुक्त जल का वह प्रतिशत जो फसल वृद्धि एवं फसल के उपयोग हेतु मृदा में संचित होता हैं, उसे कहते हैं–सिंचाई दक्षता।
- भूमि की पृष्ठीय सतह द्वारा जल सोखने की क्रिया को कहते हैं–पृष्ठीय स्रवण या मृदा सतह से मृदा के अन्दर जल के प्रवेश को अंतः स्यंदन कहते हैं।
- वर्षा के जल का संग्रह वही किया जाता हैं जहाँ वर्षा होती है, उसे कहते हैं–इन सिटू वॉटर हारवस्टिंग।
- प्रभावी वर्षा क्या है–वर्षा जल के उस भाग को जो इवेपोट्रांस्पीरेशन में प्रयुक्त होता है।
- किसी निश्चित क्षेत्र में एक कण द्वारा द्रव या जल का अधिशोषण कहलाता है–अन्तःपोषण।
- फसल में पूरक सिंचाई को जीवन को कहते हैं–रक्षक सिंचाई।
- कोशिका भित्ती व जीवद्रव्य के कोलायड़ी कणों की सतह/मैट्रिक पर जल अणु अधिशोषित बल को कहते हैं–मैट्रिक विभव।

- विलेय की उपस्थिति द्वारा जल की मुक्त ऊर्जा को कम करने वाली क्रिया को कहते हैं–परासरण विभव।
- वर्षा, ओस, पाला, आदि के रुप में वातावरण से नमी का मृदा सतह पर गिरना कहलाता है– प्रीसिपिटेशन।
- भूमि पर बहने वाले जल की वह मात्रा जो मृदा द्वारा सोखने से बच जाती है उसे कहते हैं–अपधावन।
- मृदा द्वारा जल सोखने की क्रिया को कहते हैं–इनफिल्ट्रेशन।
- मृदा प्रोफाईल से होकर जल का संचलन कहलाता है–परकोलेशन।
- जल का मृदा में क्षैतिज (होरिजोन्टल) रूप में गतिमान होना कहलाता है–सीपेज।
- मृदा में जल एवं पोषक तत्वों का निचले संस्तरों में गतिशील होने को कहते हैं–लीचिंग।
- हाइड्रोजन बॉडिंग का अर्थ है–जल के हाइड्रोजन एक अणु से दूसरे अणु का आपस में जुड़ना।
- जल स्वयं से अत्यधिक ऊर्जा के साथ आपस में चिपकना कहलाता है– कोहेजन/संसजक।
- जल सभी प्रकार की सतहों पर विभिन्न पदार्थों के ऊपर चिपकने के गुण को कहते हैं–एडहेजन/असंजक।
- जल अणु में हाईड्रोजन आयन के मध्य कोण पाया जाता है: 105^0।
- जब बरसात, सिंचाई ओर जलमग्नता के कारण मिट्टी के सारे रन्ध्र जल से भर जाते हैं तब मृदा में जल का होता है–संतृप्त प्रवाह।
- असंतृप्त जल बहाव में क्ले मृदा की हाइड्रोलिक कडंक्डक्टिविटी होती है–अधिक
- किसी फसल को एक निश्चित अवधि में उगाने के लिए जितने जल की आवश्यकता होती है, उसे कहते हैं–फसल की जल आवश्यकता।
- वर्षा के फालतू जल का खेतों पर तालाबों में संचित करना और बाद में खेती में प्रयोग करना कहलाता है–जल संग्रहण (वॉटर हार्वेस्टिंग)।
- शुद्ध जल में अणुओं की विमुक्त ऊर्जा तथा किसी विलयन में जल अणुओं की विमुक्त ऊर्जा के अन्तर को कहते हैं–जल विभव।
- Air-Water-Plant system, Total energy called-Water Patential

- जल की कमी उस अवस्था को कहते हैं–जिसमें जल की मात्रा अवशोषण हेतु उपलब्ध न हो एवं पौधे सूखने लगें।
- अतिरिक्त सिंचाई तथा अपर्याप्त निकासी तंत्र के फलस्वरुप भूमि की वह अवस्था जब भूमि जल स्तर पर खडा रहे, जो पौधों की वृद्धि के लिए हानिकारक हो, उसे कहते हैं–जल मग्नता (वॉटर लॉगिंग)।
- ऐसे स्थान जहाँ पर सदैव जल भरा रहता है,इस प्रकार की जल निमग्न मृदा कहलाती है–जलाक्रांत मृदा।
- वायुमण्डलीय दाब पर मिट्टी में नमी का प्रतिशत कहलाता है–आर्द्रता स्तर।
- मृदा जल गतिकी (Dynamic) क्या है–समय के अनुसार मृदा में जल की मात्रा में परिवर्तन को कहते है जैसे बरसात में जल का कुछ भाग बह जाता और कुछ मृदा द्वारा सोख लिया जाता है और पौधों की जड़ों तक पहुँचता है।
- मृदा जल गतिकी के प्रकार है–रनऑफ, इंफील्ट्रेशन, डीफ परकोलेशन, पुनर्वितरण एवं संग्रह, ई.टी. हानि
- फसल के द्वारा उपयोग में लाये गये जल को कहते हैं–जल उपयोग क्षमता।
- किसी फसल में जलापूर्ति के उपज पर पड़ने वाले प्रभाव को कहते हैं–उपज अनुक्रिया घटक।
- जल संरक्षण के चार–आर है–Reduce, Reuse, Recharge, and Respect।
- जलग्रहण क्षेत्र का तात्पर्य है– जिसमें वर्षा का जल किसी एक निकास से बाहर निकले।
- चौबीस घण्टे में बहने वाली जल की मात्रा को कहते हैं–डे क्युसेक।
- किसी क्षेत्र से 24 घण्टों में निकाले जाने वाले जल की गहराई को कहते हैं–जल निकास गुणाँक।
- हरियाली योजना सम्बन्धित है–जल ग्रहण क्षेत्र प्रबन्धन।
- टेंसिओमीटर द्वारा जल विभव मापने की न्यूनतम सीमा होती हैं–शून्य।
- क्षेत्र धारिता और ग्लांनि बिन्दु के बीच पाये जाने वाला जल है–उपलब्ध जल।
- लम्बवत् दिशा में जल का संतृप्त बहाव दिया था–डार्सी ने।
- कोशिका के जल विभव का घटक है–दाब विभव और परासरणी विभव।

- पौधों में फॉस्फोरस एवं पोटेशियम का अवशोषण होता है–Diffusion द्वारा।
- जल स्तम्भ की सें.मी. में ऊँचाई के लघुगुणक को कहते हैं–पी. एफ.।
- जब जल का एक अणु दूसरे अणु को एक बल द्वारा आकर्षित करता है, उसे कहते हैं–संसलन (Chehesion) बल।
- भारत में प्रथम सिंचाई आयोग नियुक्त किया गया हैः 1901।
- भारत में दूसरा सिंचाई आयोग का गठन हुआ थाः 1969 में।
- मुख्य सिंचाई प्रोजेक्ट के अन्तर्गत सिंचित क्षेत्र हैः 10000 हेक्टेयर से अधिक।
- ड्रिप सिंचाई विधि में सामान्य प्रक्रिया है–सतह ड्रिप सिंचाई।
- गन्ने में सिंचाई की क्रांतिक अवस्था है–फोरमेटिव अवस्था।
- जल तनाव की स्थिति में उत्पन्न होता है–एब्सिसिक अम्ल।
- देश का शुद्व सिंचित क्षेत्रफल हैः 57 मिलियन हेक्टेयर।
- नलकूप बोरिंग करते समय मिट्टी के नमूनों के परीक्षण को कहते हैं–कूप लॉग।
- प्रधानमंत्री कृषि सिंचाई योजना को स्वीकृति प्रदान की गईः 1 जुलाई 2015 को प्रधानमंत्री नरेन्द्र मोदी की अध्यक्षता में।
- उन सभी बलों का योग जिसके विपरीत पौधे मृदा से जल ग्रहण करते हैं उसे कहते हैं–मृदा नमी प्रतिबल।
- मृदा कणों की सतह पर जल के खिंचाव एवं जल कणों के आपसी खिंचाव को कहते है–मृदा नमी तनाव।
- सिंचाई निर्धारण की विधियाँ हैं–मृदा नमी ह्रास, जलवायुवीय विधि (सिंचाई की गहराई एवं वाष्पोत्सर्जन अनुपात तथा कैन इवेपोरीमीटर), सूचक पौधों द्वारा, बालू मिश्रित छोटी क्यारी विधि, पत्तियों जल की मात्रा, मृदा के बाह्रय गुणों को देखकर, अधिक बीज दर बुवाई, पौधों की क्रांतिक अवस्था के आधार पर, मृदा नमी तनाव के आधार पर, रिमोट सेंसिंग, इन्फ्रारेड थर्मामीटर।
- जलवायु की दृष्टिकोण से सिंचाई निर्धारण करते हैंः IW/CPE Ratio द्वारा।
- वाष्पीकरण डिब्बा का आकार होता हैः **120 से.मी.** व्यास एवं **25 सें.मी.** गहराई तथा क्षमता एक लीटर।
- सिंचाई निर्धारण में सूचक पौधों के रूप में अपनाते हैं–**सूर्यमुखी** को।
- सिंचाई निर्धारण का मुख्य आधार है–फसलों की क्रांतिक अवस्थाएं।

- सिंचाई जल मापने की विधियाँ हैं–कुलावां, बंधरा द्वारा, जल निस्सारण ज्ञात करना, आयताकार बंधरा, वी–नोच या समकोण विधि, पार्शल फ्लुम।
- सिंचाई जल की मात्रा का मापन किया जाता है–पार्शल फ्लूम, औरिफिस एवं वियर द्वारा।
- खुली नाली में बहते हुए जल का मापन किया जाता है–पार्शलफ्लुम द्वारा।
- वाटर हार्वेस्टिंग है–वर्षा के अतिरिक्त जल को खेतों पर तालाबो में संचित करना और बाद में खेती में प्रयोग करना।
- प्रभावी वर्षा एवं संग्रहित नमी के अलावा जो जल चाहिए उसे कहते हैं–सिंचाई माँग।
- हवेली प्रणाली का अर्थ है–खेत में जल भराव करके खरपतवार नियंत्रण करना।
- सिंचाई की सहायता से खेती करने को कहते हैं–सिंचित कृषि।
- सर्वाधिक सिंचित प्रदेश है–पंजाब।
- आयताकार बंधरा का सूत्र हैः $Q=0.0184LH^{3/2}$
- नलकूप के समीप हौज में प्रयुक्त करते हैः वी–नोच।
- वी–नोच का सूत्र हैः $Q=0.0138H^{5/2 \text{ or }} h^2h$
- जल प्रवाह को मापने में सर्वाधिक प्रयोग होता है–**पार्शल फ्लुम।**
- नहर, राजवाहा, नाली आदि में जल निकास के प्रयुक्त करते है–**पार्शल फ्लुम।**
- सिंचाई के रूप में प्रयुक्त जल की वह प्रतिशत मात्रा जो फसल वृद्धि व फसल के उपयोग हेतु मृदा में संचित होता है उसे कहते हैं–**सिंचाई दक्षता।**
- परियोजना सिंचाई दक्षता का अर्थ है–कितनी दक्षता से सिंचाई के जल का फसलोत्पादन में प्रयोग हुआ है, नहर के उद्‌गम स्थान से छोड़े गये जल की मात्रा का कितना प्रतिशत अंश फसल के उपयोग के लिये प्रयुक्त हुआ है।
- जल उपयोग क्षमता का सूत्र हैः Y/ET
- जल उपयोग को प्रदूषित करते हैः Kg/ha mm. या ग्रा./है.
- हल्की मृदा की जल उपयोग क्षमता अधिक नहीं होनी चाहिएः 60 प्रतिशत से।
- मृदा नमी स्थिरांक के प्रकार है–क्षेत्र क्षमता, स्थाई मुरझान बिन्दु, जल धारण क्षमता।
- मृदा और जल के बीच आकर्षण के अन्तर से बना विभव है–मैट्रिक पोटेशियल।

- पौधों एवं जल के सहसंबंध में जल के रासायनिक विभव को कहते हैं—वॉटर पोटेंशियल।
- जल विभव के घटक हैः $\psi w = \psi m + \psi p + \psi s$
- जैव जल निकास अपनाई जाती हैः पेड़—पौधों के द्वारा जल निकास करने के लिए।
- जैव जल निकास में यूकेलिप्टस का पौधा एक दिन में जल का वाष्पोत्सर्जन करता हैः 384 लीटर।
- कम जल उपयोग क्षमता होती हैः सी.—3 पौधों की।
- सर्वाधिक जल उपयोग क्षमता होती है—कैम पौधों की।
- भारतीय नदियों की जल भंडारण क्षमता हैः 44.4 मिलियन हेक्टेयर।
- भारत में प्रथम सिंचाई आयोग नियुक्त किया गया हैः 1901 ।
- मुख्य सिंचाई प्रोजेक्ट के अन्तर्गत सिंचित क्षेत्र हैः 10000 हेक्टेयर से अधिक।
- ड्रिप सिंचाई विधि में सामान्य प्रक्रिया है—सतह ड्रिप सिंचाई।
- गन्ने में सिंचाई की क्रांतिक अवस्था है—फोरमेटिव अवस्था।
- स्प्रिंकलर सिंचाई प्रणाली का एक परिवर्तित रूप है—लीपा ।
- लीपा का पूरा नाम है—लो एनर्जी प्रीसीजन एप्लीकेशन प्रणाली।
- हिस्टेरेसिस (Hysteresi) क्या है—एक ज्ञात सक्शन (Suction) पर नमी की मात्रा, अवशोषण (Desorption) में शोषण (Sorption) से कम होती, इसको हिस्टेरेसिस कहते है।
- हिस्टेरेसिस को ज्ञात किया जाता है—प्रयोगशाला में।
- मृदा नमी कमी सूचकांक का सूत्र हैः $(P\text{-}PE)/PE \times 100$
- जल द्वारा सर्वमान्य मृदा कटाव समीकरण हैः A=RKLSCP
- A=RKLSCP में K एवं S का अर्थ है मृदा क्षारणीयता (Soil erodibility) , एवं S=Slop Gradient
- A=RKLSCP समीकरण दी थी— Wischmeir and Smith (विश्मीयर एवं स्मिथ)।
- हरियाली योजना सम्बन्धित है—जल प्रबंधन से।
- हरियाली परियोजना के उद्देश्य हैं—वर्षा जल का संचयन, पेयजल समस्या का

निवारण, जल संग्रह योजनाओं का क्रियान्वयन, वृक्षारोपण आदि।

- जल गुणवत्ता मूल्यांकन प्राधिकरण कब गठित किया गया था: 2001 में।
- जल संसाधनों के विकास की सर्वोत्तम तकनीकी संस्था कौन सी है: केन्द्रीय जल आयोग।
- संकोश बहुउद्देशीय परियोजना किसकी संयुक्त परियोजना है: भारत–भूटान की।
- चुखा किसकी समेकित परियोजना है: भारत–भूटान।
- शारदा बैराज, टनकपुर बैराज तथा पंचेश्वर परियोजना किसके बीच समेकित परियोजना है भारत–नैपाल।
- राष्ट्रीय जल नीति, 2012 में विश्व का कितना प्रतिशत नवीकरणीय जल संसाधन का अनुमान भारत में किया गया है: 4 प्रतिशत।
- बर्किंघम नहर का मुख्य कार्य है: नौकागमन।
- त्रिवेणी नहर किस नदी से संबंधित है: गण्डक।
- सन् 1902 में भारत की सबसे पहली जलविद्युत परियोजना निम्न में से कहाँ स्थापित की गई थी–शिवसमुद्रम में।
- शिब समुद्रम जलप्रपात अवस्थिति है: कावेरी नदी।
- भारत में राष्ट्रीय जल संसाधन परिषद का अध्यक्ष कौन होता है– पर्यावरण एवं वन मंत्री।
- भारत में कहाँ पर तालाबों से सिंचाई की जाती है: कर्नाटक, तमिलनाडु, आध्र प्रदेश।
- भारत में प्रथम बहुउद्देशीय नदी घाटी परियोजना का निर्माण किस नदी पर किया गया है: दामोदर नदी पर।
- दामोदर किसकी सहायक नदी है: हुगली।
- छोटा नागपुर का शोक अथवा बंगाल का शोक किस नदी की उपमा थी: दामोदर।
- स्वतंत्र भारत की प्रथम बहुउद्देश्य परियोजना कौन–सी है: दामोदर घाटी परियोजना।
- दामोदर नदी घाटी परियोजना यू.एस.ए. की किस नदी घाटी परियोजना के आधार पर बनायी गई: टेनेसी घाटी परियोजना।
- विश्व का सबसे लम्बा बांध कौनसा है: हीराकुण्ड बांध (महानदी)

- भारत के किस भौगोलिक क्षेत्र में भूमिगत जल सर्वाधिक मात्रा में पाया जाता है: गंगा–ब्रह्मपुत्र बेसिन।
- भाखड़–नांगल परियोजना किस नदी पर बनाई गई है: सतलज।
- भाखड़ा–नांगल परियोजना किन राज्यों की संयुक्त परियोजना है: पंजाब, हरियाणा एवं राजस्थान।
- तुलबुल परियोजना किस नदी पर स्थित है: झेलम।
- भारत की सबसें लम्बी नहर कौन सी है: इन्दिरा गाँधी नहर।
- इन्दिरा गाँधी नहर निकलती है–हरिके बांध से।
- रिहन्द बांध किस राज्य में है: बिहार।
- रिहन्द किसकी सहायक नदी है: सोन।
- ओबरा बाँध किस नदी पर बनाया गया है: रिहन्द नदी पर।
- पोंग बाँध किस नदी पर बनाया गया है: व्यास।
- व्यास नदी पर निर्मित पोंग बाँध परियोजना किन राज्यों की संयुक्त परियोजना है: पंजाब, हरियाणा, राजस्थान एवं हिमाचल प्रदेश।
- बक्सा बाँध परियोजना किस राज्य में है: पश्चिमी बंगाल।
- किस परियोजना की व्यवस्था में केन्द्र सम्मिलित नहीं है–तुंगभद्र परियोजना।
- नर्मदा नदी कहाँ से निकलती है: अमरकंटक पहाड़ी से (मध्य प्रदेश)।
- नर्मदा कितने राज्यों से होकर प्रवाहित होती है: तीन।
- सरदार सरोवर बांध किस नदी पर बनाया जा रहा है: नर्मदा।
- सरदार सरोवर परियोजना की योजना किसने बनाई थी: सरदार बल्लभ भाई पटेल (1946)।
- सरदार सरोवर परियोजना से लाभान्वित होने वाले राज्य है: गुजरात, मध्य प्रदेश महाराष्ट्र एवं राजस्थान।
- टिहरी बाँध किन दो नदियों के संगम पर बनाया जा रहा है: भागीरथी और अलकनन्दा।
- टिहरी बाँध परियोजना से निर्मित जलाशय का नाम है: स्वामी रामतीर्थ सागर।

- टिहरी पनबिजली कॉम्प्लेक्स किस नदी पर स्थित हैः मंदाकिनी।
- नागार्जुन सागर परियोजा किस नदी पर स्थित हैः कृष्णा।
- काल्पोंग जलविद्युत परियोजना स्थित हैः अंडमान व निकोबार द्वीप समूह में।
- जवाहर सागर, राणा प्रताप सागर तथा गाँधी सागर जलाशयों का निर्माण किस नदी पर किया गया हैः चम्बल।
- दुल हस्ती पॉवर स्टेशन किस नदी पर आधारित हैः चिनाब।
- जम्मू–कश्मीर में चिनाव नदी पर बनी जलविद्युत परियोजना हैः सलाल।
- सलाल तथा दुलहस्ती परियोजना किस नदी पर स्थित हैः चिनाब (जम्मू–कश्मीर)।
- 'बंगाल का शोक' कही जाने वाली नदी परियोजना कौन सी हैः दामोदर नदी।
- 'बिहार का शोक' कही जाने वाली नदी परियोजना कौन सी हैः कोसी नदी।
- किस नदी पर मांजूली नदीय द्वीप स्थित हैः ब्रह्मपुत्र।
- भारत की सबसे बड़ी कृत्रिम झील कौनसी और कहाँ हैः गोविन्द बल्लभ पन्त सागर (मिर्जापुर)।
- भू–जल न्यूज नामक त्रैमासिक पत्रिका कौन–सी संस्था प्रकाशित करती हैः केन्द्रीय भू–जल बोर्ड।
- अन्तर्राष्ट्रीय भारत–पाकिस्तान के मध्य नदी–विवाद कौन सा हैः सिन्धु नदी।
- अन्तर्राष्ट्रीय भारत–पाकिस्तान के मध्य नदी–विवाद कौन–2 से हैंः झेलम नदी पर तुलबुल नौकायन परियोजना, चिनाव नदी पर बलिहार तथा झेलम नदी पर किशनगंगा विवाद।
- अन्तर्राष्ट्रीय भारत–नेपाल के मध्य नदी–विवाद कौन सा हैः महाकाली विवाद।
- अन्तर्राष्ट्रीय भारत–बांग्ला देश के मध्य नदी–विवाद कौन सा हैः गंगा– जलविवाद (फरक्का वैरेज)।
- अन्तर्राज्जीय कर्नाटक, तमिलनाडु–केरल राज्यों के मध्य नदी–विवाद कौन सा हैः कावेरी–जल विवाद।
- अन्तर्राज्जीय आंध्र प्रदेश, कर्नाटक–महाराष्ट्र राज्यों के मध्य नदी–विवाद कौन सा हैः कृष्णा नदी जल विवाद।
- अन्तर्राज्जीय ओडिशा तथा आंध्र प्रदेश राज्यों के मध्य नदी–विवाद कौन सा हैः

नरोदी जल विवाद।

- किस प्रकार की सिंचाई परियोजनाओं द्वारा भारत में सर्वाधिक सिंचाई होती है: लघु सिंचाई योजना।
- उत्तर प्रदेश की सबसे लम्बी नहर कौनसी है: शारदा नहर।
- नई दिल्ली में वॉटर एक्सपो, 2016 के सुअवसर पर जल फिल्म महोत्सव का आयोजन कब किया गया: 8 मार्च, 2016 को।
- देश में सतत् जल प्रबंधन के लिए नई दिल्ली में जल मंथन–2 सम्मेलन–2016 का आयोजन कब किया गया: 24 फरवरी, 2016।
- मृदा में नमी ज्ञात करने का सूत्र–

हल: $$\text{प्रतिशत मृदा नमी} = \frac{\text{ताजे नमूने का वजन} - \text{सूखने पर नमूने का वजन}}{\text{सूखने पर मृदा नमूने का वजन}} \times 100$$

प्रश्न: प्राप्त ताजे मृदा नमूने का वजन 100 ग्राम है और सूखने पर 80 ग्राम वजन प्राप्त हुआ है इसमें उपलब्ध मृदा नमी कितनी है?

हल: $$\text{मृदा में नमी प्रतिशत} = \frac{100\text{-}80}{80} \times 100 = \frac{20 \times 100}{80} = \frac{2000}{80} = 25\text{प्रतिशत}$$

प्रश्न: एक खेत से प्राप्त 60 ग्राम मृदा नमूने में 12 ग्राम नमी है तो ताजे प्राप्त हुए मृदा नमूने में उपलब्ध मृदा नमी कितनी है?

हल: ताजे मृदा प्रतिदर्श का वजन है 60 ग्राम तथा नमूने नमी है 12 ग्राम तो सूखने पर मृदा नमूने का भार 60–12=48 ग्रा.

$$\text{मृदा में नमी प्रतिशत} = \frac{60\text{-}48}{48} \times 100 = \frac{12 \times 100}{48} = \frac{1200}{48} = 25\text{प्रतिशत}$$

❑❑❑

संदर्भ ग्रंथ सूची (Bibliography)

1. कृषि में उन्नत जल प्रबंधन, द्वारा अनिल कुमार मिश्र, मनोज खन्ना, एस.एस. परिहार एवं टी.बी. एस. राजपूत, जल प्रौद्योगिकी केन्द्र, भारतीय कृषि अनुसंधान संस्थान, नई दिल्ली–110012।
2. जल प्रौद्योगिकीः सिंचाई और जल निकास, द्वारा विश्वनाथ मिश्र, कुशल पब्लिकेशन एण्ड डिस्ट्रीब्यूटर्स, वाराणसी।
3. कृषि संवाद, जून 2010: पानी बचाएं–जीवन बचाएं द्वारा संवाद सोसायटी, एरारीओ–23, सेक्टर–7 सी, चंडीगढ़।
4. योजना, जुलाई 2010, सूचना एवं प्रसारण मंत्रालय, सूचना भवन, सीजीओ कॉम्पलेक्स, लोधी रोड, नई दिल्ली।
5. कुरुक्षेत्र, जनवरी 2013, सूचना एवं प्रसारण मंत्रालय, सूचना भवन, सीजीओ कॉम्पलेक्स, लोधी रोड, नई दिल्ली।
6. कुरुक्षेत्र, मई 2015, सूचना एवं प्रसारण मंत्रालय, सूचना भवन, सीजीओ कॉम्पलेक्स, लोधी रोड, नई दिल्ली।
7. खेती, कृषि ज्ञान प्रबंधन निदेशालय द्वारा भारतीय कृषि अनुसंधान परिषद, नई दिल्ली।
8. प्रसार दूत, एटीक, भारतीय कृषि अनुसंधान संस्थान, नई दिल्ली।
9. लवणीय एवं क्षारीय जल का कृषि में सुरक्षित उपयोग, बुलेटिन, जल प्रौ. केन्द्र, भारतीय कृषि अनुसंधान संस्थान, नई दिल्ली।
10. कृषि अनुसंधान डाटा पुस्तिका 2017, द्वारा भारतीय कृषि सांख्यिकी अनुसंधान, नई दिल्ली।

11. 1-Pereira A. B. and C. C Shock. 2006. Development of irrigation best management practices for potato from a research perspective in the US.Sakia.org e publish, 2006, Vol. **1**: 1-20.

12. Allen R 2000. Calibration for the Resistance block sensor 200SS soil water potential sensor to fit the Calibration 3 Table from Irrometer. University of Idaho, Kimberley.

13. Cardenas Lailhacar B., M. D. dukes. 2012. Soil Moisture Sensor Landscape Irrigation Controllers: A Review of Multi-Study Results and Future Implications American Society of Agricultural and Biological Engineers. Vol. **55**(2): 581-590.

14. Cardenas Lailhacar B, M.D. Dukes 2010 Precision of soil moisture sensor irrigation controllers under field conditions Agricultural Water Management **97:** 666-672.

15. Balendonck. J., J. Hemming, B.A.J. van Tuijl, L. Incrocci, A. Pardossi, P. Marzialetti 2009. Sensors and Wireless Sensor Networks for Irrigation Management under deficit conditions FlowAid. Wageningen University and Research Centre in the Netherlands.

16. Bouyoucos, G.J. 1949. Nylon electrical resistance units for continuous measurement of electrical resistance in the field. Soil Science **67**: 319-331.

17. Bouyoucos, G.J. 1949. New type electrode for plaster of paris moisture blocks. Soil Science **67**: 319-331.

18. Chavan. C. H, .P. V.Karande. 2014. Wireless Monitoring of Soil Moisture, Temperature & Humidity Using Zigbee in Agriculture International Journal of Engineering Trends and Technology IJETT. Volume **11:** pp 493-497.

19. Campbell G.S., Gee, G.W., 1986. Water potential: miscellaneous methods. Methods of Soil Analysis. Part 1. Second ed. American Society of Agronomy, Madison, WI, pp. 619–633.

20. Campbell GS, Campbell MD 1982. Irrigation scheduling using soil moisture measurements: theory and practice. Adv Irrig Sci1: 25–42.

21. Kallestad JC, Sammis TW, Mexal JG, White J. 2006. Monitoring and management of pecan orchard irrigation: a case study. Hort-Technology 16: 667–673.

22. Keyhani A. 2001. Development of Mini Gypsum Blocks for Soil Moisture Measurement and their Calibration to Compensate for Temperature. *J. Agric. Sci. Technol.* **3**: 141-14.

23. Leib, B.G., J. Jay, D. Matthews and R. Gary, 2003. Field evaluation and performance comparison of soil moisture sensors. *J. Soil Sci.*, **168**: 396-408.

24. Leib, B.G., M. Hattendorf, T. Elliott and G. Mattews, 2002. Adoption and adaptation of scientific irrigation scheduling: Trends from Washington, USA as of Agric. Water Manage. **55**: 105-120.

25. Pereira A B and C. C. Shock., 2006. Developments of irrigation best management practices for potato from a research perspective in the United States Sakia.org publish, vol. **1**(1): 1-20.

26. Prathyusha.K, G. Sowmya B, K. Sreenivasa Ravi., 2013. A real time irrigation control system for precision agriculture using WSN in Indian agricultural sectors.*International Journal of Computer Science, Engineering and Applications.* IJCSEA, Vol.**3**, No.4.

27. Jaichandran R, A. Anthony Irudhayaraj, Surabhi, Rajkumar Kuila, Trisha Sinha. Prototype for Automatic Controlling and Remote Accessing of Irrigation Motor. International Journal of Innovative Research in Computer and Communication. Engineering. Vol. 1.

28. Suresh R, S.Gopinath, K.Govindaraju, T.Devika, N.Suthanthira Vanitha., 2014. GSM based Automated Irrigation Control using Rain gun Irrigation System. *International Journal of Advanced Research in Computer and Communication Engineering.* Vol. **3.**

29. Rahim Khan, Ihsan Ali, M. Asif Suryani, Mushtaq Ahmad and Muhammad Zakarya., 2013. Wireless Sensor Network Based Irrigation Management System for Container Grown Crops in Pakistan.*World Applied Sciences Journal.* **24** (8).

30. Rashid Hussain, JL Sahgal, Anshulgangwar, Md.Riyaj., 2013. Control of Irrigation Automatically By Using Wireless Sensor Network. *International Journal of Soft Computing and Engineering.* IJSCE. Vol. **3**.

31. Richards 1947. Pressure membrane apparatus construction and use. Agri. Enggi. **28**: 5451-54.

32. Sanjukumar, R.V.Krishnaiah. 2013. Advance Technique for Soil Moisture Content Based Automatic Motor Pumping for Agriculture Land Purpose. *International Journal of VLSI and Embedded Systems.* IJVES. Vol. **04**.

33. Shock, C.C., E.B.G. Feibert, L.D. Saunders and E.P. Eldredge, 2002. Automation of subsurface drip irrigation for crop research. Proceedings of the World Congress of Computers in Agriculture and Natural Resources, 3-15, Iguacu Falls, Brazil, pp. 809-816.

34. Shock, C.C., Feibert, E.B.G., 2002. Deficit irrigation of potato. In Deficit Irrigation Practices. Food and Agricultural Organization of the United Nations FAO, Rome, Italy, pp. 47–56.

35. Jose O., Suat Irmak., Payero, Brandy V D W, and Jenny R Gary Z, 2014. Principles and operational characteristics of Resistance block sensor granular matrix sensor to measure soil water status and its practical applications for irrigation management in various soil textures. University of Nebraska Extension.

36. Terzis, A., Musaloiu-E, R., Cogan, J., Szlavecz, K., Szalay, A., Gray, J., Ozer, S., Liang, C.J.M., Gupchup, J., Burns, R., 2010. Wireless sensor networks for soil science. *International Journal of Sensor Networks* **7**: 53–70.

37. Thompson, R.B., Gallardo, M., Valdez, L.C., Fernandez, M.D., 2007b. Using plant water status to define threshold values for irrigation management of vegetable crops using soil moisture sensors. *Agricultural Water Management*. **88**: 147–158.

38. Thompson, R.B., Gallardo, M.T., Aguera, Valdez, L.C. and Fernandez, M.D. 2006. Evaluation of the Resistance block sensor sensor for use with drip irrigated vegetable crops. *Irrig. Sci.,* **24**: 185-202.

39. Venkata Sriharsha Kuncham, Prof Rao N.V., 2014. Sensors for Managing Water Resources in Agriculture. *IOSR Journal of Electronics and Communication Engineering.* IOSR-JECE. Volume 9. Pp. 2278-2834.

40. Walker, J.; Willgoose, G.; Kalma, J. 2004. *In situ* measurement of soil moisture: A comparison of techniques. *J. Hydrol.,* 293: 85-99.

41. Xavier E. Peries and Juan M. Enciso., 2009. Interpretation of Resistance block sensor Sensor Readings in Specific Soil Types. *Subtropical Plant Science,* **61**: 6-14.

❑❑❑